装备科技译著出版基金

基于振动信号的状态监测
——旋转类设备的压缩采样与学习算法

Condition Monitoring with Vibration Signals
Compressive Sampling and Learning Algorithms for Rotating Machines

［英］Hosameldin Ahmed　Asoke K. Nandi　著

舒海生　王兴国　于妍　译

国防工业出版社

·北京·

著作权合同登记　图字:01-2023-2470号

图书在版编目(CIP)数据

基于振动信号的状态监测/(英)霍萨马汀·艾哈迈德(Hosameldin Ahmed),(英)阿索克·K. 南迪 (Asoke K. Nandi)著;舒海生,王兴国,于妍译. —北京:国防工业出版社,2024.5

书名原文:Condition Monitoring with Vibration Signals

ISBN 978-7-118-13189-5

Ⅰ.①基… Ⅱ.①霍… ②阿… ③舒… ④王… ⑤于… Ⅲ.①振动-信号分析 Ⅳ.①TN911.6

中国国家版本馆 CIP 数据核字(2024)第 065737 号

Condition Monitoring with Vibration Signals: Compressive Sampling and Learning Algorithms for Rotating Machines by Hosameldin Ahmed and Asoke K. Nandi

ISBN 978-1-119-54462-3

Copyright © 2020 John Wiley & Sons Inc.

All Rights Reserved. This translation published under license with original publisher John Wiley & Sons Inc.

No part of this book may be reproduced in any form without the written permission of the original copyrights holder.

Copies of this book sold without a Wiley sticker on the cover are unauthorized and illegal.

本书简体中文版专有翻译出版权由 John Wiley & Sons, Inc. 公司授予国防工业出版社。未经许可,不得以任何手段和形式复制或抄袭本书内容。

本书封底贴有 Wiley 防伪标签,无标签者不得销售。

版权所有,侵权必究。

※

国防工业出版社出版发行

(北京市海淀区紫竹院南路23号　邮政编码100048)
雅迪云印(天津)科技有限公司印刷
新华书店经售

开本 710×1000　1/16　插页 3　印张 27½　字数 486 千字
2024 年 5 月第 1 版第 1 次印刷　印数 1—1400 册　定价 168.00 元

(本书如有印装错误,我社负责调换)

国防书店:(010)88540777　　书店传真:(010)88540776
发行业务:(010)88540717　　发行传真:(010)88540762

前　言

在大量工业场合中,旋转类机械都是非常常见的加工设备,为了保证其工作效率和性能,状态监测可以说是一项极为关键的技术手段,能够监控设备的健康状态。目前,在各种旋转类机械的应用环境中,我们都可以看到它的身影,如在风力发电机、油气工业领域、航空和国防工业领域、汽车以及海洋工程中就是如此。现代旋转类机械的复杂程度正在不断提高,由此也要求我们采用更高效的状态监测技术。正因为如此,世界各国的研究人员都在积极地进行这一方面的研究,相关的研究文献也在不断增长,这些研究工作已经对设备状态监测技术的发展产生了直接的影响。然而,目前尚未见到有人针对基于振动信号的旋转类机械的状态监测这一主题,将这些工作加以归纳和汇总,并全面地阐述以往的和新近出现的技术方法。由于这一领域还处在持续发展过程中,因此,不难想象这样的书籍是不可能涵盖所有内容的。尽管如此,本书仍然试图将众多的技术方法汇聚到一起,从而给出一份较为完备的指南,使得人们能够更好地了解从旋转类机械的基本知识到基于振动信号的知识获取所涉及的大量内容。为了帮助研究生、研究人员和工程技术人员轻松地理解,本书对旋转类机械及其产生的振动信号进行了相关基础介绍,这些内容对于阅读本书所包含的一些特定方法的应用来说也是必备的。

根据当前设备状态监测技术的发展状况,面向旋转类机械的故障检测和分类技术的设计需求,我们对本书的主要内容作了精心规划,这些内容覆盖了各种特征提取方法、特征选择方法、特征分类方法以及它们在设备振动数据集上的应用等方面。不仅如此,这本书还针对最新出现的一些技术方法进行了阐述,其中包括机器学习和压缩采样等。这些全新的工具能够帮助我们显著提高精度和减少计算代价。对于所有的相关研究人员和工程技术人员,也包括那些刚刚进入到这一领域的人们,这些内容无疑是非常有益的,可以使我们提高安全性、可靠性和其他相关的性能。虽然撰写本书的初衷并不是作为教材使用,不过书中给出了大量基于振动数据的实例分析,根据这些内容读者不难体会到所讨论的技术方法在旋转类机械的状态监测问题中的有效性及其应用过程。

本书的内容安排如下。

第1章针对设备状态监测的概念及其应用进行了简要介绍。本章主要阐述的是这一技术在各种旋转类机械设备维护过程中的重要意义和应用情况,以及设备维护方法和能够用于识别设备健康状态的一些监测手段。

第2章讨论旋转类机械的振动原理和采集技术。本章的第一部分为旋转类机械振动的基本知识,包括此类设备所产生的振动信号及其类型等;第二部分为振动数据的采集技术,并明确指出了振动信号的优缺点。

第3章主要涉及时域内的信号处理技术,介绍了一些数学和统计学函数,讨论了一些能够从原始的时域振动信号中提取基本信号信息的先进技术,这些振动信号是足够反映设备的健康状态的。

第4章给出频域内的信号处理技术,由此我们能够根据那些难以在时域内观察到的频率特性去提取所需的信息。本章首先针对傅里叶变换进行了说明,这一处理技术在信号变换领域中是最为常用的,能够帮助我们将时域信号转换到频域内;其次,本章还介绍了一些可以用于提取各种频谱特征的技术手段,这些频谱特征在反映设备健康状态方面要更为有效。

第5章讨论信号的时频处理技术,给出了一些可以用于分析时间序列信号的时频特性的方法,这些时频特性要比傅里叶变换及其频谱特征更加有效。

第6章关注的是借助机器学习算法的振动信号状态监测。本章的第一部分针对基于振动的设备状态监测过程进行了概述,并阐明了故障检测和诊断的工作框架,以及能够用于振动信号的学习类型;第二部分说明了面向故障诊断的振动数据学习的主要问题,介绍了能够用于克服这些问题的振动数据处理技术。

第7章讨论适合于线性子空间学习的常用方法,它们可以用于缩小振动数据的规模或维度,而不会导致相关信息出现明显的缺失。

第8章给出了适合于非线性子空间学习的常用方法,类似地,它们也可以用于缩小振动数据的规模或维度,而不会导致相关信息出现明显的缺失。

第9章介绍一些可用于重要特征选取的可行方法,这些重要特征通常能够有效地反映原始特征。此外,这一章还说明了特征排序问题和特征子集选择技术。

第10章讨论用于故障诊断的决策树的基本理论及其数据结构,以及将决策树集成到决策森林模型中的组合模型及其在设备故障诊断中的应用。

第11章分析用于分类处理的两种概率模型,分别是:①作为一种概率生成模型的隐马尔可夫模型(HMM);②作为概率判别模型的逻辑回归模型和广义逻辑回归模型及其在设备故障诊断中的应用。后者也称为多元逻辑回归模型。

第12章从讨论人工神经网络(ANN)这种学习方法的基本原理开始,然后介绍了3种不同的 ANN 类型,分别是多层感知机、径向基函数网络和 Kohonen 网络,它们可以用于故障的分类处理。此外,这一章还针对这些方法在设备故障诊断工作中的应用问题做了讨论。

第13章给出的是支持向量机(SVM)分类器。首先简要介绍用于二元分类问题的 SVM 模型的基本思想,然后说明多分类 SVM 方法和可用于其中的各种不同技术,最后还给出它们在设备故障诊断中的应用实例。

第14章介绍了设备状态监测领域中有关深度学习的近期发展,给出了若干常用技术及其在设备故障诊断中的应用实例。

第15章针对书中给出的各种分类算法的有效性进行了概述,介绍多种不同的验证技术,基于这些技术我们就能通过分类结果去考察分类算法的有效性。

第16章针对设备状态监测问题,给出基于压缩采样和子空间学习技术的新型特征学习框架。本章首先对压缩采样的基本原理进行了简要介绍,指出怎样才能完成稀疏频域表示和稀疏时频表示的压缩采样,然后概述了设备状态监测问题中的压缩采样技术。在本章的第二部分,讨论了基于压缩采样的3种工作框架,并介绍了基于这些工作框架的方法实现。最后,本章还给出两个实例研究,将这些方法应用于不同类型的设备健康状态上。

第17章针对的是由压缩采样和深度神经网络组合而成的工作框架,它建立在稀疏自编码器基础之上。在将这一方法用于处理不同类型的设备健康状态时,考虑了不同数量隐含层(在深度神经网络中)情况中的超完备特征,并再次讨论了第 16 章所给出的两个实例。

第18章针对书中给出的各种方法的应用进行总结,并给出建议。对于基于振动的设备状态监测这一领域而言,这些内容能够给工程技术人员和研究者提供很好的帮助。

本书涵盖了这一领域中的最新研究发展,包括大量可用于设备状态监测的技术方法,特别是近期的一些最新成果。不仅如此,本书还给出了一些全新的方法,其中包括机器学习和压缩采样技术,这些内容覆盖了更多令人感兴趣的研究主题。此外,针对书中所给出的大部分技术方法,我们在附录中还介绍了一些开放获取的软件以及振动数据集的链接。

很明显,由于本书包含的内容非常广泛,因而难免会存在一些错误或遗漏,在这里我们对此表示诚挚的歉意,希望读者们能够帮助我们指出这些问题,并将其发送到 a. k. nandi@ ieee. org 或者通过其他方式反馈给我们。

Hosameldin Ahmed

Asoke K. Nandi

英国,伦敦

2019 年 2 月

原著者简介

Hosameldin Ahmed：1999 年于苏丹 Gezira 大学科学与技术系电子工程专业获得荣誉学士学位，2010 年于该校计算机工程与网络专业获得硕士学位，后于英国伦敦 Brunel 大学的电子与计算机工程专业获得博士学位。从 2014 年起，他与其导师 Asoke. K. Nandi 教授一起一直从事设备状态监测领域的研究，在基于振动的设备状态监测（借助压缩采样和现代机器学习算法）方面做出了

很多贡献，很多研究成果已经发表在高水平期刊和国际会议上，推动了该领域的不断发展。他的研究兴趣主要是信号处理、压缩采样和机器学习及其在基于振动的设备状态监测中的应用。

Asoke K. Nandi：英国剑桥大学（三一学院）物理学博士，在多个大学拥有学术职务，其中包括牛津大学、帝国理工学院、斯凯莱德大学和利物浦大学，以及于韦斯屈莱大学的芬兰杰出教授职位。2013 年于英国 Brunel 大学任电子与计算机工程系主任。Nandi 教授是中国同济大学特聘教授，同时还是加拿大卡尔加里大学的客座教授。

1983 年 Nandi 教授与他人共同发现了 3 种基本粒子（W^+、W^- 和 Z^0），为电磁力和弱力的统一提供了证据，为此，1984 年诺贝尔物理委员会授予了他所在团队的两个领导人诺贝尔奖。Nandi 教授当前的研究兴趣是信号处理与机器学习及其在通信、基因表达数据、功能磁共振数据、设备状态检测和生物医学数据等方面的应用。在信号处理和机器学习领域的诸多方面做出了大量基本理论和算法上的贡献。Nandi 教授是"大数据"方面的专家，擅长异构数据处理，并从不同实验室、不同时间的多源数据集中提取信息。已撰写了 590 多部技术出版物，

包括240篇期刊论文,以及4本书:《自动调制分类:原理、算法和应用》(Wiley, 2015)、《生物信息学的综合聚类分析》(Wiley,2015)、《使用高阶统计量的盲评》(Springer,1999)和《通信信号的自动调制识别》(Springer,1996),其出版物在谷歌学术搜索中的h指数为73,ERDOS数为2。

Nandi教授是英国皇家工程院和其他7个机构的院士。在他所获得的众多奖项中,有2012年的美国电气电子工程师海因里希·赫兹奖;2010年孟加拉邦科学研究杰出成就奖;2000年美国机械故障预防技术学会颁发的奖项;1999年英国机械工程师学会Water Arbitration奖;1998年英国电气工程师学会Mountbatten Premium奖。Nandi教授还是IEEE杰出讲师(2018—2019)。

目 录

第一部分 概述

第1章 设备状态监测概述 ·· 3
- 1.1 背景介绍 ··· 3
- 1.2 旋转类设备故障的维护方法 ································· 4
  - 1.2.1 故障检修 ·· 5
  - 1.2.2 预防保养 ·· 5
- 1.3 设备状态监测的应用 ······································· 6
  - 1.3.1 风机领域 ·· 6
  - 1.3.2 油气工业 ·· 6
  - 1.3.3 航空与国防工业 ······································ 7
  - 1.3.4 汽车工业 ·· 7
  - 1.3.5 船用发动机领域 ······································ 7
  - 1.3.6 机车领域 ·· 8
- 1.4 状态监测技术 ··· 8
  - 1.4.1 振动监测 ·· 8
  - 1.4.2 声发射 ·· 8
  - 1.4.3 振声联合监测 ·· 9
  - 1.4.4 电动机电流监测 ······································ 9
  - 1.4.5 油液分析和润滑监测 ·································· 9
  - 1.4.6 热成像 ··· 10
  - 1.4.7 视觉检查 ··· 10

1.4.8 性能监测 ……………………………………………………… 10
1.4.9 趋势监测 ……………………………………………………… 11
1.5 本书的主题和内容 …………………………………………………… 11
1.6 本章小结 ……………………………………………………………… 12
参考文献 …………………………………………………………………… 12

第2章 旋转类设备振动信号的基础知识 …………………………… 18

2.1 引言 …………………………………………………………………… 18
2.2 设备的振动原理 ……………………………………………………… 18
2.3 旋转类设备的振动信号源 …………………………………………… 21
2.3.1 转子质量不平衡 ……………………………………………… 22
2.3.2 不对中 ………………………………………………………… 22
2.3.3 裂纹轴 ………………………………………………………… 23
2.3.4 滚动轴承 ……………………………………………………… 25
2.3.5 齿轮 …………………………………………………………… 26
2.4 振动信号的类型 ……………………………………………………… 27
2.4.1 平稳信号 ……………………………………………………… 27
2.4.2 非平稳信号 …………………………………………………… 28
2.5 振动信号采集 ………………………………………………………… 28
2.5.1 位移传感器 …………………………………………………… 28
2.5.2 速度传感器 …………………………………………………… 28
2.5.3 加速度传感器 ………………………………………………… 29
2.6 振动信号监测的优缺点 ……………………………………………… 29
2.7 本章小结 ……………………………………………………………… 30
参考文献 …………………………………………………………………… 30

第二部分 振动信号分析技术

第3章 时域分析 ……………………………………………………… 37

3.1 引言 …………………………………………………………………… 37
3.1.1 视觉检测 ……………………………………………………… 37

3.1.2　基于特征的检测 ………………………………………… 39
3.2　统计函数 ………………………………………………………… 39
　　3.2.1　峰值振幅 …………………………………………………… 40
　　3.2.2　平均振幅 …………………………………………………… 40
　　3.2.3　均方根振幅 ………………………………………………… 40
　　3.2.4　峰峰振幅 …………………………………………………… 40
　　3.2.5　波峰因数 …………………………………………………… 41
　　3.2.6　方差和标准差 ……………………………………………… 41
　　3.2.7　标准误差 …………………………………………………… 42
　　3.2.8　零交叉 ……………………………………………………… 42
　　3.2.9　波长 ………………………………………………………… 42
　　3.2.10　Willison 幅值 ……………………………………………… 43
　　3.2.11　斜率符号变化 ……………………………………………… 43
　　3.2.12　脉冲因子 …………………………………………………… 44
　　3.2.13　裕度因子 …………………………………………………… 44
　　3.2.14　波形因子 …………………………………………………… 44
　　3.2.15　余隙因子 …………………………………………………… 44
　　3.2.16　偏度 ………………………………………………………… 44
　　3.2.17　峰度 ………………………………………………………… 45
　　3.2.18　高阶累积量 ………………………………………………… 45
　　3.2.19　直方图 ……………………………………………………… 46
　　3.2.20　正态/威布尔分布的负对数似然值 ………………………… 46
　　3.2.21　熵 …………………………………………………………… 47
3.3　时域同步平均 …………………………………………………… 47
　　3.3.1　时域同步平均信号 ………………………………………… 47
　　3.3.2　残差信号 …………………………………………………… 50
　　3.3.3　差值信号 …………………………………………………… 51
3.4　时间序列回归模型 ……………………………………………… 52
　　3.4.1　AR 模型 …………………………………………………… 52
　　3.4.2　MA 模型 …………………………………………………… 52
　　3.4.3　ARMA 模型 ………………………………………………… 53

        3.4.4 ARIMA 模型 ·· 53
    3.5 滤波法 ··· 54
        3.5.1 解调 ·· 55
        3.5.2 Prony 模型 ·· 57
        3.5.3 自适应噪声消除 ·· 58
    3.6 随机参数技术 ··· 59
    3.7 盲源分离 ··· 59
    3.8 本章小结 ··· 60
    参考文献 ·· 61

第 4 章 频域分析 ··· 68

    4.1 引言 ··· 68
    4.2 傅里叶分析 ··· 69
        4.2.1 傅里叶级数 ·· 69
        4.2.2 离散傅里叶变换 ·· 71
        4.2.3 快速傅里叶变换 ·· 72
    4.3 包络分析 ··· 76
    4.4 频谱统计特征 ··· 78
        4.4.1 算术平均值 ·· 78
        4.4.2 几何平均值 ·· 78
        4.4.3 匹配滤波器 RMS ·· 78
        4.4.4 谱差的 RMS ·· 78
        4.4.5 平方谱差之和 ·· 79
        4.4.6 高阶谱技术 ·· 79
    4.5 本章小结 ··· 80
    参考文献 ·· 80

第 5 章 时频域分析 ··· 84

    5.1 引言 ··· 84
    5.2 短时傅里叶变换 ··· 84
    5.3 小波分析 ··· 86

5.3.1　小波变换 ………………………………………………………… 87
　　　5.3.2　小波包变换 ……………………………………………………… 93
　5.4　经验模态分解 …………………………………………………………… 95
　5.5　希尔伯特黄变换 ………………………………………………………… 99
　5.6　Wigner – Ville 分布 …………………………………………………… 101
　5.7　局部均值分解 …………………………………………………………… 102
　5.8　峰度和谱峰度法 ………………………………………………………… 105
　5.9　本章小结 ………………………………………………………………… 110
　参考文献 ………………………………………………………………………… 111

第三部分　基于机器学习的旋转类设备状态监测

第 6 章　基于机器学习的振动状态监测 ………………………………… 125
　6.1　引言 ……………………………………………………………………… 125
　6.2　基于振动的 MCM 过程概述 …………………………………………… 126
　　　6.2.1　故障检测和诊断问题的框架 …………………………………… 126
　6.3　从振动数据中学习 ……………………………………………………… 129
　　　6.3.1　学习类型 ………………………………………………………… 130
　　　6.3.2　从振动数据中学习的主要困难 ………………………………… 132
　　　6.3.3　振动数据分析的预处理 ………………………………………… 134
　6.4　本章小结 ………………………………………………………………… 136
　参考文献 ………………………………………………………………………… 136

第 7 章　线性子空间学习 …………………………………………………… 139
　7.1　引言 ……………………………………………………………………… 139
　7.2　主成分分析 ……………………………………………………………… 140
　　　7.2.1　基于特征向量分解的 PCA ……………………………………… 140
　　　7.2.2　基于 SVD 的 PCA ……………………………………………… 141
　　　7.2.3　PCA 在设备故障诊断中的应用 ………………………………… 142
　7.3　独立成分分析 …………………………………………………………… 145

  7.3.1 互信息最小化 ········· 146
  7.3.2 最大似然估计 ········· 147
  7.3.3 ICA 在设备故障诊断中的应用 ········· 147
 7.4 线性判别分析 ········· 150
  7.4.1 LDA 在设备故障诊断中的应用 ········· 151
 7.5 典型相关分析 ········· 152
 7.6 偏最小二乘法 ········· 154
 7.7 本章小结 ········· 155
 参考文献 ········· 156

第 8 章 非线性子空间学习 ········· 162

 8.1 引言 ········· 162
 8.2 核主成分分析 ········· 162
  8.2.1 KPCA 在设备故障诊断中的应用 ········· 164
 8.3 等距特征映射 ········· 165
  8.3.1 ISOMAP 在设备故障诊断中的应用 ········· 167
 8.4 扩散映射和扩散距离 ········· 168
  8.4.1 DM 在设备故障诊断中的应用 ········· 169
 8.5 拉普拉斯特征映射 ········· 169
  8.5.1 LE 在设备故障诊断中的应用 ········· 170
 8.6 局部线性嵌入 ········· 171
  8.6.1 LLE 在设备故障诊断中的应用 ········· 171
 8.7 Hessian 局部线性嵌入 ········· 172
  8.7.1 HLLE 在设备故障诊断中的应用 ········· 173
 8.8 局部切空间排列分析 ········· 173
  8.8.1 LTSA 在设备故障诊断中的应用 ········· 174
 8.9 最大方差展开 ········· 175
  8.9.1 MVU 在设备故障诊断中的应用 ········· 176
 8.10 随机邻近嵌入 ········· 176
  8.10.1 SPE 在设备故障诊断中的应用 ········· 177
 8.11 本章小结 ········· 178

参考文献 ·· 178

第 9 章　特征选择 ·· 183

9.1　引言 ··· 183
9.2　基于过滤式模型的特征选择 ································ 185
　　9.2.1　Fisher 分值 ·· 186
　　9.2.2　拉普拉斯分值 ······································· 187
　　9.2.3　Relief 算法和 Relief-F 算法 ························ 188
　　9.2.4　皮尔逊相关系数 ····································· 190
　　9.2.5　信息增益和增益率 ··································· 191
　　9.2.6　互信息 ··· 191
　　9.2.7　卡方 ··· 192
　　9.2.8　Wilcoxon 排序 ····································· 192
　　9.2.9　特征排序在设备故障诊断中的应用 ····················· 193
9.3　基于包裹模型的特征子集选择 ······························ 195
　　9.3.1　序列选择算法 ······································· 196
　　9.3.2　启发式选择算法 ····································· 196
　　9.3.3　基于包裹模型的特征子集选择在设备故障诊断中的
　　　　　 应用 ··· 200
9.4　基于嵌入式模型的特征选择 ································ 203
9.5　本章小结 ··· 204
　　参考文献 ·· 205

第四部分　分类算法

第 10 章　决策树和随机森林 ···································· 213

10.1　引言 ·· 213
10.2　决策树 ·· 214
　　10.2.1　单变量分割准则 ···································· 217
　　10.2.2　多变量分割准则 ···································· 219

XV

10.2.3 剪枝方法 ·················· 220
10.2.4 决策树归纳算法 ·················· 223
10.3 决策森林 ·················· 225
10.4 决策树和决策森林在设备故障诊断中的应用 ·················· 226
10.5 本章小结 ·················· 230
参考文献 ·················· 230

第 11 章 概率分类方法 ·················· 239

11.1 引言 ·················· 239
11.2 隐马尔可夫模型 ·················· 239
11.2.1 隐马尔可夫模型在设备故障诊断中的应用 ·················· 242
11.3 逻辑回归模型 ·················· 244
11.3.1 逻辑回归的正则化 ·················· 246
11.3.2 多类逻辑回归模型 ·················· 246
11.3.3 逻辑回归在设备故障诊断中的应用 ·················· 247
11.4 本章小结 ·················· 248
参考文献 ·················· 249

第 12 章 人工神经网络 ·················· 252

12.1 引言 ·················· 252
12.2 神经网络的基本原理 ·················· 253
12.2.1 多层感知机 ·················· 254
12.2.2 径向基函数网络 ·················· 256
12.2.3 Kohonen 网络 ·················· 257
12.3 人工神经网络在设备故障诊断中的应用 ·················· 258
12.4 本章小结 ·················· 267
参考文献 ·················· 268

第 13 章 支持向量机 ·················· 274

13.1 引言 ·················· 274
13.2 多分类 SVM ·················· 277

13.3 核参数选择 ·········· 278

13.4 SVM 在设备故障诊断中的应用 ·········· 278

13.5 本章小结 ·········· 289

参考文献 ·········· 290

第 14 章 深度学习 ·········· 294

14.1 引言 ·········· 294

14.2 自编码器 ·········· 295

14.3 卷积神经网络 ·········· 298

14.4 深度置信网络 ·········· 299

14.5 循环神经网络 ·········· 301

14.6 MCM 中的深度学习概述 ·········· 302

  14.6.1 基于 AE 的 DNN 在设备故障诊断中的应用 ·········· 302

  14.6.2 CNN 在设备故障诊断中的应用 ·········· 308

  14.6.3 DBN 在设备故障诊断中的应用 ·········· 312

  14.6.4 RNN 在设备故障诊断中的应用 ·········· 314

14.7 本章小结 ·········· 315

参考文献 ·········· 316

第 15 章 分类算法验证 ·········· 323

15.1 引言 ·········· 323

15.2 Holdout 技术 ·········· 323

  15.2.1 三类数据拆分 ·········· 324

15.3 随机子采样 ·········· 325

15.4 K 折交叉验证 ·········· 326

15.5 留一法交叉验证 ·········· 327

15.6 自助法 ·········· 327

15.7 总体分类精度 ·········· 328

15.8 混淆矩阵 ·········· 329

15.9 召回率和精确率 ·········· 329

15.10 ROC 图 ·········· 331

15.11 本章小结 ·· 334

参考文献 ·· 334

第五部分　面向 MCM 的全新故障诊断框架

第 16 章　压缩采样和子空间学习 ·· 339

16.1　引言 ·· 339

16.2　面向基于振动的 MCM 的压缩采样 ································ 341

16.2.1　压缩采样的基本原理 ·· 342

16.2.2　针对频域稀疏表示的 CS ···································· 344

16.2.3　针对时频域稀疏表示的 CS ································· 345

16.3　面向设备状态监测的 CS 概述 ······································ 346

16.3.1　针对压缩感知数据进行完整数据重构 ··················· 347

16.3.2　针对压缩感知数据进行不完整数据重构 ················ 348

16.3.3　将压缩感知数据作为分类器的输入 ······················ 349

16.3.4　针对压缩感知数据进行特征学习 ························· 349

16.4　压缩采样与特征排序 ··· 350

16.4.1　具体实现 ··· 351

16.5　基于 CS 与线性子空间学习的故障诊断框架 ···················· 355

16.5.1　具体实现 ··· 356

16.6　基于 CS 与非线性子空间学习的故障诊断框架 ················· 360

16.6.1　具体实现 ··· 360

16.7　应用实例 ·· 364

16.7.1　实例研究 1 ·· 364

16.7.2　实例研究 2 ·· 370

16.8　相关讨论 ·· 373

参考文献 ·· 374

第 17 章　压缩采样与深度神经网络 ······································· 378

17.1　引言 ·· 378

17.2 相关研究工作概述 …………………………………………… 378
17.3 CS – SAE – DNN ……………………………………………… 379
 17.3.1 压缩测量生成 ……………………………………………… 379
 17.3.2 利用反转测试对 CS 模型进行检验 ……………………… 380
 17.3.3 基于 DNN 的无监督稀疏超完备特征学习 ……………… 380
 17.3.4 有监督的精调 ……………………………………………… 384
17.4 应用实例分析 …………………………………………………… 384
 17.4.1 实例分析 1 ………………………………………………… 384
 17.4.2 实例分析 2 ………………………………………………… 388
17.5 相关讨论 ………………………………………………………… 391
参考文献 ………………………………………………………………… 391

第18章 总结

18.1 引言 ……………………………………………………………… 394
18.2 总结 ……………………………………………………………… 395
附录 设备振动数据源和分析算法 ………………………………… 403
参考文献 ………………………………………………………………… 407

缩略语 …………………………………………………………………… 409

译者简介 ………………………………………………………………… 420

第一部分　概述

第1章 设备状态监测概述

1.1 背景介绍

在诸多重要的应用场合中,我们可以看到很多复杂而昂贵的设备,它们能够提供人们所需的一系列功能特性。对于此类设备而言,有效的状态监测(CM)与设备维护程序无疑是非常必要的。例如,在当今全球化市场环境中,制造类公司往往需要尽其所能地降低成本和提高产品质量,从而保持它们的竞争能力。旋转类设备常常是制造过程中的核心要素,其健康状态和工作效率对于生产进度、产品质量以及生产成本等有着直接的影响,一些无法预见的设备故障可能导致停工、事故和损伤等人们不希望出现的情况。近期的分析数据(Ford,2017;Hauschild,2017)已经表明,英国制造业由于设备停工而带来的损失高达每年1800亿英镑。不仅如此,Mobley还指出(Mobley,2002),设备维护成本在产品成本中占据了15%~60%的份额,行业不同这一比例也有所不同,例如,在食品制造业中平均维护成本约占15%,而在钢铁等重工业中该比例可达60%。

为了确保旋转类设备处于稳定而健康的状态,设备中的零部件如电动机、轴承和齿轮箱等都必须能够正常工作。设备的维护工作主要是针对这些零部件进行的,包括维修、调整和替换等,通常有两类主要方式(Wang 等,2017),即故障检修和预防保养。故障检修是在出现设备故障之后进行的,这是最基本的维护措施,不过其代价常常比较高,尤其是对于大规模应用旋转类设备的情况更是如此。预防保养是指通过定期检修(TBM)或状态维修(CBM)来防止故障的发生,其中的 CBM 还包括局域 CBM 和远程 CBM 两种情形(Higgs 等,2004;Ahmad 和Kamaruddin,2012)。TBM 通常是按照事先制定好的日程表来进行维护保养工作,而不考虑设备的实际健康情况,对于一些大型复杂设备来说,这一措施的代价是比较高的,另外,它也难以防止设备故障的发生。

人们已经发现,大约99%的旋转类设备故障发生之前都会表现出一些非特定性的状态,这些状态的出现可为即将发生的故障提供指示信号(Bloch 和 Geitner,2012)。正因为如此,CBM 受到了人们的重视,可以作为一种有效的设备维护手段,并且能够避免 TBM 中不必要的维护工作。大量研究已经表明(McMillan 和 Ault,2007;Verma 等,2013;Van Dam 和 Bond,2015;Kim 等,2016),在若干旋转类设备应用场合中,CBM 能够为我们带来经济上可观的优势。在 CBM 中,是否进行维护是建立在当前设备健康状况基础上的,这些健康状况可以通过状态监测系统来判定。当故障萌发时,借助精准的状态监测技术我们能够实现早期故障检测和故障类型的正确识别。显然,状态监测系统的精准度和灵敏性越高,所作出的维修决策的正确性也就越高,从而可以在设备发生故障停机之前尽早地制定和执行合适的维护保养措施。

在旋转类设备零部件的状态监测中,我们可以通过早期故障检测来判定设备的健康状况,从而将设备失效的风险降低到最低程度。状态监测的主要目标是避免灾难性的设备故障,它们往往可能带来继发性破坏、设备停机、安全事故、生产损失,以及更高昂的维修成本。旋转类设备的状态监测技术主要是针对一些可测数据进行监测,如振动数据和声学数据等。借助不同的数据信息或者将这些不同数据信息综合起来,是能够判断出设备状态的变化情况的,这也就使得我们可以采用 CBM 方式或其他一些措施来预防设备的故障停机(Jardine 等,2006)。根据从旋转类设备采集到的传感器数据类型的不同,状态监测技术可以分为振动监测、声发射(AE)监测、电流监测、温度监测、化学监测和激光监测,其中,基于振动信号的状态监测技术得到了广泛的研究,在计划维护管理工作中已经成为一项深受认可的技术手段(Lacey,2008;Randall,2011)。在实际场合中,各类不同的故障状态往往会产生不同模式的振动谱,因此,通过振动分析可以实现设备内部零部件的检测,进而无需将设备拆解开就能够分析出运转中的设备的健康状态(Nandi 等,2013)。此外,从振动信号中还可以观测到各种典型的特征信息,这也使得振动监测技术成为了设备状态监测工作的最佳选择之一。

本章将针对旋转类设备故障的维护方法、设备状态监测(MCM)技术及其应用等方面的内容进行介绍。

1.2 旋转类设备故障的维护方法

上面已经简要地提及了设备维护工作的两种主要方式,即故障检修和预防保养,这一节将对其进行详尽的讨论。

1.2.1 故障检修

故障检修是最基本的维护措施,也称为损坏(Run – to – failure)维护。这种方式是在设备故障停机后才实施的,因此故障的发生可能会带来非常严重的影响,并导致长时间的停机。故障检修过程主要是采取恰当的措施进行处理,使得设备从故障停机状态恢复到正常状态。这些措施通常是指针对那些导致整个系统发生故障的零部件进行维修、调整或替换,例如将某些轴承或齿轮替换掉。当采取故障检修方式时,在设备尚未发生故障停机之前,人们不需要进行维护工作,因而,在此期间是没有经济成本的。不过,当设备发生故障停机之后,这种维护方式的代价可能非常高昂,尤其对于旋转类设备大规模应用的场合更是如此。

1.2.2 预防保养

预防保养是另一种维护措施,可以替代故障检修方式,其基本思想是通过采取一些恰当的技术手段来防止设备故障停机的出现。借助 TBM 或 CBM 技术都能够实现设备的预防保养,下面将对此做进一步的介绍。

1.2.2.1 定期检修(TBM)

TBM 是根据事先制定好的日程表对设备进行检修维护,而不考虑设备当时的健康情况。显然,对于一些大型复杂设备来说,这种方法所付出的代价是相当高的。不仅如此,TBM 也难以预防设备故障的发生。在这一技术方式中,人们一般是在故障时间分析的基础上制定检修策略的,这实际上假定了设备的故障特性能够根据故障率的变化趋势进行预测。故障率的变化趋势通常可以划分为 3 个阶段,即早期磨合(Burn – in)阶段、正常使用阶段和磨耗阶段(Ahmad 和 Kamaruddin,2012)。

1.2.2.2 状态维修(CBM)

正如 Higgs 等(2004)所指出的,一套 CBM 系统能够识别设备状态并作出相应的维修决策,而无须人员的介入。这是一种有效的维护方式,可以避免 TBM 方式所带来的不必要的维护工作。它主要是根据设备的当前健康状况去制定相关维护决定,其中的设备健康状况可以通过状态监测系统来判断。CBM 系统包括了两种类型,即局域 CBM 和远程 CBM。局域 CBM 系统是独立进行预测性维护的,一般可以由相关的工程技术人员或操作人员来完成。在这种情况下,通常是先针对感兴趣的零部件以某个时间间隔周期性地采集和记录 CBM 数据,以识别其当前健康状态,然后再确定该状态是否符合要求。远程 CBM 系统可以是独立进行的,也可以跟其他相关系统联网进行,它们在远程区域通过无线传感网络来监测零部件的状态。目前,很多研究工作都已经表明了 CBM 技术在一系列旋转类设备的应用场合中具有明显的经济优势,例如可参阅 McMillan 和 Ault(2007)、Verma 等(2013)、Van Dam 和 Bond(2015)以及 Kim 等(2016)文献。

1.3 设备状态监测的应用

前面已经指出了状态监测在 CBM 中的作用,这一节我们将针对状态监测在各类旋转类设备应用场合中的应用进行介绍,这些应用场合包括了风机、油气、航空与国防、汽车、船舶和机车等工业领域。

1.3.1 风机领域

当前,风机已经成为发展最为迅速的可再生能源之一,不过其运行和维护(O&M)成本是相当高的,这是风机所面临的一个突出问题。风机一般位于人员不易靠近的区域,通常是风力资源更为丰富的偏远陆地和远海区域(Lu 等,2009;Yang 等,2013),因此,在整个服役过程中,它们都处于相当恶劣的自然环境条件之中。不难想象,风机发生较大故障时,其维修成本将是高昂的,并且长时间的停机也会导致经济收入上的较大损失(Bangalore 和 Patriksson,2018)。

跟传统的发电技术相比,风机发电是没有资源成本的,尽管如此,它们的运行和维护成本却相当高昂。因此,针对风机进行状态监测是一种可行的措施,能够降低运行和维护成本,并提高风场发电量(Zhao 等,2018)。关于风机状态监测方面的研究文献已经相当可观了,其中还有一些进行了系统性的综述,如可参阅 Lu 等(2009)、Hameed 等(2009)、Tchakoua 等(2014)、Yang 等(2014)、Qiao 和 Lu(2015,2015a,2015b)、Salameh 等(2018)以及 Gonzalez 等(2019)的相关文献。

1.3.2 油气工业

油气工业涉及勘探、提炼、精炼、运输和销售石油产品等一系列环节,陆上和海上油气项目都属于资本密集型投资,如果发生灾难性故障,将可能导致相当严重的金融风险和环境灾害(reza Akhondi 等,2010;Telford 等,2011)。Natarajan 和 Srinivasan(2010)针对海上油气生产过程研究了基于多模型的过程状态监测,他们指出,海上油气生产平台是特别危险的,工作人员所处的环境周围存在着极易燃的碳氢化合物。因此，只要某个设备发生了故障，就很可能迅速扩散到其他设备，导致泄漏、火灾和爆炸等灾害，进而带来人员伤亡、经济损失和生产停滞等严重后果。显然，为了防止此类平台出现上述问题，我们有必要采取恰当的技术手段对平台上的设备进行状态监测。

状态监测能够及时反映运行中的设备状态，并借助故障诊断技术预测出机械系统的故障问题。目前，已有一些研究人员针对油气工业中的状态监测应用进行了研究，例如可参阅 Thorsen 和 Dalva（1995）、reza Akhondi 等（2010）、Natarajan 和 Srinivasan（2010）以及 Telford 等（2011）的相关文献。

1.3.3 航空与国防工业

飞行器是比较极端的一类动力学系统，所有重要的零部件都会受到极端动力载荷、连续的振动载荷以及冲击载荷的作用。显然，为了保证旋翼机的安全性和可靠性，我们必须定期地进行维修检查、修复和零部件替换，其经济代价是相当高的，而且也非常耗时。即使采取了这些措施，疲劳导致的早期故障也会导致很多直升机事故，使得致命事故率上升（Samuel 和 Pines，2005）。正是出于运营成本和安全性这些方面的考量，人们开始重视和发展健康监测系统，认识到有必要针对飞行器的引擎引入先进的故障诊断和预测技术。对于军用航空航天器来说更是如此，它们的效能和可靠性是至关重要的（Keller 等，2006）。

在航空器健康管理方面，Roemer 等（2001）进行了诊断和预测技术研究，Tumer 和 Bajwa（1999）针对飞行器引擎的健康监测系统进行过综述，Samuel 和 Pines（2005）则回顾了基于振动的直升机变速箱诊断的研究现状。

1.3.4 汽车工业

现代汽车的软件和硬件是非常复杂的，其维修保养也是比较困难的工作，因此人们越来越重视对其进行预测性维护。一些研究人员已经开展了汽车故障诊断方面的研究，例如 Abbas 等（2007）针对由电池、发电机、电负载和电压控制器组成的车辆电力生成与存储（EPGS），提出了一种故障诊断和预测方法；Shafi 等（2018）还进一步针对汽车 4 个主要子系统，即燃油系统、点火系统、排气系统和冷却系统，给出了一种故障预测方法。

1.3.5 船用发动机领域

船用柴油发动机是最重要的船用动力源之一，其健康状态和工作效能对于船舶的正常运行是至关重要的。这些发动机如果出现故障,那么,将可能导致巨大的经济损失和严重的事故。对于船用发动机,尤其是中速和高速发动机,其尺寸非常大,一般不宜采用试错技术来解决相关的故障问题(Kouremenos 和 Hountalas,1997;Li 等,2012a、2012b),因此对其进行状态监测是保证船舶安全的非常重要的手段。

1.3.6 机车领域

在绝大多数国家的经济和社会发展中,铁路运输都起到了不可或缺的作用,确保机车的连续正常运行无疑是非常重要的,机车零部件发生故障可能导致难以预计的事故。以机车轴承为例,它们一般工作在较高转速下,必须始终保持健康状态,才能为机车的安全运行提供保障(Shen 等,2013)。不难看出,针对机车轴承进行状态监测是十分重要的,关系到人民的生命安全。

1.4 状态监测技术

根据从旋转类设备采集到的传感数据的类型,设备状态监测技术可以划分为振动监测、声发射监测、振声联合监测、电动机电流监测、油液分析、热成像、视觉检查、性能监测以及趋势监测。

1.4.1 振动监测

正如前面曾经指出的,基于振动的轴承状态监测已经得到了广泛的应用,是计划维护管理中的一项公认的有效技术手段(Lacey,2008;Randall,2011)。实际上,不同的故障状态所产生的振动谱模式是不同的,因此通过振动分析能够帮助我们检查设备内部的零部件,并分析设备运行过程中的健康状态,而无需将设备拆解开来(Nandi 等,2013)。此外,从振动信号中还可以观测到各种典型特征,这使得振动监测已经成为设备状态监测领域中的最佳选择之一。在本书中,我们将会介绍基于振动信号的各种设备状态监测技术。

1.4.2 声发射

声发射(AE)是一项设备状态监测技术,如齿轮箱的声发射监测,所监测的声波一般是由缺陷或间断导致的。在各类机械设备中,声发射源主要包括冲击、循环疲劳、摩擦、湍流、材料损伤、空蚀和泄漏等因素(Goel 等,2015)。声波通常以瑞利波形式在材料表面传播,其位移可以借助声发射传感器来测得,这些传感器一般是由压电晶体制成的。跟振动监测技术相比而言,声发射监测技术能够在高噪声环境中获得更高的信噪比(SNR),不过它也存在着两个主要缺点:一个是搭建整个监测系统的成本很高;另一个是需要相关人员具备相当程度的专业知识(Zhou 等,2007)。Li 和 Li(1995)曾针对声发射在轴承状态监测中的应用进行过研究,结果表明,当传感器只能布置在远离轴承的位置时,声发射信号要比振动信号的质量更好。Eftekharnejad 等(2011)也考察了声发射在轴承故障检测问题中的应用,并指出在检测早期故障方面声发射比振动更为灵敏。此外,Caesarendra 等(2016)还利用声发射进行了低速转盘轴承的状态监测。

1.4.3 振声联合监测

为获得有用的特征信息,我们也可以将振动信号和声发射信号联合起来进行分析,一些研究人员已经利用这一技术进行了设备状态监测研究,例如可参阅 Loutas 等(2011)、Khazaee 等(2014)以及 Li 等(2016)的研究工作。

1.4.4 电动机电流监测

在 CBM 中进行电动机电流监测也是可行的方法,而且不需要额外的传感器。实际上,借助已有的电压和电流互感器(通常是保护装置的一部分),我们很容易测得机电设备的一些基本电学量。电流监测的两个主要优点:首先是其经济成本显著降低;其次是可形成设备状态监测的整体方案(Zhou 等,2007)。关于这一方面的研究,可以参阅 Schoen 等(1995)、Benbouzid 等(1999)、Li 和 Mechefske(2006)以及 Blodt 等(2008)的相关工作。

1.4.5 油液分析和润滑监测

机电设备常常采用润滑油来减小运动表面之间的摩擦,对于设备故障的早期诊断来说,润滑油是一个十分重要的信息源,这有点类似于人体血样,通过血样检测往往可以揭示疾病的存在。跟基于振动的设备健康监测技术相比,润滑油状态监测发现问题的时间要大幅提前,从而能够在更早阶段发出设备故障警告(Zhu 等,2013)。此外,Harris(2001)还曾指出,不恰当的润滑是导致轴承缺陷的主要原因之一,无论是过润滑还是欠润滑都是如此。

1.4.6　热成像

正如 Garcia-Ramirez 等(2014)指出的,热成像分析已经成为一项可用于故障诊断的有效技术手段了,其优点是无侵入性,并且分析范围很宽。这一技术是借助热成像传感器所获取的热影像来进行的,这些传感器是一种红外探测器,能够吸收目标物的辐射能量和待测表面的温度,并将其转换为所谓的温谱图。温谱图上的每个像素都有一个特定的温度值,图像对比度反映了目标物表面的温差。Bagavathiappan 等(2013)曾针对基于红外热成像的状态监测进行过全面的综述,主要侧重于这种非侵入性手段在各类设备和过程的状态监测中的研究进展。近期,Osornio-Rios 等(2018)还针对红外热成像在各种工业场合中的应用回顾了一些最新动态。

1.4.7　视觉检查

借助高分辨率摄像机和先进的计算机软硬件,对设备中的零部件表面进行视觉检查,目前也是一种可行的设备状态监测手段。自动化的视觉检查过程一般包括图像采集、预处理、特征提取和分类等步骤。利用机器视觉我们可以从三维场景的二维数字影像中提取出特征信息,这种工业上的机器视觉系统能够替代人工,自动完成视觉检查过程。一般来说,机器视觉系统可以划分为以下 3 种类型(Ravikumar 等,2011)。

(1)测量系统。其目标是通过对物体的图像进行数字化处理去确定其尺寸。
(2)引导系统。其任务是基于视觉去引导设备执行特定的动作。
(3)检测系统。其工作是确定物体或场景是否与预定情况相匹配。

目前,已经有很多研究人员针对视觉检查在设备状态监测中的性能进行过研究,如可参阅 Sun 等(2009)、Ravikumar 等(2011)、Chauhan 和 Surgenor (2015)、Liu 等(2016)以及 Karakose 等(2017)的相关文献。

1.4.8　性能监测

根据性能监测所获得的信息,我们也可以识别出设备的状态。这一技术的应用需要具备两个条件:其一是系统必须具有稳定的正常状态,并且这种稳定性可体现在所考察的参数上;其二是能够进行人工或自动测量。如果这些条件是满足的,那么,系统所表现出的任何偏离正常行为的变化都能被指示出异常(Rao,1996)。

1.4.9 趋势监测

趋势监测是通过对温度、噪声和电流等参量进行连续或定期地测量,选择恰当且能够指示出设备或零部件健康状态变差的指标,分析这些指标在运行中的变化趋势,从而在其超出某个临界点时发出警告。例如,我们可以将测得的数据记录下来并绘制成时域图像,然后将其与能够表征设备正常状态的测量数据进行比较,进而利用这种差异来识别设备的异常(Davies,2012)。

1.5 本书的主题和内容

设备状态监测是一项重要技术,能够保障各类生产过程的工作效率和品质。当设备出现故障时,通过监测数据的分析可以帮助工程技术人员快速地确定故障的位置并及时地进行维修。在理想情况下,我们能够提前预测到设备的故障,在其发生前就进行相应的维护工作,从而使得设备能够始终运行于健康状态。

设备状态监测在各种旋转类设备的应用场合中都是非常重要的,例如发电、油气、航空与国防、汽车以及船舶等领域。旋转类设备的状态监测技术一般是针对相关的可测数据(如振动数据、声学数据等)进行监测,利用这些数据或将不同类型的数据联合起来都能识别出设备状态的变化情况。现代旋转类设备的复杂度越来越高,因此也就越来越需要更加有效和高效的状态监测技术。也正是由于这个原因,世界各地的很多研究团队都对此进行了研究,相关的文献不断增长,直接促进了设备状态监测领域的快速发展。应当说,设备状态监测问题是复杂的,要求我们从不同角度去寻求解决方案,由此也激励着一代又一代研究人员不断投身于这一领域的研究。

首先,状态监测技术的类型是多种多样的。正如前文所指出的,根据从旋转类设备采集到的传感数据类型的不同,设备状态监测技术可以分为很多种,其中包括振动监测、声发射监测、振声联合监测、电动机电流监测、油液分析、热成像、视觉检查、性能监测以及趋势监测等。

其次,此类技术不是直接使用所采集到的原始信号,而是去计算这些信号的某些本质特性。在机器学习研究领域中,这些本质特性一般称为特征。人们有时还会计算出多种特征并构成特征集,根据特征集中所包含的特征数量,可能需要借助特征选择算法做进一步的筛选。目前已有多种不同的特征提取和特征选择技术可以用于设备状态监测工作中。

最后，设备状态监测的核心目标是对所采集到的信号进行分类，使之正确地对应到各种设备状态上，这一般属于多类分类问题。目前已有大量分类算法可供使用。

在本书中，我们将把诸多技术汇总起来，针对从旋转类设备的基本知识到基于振动信号的知识生成，进行全面的介绍。第2章将简要阐述旋转类设备及其所产生的振动信号，相关领域的研究生、研究人员和工程技术人员都能轻松地理解这些内容，熟悉这些基本知识有助于进一步阅读本书中所给出的相关方法的应用。根据设备状态监测技术的框架以及针对旋转类设备进行有效的故障检测和分类这一目标，我们将在第3章~第8章、第9章和第10章~第13章中分别介绍特征提取、特征选择和特征分类方法及其在设备振动数据集上的应用。进一步，第14章还将给出设备状态监测领域中有关深度学习方面的近期发展，并阐述一些常用技术及其在设备故障诊断中的应用实例。为了评估本书所介绍的分类算法的有效性，第15章将讨论一些检验方法，它们可以通过分类结果来验证这些分类算法的性能。机器学习和压缩采样等新方法能够显著提升准确性，同时还能节约计算成本，这些内容将在第16章和第17章加以介绍，它们对于所有研究人员、从业人员以及刚刚进入这一领域的人们来说都是有益的，能够增强安全性、可靠性和工作性能。最后，我们将在第18章中针对本书所考察的各种方法的应用进行总结，并给出一些建议。

1.6 本章小结

这一章简要介绍了旋转类设备故障的常用维护方法以及设备状态监测技术在各种应用场景下的应用，例如发电、油气、航空与国防、汽车和船舶等场景。此外，本章还阐述了各种可用于旋转类设备的状态监测技术，其中包括振动监测、声发射监测、振声联合监测、电动机电流监测、油液分析、热成像、视觉检查、性能监测和趋势监测等。

参考文献

Abbas, M., Ferri, A. A., Orchard, M. E., and Vachtsevanos, G. J. (2007). An intelligent diagnostic/prognostic framework for automotive electrical systems. In: 2007 IEEE Intelligent Vehicles Symposium, 352–357. IEEE.

Ahmad, R. and Kamaruddin, S. (2012). An overview of time-based and condition-based maintenance in industrial application. Computers & Industrial Engineering 63 (1): 135-149.

Bagavathiappan, S., Lahiri, B. B., Saravanan, T. et al. (2013). Infrared thermography for condition monitoring-a review. Infrared Physics & Technology 60: 35-55.

Bangalore, P. and Patriksson, M. (2018). Analysis of SCADA data for early fault detection, with application to the maintenance management of wind turbines. Renewable Energy 115: 521-532.

Benbouzid, M. E. H., Vieira, M., and Theys, C. (1999). Induction motors' faults detection and localization using stator current advanced signal processing techniques. IEEE Transactions on Power Electronics 14 (1): 14-22.

Bloch, H. P. and Geitner, F. K. (2012). Machinery Failure Analysis and Troubleshooting: Practical Machinery Management for Process Plants. Butterworth-Heinemann.

Blodt, M., Granjon, P., Raison, B., and Rostaing, G. (2008). Models for bearing damage detection in induction motors using stator current monitoring. IEEE Transactions on Industrial Electronics 55 (4): 1813-1822.

Caesarendra, W., Kosasih, B., Tieu, A. K. et al. (2016). Acoustic emission-based condition monitoring methods: review and application for low speed slew bearing. Mechanical Systems and Signal Processing 72: 134-159.

Chauhan, V. and Surgenor, B. (2015). A comparative study of machine vision based methods for fault detection in an automated assembly machine. Procedia Manufacturing 1: 416-428.

Davies, A. e. (2012). Handbook of Condition Monitoring: Techniques and Methodology. Springer Science & Business Media.

Eftekharnejad, B., Carrasco, M. R., Charnley, B., and Mba, D. (2011). The application of spectral kurtosis on acoustic emission and vibrations from a defective bearing. Mechanical Systems and Signal Processing 25 (1): 266-284.

Ford, J. (2017). Machine downtime costs UK manufacturers £ 180bn a year. The Engineer. www.theengineer.co.uk/faulty-machinery-machine-manufacturers.

Garcia-Ramirez, A. G., Morales-Hernandez, L. A., Osornio-Rios, R. A. et al. (2014). Fault detection in induction motors and the impact on the kinematic chain through thermographic analysis. Electric Power Systems Research 114: 1-9.

Goel, S., Ghosh, R., Kumar, S. et al. (2015). A methodical review of condition monitoringtechniques for electrical equipment. NDT. net. https://www.ndt.net/article/nde-india2014/papers/CP0073_full.pdf.

Gonzalez, E., Stephen, B., Infield, D., and Melero, J. J. (2019). Using high-frequency SCADA data for wind turbine performance monitoring: asensitivity study. Renewable Energy 131: 841-853.

Hameed, Z., Hong, Y. S., Cho, Y. M. et al. (2009). Condition monitoring and fault detection of wind turbines and related algorithms: a review. Renewable and Sustainable Energy Reviews 13 (1): 1 – 39.

Harris, T. A. (2001). Rolling Bearing Analysis. Wiley.

Hauschild, M. (2017). Downtime costs UK manufacturers £ 180bn a year. The Manufacturer. https://www.themanufacturer.com/articles/machine – downtime – costs – uk – manufacturers – 180bn – year.

Higgs, P. A., Parkin, R., Jackson, M. et al. (2004). A survey on condition monitoring systems in industry. In: ASME 7th Biennial Conference on Engineering Systems Design and Analysis, 163 – 178. American Society of Mechanical Engineers.

Jardine, A. K., Lin, D., and Banjevic, D. (2006). A review on machinery diagnostics and prognostics implementing condition – based maintenance. Mechanical Systems and Signal Processing 20 (7): 1483 – 1510.

Karakose, M., Yaman, O., Baygin, M. et al. (2017). A new computer vision based method for rail track detection and fault diagnosis in railways. International Journal of Mechanical Engineering and Robotics Research 6 (1): 22 – 17.

Keller, K., Swearingen, K., Sheahan, J. et al. (2006). Aircraft electrical power systems prognostics and health management. In: 2006 IEEE Aerospace Conference, 12. IEEE.

Khazaee, M., Ahmadi, H., Omid, M. et al. (2014). Classifier fusion of vibration and acoustic signals for fault diagnosis and classification of planetary gears based on Dempster – Shafer evidence theory. Proceedings of the Institution of Mechanical Engineers, Part E: Journal of Process Mechanical Engineering 228 (1): 21 – 32.

Kim, J., Ahn, Y., and Yeo, H. (2016). A comparative study of time – based maintenance and condition – based maintenance for optimal choice of maintenance policy. Structure and Infrastructure Engineering 12 (12): 1525 – 1536.

Kouremenos, D. A. and Hountalas, D. T. (1997). Diagnosis and condition monitoring of medium – speed marine diesel engines. Tribotest 4 (1): 63 – 91.

Lacey, S. J. (2008). An overview of bearing vibration analysis. Maintenance & Asset Management 23 (6): 32 – 42.

Li, C. J. and Li, S. Y. (1995). Acoustic emission analysis for bearing condition monitoring. Wear 185 (1 – 2): 67 – 74.

Li, W. and Mechefske, C. K. (2006). Detection of induction motor faults: a comparison of stator current, vibration and acoustic methods. Journal of Vibration and Control 12 (2): 165 – 188.

Li, Z., Yan, X., Yuan, C., and Peng, Z. (2012a). Intelligent fault diagnosis method for marine diesel engines using instantaneous angular speed. Journal of Mechanical Science and Technology 26 (8): 2413 - 2423.

Li, Z., Yan, X., Guo, Z. et al. (2012b). A new intelligent fusion method of multi - dimensional sensors and its application to tribo - system fault diagnosis of marine diesel engines. Tribology Letters 47 (1): 1 - 15.

Li, C., Sanchez, R. V., Zurita, G. et al. (2016). Gearbox fault diagnosis based on deep random forest fusion of acoustic and vibratory signals. Mechanical Systems and Signal Processing 76: 283 - 293.

Liu, L., Zhou, F., and He, Y. (2016). Vision - based fault inspection of small mechanical components for train safety. IET Intelligent Transport Systems 10 (2): 130 - 139.

Loutas, T. H., Roulias, D., Pauly, E., and Kostopoulos, V. (2011). The combined use of vibration, acoustic emission and oil debris on - line monitoring towards a more effective condition monitoring of rotating machinery. Mechanical Systems and Signal Processing 25 (4): 1339 - 1352.

Lu, B., Li, Y., Wu, X., and Yang, Z. (2009). A review of recent advances in wind turbine condition monitoring and fault diagnosis. In: 2009 IEEE Power Electronics and Machines in Wind Applications, 2009. PEMWA, 1 - 7. IEEE.

McMillan, D. and Ault, G. W. (2007). Quantification of condition monitoring benefit for offshore wind turbines. Wind Engineering 31 (4): 267 - 285.

Mobley, R. K. (2002). An Introduction to Predictive Maintenance. Elsevier.

Nandi, A. K., Liu, C., and Wong, M. D. (2013). Intelligent vibration signal processing for condition monitoring. In: Proceedings of the International Conference Surveillance, vol. 7, 1 - 15. https://surveillance7.sciencesconf.org/conference/surveillance7/P1_Intelligent_Vibration_Signal_Processing_for_Condition_Monitoring_FT.pdf.

Natarajan, S. and Srinivasan, R. (2010). Multi - model based process condition monitoring of offshore oil and gas production process. Chemical Engineering Research and Design 88 (5 - 6): 572 - 591.

Osornio - Rios, R. A. A., Antonino - Daviu, J. A., and de Jesus Romero - Troncoso, R. (2018). Recent industrial applications of infrared thermography: a review. IEEE Transactions on Industrial Informatics 15 (2): 615 - 625.

Qiao, W. and Lu, D. (2015a). A survey on wind turbine condition monitoring and fault diagnosis—part I: components and subsystems. IEEE Transactions on Industrial Electronics 62 (10): 6536 - 6545.

Qiao, W. and Lu, D. (2015b). A survey on wind turbine condition monitoring and fault diagnosis—part II: signals and signal processing methods. IEEE Transactions on Industrial Electronics 62 (10): 6546 - 6557.

Randall, R. B. (2011). Vibration - Based Condition Monitoring: Industrial, Aerospace and Automotive Applications. Wiley.

Rao, B. K. N. (1996). Handbook of Condition Monitoring. Elsevier.

Ravikumar, S., Ramachandran, K. I., and Sugumaran, V. (2011). Machine learning approach for automated visual inspection of machine components. Expert Systems with Applications 38 (4): 3260-3266.

reza Akhondi, M., Talevski, A., Carlsen, S., and Petersen, S. (2010). Applications of wireless sensor networks in the oil, gas and resources industries. In: 2010 24th IEEE International Conference on Advanced Information Networking and Applications (AINA), 941-948. IEEE.

Roemer, M. J., Kacprzynski, G. J., Nwadiogbu, E. O., and Bloor, G. (2001). Development of Diagnostic and Prognostic Technologies for Aerospace Health Management Applications. Rochester, NY: Impact Technologies LLC.

Salameh, J. P., Cauet, S., Etien, E. et al. (2018). Gearbox condition monitoring in wind turbines: a review. Mechanical Systems and Signal Processing 111: 251-264.

Samuel, P. D. and Pines, D. J. (2005). A review of vibration-based techniquesfor helicopter transmission diagnostics. Journal of Sound and Vibration 282 (1-2): 475-508.

Schoen, R. R., Habetler, T. G., Kamran, F., and Bartfield, R. G. (1995). Motor bearing damage detection using stator current monitoring. IEEE Transactions on Industry Applications 31 (6): 1274-1279.

Shafi, U., Safi, A., Shahid, A. R. et al. (2018). Vehicle remote health monitoring and prognostic maintenance system. Journal of Advanced Transportation 2018: 1-10.

Shen, C., Liu, F., Wang, D. et al. (2013). A doppler transient model based on the Laplace wavelet and spectrum correlation assessment for locomotive bearing fault diagnosis. Sensors 13 (11): 15726-15746.

Sun, H. X., Zhang, Y. H., and Luo, F. L. (2009). Visual inspection of surface crack on labyrinth disc in aeroengine. Optics and Precision Engineering 17: 1187-1195.

Tchakoua, P., Wamkeue, R., Ouhrouche, M. et al. (2014). Wind turbine condition monitoring: state-of-the-art review, new trends, and future challenges. Energies 7 (4): 2595-2630.

Telford, S., Mazhar, M. I., and Howard, I. (2011). Condition based maintenance (CBM) in the oil and gas industry: an overview of methods and techniques. In: Proceedings of the 2011 International Conference on Industrial Engineering and Operations Management. Kuala Lumpur, Malaysia: IEOM Research Solutions Pty Ltd.

Thorsen, O. V. and Dalva, M. (1995). A survey of faults on induction motors in offshore oil industry, petrochemical industry, gas terminals, and oil refineries. IEEE Transactions on Industry Applications 31 (5): 1186-1196.

Tumer, I. and Bajwa, A. (1999). A survey of aircraft engine health monitoring systems. In: 35th

Joint Propulsion Conference and Exhibit, 2528. American Institute of Aeronautics and Astronautics.

Van Dam, J. and Bond, L. J. (2015). Economics of online structural health monitoring of wind turbines: cost benefit analysis. AIP Conference Proceedings 1650 (1): 899-908.

Verma, N. K., Khatravath, S., and Salour, A. (2013). Cost benefit analysis for condition-based maintenance. In: 2013 IEEE Conference Prognostics and Health Management (PHM), 1-6.

Wang, L., Chu, J., and Wu, J. (2007). Selection of optimum maintenance strategies based on a fuzzy analytic hierarchy process. International Journal of Production Economics 107 (1): 151-163.

Yang, W., Court, R., and Jiang, J. (2013). Wind turbine condition monitoring by the approach of SCADA data analysis. Renewable Energy 53: 365-376.

Yang, W., Tavner, P. J., Crabtree, C. J. et al. (2014). Wind turbine condition monitoring: technical and commercial challenges. Wind Energy 17 (5): 673-693.

Zhao, J., Deng, W., Yin, Z. et al. (2018). A portable wind turbine condition monitoring system and its field applications. Clean Energy 2 (1): 58-71.

Zhou, W., Habetler, T. G., and Harley, R. G. (2007). Bearing condition monitoring methods for electric machines: a general review. In: 2007 IEEE International Symposium on Diagnostics for Electric Machines, Power Electronics and Drives, 2007. SDEMPED, 3-6. IEEE.

Zhu, J., Yoon, J. M., He, D. et al. (2013). Lubrication oil condition monitoring and remaining useful life prediction with particle filtering. International Journal of Prognostics and Health Management 4: 124-138.

第 2 章 旋转类设备振动信号的基础知识

2.1 引言

上一章中已经指出,对于旋转类设备来说,状态维修(CBM)技术已经成为一种非常有效的维护措施。CBM 的维修决策是基于设备当前的健康状态而制定的,这些状态一般可由状态监测(CM)系统来识别。此类系统需要对一些可测数据进行监测,如振动数据、声发射数据和电动机电流数据等。在这些数据类别中,振动数据受到了人们的广泛关注,基于振动的状态监测研究大量涌现,目前这一技术在计划维护管理工作中已经得到了业界的一致认可。在实际场合中,不同的故障状态通常会产生不同模式的振动谱,因此,通过振动分析我们就能够对设备内部零部件进行检查,并分析设备运行中的健康状态,而无需将设备拆解开来。不仅如此,从振动信号中我们还可以观测到各种典型特征,这使得振动分析成为设备状态监测的最佳选择之一。

本章主要阐述旋转类设备振动和相关采集技术的基本原理。第一部分将介绍振动基础知识、旋转类设备产生的振动信号以及振动信号的类型;第二部分将侧重于振动数据采集技术,并指出振动信号的优点和不足。

2.2 设备的振动原理

振动是机械系统的往复性的、周期性的或振荡性的响应(DeSilva,2006)。一般而言,所有旋转类设备在受到动力作用时都会产生振动。这些动力作用常常表现为周期性载荷,绝大多数情况下,它们来源于设备的不平衡、不对中、磨损或相关部件的传动异常等。振动循环的速率一般称为频率,针对机械系统所表现出的往复运动及其频率情况,这里我们区分如下两个术语:

(1)振荡(Oscillation)。有规则的清晰可辨的往复运动,其频率较低。

(2)振动(Vibration)。任何形式的往复运动,包括高频的、小幅值的、具有不规则或随机行为特征的情形。

线性系统的振动可以做如下分类(Norton 和 Karczub,2003)。

(1)自由振动。系统在不受任何外力作用下产生的振动,或者说,系统在内力作用下产生的振动。有限尺度的系统在作自由振动时,其振动形态表现为一系列特定的模式,每个模式对应于一个确定的频率值,一般称为固有频率。

(2)受迫振动。系统在外力作用下发生的振动,又可以分为简谐型、周期型、非周期型(脉冲或瞬态)和随机型4种类型。这些振动的频率跟激励频率相同,一般与系统的固有频率无关。

(3)阻尼振动。其振幅随着时间的增长不断减小。

(4)无阻尼振动。当系统不存在阻尼元件时所出现的振动。

当某个固有频率与某个激励频率靠近时,系统就会出现共振现象。

实际结构物都存在着无限多个固有频率,不过大多数的设备振动问题只涉及其中的某个频率,因此,在分析它们的振动问题时,可以将其简化为只有一个固有频率的单自由度(SDOF)系统。振动系统一般由3种主要元件构成:①质量元件,它们作刚体运动并储存动能;②刚度元件,它们会发生形变并储存势能;③阻尼元件,它们会吸收振动能量(Vance 等,2010)。如图2.1所示,其中给出了一个单自由度系统模型(Vance 等,2010;Brandt,2011),图中的 k、c 和 m 分别代表刚度、阻尼和质量。

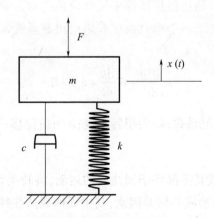

图2.1 单自由度系统振动模型(Vance 等,2010)

无阻尼固有频率可以按照下式来计算:

$$\omega_n = \sqrt{\frac{k}{m}} \quad (\text{rad/s}) \tag{2.1}$$

若以 Hz 为单位,则有

$$f_n = \frac{\omega_n}{2\pi} \tag{2.2}$$

或者也可以将固有频率表示为每分钟转数的形式,即

$$N = 60 f_n \tag{2.3}$$

实际系统总是有阻尼的,这种有阻尼系统的运动方程一般可以写为如下形式(Mohanty,2014):

$$m\frac{d^2 x}{dt^2} + c\frac{dx}{dt} + kx = 0 \tag{2.4}$$

进一步,可以定义阻尼比 ξ 如下:

$$\xi = \frac{c}{2\sqrt{km}} \tag{2.5}$$

对于上述有阻尼振动系统,其响应可以表示成

$$x(t) = A^{-\xi\omega t}\sin(\omega_d t + \phi) \tag{2.6}$$

其中

$$\omega_d = \omega_n \sqrt{1-\xi^2}$$

式(2.4)刻画的是系统的线位移,可以用来描述诸如齿轮箱等设备的振动情况。有时我们也可以通过扭振系统来反映设备的动力学过程,此时得到的就是所谓的扭转振动。对于一个单自由度有阻尼扭振系统来说,其自由振动方程可以写为

$$m\frac{d^2\theta}{dt^2} + c_t\frac{d\theta}{dt} + k_t\theta = 0 \tag{2.7}$$

式中:c_t 为扭振黏性阻尼系数;k_t 为扭转刚度;θ 为角位移;$\frac{d\theta}{dt}$ 为角速度;$\frac{d^2\theta}{dt^2}$ 为角加速度。

机械振动是设备或其零部件来回往复的运动,旋转类设备发生振动的原因主要包括周期载荷、松动或共振等因素,其中周期载荷往往来源于旋转不平衡、不对中、磨损或相关部件的传动异常等。当一个有阻尼的单自由度振动系统受到外力 $F(t)$ 的作用时(图2.1),其运动方程的形式应为

$$m\frac{d^2 x}{dt^2} + c\frac{dx}{dt} + kx = F(t) \tag{2.8}$$

一般地,作用在机械系统上的动态激励力或力矩可以表示为简谐形式,即
$$F(t) = F_0 \cos\omega_f t \tag{2.9}$$
式中:ω_f 为激励频率,也称为输入频率或加载频率,旋转类设备的转速与该频率值是对应的。在式(2.9)所示的简谐力作用下,单自由度有阻尼振动系统的响应为
$$x(t) = A^{-i\omega t}\sin(\omega_d t + \theta) + A_0\cos(\omega_f t - \phi) \tag{2.10}$$
式中:$A^{-i\omega t}\sin(\omega_d t + \theta)$ 为瞬态响应部分;$A_0\cos(\omega_f t - \phi)$ 为稳态响应部分,ϕ 的计算式如下:
$$\phi = \arctan\frac{2\xi r}{1 - r^2} \tag{2.11}$$
式中:$r = \omega_f/\omega_n$ 为频率比。当 $r = 1$ 时,激励频率等于固有频率,此时将发生共振。

一套振动分析系统一般由4个主要部分组成,分别是信号传感器、分析仪、分析软件以及用于数据分析与储存的计算机(Scheffer 和 Girdhar,2004)。设备的振动信号通常是在其上的若干个不同位置处采集到的,往往由两个主要数值来描述:①振幅,反映了振动烈度,进而也就揭示了故障的严重性,振幅越大设备故障越严重;②频率,即每秒振动次数,一般能够反映故障的类型。

2.3 旋转类设备的振动信号源

机械设备中最常见的振动源都跟运动部件的惯性有关。一些部件的运动形式是直线型的来回往复,所产生的惯性力是周期性的,因此会产生周期性的位移,也就是振动。即使没有直线运动的部件,绝大多数设备都存在着旋转轴和旋转轮,这些部件一般难以做到理想的平衡,因此,根据牛顿定律可知,在每个转子的轴承支承处必定存在着不断旋转着的力向量,进而在质心位置产生向心加速度。由于这些力向量是不断旋转着的,所以如果我们在两个正交方向上布置振动传感器,那么就会观测到不断旋转着的位移向量所形成的运动轨迹(Vance 等,2010)。

典型的机械设备是由驱动装置(主动力源)和被驱动部件组成的,前者如电动机等设备,后者如泵、压缩机、搅拌机、风扇和鼓风机等。有时,被驱动部件的工作速度跟主动力源是不同的,这种情况下往往需要引入齿轮箱或带传动等装置(Scheffer 和 Girdhar,2004)。设备中的每个转动部件都是由一些更简单的零

部件所组成的,如定子、转子、轴承、密封件、联轴器和齿轮等。这些零部件必须能够正常的运转,才能保证整个设备的工作稳定性和健康状态,为此,我们就有必要对它们进行维护和保养,如维修、调整或更换等。当一个或多个零部件萌生了故障时,往往会导致出现较高的振动水平,也就是较大的振幅值,如下类型的故障就是如此:

(1)转动零部件的不平衡;
(2)轴承不对中;
(3)轴承或齿轮损伤;
(4)皮带或链条老化;
(5)松动;
(6)共振;
(7)轴发生弯曲。

在下面几个小节中,我们将介绍一些已经得到广泛研究的旋转类设备振动信号源。

2.3.1 转子质量不平衡

为了实现旋转类设备的平稳运行,转子的平衡处理是最重要也是最常见的日常维护工作之一。当转子的质心轴与其旋转轴不一致时,我们通常称该转子质量是不平衡的(Crocker,2007)。对于带有转动部件的设备来说,最为常见的振动源就是不平衡(MacCamhaoil,2012)。例如,正常健康状态的发动机的转子一般是跟定子对中的,转子的转动轴线与定子的几何轴线完全相同,因此,转子外表面与定子内表面之间的气隙也就是均匀的,然而,当转子和定子不对中时,就会导致气隙不再均匀分布,也称为气隙偏心。

转子的质量不平衡一般可以划分为3种主要类型:①静不平衡,即转子重心的偏心,通常是由距离转动中心某个半径位置处的点质量导致的;②力偶不平衡,一般是由关于重心对称分布且彼此相差180°的两个同等质量所导致的,当转子旋转时,这两个质量将会使得惯性轴发生偏移而导致不平衡;③动不平衡,是静不平衡和力偶不平衡的组合情况(MacCamhaoil,2012;Karmakar等,2016)。

2.3.2 不对中

正如Piotrowski(2006)所描述的,转轴的不对中是指两个或多个轴的转动中心线不在一条直线上,更准确地说,这一概念是指当设备运行于正常工作状态时,在联轴器内的挠曲位置处(也称为挠曲平面)所测出的两轴相对位置的偏离。从另一方面来说,转轴的对中意味着正确地安装设备,使得所有这些偏离量都能够低于许用值,这些许用值通常取决于相关设备的对中精度要求。旋转类设备的对中需要考虑的主要因素有3个方面:①转速;②挠曲点处或动力传递与接收点处的最大偏移;③挠曲点或动力传递点之间的距离。

当不对中状态是由联轴器导致的时,一般需要在联轴器内的挠曲点处进行测量。如果只存在一个挠曲点,并且转轴之间存在着偏心或偏角与偏心的组合不对中,那么,将会有非常大的径向力通过联轴器传向两台设备的轴承处。如果挠曲平面数量超过两个,那么,两根相互连接的转轴之间将会产生不受控制的运动,进而往往导致相关设备出现非常剧烈的振动。如图 2.2 所示,其中说明了偏心、偏角以及组合形式的转轴不对中情形(Sofronas,2012)。

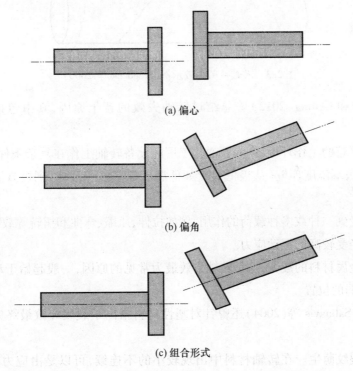

图 2.2 偏心、偏角及其组合形式的转轴不对中示意图(Sofronas,2012)

2.3.3 裂纹轴

旋转类设备中的转轴能够将扭矩和扭转运动传递给其他没有直接连接到传

动系统上的机械部件,它们是高性能机械设备的最关键的部件之一,例如,对于高速压缩机、蒸汽和燃气轮机以及发电机等处于严苛工作状态下的设备就是如此(Sabnavis 等,2004)。由于弯曲应力会快速地变化,同时,也由于存在着大量的应力集中部位,以及可能出现的设计或制造误差,因而,转轴往往会产生疲劳裂纹。转轴的裂纹可以理解为其材料中出现了偶然性的间隙,其形成机理是多方面的,例如高周或低周疲劳,又或者应力腐蚀。如图2.3 所示,其中给出了一种形成于转轴表面并沿着45°螺旋线扩展的疲劳裂纹(Stephens 等,2000)。

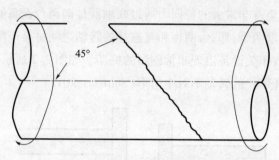

图2.3　转轴疲劳失效示例(Stephens 等,2000)

Bloch 和 Geitner(2012)曾总结过转轴失效的若干原因,其中包括以下几方面。

(1)严苛的工作环境,例如石油化工厂的设备转轴工作在复杂条件下,腐蚀性环境和极端温度环境(从极低温度如低温乙烯蒸气和液体,到极高温度如燃气轮机)。

(2)受到一种或多种载荷的作用,例如拉伸、压缩、弯曲和扭转等载荷。

(3)经受较高的振动应力。

(4)金属材料的疲劳,这是转轴失效最为常见的原因,一般起始于动应力区域中最脆弱的位置。

此外,Sabnavis 等(2004)还曾针对塑性材料指出了裂纹导致最终失效的典型过程。

(1)裂纹萌生。在转轴材料中出现较小的不连续,可以是由应力集中(键槽、突变截面或沟槽等部位)或制造因素(如铸造缺陷)所导致。

(2)裂纹扩展。材料的不连续进一步增长,一般是由零部件中的循环应力所导致的。

(3)失效。当转轴难以承受所施加的载荷时,将发生最终的失效。

2.3.4 滚动轴承

滚动轴承主要用于维系设备中静止部分与运动部分之间的相对运动,是旋转类机械系统中非常重要的部件。在实际场合中,滚动轴承的失效往往会使得设备产生较大的故障。已有研究表明,40%~90%的旋转类设备的故障都与滚动轴承失效问题有关(Immovilli 等,2010),这个比例依赖于设备的尺寸。因此,在绝大多数的工业生产过程中,滚动轴承都必须处于健康状态,这样才能保证生产的连续进行。由此不难认识到,为了避免设备故障停机,对滚动轴承进行状态监测是非常重要的。轴承一般分为两种类型:①滑动轴承,它们通过滑动接触来维持运动;②滚动轴承,通过滚动接触来维系运动(Collins 等,2010)。滚动轴承在绝大多数旋转类设备应用场合中已经得到了相当广泛的应用,它们又可以细分为两种主要形式,即球轴承(球状滚动体)和滚子轴承(柱状滚动体)。如图2.4所示,滚动轴承一般包含了如下几种元件:①与轴配合的轴承内圈;②与轴承孔配合的轴承外圈;③放置于内圈和外圈之间的滚动体;④塑料或金属制成的保持架,用于均匀地分隔各个滚动体。

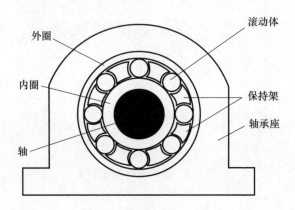

图 2.4 典型的滚动轴承(Ahmed 和 Nandi,2018)

轴承出现缺陷的原因是多种多样的,例如:①疲劳,当轴承受载过大时可能发生此类问题;②不恰当的润滑,如过润滑和欠润滑;③污染和腐蚀;④轴承安装不当(Harris,2001;Nandi 等,2005)。滚动轴承的缺陷会导致产生一系列周期性的冲击,其频率一般称为轴承基本缺陷频率(BFDF),它主要依赖于轴的转速、轴承的几何结构(图2.5)以及缺陷的位置。根据损伤部位的不同,轴承基本缺陷频率可以分为 4 种类型,即轴承外圈通过频率(BPFO)、轴承内圈通过频率(BPFI)、滚动体自转频率(BSF)和保持架旋转频率(FTF),它们分别与外圈、内圈、滚动体以及保持架的缺陷相关（McFadden 和 Smith，1985；Rai 和 Upadhyay，2016）。这些轴承基本缺陷频率可以按照如下公式进行计算：

$$\mathrm{BPFO} = \frac{N_b S_{sh}}{2}\left(1 - \frac{d_b}{D_p}\cos\varphi\right) \tag{2.12}$$

$$\mathrm{BPFI} = \frac{N_b S_{sh}}{2}\left(1 + \frac{d_b}{D_p}\cos\varphi\right) \tag{2.13}$$

$$\mathrm{BSF} = \frac{D_p}{2 d_b}\left(1 - \left(\frac{d_b}{D_p}\cos\varphi\right)^2\right) \tag{2.14}$$

$$\mathrm{FTF} = \frac{S_{sh}}{2}\left(1 - \frac{d_b}{D_p}\cos\varphi\right) \tag{2.15}$$

式中：N_b 为滚动体的个数；S_{sh} 为轴的转速；d_b 为滚动体的直径；D_p 为节圆直径；φ 为载荷向量与轴承径向平面的夹角（即接触角）。根据上述这些缺陷频率，通过分析所采集到的轴承振动信号的频率情况，我们就能够找到缺陷来源，而根据这些信号的振幅情况又可以认识到缺陷的严重程度。

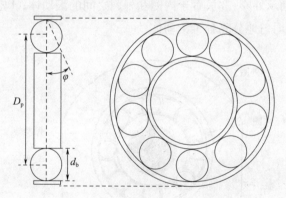

图 2.5　滚动轴承几何结构

2.3.5　齿轮

齿轮也是旋转类机械系统中十分关键的零部件，主要起到传递功率和改变转速的作用。将发动机等动力源的动力传递到机械设备中以实现预定的动作，这是最为常见的情况（Shigley，2011），一般可以通过由轴承支撑的轴的旋转运动来实现。动力通常经由啮合齿轮间的传递，然后为这些轴提供扭矩，进而完成运动和功率的传输。轴与轴之间的转速变化可以借助齿轮、带轮或链齿的组合设计来实现。实际工程中，人们往往采用齿轮箱来改变输入轴的转速并将运动和动力传给输出轴。

齿轮一般包括4种基本类型,即直齿轮、斜齿轮、锥齿轮和蜗轮。下面做一简要介绍。

(1)直齿轮。轮齿平行于轴线,主要用于将运动从一根轴传递到另一根与之平行的轴。

(2)斜齿轮。轮齿与轴线呈一定夹角,与直齿轮类似,它们也可以在平行轴之间传递运动,不过有时也可以用来实现非平行轴之间的运动传递。

(3)锥齿轮。轮齿分布在圆锥面上,可以实现相交轴之间的运动传递。

(4)蜗轮。主要用于两根轴之间的速比非常大的场合。

如同 Randall(2011)所指出的,实际情况往往都不是理想的。受载后的轮齿会发生变形,由此会带来啮合误差或传动误差。不仅如此,轮齿形状也会存在一定的几何误差,它们可能来源于加工误差或有意识的处理(比较典型的如齿形修整)。由于轮齿的变形随负载而变化,而传动误差又随轮齿的变形而变化,因此,啮合频率处所形成的振动幅值也将随实际负载的变化而发生改变,我们可以将其视为一种振幅调制效应。

关于齿轮的缺陷,其形式是多种多样的,Fakhfakh 等(2005)将它们分为如下3种主要类型:

(1)制造缺陷,如齿形误差、偏心等;

(2)装配缺陷,如平行度等;

(3)传动过程中出现的缺陷,如轮齿磨损、裂纹等。

2.4 振动信号的类型

前面已经指出,当设备零部件萌生故障时,振动水平会变高。一般而言,这些特殊的振动信号是可以分离开来的,由此不难区分出故障状态和正常状态。设备所产生的振动信号可以分为两种主要类型,即平稳信号和非平稳信号(Randall,2011)。在以下小节中,我们将对这两种信号做一简要介绍。

2.4.1 平稳信号

当振动信号的统计特性不随时间变化时,我们称它为平稳信号。此类信号包括两种主要形式:①确定性信号,其中包括周期和准周期信号;②随机信号。确定性信号是由离散分布的正弦成分组成的,这些成分在频域内能够清晰地体现出来,我们将在第 4 章中加以介绍。随机信号只能借助其统计特性进行描述,例如均值和均方值等,这些内容将在第 3 章中讨论。

2.4.2 非平稳信号

非平稳信号的频率成分是随时间变化的,它们也可以划分为两种主要形式:①连续型,又可细分为连续变化的和循环平稳的这两种情况;②瞬态型。这些信号类型一般需要借助时频分析技术进行研究,我们将在第 5 章进行介绍。

2.5 振动信号采集

振动信号的采集涉及 3 个主要参量的测量,即位移、速度和加速度,一般是根据所需监测的设备尺寸和所关心的频率范围来选择待测量。当振动频率增大时,位移水平通常会降低,而加速度水平会变高(Tavner 等,2008)。人们一般认为,在 10Hz(或 600r/min)到 1000Hz(或 60000r/min)这一频率范围内,振动速度能够较好地反映振动的剧烈程度,而在 1000Hz 以上频段,只宜选择加速度这个参量(Scheffer 和 Girdhar,2004)。

2.5.1 位移传感器

位移传感器能够测量两个表面之间的相对位移,一般针对的是低频响应。非接触式的位移传感器有两种(Adams,2009)。

(1)电容式。通过测量极板与待测目标之间的气隙的电容来实现位移检测。

(2)电感式。这种类型的位移传感器是测量转子定子相对位置的最佳方法。

2.5.2 速度传感器

速度传感器中包含了一块悬挂在非常软的弹簧上的质量,并且其周围布置了线圈。采用软弹簧可以使传感器具有非常低的固有频率。此类传感器一般用来测量轴承座或设备外壳的振动,其有效测量范围主要位于中低频段,即 10 ~ 1500Hz 附近。线圈与外壳是安装在一起的,它们发生振动时将会切割磁力线从而在线圈中产生与外壳振动速度成比例的电压(Adams,2009)。

2.5.3 加速度传感器

加速度传感器可以生成与加速度(即位移的二阶导数)成比例的信号,其工作频率范围很宽,可达几十 kHz。一般而言,加速度传感器的质量很小,从 0.4g 到 50g 不等(Nandi 等,2013)。它们所产生的电学输出跟测量轴上的加速度是成比例的,在设备状态监测中最为常用的类型是压电加速度传感器。

加速度传感器的基本组成要素是一块由弹簧支撑并与压电元件相互接触的质量,该质量所生成的动态力会作用到压电元件上,并跟振动加速度水平成正比。目前有两种主要的加速度传感器类型:①压缩型,作用在压电单元上的是压力,主要用于测量较强的冲击;②剪切型,作用在压电单元上的是剪力,主要用于一般测量场合。

在振动结构上安装加速度传感器,一般有以下 5 种常见方式(Norton 和 Karczub,2003):

(1) 双头螺纹连接;

(2) 胶黏单头螺纹连接;

(3) 蜂蜡连接;

(4) 磁座连接;

(5) 手持式连接。

2.6 振动信号监测的优缺点

振动信号的处理具有一些明显的优势,我们可以简要地总结如下。

(1) 振动传感器是非侵入性的,有时还是无接触式的,因此,可以无损方式进行故障诊断。

(2) 由于 80% 的旋转类设备常见问题是不对中和不平衡导致的,因而,振动分析是监测设备状态的一种有效工具。

(3) 通过振动水平的趋势分析,可以识别出一些不恰当的工况,例如设备运行工况超出了设计指标(如温度、速度或负载超出设计限制)。这些趋势还可以用于对比不同制造商生产的同类设备的性能(Scheffer 和 Girdhar,2004)。

(4) 振动信号可以在现场以在线方式采集,对于生产线来说这是非常有益的。由于能够跟踪和分析这些振动信号的变化趋势,因此,也可为相关设备的预测性维护工作提供有效的手段,进而使得我们能够尽量减少预防保养所导致的不必要的停机时间。

（5）振动传感器比较便宜，也很容易配备。现代移动式智能设备一般都会安装一个三轴加速度传感器。

（6）从传感器采集和转换模拟输出信号的相关技术目前已经比较成熟。

（7）已有大量文献针对相当广泛的问题进行过诊断技术研究，其中包括裂纹问题（例如 Sekhar 和 Prabhu（1998）、Loutas 等（2009）的工作），磨损或缺陷轴承问题（如 Jack 等（1999）、Guo 等（2005）、Rojas 和 Nandi（2005）、Ahmed 等（2018）、Ahmed 和 Nandi（2019、2018）的工作），轴的不平衡问题（例如 McCormick 和 Nandi（1997）、Soua 等（2013）的工作），齿轮箱故障问题（例如 He 等（2007）、Bartelmus 和 Zimroz（2009）、Ottewill 和 Orkisz（2013）的工作）。

尽管基于振动信号的相关技术是多种多样的，然而，在它们的应用中也要注意一些问题及其带来的限制。正如前面曾经指出的，不同的振动传感器具有不同的工作特性，因而，在选择合适的传感器时就必须对此加以特别的注意，这显然要求相关工程技术人员必须能够充分认识振动源的物理特性。另外，传感器安装不恰当也很容易影响到振动信号的特性，如果黏接层处理不合适，将可能使得高频成分受到显著的抑制。振动传感器还涉及各种各样的动态范围和灵敏度问题，因此，在选择恰当的传感器时还需要仔细认真地阅读相关数据资料（Nandi 等，2013）。

2.7　本章小结

在这一章中，我们简要介绍了旋转类设备振动的基本原理及其采集技术。第一部分给出了一些基本的振动知识、旋转类设备所产生的振动信号及其类型；第二部分阐述了振动数据采集技术，并指出了振动分析在旋转类设备状态监测中的优点，以及一些需要注意的问题。

参考文献

Adams, M. L. (2009). Rotating Machinery Vibration: From Analysis to Troubleshooting. CRC Press.

Ahmed, H. and Nandi, A. (2019). Three-stage hybrid fault diagnosis for rolling bearings with compressively-sampled data and subspace learning techniques. IEEE Transactions on Industrial

Electronics 66 (7): 5516 – 5524.

Ahmed, H. and Nandi, A. K. (2018). Compressive sampling and feature ranking framework for bearing fault classification with vibration signals. IEEE Access 6: 44731 – 44746.

Ahmed, H. O. A., Wong, M. L. D., and Nandi, A. K. (2018). Intelligent condition monitoring method for bearing faults from highly compressed measurements using sparse over – complete features. Mechanical Systems and Signal Processing 99: 459 – 477.

Bartelmus, W. and Zimroz, R. (2009). Vibration condition monitoring of planetary gearbox under varying external load. Mechanical Systems and Signal Processing 23 (1): 246 – 257.

Bloch, H. P. and Geitner, F. K. (2012). Machinery Failure Analysis and Troubleshooting: Practical Machinery Management for Process Plants. Butterworth – Heinemann.

Brandt, A. (2011). Noise and Vibration Analysis: Signal Analysis and Experimental Procedures. Wiley.

Collins, J. A., Busby, H. R., and Staab, G. H. (2010). Mechanical Design of Machine Elements and Machines: A Failure Prevention Perspective. Wiley.

Crocker, M. J. e. (2007). Handbook of Noise and Vibration Control. Wiley.

De Silva, C. W. (2006). Vibration: Fundamentals and Practice. CRC press.

Fakhfakh, T., Chaari, F., and Haddar, M. (2005). Numerical and experimental analysis of a gear system with teeth defects. The International Journal of Advanced Manufacturing Technology 25 (5 – 6): 542 – 550.

Guo, H., Jack, L. B., and Nandi, A. K. (2005). Feature generation using genetic programming with application to fault classification. IEEE Transactions on Systems, Man, and Cybernetics, Part B (Cybernetics) 35 (1): 89 – 99.

Harris, T. A. (2001). Rolling Bearing Analysis. Wiley.

He, Q., Kong, F., and Yan, R. (2007). Subspace – based gearbox condition monitoring by kernel principal component analysis. Mechanical Systems and Signal Processing 21 (4): 1755 – 1772.

Immovilli, F., Bellini, A., Rubini, R., and Tassoni, C. (2010). Diagnosis of bearing faults in induction machines by vibration or current signals: a critical comparison. IEEE Transactions on Industry Applications 46 (4): 1350 – 1359.

Jack, L. B., Nandi, A. K., and McCormick, A. C. (1999). Diagnosis of rolling element bearing faults using radial basis function networks. Applied Signal Processing 6 (1): 25 – 32.

Karmakar, S., Chattopadhyay, S., Mitra, M., and Sengupta, S. (2016). Induction Motor Fault Diagnosis. Singapore: Publisher Springer.

Loutas, T. H., Sotiriades, G., Kalaitzoglou, I., and Kostopoulos, V. (2009). Condition monitoring of a single – stage gearbox with artificially induced gear cracks utilizing on – line vibration and acoustic emission measurements. Applied Acoustics 70 (9): 1148 – 1159.

MacCamhaoil, M. (2012). Static and dynamic balancing of rigid rotors. Bruel & Kjaer application notes. https://www.bksv.com/doc/BO0276.pdf.

McCormick, A. C. and Nandi, A. K. (1997). Real–time classification of rotating shaft loading conditions using artificial neural networks. IEEE Transactions on Neural Networks 8 (3): 748–757.

McFadden, P. D. and Smith, J. D. (1985). The vibration produced by multiple point defects in a rolling element bearing. Journal of Sound and Vibration 98 (2): 263–273.

Mohanty, A. R. (2014). Machinery Condition Monitoring: Principles and Practices. CRC Press.

Nandi, S., Toliyat, H. A., and Li, X. (2005). Condition monitoring and fault diagnosis of electrical motors—a review. IEEE Transactions on Energy Conversion 20 (4): 719–729.

Nandi, A. K., Liu, C., and Wong, M. D. (2013). Intelligent vibration signal processing for condition monitoring. In: Proceedings of the International Conference Surveillance, vol. 7, 1–15. https://surveillance7.sciencesconf.org/resource/page/id/20.

Norton, M. P. and Karczub, D. G. (2003). Fundamentals of Noise and Vibration Analysis for Engineers. Cambridge university press.

Ottewill, J. R. and Orkisz, M. (2013). Condition monitoring of gearboxes using synchronously averaged electric motor signals. Mechanical Systems and Signal Processing 38 (2): 482–498.

Piotrowski, J. (2006). Shaft Alignment Handbook. CRC Press.

Rai, A. and Upadhyay, S. H. (2016). A review on signal processing techniques utilized in the fault diagnosis of rolling element bearings. Tribology International 96: 289–306.

Randall, R. B. (2011). Vibration–Based Condition Monitoring: Industrial, Aerospace and Automotive Applications. Wiley.

Rojas, A. and Nandi, A. K. (2005). Detection and classification of rolling–element bearing faults using support vector machines. In: 2005 IEEE Workshop on Machine Learning for Signal Processing, 153–158. IEEE.

Sabnavis, G., Kirk, R. G., Kasarda, M., and Quinn, D. (2004). Cracked shaft detection and diagnostics: a literature review. Shock and Vibration Digest 36 (4): 287.

Scheffer, C. and Girdhar, P. (2004). Practical Machinery Vibration Analysis and Predictive Maintenance. Elsevier.

Sekhar, A. S. and Prabhu, B. S. (1998). Condition monitoring of cracked rotors through transient response. Mechanism and Machine Theory 33 (8): 1167–1175.

Shigley, J. E. (2011). Shigley's Mechanical Engineering Design. Tata McGraw–Hill Education.

Sofronas, A. (2012). Case Histories in Vibration Analysis and Metal Fatigue for the Practicing Engineer. Wiley.

Soua, S., Van Lieshout, P., Perera, A. et al. (2013). Determination of the combined vibrational and acoustic emission signature of a wind turbine gearbox and generator shaft in service as a pre-requisite for effective condition monitoring. Renewable Energy 51: 175 – 181.

Stephens, R. I., Fatemi, A., Stephens, R. R., and Fuchs, H. O. (2000). Metal Fatigue in Engineering. Wiley.

Tavner, P., Ran, L., Penman, J., and Sedding, H. (2008). Condition Monitoring of Rotating Electrical Machines, vol. 56. IET.

Vance, J. M., Zeidan, F. Y., and Murphy, B. G. (2010). Machinery Vibration and Rotordynamics. Wiley.

第二部分　　振动信号分析技术

第3章 时域分析

3.1 引言

利用振动传感器从旋转类设备采集到的振动信号一般是时域信号,即随时间变化的数据点集,它们代表了加速度、速度或位移信息。实际上,振动信号往往是机械设备内多个振源产生的响应以及一些背景噪声的总和,这也就使得我们难以直接利用所采集到的振动信号去进行设备的故障诊断,无论是人工检测还是自动化监测都是如此。为此,在振动信号的处理过程中,最常见的做法是计算原始信号的某些本质特性,在机器学习领域中,这些本质特性也称为特征。

为实现完整的故障诊断过程,从原始振动数据集开始到获得最终结果,这一系列步骤涉及多种技术方法,其中包括振动分析技术,这些技术应当能够从原始振动数据集中提取出有关设备状态的有用信息,进而用于故障的诊断。我们将重点讨论这些方法,例如时域分析方法、频域分析方法以及时频分析方法。

作为时域故障诊断的一个部分,对振动信号进行人工检测可以分为两种主要类型,即视觉检测与基于特征的检测。

3.1.1 视觉检测

在这种检测类型中,设备的状态是通过将测得的振动信号与先前测得的处于正常状态的设备(即新设备或健康设备)振动信号进行对比而进行评估的。这种情况下,两种振动信号的测量必须针对相同的频率范围进行。如果测得的振动信号水平比正常状态下更强,那么就意味着该设备正处于故障状态。例如,图3.1(a)给出了全新的滚动轴承所具有的典型时域振动信号,图3.1(b)则对应于轴承内圈(IR)存在缺陷的情况,我们可以很清晰地观察到,与正常状态情况相比而言,在图3.1(b)所示的时域波形中某些位置处出现了幅值很大的尖峰,而其他部分则维持着较小的幅值水平。这就告诉了我们,这一设备正处于一种异常状态。这一技术方法是比较简单也是成本低廉的状态监测手段,只需一个示波器即可观察振动信号,或者利用计算机辅助数据的采集和记录以及显示即可。如果对视觉检测系统的更多细节感兴趣,可以参阅 Davies(1998)的工作。

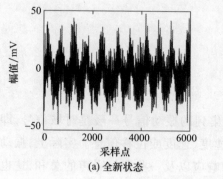 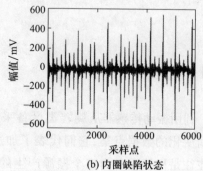

图 3.1 滚动轴承的时域振动信号

尽管如此,视觉检测方法在旋转类设备的状态监测领域中仍然是不可靠的,其原因主要有 4 个方面。①并非所有的时域波形都能提供清晰的视觉差异(Guo 等,2005),例如图 3.2 给出了两个典型的滚动轴承振动信号,其中的图 3.2(a)对应于磨损但未损坏的状态,而图 3.2(b)则对应于外圈(OR)缺陷状态,显然,在这种情况中,我们很难通过视觉检测来分析这些时域波形特征,并识别出哪一台设备处于故障状态。②实际场合中所采集到的振动信号中往往会包含一些背景噪声。③有时我们是在噪声环境中测量低幅值振动信号。④当需要进行故障的早期检测时,这种人工检测所有信号的方法是不切实际的。

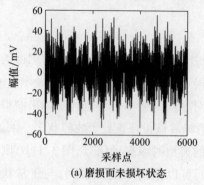 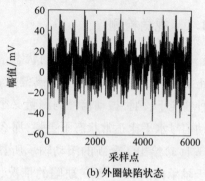

图 3.2 滚动轴承的时域振动信号

3.1.2 基于特征的检测

在这一检测方式中,设备的状态是通过计算原始振动信号的某些本质特征而进行评估的,利用这些特征可以识别出两个振动信号之间的差异。另外,基于原始振动信号或计算得到的信号特征,自动化监测还可以借助机器学习分类器对测得的振动信号进行分类处理,使之与正确的状态类型相互对应。

本章将在介绍一些统计函数的基础上全面地阐述振动信号的时域处理问题,并讨论一些先进的技术手段,它们能够从原始的时域振动数据中提取出足以反映设备健康状态的特征信息,从而也体现了时域信号特征在设备故障诊断这一领域中的重要地位。另外两种类型的振动信号分析,即频域分析和时频分析,将在第4章和第5章分别进行详细的介绍。

在振动信号处理中,时域分析技术是多种多样的,图3.3对此进行了归纳。

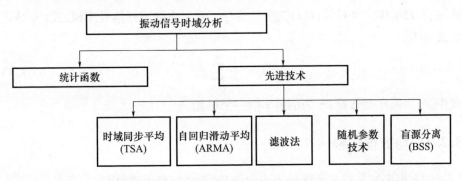

图3.3 振动信号时域分析技术

3.2 统计函数

第2章中已经指出,实际采集到的振动信号一般是由设备中的多个振源产生的随机信号。正是由于这种随机本性,所以我们无法直接利用数学表达式来描述这些信号,只能借助统计技术进行分析。也正因如此,这一领域中的早期工作主要集中于时域描述性统计特征(这些特征可以用于人工检测或自动化监测)也就并不奇怪了。人们已经采用了各种各样的统计函数,根据信号幅值情况,从时域振动数据中提取特征。下面几个小节将详细讨论这些统计函数。

3.2.1 峰值振幅

峰值振幅是指振动信号的最大正向幅值 x_p,也可以定义为最大幅值(最大的正峰值振幅)和最小幅值(最大的负峰值振幅)之差的 1/2,可以表示为如下形式:

$$x_p = \frac{1}{2}[x_{\max}(t) - x_{\min}(t)] \tag{3.1}$$

3.2.2 平均振幅

平均振幅是指振动信号在一个采样区间上的平均,可以按下式计算:

$$\bar{x} = \frac{1}{T}\int x(t)\,\mathrm{d}t \tag{3.2}$$

式中:T 为采样信号时长;$x(t)$ 为振动信号。对于离散采样信号来说,式(3.2)还可改写为

$$\bar{x} = \frac{1}{N}\sum_{i=1}^{N} x_i \tag{3.3}$$

式中:N 为采样点数量;x_i 为信号 x 的一个单元。

3.2.3 均方根振幅

均方根振幅是指振动信号大小的方差,其数学表达式如下:

$$x_{\mathrm{RMS}} = \sqrt{\frac{1}{T}\int |x(t)|^2\,\mathrm{d}t} \tag{3.4}$$

式中:T 为采样信号时长;$x(t)$ 为振动信号。

在稳态工况下,均方根振幅对伪峰有很好的适应性。如果振动信号是离散形式的,那么式(3.4)还可以改写为如下形式:

$$x_{\mathrm{RMS}} = \sqrt{\frac{1}{N}\sum_{i=1}^{N}|x_i|^2} \tag{3.5}$$

3.2.4 峰峰振幅

峰峰振幅是指振动信号的范围,即 $x_{\max}(t) - x_{\min}(t)$,它表示的是最大正峰值振幅与最大负峰值振幅之间的差值。

3.2.5 波峰因数

波峰因数(CF)是振动信号的峰值振幅 x_p 与均方根振幅 x_{RMS} 的比值,其数学表达式为

$$x_{CF} = \frac{x_p}{x_{RMS}} \tag{3.6}$$

在振动信号的时间序列中,峰值越大则波峰因数越大,因此,波峰因数对于故障状态的早期检测是很有用的,可以用于在线监测。人们经常将波峰因数作为振动信号的脉冲特性的评价指标,它能提供正常状态下的振动波形发生了多大程度的改变这一基本信息。例如,在正弦波的某个给定周期内,如图 3.4 所示,假定采样点数量为 100,最大正向峰值振幅为 1,最大负向峰值振幅为 -1,那么,x_{RMS} 为 0.707,x_{CF} 为 1.414,于是,当信号的 x_{CF} 值超出 1.414 时,将意味着信号出现了异常。

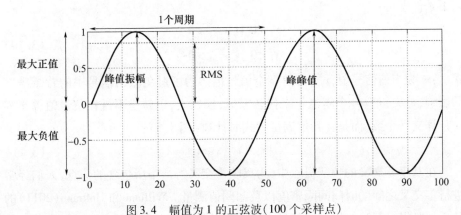

图 3.4 幅值为 1 的正弦波(100 个采样点)

3.2.6 方差和标准差

振动信号的方差 σ_x^2 反映的是其偏离平均值的程度,可以按照下式来计算:

$$\sigma_x^2 = \frac{\sum (x_i - \bar{x})^2}{N - 1} \tag{3.7}$$

方差的平方根 σ_x 一般称为信号 x 的标准差,即

$$\sigma_x = \sqrt{\frac{\sum (x_i - \bar{x})^2}{N - 1}} \tag{3.8}$$

式中：x_i 为信号 x 的一个单元；$\bar{x}$ 为信号 x 的平均值；N 为采样点的数量。

3.2.7 标准误差

在回归分析中预测值 y 相对于 x 的标准误差 y_{STE} 的计算式如下：

$$y_{STE} = \sqrt{\frac{1}{N-1}\left[\sum(y-\bar{y})^2 - \frac{[\sum(x-\bar{x})(y-\bar{y})]^2}{\sum(x-\bar{x})^2}\right]} \quad (3.9)$$

式中：N 为样本数量；$\bar{x}$ 和 $\bar{y}$ 为样本均值。

3.2.8 零交叉

数字化的振动信号有一部分在零点上方，而另一部分则在零点下方，因此，当信号穿越 x 轴时，信号值将等于零，人们把信号与 x 轴的交点称为一个零交叉（ZC）。显然，我们可以根据零交叉 x_{ZC} 来识别信号穿越 x 轴的次数，只要它满足如下条件即可：

$$\begin{aligned} x_i > 0 \text{ 且 } x_{i-1} < 0 \\ x_i < 0 \text{ 且 } x_{i-1} > 0 \end{aligned} \quad (3.10)$$

式中：x_i 为当前信号值；x_{i-1} 为前一个信号值。为了避免振动信号中的背景噪声的影响，可以设置一个阈值 τ 来代替零值，换言之，也就是不再在信号值等于零时计算交叉个数，而是在其值满足下式时计数（图3.5）：

$$|x_i - x_{i-1}| \geq \tau \quad (3.11)$$

在基于零交叉的特征提取中，为反映零交叉特征中所包含的信息，人们经常进行零交叉之间的时间间隔密度以及超阈值测量。William 和 Hoffman（2011）的分析经验揭示了从时域振动信号中提取出的零交叉特征（基于相邻的零交叉之间的时间间隔）对于轴承故障的早期检测和识别是有用的。零交叉分析技术能够确定零交叉位置，并计算出某个时间区间内出现的重复次数，进而可以获得频率估计值，即（Zhen 等，2013）

$$f = \frac{F_s}{\text{重复次数}} \quad (3.12)$$

式中：F_s 为采样频率。

3.2.9 波长

波长 x_{WL} 可以衡量振动信号中两个相邻正向或负向峰值之间的距离，即

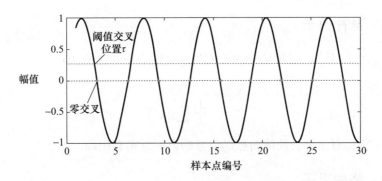

图 3.5　信号值等于零或阈值 τ 的交叉位置

$$x_{\mathrm{WL}} = \sum_{i=1}^{N} |x_i - x_{i-1}| \tag{3.13}$$

信号的频率、波速和 x_{WL} 之间的关系可以表示为

$$x_{\mathrm{WL}} = \frac{波速}{f} \tag{3.14}$$

显然,当振动信号的频率增大时,x_{WL} 将减小。

3.2.10　Willison 幅值

Willison 幅值 x_{WA} 是指振动信号幅值与相邻采样点幅值之差超过预定阈值 τ 的次数,可以按照如下表达式进行计算:

$$x_{\mathrm{WA}} = \sum_{i=1}^{N} f(|x_i - x_{i+1}|)$$

$$\mathrm{s.t.}\ f(x) = \begin{cases} 1 & x \geqslant \tau \\ 0 & x < \tau \end{cases} \tag{3.15}$$

3.2.11　斜率符号变化

斜率符号变化(SSC) x_{SSC} 是指振动信号的斜率改变符号的次数,跟 x_{ZC} 类似,x_{SSC} 的计算也需要引入一个阈值 τ 来减少斜率符号改变时的背景噪声的影响。如果给定 3 个连续的数据点 x_{i-1}、x_i 和 x_{i+1},那么,我们可以按照下式来计算 x_{SSC}:

$$x_{\mathrm{SSC}} = \sum_{i=1}^{N} [g((x_i - x_{i-1})(x_i - x_{i+1}))]$$

$$g(x) = \begin{cases} 1 & x \geqslant \tau \\ 0 & x < \tau \end{cases} \tag{3.16}$$

3.2.12 脉冲因子

脉冲因子(IF) x_{IF} 是指信号的峰值与绝对值平均的比率,即

$$x_{IF} = \frac{x_{peak}}{\frac{1}{N}\sum_{i=1}^{N}|x_i|} \tag{3.17}$$

这一指标对于评价故障对振动信号的影响是很有用的。

3.2.13 裕度因子

裕度因子(MF) x_{MF} 可以按照如下公式来计算:

$$x_{MF} = \frac{x_{peak}}{\left(\frac{1}{N}\sum_{i=1}^{N}\sqrt{|x_i|}\right)^2} \tag{3.18}$$

裕度因子会随着峰值的变化而发生显著的改变,这使得它对于冲击类型的故障非常敏感。

3.2.14 波形因子

波形因子(SF) x_{SF} 是指信号的均方根值与绝对值平均的比率,即

$$x_{SF} = \frac{x_{RMS}}{\frac{1}{N}\sum_{i=1}^{N}|x_i|} \tag{3.19}$$

对于评价由于不平衡和不对中缺陷导致的振动信号的变化,这一指标是很有用的。

3.2.15 余隙因子

余隙因子(CLF) x_{CLF} 是指振动信号最大值与绝对值的均方根之比值,即

$$x_{CLF} = \frac{x_{max}}{\left(\frac{1}{N}\sum_{i=1}^{N}\sqrt{|x_i|}\right)^2} \tag{3.20}$$

3.2.16 偏度

偏度(SK) x_{SK} 也称为三阶标准化中心矩,它通过振动信号的概率密度函数

来评价其不对称性,换言之,这一指标能够用于分析振动信号是偏向于正态分布的左侧或右侧。对于一个包含 N 个采样点的信号来说,我们可以按下式进行计算:

$$x_{\text{SK}} = \frac{\sum_{i=1}^{N}(x_i - \bar{x})^3}{N\sigma_x^3} \tag{3.21}$$

如果是正态分布,那么 x_{SK} 为 0。

3.2.17 峰度

峰度(KURT) x_{KURT} 也称为四阶标准化中心矩,它通过振动信号的概率密度函数来评价其峰值,或者说,它能够评估信号峰值是高于还是低于正态分布情况下的峰值。对于一个包含 N 个采样点的信号来说,我们可以按下式进行计算:

$$x_{\text{KURT}} = \frac{\sum_{i=1}^{N}(x_i - \bar{x})^4}{N\sigma_x^4} \tag{3.22}$$

其他的高阶矩(HOM),例如从第 5 阶(HOM5)到第 9 阶(HOM9)中心矩,可以通过相应地改变式(3.21)中的幂次来计算,如下所示:

$$\text{HOM5} = \frac{\sum_{i=1}^{N}(x_i - \bar{x})^5}{N\sigma_x^5} \tag{3.23}$$

$$\text{HOM6} = \frac{\sum_{i=1}^{N}(x_i - \bar{x})^6}{N\sigma_x^6} \tag{3.24}$$

$$\text{HOM7} = \frac{\sum_{i=1}^{N}(x_i - \bar{x})^7}{N\sigma_x^7} \tag{3.25}$$

$$\text{HOM8} = \frac{\sum_{i=1}^{N}(x_i - \bar{x})^8}{N\sigma_x^8} \tag{3.26}$$

$$\text{HOM9} = \frac{\sum_{i=1}^{N}(x_i - \bar{x})^9}{N\sigma_x^9} \tag{3.27}$$

3.2.18 高阶累积量

高阶累积量(HOC)跟信号的高阶矩有着密切的关系,而信号的矩又通过矩量母函数跟它的概率密度函数(PDF)相关。高阶累积量一般可以通过计算矩量母函数的对数的导数来获得。若令 m_n 代表信号 x 的第 n 阶矩,其中的一阶和二

阶矩分别反映均值和方差,则前四阶累积量可以表示为如下关系式:

$$CU_1 = m_1 \quad (3.28)$$

$$CU_2 = m_2 - m_1^2 \quad (3.29)$$

$$CU_3 = m_3 - 3m_2 m_1 + 2m_1^3 \quad (3.30)$$

$$CU_4 = m_4 - 3m_2^2 - 4m_3 m_1 + 12m_2 m_1^2 - 6m_1^4 \quad (3.31)$$

如果振动信号已经归一化为零均值和单位方差,那么,上述计算也就简化为只包含非 m_1 项了,因此,人们经常将振动信号作这种归一化处理。此处的三阶和四阶累积量也经常称为偏度和峰度。不仅如此,如果存在多个信号,我们还可以计算出互累积量。到目前为止,诸多学者已经利用矩量和累积量等特征进行了相当广泛的设备故障诊断研究,例如可参阅 McCormick 和 Nandi(1996、1997、1998)、Jack 和 Nandi(2000)、Guo 等(2005)、Zhang 等(2005)、Rojas 和 Nandi(2006)、Saxena 和 Saad(2006)以及 Tian 等(2015)的工作。

3.2.19 直方图

针对振动信号,直方图可以视为一种离散的概率密度函数,从中可以得到两类特征,即下限(LB)和上限(UB),它们可以按照下式来计算:

$$LB = x_{\min} - 0.5 \left(\frac{x_{\max} - x_{\min}}{N - 1} \right) \quad (3.32)$$

$$UB = x_{\max} - 0.5 \left(\frac{x_{\max} - x_{\min}}{N - 1} \right) \quad (3.33)$$

3.2.20 正态/威布尔分布的负对数似然值

时域振动信号 x 的负对数似然值可以表示为

$$-\log L = -\sum_{i=1}^{N} \log[f(a, b \backslash x_i)] \quad (3.34)$$

式中:$f(a, b \backslash x_i)$ 为振动信号的概率密度函数。正态分布负对数似然(Nnl)和威布尔分布负对数似然(Wnl)可以作为时域振动信号的特征,利用式(3.34)即可得到,其中的概率密度函数应分别为如下两式:

$$正态分布的概率密度函数 = \frac{1}{\sigma \sqrt{2\pi}} e^{-\left(\frac{x_i - \mu}{2\sigma^2}\right)^2} \quad (3.35)$$

$$威布尔分布的概率密度函数 = \frac{b}{a} \left(\frac{x_i}{a}\right)^{b-1} e^{-\left(\frac{x_i}{a}\right)} \quad (3.36)$$

式中:μ 为信号均值;σ 为标准差。

3.2.21 熵

熵(ENT)x_{ENT}可以用于评价振动信号概率分布的不确定性。对于一个包含 N 个采样点的振动信号,可以按照下式来计算熵:

$$x_{ENT} = \sum_{i=1}^{N} p_{x_i} \log p_{x_i} \tag{3.37}$$

式中:p_{x_i}为根据 x 的分布计算得到的概率。

利用时域统计技术或将其与其他技术联合使用,对振动信号进行预处理并提取出相关特征,这一方面的振动监测研究已经相当广泛,相关文献也非常丰富,表 3.1 对此类研究进行了汇总。从该表中可以看出,已列出的所有研究工作都采用了不止一种时域统计技术来从原始振动数据中提取特征,大部分研究至少使用了 6 项技术,一些工作甚至涉及了 10 项以上的技术手段,其中峰度指标几乎出现在所有这些文献中,另外,偏度、波形因子、脉冲因子、方差、余隙因子、峰峰值、均方根以及均值等也是最为常用的手段。

3.3 时域同步平均

3.3.1 时域同步平均信号

时域同步平均(TSA)x_{TSA}可以作为振动信号的周期特征,它能够从包含噪声的振动数据中提取出周期波形。这一技术最早是由 Braun(1975)提出的,在旋转类设备的状态监测研究中目前仍然是令人感兴趣的,特别是针对齿轮箱(Wegerich,2004;Combet 和 Gelman,2007;Bechhoefer 和 Kingsley,2009;Ha 等,2016)。另外,该技术也已经被用于轴承故障的诊断工作(McFadden 和 Toozhy,2000;Christian 等,2007;Ahamed 等,2014)。

时域同步平均技术是根据信号采集所使用的采样频率或采样时间,以同步方式对时域信号进行平均处理,其数学表达式可以写为

$$x_{TSA} = \frac{1}{N} \sum_{n=0}^{N-1} x(t + nT) \tag{3.38}$$

式中:T 为平均处理的周期;N 为采样点的个数。

表 3.1 设备状态监测研究所采用的时域统计特征汇总

相关研究	峰值	均值	RMS	Max	Min	和值 P-P	CF	VR	STD	ZC	WL	WA	SSC	IF	MF	SF	CLF	SK	KURT	HIST	NnL	WnL	STE	LF	HO5~HO9
McCormick and Nandi 1996.	✓	✓																							
McCormick and Nandi 1997.	✓						✓												✓						
McCormick and Nandi 1998.	✓						✓											✓	✓						
Jack and Nandi 2000.	✓																		✓						✓
Samanta et al. 2003.			✓					✓											✓						
Sun et al. 2004.	✓		✓				✓												✓						
Guo et al. 2005.		✓						✓										✓	✓						
Zhang et al. 2005.		✓						✓						✓				✓	✓						
Rojas and Nandi 2006.	✓		✓				✓											✓	✓						
Saxena and Saad 2006.	✓					✓	✓												✓						
Yang et al. 2007.			✓			✓		✓						✓		✓	✓	✓	✓						
Sugumaran and Ramachandran 2007.				✓	✓	✓												✓	✓						
Sassi et al. 2007.		✓	✓				✓							✓		✓	✓	✓	✓						
Sreejith et al. 2008.		✓	✓				✓							✓					✓		✓				
Chebil et al. 2011.		✓	✓				✓									✓	✓	✓	✓						
Kankar et al. 2011.		✓		✓	✓	✓	✓		✓									✓	✓						
Saimurugan et al. 2011.				✓	✓	✓	✓		✓									✓	✓						

第 3 章 时域分析

续表

相关研究	峰值	均值	RMS	Max	Min	和值	P-P	CF	VR	STD	ZC	WL	WA	SSC	IF	MF	SF	CLF	SK	KURT	HIST	NnL	WnL	STE	LF	HO5~HO9
Yiakopoulos et al. 2011.			✓					✓									✓		✓	✓						
Sugumaran and Ramachandran 2011				✓	✓	✓			✓										✓	✓				✓		
Prieto et al. 2013.	✓	✓	✓					✓		✓					✓		✓		✓	✓					✓	
Lakshmi et al. 2014.	✓	✓	✓					✓	✓										✓	✓					✓	✓
Ali et al. 2015.			✓				✓	✓							✓	✓	✓		✓	✓						
Rauber et al. 2015	✓	✓	✓				✓			✓			✓		✓	✓			✓	✓						
Nayana and Geethanjali 2017.	✓	✓								✓		✓	✓													
Tahir et al. 2017	✓	✓							✓						✓		✓		✓							

(VR:方差;STD:标准差;HIST:直方图;STE:标准误;HO5~HO9:第 5~9 阶的高阶矩)

在振动信号分析中,这一技术是最有用的工具之一,它能消除掉任何与指定的采样频率或采样时间不同步的周期成分,而且还可以处理受到噪声污染的时域振动信号。例如,图3.6(a)给出了一个典型的振动信号,它与带有内圈缺陷的滚动轴承有关,图3.6(b)则针对这一情况示出了12kHz同步信号(红色曲线)和时域同步平均信号(蓝色曲线)。

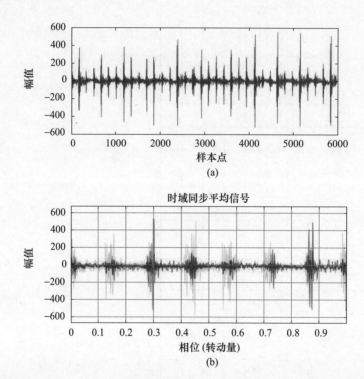

图3.6 带有内圈缺陷的滚动轴承的时域振动信号(a)和时域同步平均信号(b)(见彩插)

3.3.2 残差信号

残差信号(RES)x_{RES}是指从同步振动信号中减去时域同步平均信号之后的信号。Zakrajsek等(1993)在RES – NA4和NA4*基础上提出了两种基于振动的分析方法,这些方法已经成功应用于齿轮箱的状态监测中(McClintic等,2000;Sait和Sharaf – Eldeen,2011)。

3.3.2.1 NA4

残差信号的NA4是指残差信号的四阶矩与该信号的时域平均方差之平方的比值,其数学表达式可以写为

$$x_{\text{RES-NA4}} = \frac{N \sum_{i=1}^{N} (r_i - \bar{r})^4}{\left\{ \frac{1}{M} \sum_{j=1}^{M} \left[\sum_{i=1}^{N} (r_{ij} - \bar{r}_j)^2 \right] \right\}^2} \qquad (3.39)$$

式中:r 为残差信号;$\bar{r}$ 为残差信号的均值;N 为采样点的总数量;i 为时间序列中的数据点序号;j 为系综内的时间记录序号;M 为当前的记录数量。

3.3.2.2 NA4*

NA4* 对 NA4 进行了改进,残差信号的 NA4* 是指其四阶矩与健康状态下齿轮箱残差信号的方差平方的比值,可以表示为如下形式:

$$x_{\text{RES-NA4}^*} = \frac{N \sum_{i=1}^{N} (r_i - \bar{r})^4}{(\sigma_{r-h}^2)^2} \qquad (3.40)$$

式中:r 为残差信号;$\bar{r}$ 为残差信号的均值;N 为采样点的总数量;$r-h$ 为健康状态下齿轮箱的残差信号;σ_{r-h}^2 为健康状态下齿轮箱残差信号的方差。

3.3.3 差值信号

差值信号(DIFS)x_{DIFS} 是指从时域同步平均信号 x_{TSA} 中去除正常啮合成分(即轴频及其谐波、主要啮合频率及其谐波,以及它们的一阶边带)之后得到的信号。在齿轮故障检测的相关研究中,一些学者已经提出了若干基于差值信号的振动分析技术,如 FM4、M6A 和 M8A(Stewart,1977;Martin,1989;Zakrajsek 等,1993)。下面将对这些分析技术作较为详细的介绍。

3.3.3.1 FM4

振动信号的 FM4 是先计算出差值信号 d,然后再计算其归一化峰度,可以按照如下表达式得到:

$$x_{\text{RES-FM4}} = \frac{N \sum_{i=1}^{N} (d_i - \bar{d})^4}{\left[\sum_{i=1}^{N} (d_i - \bar{d})^2 \right]^2} \qquad (3.41)$$

式中:$\bar{d}$ 为 d 的均值;N 为输入振动信号的采样点总数量。

3.3.3.2 M6A

差值信号 d 的 M6A 是按照方差的三次幂对六阶矩进行归一化处理得到的,即

$$x_{\text{RES-M6A}} = \frac{N^2 \sum_{i=1}^{N} (d_i - \bar{d})^6}{\left[\sum_{i=1}^{N} (d_i - \bar{d})^2 \right]^3} \qquad (3.42)$$

M6A 可以为旋转类设备零部件的表面损伤提供指示。

3.3.3.3　M8A

差值信号 d 的 M8A 是按照方差的四次幂对八阶矩进行归一化处理得到的,即

$$x_{\text{RES-M8A}} = \frac{N^3 \sum_{i=1}^{N}(d_i - \bar{d})^8}{\left[\sum_{i=1}^{N}(d_i - \bar{d})^2\right]^4} \tag{3.43}$$

M8A 也可以为旋转类设备零部件的表面损伤提供指示。

3.4　时间序列回归模型

基于模型的振动监测技术为设备故障的检测提供了一种手段,即使只能得到设备正常状态下的数据此类技术也是可行的(McCormick 等,1998)。在基于回归模型的振动监测中,自回归(AR)、自回归滑动平均(ARMA,即 AR 和滑动平均(MA)的混合)、自回归差分滑动平均(ARIMA)等方法是最为常用的。下面将对这些模型进行介绍。

3.4.1　AR 模型

AR 模型是根据以往时间序列(即已测得的时间序列信号值)针对当前信号值(即预测值)进行线性回归分析,可以表示为如下数学关系式:

$$x_t = a_1 x_{t-1} + a_2 x_{t-2} + \cdots + a_p x_{t-p} + \mu_t = \mu_t + \sum_{i=1}^{p} a_i x_{t-i} \tag{3.44}$$

式中:x_t 为平稳信号;$a_1 \sim a_p$ 为模型参数;μ_t 为白噪声(也称为随机冲击);p 为模型的阶次。AR 建模中的参数估计可以借助协方差方法、修正协方差方法或者 Yule - Walker 方法来实现。在振动信号的 AR 模型参数估计研究中,Yule - Walker 方法是比较常用的,模型的阶次可以利用赤池信息量准则(AIC)来选取(Garga 等,1997;McCormick 等,1998;Endo 和 Randall,2007;Ayaz,2014)。如图 3.7(a) ~ (d)所示,其中给出了一些原始自回归信号和基于线性预测器得到的预测结果,针对的是全新的轴承(图 3.1(a)),采用了不同的 p 值。

3.4.2　MA 模型

MA 模型是一种线性回归分析,当前信号序列的模型是根据时间序列值的

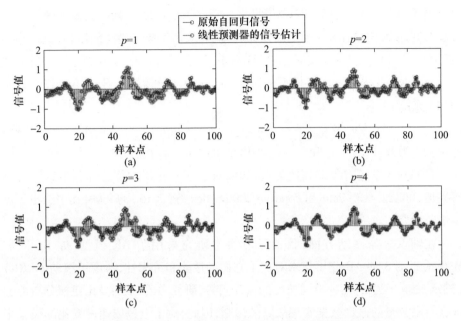

图 3.7 原始自回归信号与基于线性预测器给出的预测信号(见彩插)
(针对全新轴承的振动信号,采用了不同的 p 值)

加权求和得到的,可以表示为如下形式:

$$x_t = b_1\mu_{t-1} + b_2\mu_{t-2} + \cdots + b_p\mu_{t-q} + \mu_t = \mu_t + \sum_{i=1}^{q} b_i \mu_{t-i} \quad (3.45)$$

式中: $b_1 \sim b_q$ 为模型参数; μ_t 为白噪声; q 为模型的阶次。

3.4.3 ARMA 模型

ARMA 模型是 AR 和 MA 模型的组合,在拟合实际的时间序列时具有更好的灵活性(Box 等,2015),其数学关系式可以表示为

$$x_t = a_1 x_{t-1} + \cdots + a_p x_{t-p} + \mu_t + b_1\mu_{t-1} + \cdots + b_q\mu_{t-q} = \mu_t + \sum_{i=1}^{p} a_i x_{t-i} + \sum_{i=1}^{q} b_i \mu_{t-i}$$
$$(3.46)$$

式中: $a_1 \sim a_p$ 和 $b_1 \sim b_q$ 为模型参数; μ_t 为白噪声; p 和 q 分别为 AR 和 MA 模型的阶次。

3.4.4 ARIMA 模型

AR 和 ARMA 模型可以用于平稳时间序列信号的分析,Box 等(2015)提出

可以引入差分技术,利用 ARMA 模型来处理非平稳时间序列。其做法是针对非平稳时间序列连续不断的观测值计算其差值,从而生成平稳时间序列,该模型一般称为 ARIMA(p,D,q),实际上是 AR(p)、差分(I)和 MA(q)的组合,其中的 p 和 q 分别为 AR 模型和 MA 模型的阶次,而 D 为差分阶数。我们可以将其表示为如下形式:

$$\Delta^D x_t = a_1 \Delta^D x_{t-1} + \cdots + a_p \Delta^D x_{t-p} + \mu_t + b_1 \mu_{t-1} + \cdots + b_q \mu_{t-q} \quad (3.47)$$

式中:Δ^D 为差分;$a_1 \sim a_p$ 和 $b_1 \sim b_q$ 为模型参数;μ_t 为白噪声。

自回归模型还有很多其他类型,如果对上面所介绍的算法和其他算法类型感兴趣,可以去参阅 Palit 和 Popovic(2006)、Box 等(2015)的文献,其中给出了更多细节内容。

在轴承故障诊断方面,目前已有大量研究采用了 AR 模型,如 Baille 和 Mathew 针对 3 种 AR 建模技术对比了它们的性能和可靠性,考虑了滚动体(RE)(轴承)故障产生的几种不同长度的振动信号,研究表明,通过 AR 建模分析能够根据有限数量的振动数据实现故障的诊断,因此,对于慢速或速度变化的设备来说,这可能是较为理想的健康状态分类手段(Baillie 和 Mathew,1996)。McCormick 及其合作者们采用周期时变的 AR 模型研究了设备故障检测和诊断问题(McCormick 等,1998),他们比较了时不变和时变系统,并指出时变模型的性能更佳,在检测保持架(CA)故障时时不变模型是无能为力的。另外,Junsheng 等(2006)还在经验模态分解(EMD)技术和 AR 模型基础上提出了一种故障特征提取方法,并将其用于滚动轴承的故障诊断。Poulimenos 和 Fassois(2006)针对非平稳随机振动的建模和分析进行了回顾,并对比了 7 种时变 ARMA 方法。Li 等(2007)进一步针对轴承故障检测问题提出了一种基于高阶统计量的 ARMA 模型,该模型能够消除噪声的影响,获得更为清晰的信息。Pham 和 Yang(2010)给出了一种由 ARMA 和广义自回归条件异方差(GARCH)组成的混合模型,根据振动信号对设备的状态进行了评估和预测。Ayaz(2014)为从振动信号中提取出轴承故障特征,研究了阶次处于 1~200 范围内的 AR 建模的有效性。Lu 等(2018)还针对轴承性能退化问题给出了一种预测算法,其中采用了带可变遗忘因子的递推最小二乘法(VFF-RLS)和 ARMA 模型。

3.5 滤波法

所采集到的振动信号通常会带有一些背景噪声以及某些未知频率成分的干

扰,很多研究人员已经采用滤波法来消除这些噪声,其中包括解调、Prony 模型和自适应噪声消除(ANC)技术,下面将对此做更详细的介绍。

3.5.1 解调

正如上一章所阐明的,振动频率特征可以借助一些标准公式来计算,如轴承基本缺陷频率(BFDF)。然而,所采集到的振动信号可能包含了设备故障或噪声所导致的幅值、相位或频率调制(FM)作用,进而使得故障诊断变得较为困难。当一列信号波的幅值或频率(也称为载波频率)随着信号强度发生变化时,一般称其发生了调制作用。例如,图3.8 中示出了一列正弦波的调制行为,其中图3.8(a)内的蓝色曲线为一列频率为20Hz、幅值为8 的正弦波信号,它代表了载波信号(原始信号),而红色曲线为另一列频率为4Hz、幅值为2 的正弦波(调制信号),它具有较小的幅值和频率,图3.8(b)显示了对应的幅值(受到)调制(AM)后的信号,其中的正弦波幅值呈现出周期性的变化,而图3.8(c)则示出了对应的频率受到调制后的信号,其中的正弦波频率在做周期性的改变。

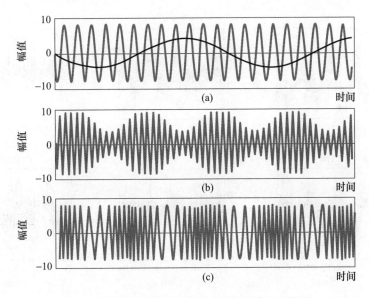

图3.8 正弦波幅值调制和频率调制实例(见彩插)

旋转类设备振动信号的幅值调制和频率调制通常是由设备的故障状态所导致的,人们对此也做了很多研究。例如,Nakhaeinejad 和 Ganeriwala(2009)指出,一些平行不对中和角向不对中会使旋转类设备的振动信号出现低频调制现象。根据 Randall(2011)的研究,扭矩的波动则会使得同步电动机和感应电动机的转子速度分别出现相位调制和频率调制。另外,轴的扭转振动也能导致相位和频率调制。关于幅值调制的一个实例是:与齿轮啮合频率对应的振动幅值会随着负载的波动而改变。单一频率信号的幅值调制一般会使得振动谱中出现成对的边带,它们位于每个调制频率成分附近。旋转类设备的某些故障类型,例如齿轮故障,是可以通过细致地分析这些边带来进行诊断的,我们将在下一章再详细讨论。进一步,滚动轴承振动信号的典型特征往往是以轴承基本缺陷频率的调制形式出现的(Lacey,2008)。图3.9给出了6种状态下滚动轴承的一些典型的真实振动信号时间序列,其中包括了两种正常状态,即全新(NO)状态和虽然磨损但是没有损坏(NW)的状态,4种缺陷状态,即内圈(IR)缺陷、外圈(OR)缺陷、滚动体(RE)缺陷和保持架(CA)缺陷。根据故障状态的不同,这些缺陷会以其特有的方式对振动信号产生调制作用。IR和OR缺陷状态会表现出近乎周期性的信号,RE缺陷则可能对应于周期信号,也可能不是,这取决于多个因素,包括滚动体的损伤水平、轴承载荷以及滚动体在滚道内的运动轨迹等。CA缺陷通常会导致随机畸变,具体情况也跟损伤水平和轴承载荷有关。

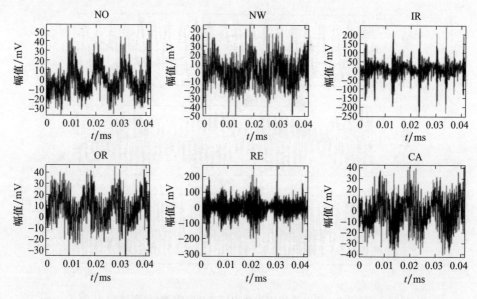

图3.9 6种轴承健康状态下的典型时域振动信号(源于Ahmed和Nandi(2018))

解调过程是调制过程的逆过程,可以是幅值解调或相位解调。幅值解调过程也称为高频共振、共振解调或包络分析,它将较低的频率成分从高频背景噪声中分离开来(Singh和Vishwakarma,2015)。解调过程包括3步:①针对原始振动信号进行带通滤波;②通过将时域波形的下部向上部折叠进行校正或包络处理,通常采用希尔伯特黄变换(HHT)处理;③利用快速傅里叶变换(FFT)进行变换处理。很多研究人员已经采用包络分析技术研究了轴承故障的诊断问题,例如可参阅 Toersen(1998)、Randall 等(2000)、Konstantin – Hansen(2003)、Patidar 和 Soni(2013)的工作。关于这一分析过程的更多内容,我们将在下一章进行介绍。

3.5.2 Prony 模型

跟 AR、ARMA 和 ARIMA 模型类似,Prony 模型也是针对采样得到的时域信号进行模型拟合,通过衰减的正弦成分之和与等间隔采样数据的拟合处理可以得到模型参数的估计。这一模型能够计算模态信息,例如幅值、阻尼、频率和相位,进而可以用于故障诊断或恢复原始信号。如果给定一个包含 N 个采样点的时间序列信号 $x(t)$,那么,其 Prony 模型可以表示为如下形式(Tawfik 和 Morcos,2001):

$$\hat{x}(t) = \sum_{i=1}^{L} A_i e^{-\sigma_i t} \cos(\omega_i t + \phi_i) \tag{3.48}$$

式中:L 为复指数成分的总个数;$\hat{x}(t)$ 为观测信号 $x(t)$ 的估计;A_i 为幅值;$\omega_i = 2\pi f_i t$ 为角频率;σ_i 为衰减因子;ϕ_i 为第 i 个成分的相位。

式(3.48)也可以改写为如下形式:

$$\hat{x}(t) = \sum_{i=1}^{n} H_i Q_i^k \tag{3.49}$$

式中:$1 < n < N, k = 0, 2, \cdots, N-1, H_i$ 和 Q_i 可以分别利用如下两式计算:

$$H_i = \frac{A_i}{2} e^{j\phi_i} \tag{3.50}$$

$$Q_i = e^{(\sigma_i + j2\pi f_i)T} \tag{3.51}$$

式中:T 为采样信号时长。

式(3.49)所给出的满足其特征方程的结果可以取如下形式:

$$\hat{x}_k = a_1 \hat{x}_{k-1} + a_2 \hat{x}_{k-2} + \cdots + a_n \hat{x}_{k-n} \tag{3.52}$$

特征方程的形式如下:

$$p(Q) = Q^n - (a_1 Q^{n-1} + a_2 Q^{n-2} + \cdots + a_n) \tag{3.53}$$

Chen 和 Mechefske(2002)曾重点讨论了基于 Prony 模型的分析方法,他们指出,这一方法在基于短时瞬态振动信号的设备故障诊断中是一项有效的技术手段。

3.5.3 自适应噪声消除

自适应滤波器可以通过迭代方式建立两个信号之间的关系模型,借助自适应滤波器,ANC 技术能够消除时域波形中所包含的背景噪声。该技术所使用的主输入信号 $x(n)$ 包含了背景噪声 $v_s(n)$ 和源信号 $s(n)$,例如,从旋转类设备某个零部件发出的振动信号,另外还存在一个干扰信号 $v(n)$(也称为参考信号),例如,从设备另一零部件发出的信号。为了获得所需信号,一般需要对参考信号进行自适应滤波,并从主输入信号中减去这一信号(Widrow 等,1975)。参考信号通常是从噪声场某些位置处(感兴趣的信号在这些位置比较弱或难以检测)借助一个或多个传感器采集到的(Benesty 和 Huang,2013)。如图 3.10 所示,其中示意了一个典型的 ANC 过程是如何分离两个信号的,图中的输入信号 $x(n)$ 是背景噪声 $v_s(n)$ 和源信号 $s(n)$ 的和,为了消除所携带的噪声,需要将参考信号通过自适应滤波器进行处理后得到信号 $\hat{v}(n)$,然后从输入信号 $x(n)$ 中减去 $\hat{v}(n)$ 得到误差信号 $E(n)$。系统的输出 $E(n)$ 会反馈回自适应滤波器,通过滤波器参数的调整实现 $E(n)$ 的最小化。

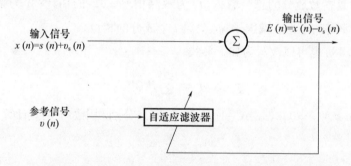

图 3.10 典型 ANC 过程的信号分离过程(Randall,2011)

在滚动轴承的故障诊断研究中,ANC 技术已经受到了相当广泛的重视,例如可参阅 Chaturvedi 和 Thomas(1982)、Li 和 Fu(1990)、Lu 等(2009)以及 Elasha 等(2016)的研究工作。然而,在设备故障诊断问题中,ANC 技术的不足之处在于,保持参考信号 $\hat{v}(n)$ 与噪声信号 $v_s(n)$ 的相关性有时是比较困难的。为了解决这一问题,人们借助输入信号的时延处理进一步改进了 ANC 技术(Widrow 等,1975;Ho 和 Randall,2000;Ruiz – Cárcel 等,2005),也称为 S – ANC,图 3.11 示出了一个典型的用于分离两个信号的 S – ANC 过程。

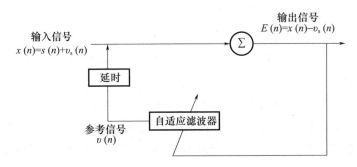

图 3.11 典型 S–ANC 过程的信号分离过程(Randall,2011)

3.6 随机参数技术

随机参数,如混沌、关联维数和阈值法(即软阈值和硬阈值)等,是分析振动信号时间序列的有效工具。例如,Jiang 和 Shao 曾提出了一种基于混沌理论的滚动轴承故障诊断方法(Jiang 和 Shao,2014),Logan 和 Mathew(1996)引入了关联维数技术来诊断滚动轴承的振动故障,Yang 等(2007)采用容量维数、信息维数和关联维数对滚动轴承的故障状态进行了分类研究,此外,Lin 和 Qu(2000)还借助阈值法对滚动轴承进行了分析。

3.7 盲源分离

从旋转类设备采集到的振动信号往往包含了设备中多个源位置所产生的振动成分和一些背景噪声成分,这会导致信噪比(SNR)非常差,因而,从这些信号中提取出所需的特征信息就变得比较困难了,这种情形经常出现在各种工业场合中。盲源分离(BSS)是一种信号处理方法,它能够根据所观测到的大量混合信号恢复没有观测到的辐射源信号(Gelle 等,2003),当来自多个传感器的混合信号情况不很清楚时,这一技术是很有用的。标准 BSS 模型假定存在着 L 个统计无关的信号 $X(n)=[x_1(n),\cdots,x_L(n)]$,观测到的 L 个混合信号为 $Y(n)=[y_1(n),\cdots,y_L(n)]$,噪声信号为 $\aleph(n)=[n_1(n),\cdots,n_L(n)]$,且有

$$Y(n)=f(X(n),X(n-1),\cdots,X(0))+\aleph(n) \qquad (3.54)$$

式中:f 为非线性的时变函数;$\aleph(n)$ 为附加噪声。当考虑与时间无关的无噪声的混合过程时,我们可以将上式改写为如下形式:

$$Y(n) = A * X(n) + \aleph(n) \tag{3.55}$$

式中:A 为未知的混合矩阵。

如图 3.12 所示,其中给出了 BSS 的一般模型。BSS 模型需要进行一个分离矩阵 W 的估计,使得

$$S(n) = W * Y(n) = W * A * X(n) \tag{3.56}$$

关于 BSS 的数学描述,读者可以参阅相关文献(Yu 等,2013),其中给出了更详尽的介绍。很多研究人员已经将 BSS 技术用于设备故障的诊断研究中,例如,Gelle 等(2003)针对一台工作于噪声环境中的旋转类设备,通过将传感器的信号从另一设备的影响中分离出来,研究了振动信息的恢复问题,他们指出,BSS 可以作为一个预处理步骤用于旋转类设备的基于振动信号的故障诊断工作。Serviere 和 Fabry(2005)提出了一种基于 BSS 的技术,针对空间相关噪声情形进行了信号分离处理。Chen 等(2012)也利用 BSS 对从滚动轴承和齿轮箱采集到的信号进行了分离处理,给出了一种可用于滚动轴承的故障诊断方法。

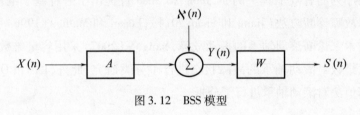

图 3.12　BSS 模型

3.8　本章小结

这一章针对基于振动的设备状态监测问题进行了回顾,介绍了若干振动分析技术,它们已经成功地用于设备故障诊断工作中。人们已经提出了大量基于时域特征的分析技术,这些特征是从原始振动信号中提取出来的,一般需要借助统计参数,如峰峰值、均方根、波峰因数、偏度和峰度等。本章所介绍的所有相关研究都采用了多种统计技术来从原始信号中提取特征,大部分研究至少使用了 6 项技术,有些甚至超过了 10 项,其中峰度出现在了所有研究中,而偏度、波形因子、脉冲因子、方差、波峰因数、峰峰值、均方根和均值也是最为常用的指标。此外,本章还介绍了其他一些先进技术,如 TSA,它是振动信号分析中最有用的技术之一,能够消除任何跟指定采样频率或采样时间不同步的周期成分;AR 和 ARIMA,它们是设备故障检测的有效手段,即使只能获得设备正常状态下的相关

数据；滤波方法，已经被广泛用于消除噪声和从原始信号中进行信号分离。表3.2中对本章所介绍的大部分技术进行了归纳，并列出了可公开获取的软件情况。

表 3.2 所介绍的部分技术及其可公开获取的软件汇总

算法名称	平台	软件包	函数
最大值	MATLAB	信号处理工具箱—测量与特征提取—描述性统计	max
最小值			min
均值			mean
峰峰值			Peak2peak
均方根值			Rms
标准差			std
方差			var
波峰因数			Peak2rms
零交叉	MATLAB	Bruecker(2016)	crossing
偏度	MATLAB	统计和机器学习工具箱	skewness
峰度			kurtosis
时域同步平均	MATLAB	信号处理工具箱	tsa
自回归－协方差			arcov
自回归－Yule－Walker			aryule
Prony			prony
ARIMA	MATLAB	计量经济学工具箱	arima
ANC	MATLAB	Clemens(2016)	Adat－filt－tworef
S－ANC	MATLAB	NJJ(2018)	sanc
BSS	R	JADE 和 Bssasymp(Miettinen 等,2017)	BSS
BSS	MATLAB	Gang(2015)	YGBSS

参考文献

Ahamed, N., Pandya, Y., and Parey, A. (2014). Spur gear tooth root crackdetection using time synchronous averaging under fluctuating speed. Measurement 52：1－11.

Ahmed, H. and Nandi, A. K. (2018). Compressive sampling and feature ranking framework for bearing fault classification with vibration signals. IEEE Access 6：44731－44746.

Ali, J. B., Fnaiech, N., Saidi, L. et al. (2015). Application of empirical mode decomposition and artificial neural network for automatic bearing fault diagnosis based on vibration signals. Applied Acoustics 89: 16-27.

Ayaz, E. (2014). 1315. Autoregressive modeling approach of vibration data for bearing fault diagnosis in electric motors. Journal of Vibroengineering, 16 (5), pp. 2130-2138.

Baillie, D. C. and Mathew, J. (1996). A comparison of autoregressive modeling techniques for fault diagnosis of rolling element bearings. Mechanical Systems and Signal Processing 10 (1): 1-17.

Bechhoefer, E. and Kingsley, M. (2009). A review of time synchronous average algorithms. In: Annual Conference of the Prognostics and Health Management Society, 24-33. San Diego, CA: http://ftp.phmsociety.org/sites/phmsociety.org/files/phm_submission/2009/phmc_09_5.pdf.

Benesty, J. and Huang, Y. (eds.) (2013). Adaptive signal processing: applications to real-world problems. Springer Science & Business Media.

Box, G. E., Jenkins, G. M., Reinsel, G. C., and Ljung, G. M. (2015). Time Series Analysis: Forecasting and Control. Wiley.

Braun, S. (1975). The extraction of periodic waveforms by time domain averaging. Acta Acustica united with Acustica 32 (2): 69-77.

Bruecker, S. (2016). Crossing. Mathworks File Exchange Center.
https://www.mathworks.com/matlabcentral/fileexchange/2432-crossing.

Chaturvedi, G. K. and Thomas, D. W. (1982). Bearing fault detection using adaptive noisecancelling. Journal of Mechanical Design 104 (2): 280-289.

Chebil, J., Hrairi, M., and Abushikhah, N. (2011). Signal analysis of vibration measurements for condition monitoring of bearings. Australian Journal of Basic and Applied Sciences 5 (1): 70-78.

Chen, C. Z., Meng, Q., Zhou, H., and Zhang, Y. (2012). Rolling bearing fault diagnosis based on blind source separation. Applied Mechanics and Materials 217: 2546-2549. Trans Tech Publications.

Chen, Z. and Mechefske, C. K. (2002). Diagnosis of machinery fault status using transient vibration signal parameters. Modal Analysis 8 (3): 321-335.

Christian, K., Mureithi, N., Lakis, A., and Thomas, M. (2007). On the use of time synchronous averaging, independent component analysis and support vector machines for bearing fault diagnosis. In: Proceedings of the 1st International Conference on Industrial Risk Engineering, Montreal, December 2007, 610-624.
https://pdfs.semanticscholar.org/87fb/93bae0ae23afe8f39205d34b98f24660c97e.pdf.

Clemens, R. (2016). Noise canceling adaptive filter. Mathworks File Exchange Center.
https://www.mathworks.com/matlabcentral/fileexchange/10447-noise-canceling-adaptive-filter.

Combet, F. and Gelman, L. (2007). An automated methodology for performing time synchronous averaging of a gearbox signal without speed sensor. Mechanical Systems and Signal Processing 21 (6): 2590 – 2606.

Davies, A. (1998). Visual inspection systems. In: Handbook of Condition Monitoring, 57 – 77. Dordrecht: Springer.

Elasha, F., Mba, D., and Ruiz – Carcel, C. (2016). A comparative study of adaptive filters in detecting a naturally degraded bearing within a gearbox. Case Studies in Mechanical Systems and Signal Processing 3: 1 – 8.

Endo, H. and Randall, R. B. (2007). Enhancement of autoregressive model based gear tooth fault detection technique by the use of minimum entropy deconvolution filter. Mechanical Systems and Signal Processing 21 (2): 906 – 919.

Gang, Y. (2015). A novel BSS. Mathworks File Exchange Center. https://www.mathworks.com/matlabcentral/fileexchange/50867 – a – novel – bss.

Garga, A. K., Elverson, B. T., and Lang, D. C. (1997). AR modeling with dimension reduction for machinery fault classification. In: Critical Link: Diagnosis to Prognosis, 299 – 308. Haymarket: http://php.scripts.psu.edu/staff/k/p/kpm128/pubs/ResDifAnalysisFinal.PDF.

Gelle, G., Colas, M., and Servière, C. (2003). Blind source separation: a new pre – processing tool for rotating machines monitoring? IEEE Transactions on Instrumentation and Measurement 52 (3): 790 – 795.

Guo, H., Jack, L. B., and Nandi, A. K. (2005). Feature generation using genetic programming with application to fault classification. IEEE Transactions on Systems, Man, and Cybernetics, Part B (Cybernetics) 35 (1): 89 – 99.

Ha, J. M., Youn, B. D., Oh, H. et al. (2016). Autocorrelation – based time synchronous averaging for condition monitoring of planetary gearboxes in wind turbines. Mechanical Systems and Signal Processing 70: 161 – 175.

Ho, D. and Randall, R. B. (2000). Optimisation of bearing diagnostic techniques using simulated and actual bearing fault signals. Mechanical Systems and Signal Processing 14 (5): 763 – 788.

Jack, L. B. and Nandi, A. K. (2000). Genetic algorithms for feature selection in machine condition monitoring with vibration signals. IEE Proceedings – Vision, Image and Signal Processing 147 (3):205 – 212.

Jiang, Y. L. and Shao, Y. X. (2014). Fault diagnosis of rolling bearing based on fuzzy neural network and chaos theory. Vibroengineering PROCEDIA 4: 211 – 216.

Junsheng, C., Dejie, Y., and Yu, Y. (2006). A fault diagnosis approach for roller bearings based on EMD method and AR model. Mechanical Systemsand Signal Processing 20 (2): 350 – 362.

Kankar, P. K., Sharma, S. C., and Harsha, S. P. (2011). Fault diagnosis of ball bearings using machine learning methods. Expert Systems with Applications 38 (3): 1876 – 1886.

Konstantin – Hansen, H. (2003). Envelope analysis for diagnostics of local faults in rolling element bearings. Bruel & Kjaer: 1 – 8.

Lacey, S. J. (2008). An overview of bearing vibration analysis. Maintenance & Asset Management 23 (6): 32 – 42.

Lakshmi Pratyusha, P., Shanmukha Priya, V., and Naidu, V. P. S. (2014). Bearing health condition monitoring: time domain analysis. International Journal of Advanced Research in Electrical, Electronics and Instrumentation Engineering: 75 – 82.

Li, F. C., Ye, L., Zhang, G. C., and Meng, G. (2007). Bearing fault detection using higher – order statistics based ARMA model. Key Engineering Materials 347: 271 – 276. Trans Tech Publications.

Li, Z. and Fu, Y. (1990). Adaptive noise cancelling technique and bearing fault diagnosis. Journal of Aerospace Power 5: 199 – 203.

Lin, J. and Qu, L. (2000). Feature extraction based on Morlet wavelet and its application for mechanical fault diagnosis. Journal of Sound and Vibration 234 (1): 135 – 148.

Logan, D. and Mathew, J. (1996). Using the correlation dimension for vibration fault diagnosis of rolling element bearings—I. Basic concepts. Mechanical Systems and Signal Processing 10 (3): 241 – 250.

Lu, B., Nowak, M., Grubic, S., and Habetler, T. G. (2009). An adaptive noise – cancellation method for detecting generalized roughness bearing faults under dynamic load conditions. In: Proceedings of the Energy Conversion Congress and Exposition, 1091 – 1097. IEEE.

Lu, Y., Li, Q., Pan, Z., and Liang, S. Y. (2018). Prognosis of bearing degradation using gradient variable forgetting factor RLS combined with time series model. IEEE Access 6: 10986 – 10995.

Martin, H. R. (1989). Statistical moment analysis as a means of surface damage detection. In: Proceedings of the 7th International Modal Analysis Conference, 1016 – 1021. Las Vegas, USA: Society for Experimental Mechanics.

McClintic, K., Lebold, M., Maynard, K. et al. (2000). Residual and difference feature analysis with transitional gearbox data. In: 54th Meeting of the Society for Machinery Failure Prevention Technology, 1 – 4. Virginia Beach, VA.

McCormick, A. C. and Nandi, A. K. (1996). A comparison of artificial neural networks and other statistical methods for rotating machine condition classification. In: Colloquium Digest – IEE, 2 – 2. IEE Institution of Electrical Engineers.

McCormick, A. C. and Nandi, A. K. (1997). Neural network autoregressive modeling of vibrations for condition monitoring of rotating shafts. In: International Conference on Neural Networks, 1997, vol. 4, 2214 – 2218. IEEE.

McCormick, A. C. and Nandi, A. K. (1998). Cyclostationarity in rotating machine vibrations. Mechanical systems and signal processing 12 (2): 225–242.

McCormick, A. C., Nandi, A. K., and Jack, L. B. (1998). Application of periodic time-varying autoregressive models to the detection of bearing faults. Proceedings of the Institution of Mechanical Engineers, Part C: Journal of Mechanical Engineering Science 212 (6): 417–428.

McFadden, P. D. and Toozhy, M. M. (2000). Application of synchronous averaging to vibration monitoring of rolling element bearings. Mechanical Systems and Signal Processing 14 (6): 891–906.

Miettinen, J., Nordhausen, K., and Taskinen, S. (2017). Blind source separation based on joint diagonalization in R: the packages JADE and BSSasymp. Journal of Statistical Software vol 76: 1–31.

Nakhaeinejad, M. and Ganeriwala, S. (2009). Observations on dynamic responses of misalignments. Technological notes. SpectraQuest Inc.

Nayana, B. R. and Geethanjali, P. (2017). Analysis of statistical time-domain features effectiveness in identification of bearing faults from vibration signal. IEEE Sensors Journal 17 (17): 5618–5625.

NJJ1. (2018). Self adaptive noise cancellation. Mathworks File Exchange Center. https://www.mathworks.com/matlabcentral/fileexchange/65840-sanc-x-l-mu-delta.

Palit, A. K. and Popovic, D. (2006). Computational Intelligence in Time Series Forecasting: Theory and Engineering Applications. Springer Science & Business Media.

Patidar, S. and Soni, P. K. (2013). An overview on vibration analysis techniques for the diagnosis of rolling element bearing faults. International Journal of Engineering Trends and Technology (IJETT) 4 (5): 1804–1809.

Pham, H. T. and Yang, B. S. (2010). Estimation and forecasting of machine health condition using ARMA/GARCH model. Mechanical Systems and Signal Processing 24 (2): 546–558.

Poulimenos, A. G. and Fassois, S. D. (2006). Parametric time-domain methods for non-stationary random vibration modelling and analysis—a critical survey and comparison. Mechanical Systems and Signal Processing 20 (4): 763–816.

Prieto, M. D., Cirrincione, G., Espinosa, A. G. et al. (2013). Bearing fault detection by a novel condition-monitoring scheme based on statistical-time features and neural networks. IEEE Transactions on Industrial Electronics 60 (8): 3398–3407.

Randall, R. B. (2011). Vibration-Based Condition Monitoring: Industrial, Aerospace and Automotive Applications. Wiley.

Randall, R. B., Antoni, J., and Chobsaard, S. (2000). A comparison of cyclostationary and envelope analysis in the diagnostics of rolling element bearings. In: Proceedings of the 2000 IEEE International Conference on Acoustics, Speech, and Signal Processing, vol. 6, 3882–3885. IEEE.

Rauber, T. W., de Assis Boldt, F., and Varejão, F. M. (2015). Heterogeneous feature models and feature selection applied to bearing fault diagnosis. IEEE Transactions on Industrial Electronics 62 (1): 637–646.

Rojas, A. and Nandi, A. K. (2006). Practical scheme for fast detection and classification of rolling-element bearing faults using support vector machines. Mechanical Systems and Signal Processing 20 (7): 1523–1536.

Ruiz-Cárcel, C., Hernani-Ros, E., Chandra, P. et al. (2015). Application of linear prediction, self-adaptive noise cancellation, and spectral kurtosis in identifying natural damage of rolling element bearing in a gearbox. In: Proceedings of the 7th World Congress on Engineering Asset Management (WCEAM 2012), 505–513. Cham: Springer.

Saimurugan, M., Ramachandran, K. I., Sugumaran, V., and Sakthivel, N. R. (2011). Multi component fault diagnosis of rotational mechanical system based on decision tree and support vector machine. Expert Systems with Applications 38 (4): 3819–3826.

Sait, A. S. and Sharaf-Eldeen, Y. I. (2011). A review of gearbox condition monitoring based on vibration analysis techniques diagnostics and prognostics. In: Rotating Machinery, Structural Health Monitoring, Shock and Vibration, Volume 5, 307–324. New York, NY: Springer.

Samanta, B., Al-Balushi, K. R., and Al-Araimi, S. A. (2003). Artificial neural networks and support vector machines with genetic algorithm for bearing fault detection. Engineering Applications of Artificial Intelligence 16 (7–8): 657–665.

Sassi, S., Badri, B., and Thomas, M. (2007). A numerical model to predict damaged bearing vibrations. Journal of Vibration and Control 13 (11): 1603–1628.

Saxena, A. and Saad, A. (2006). Genetic algorithms for artificial neural net-based condition monitoring system design for rotating mechanical systems. In: Applied Soft Computing Technologies: The Challenge of Complexity, 135–149. Berlin, Heidelberg: Springer.

Serviere, C. and Fabry, P. (2005). Principal component analysis and blind source separation of modulated sources for electro-mechanical systems diagnostic. Mechanical Systems and Signal Processing 19 (6): 1293–1311.

Singh, S. and Vishwakarma, D. M. (2015). A review of vibration analysis techniques for rotating machines. International Journal of Engineering Research & Technology 4 (3): 2278–0181.

Sreejith, B., Verma, A. K., and Srividya, A. (2008). Fault diagnosis of rolling element bearing using time-domain features and neural networks. In: IEEE Region 10 and the Third International Conference on Industrial and Information Systems, 2008. ICIIS 2008, 1–6. IEEE.

Stewart, R. M. (1977). Some Useful Data Analysis Techniques for Gearbox Diagnostics. University of Southampton.

Sugumaran, V. and Ramachandran, K. I. (2007). Automatic rule learning using decision tree for fuzzy classifier in fault diagnosis of roller bearing. Mechanical Systems and Signal Processing 21 (5): 2237–2247.

Sugumaran, V. and Ramachandran, K. I. (2011). Effect of number of features on classification of roller bearing faults using SVM and PSVM. Expert Systems with Applications 38 (4): 4088 – 4096.

Sun, Q., Chen, P., Zhang, D., and Xi, F. (2004). Pattern recognition for automatic machinery fault diagnosis. Journal of Vibration and Acoustics 126 (2): 307 – 316.

Tahir, M. M., Khan, A. Q., Iqbal, N. et al. (2017). Enhancing fault classification accuracy of ball bearing using central tendency based time domain features. IEEE Access 5: 72 – 83.

Tawfik, M. M. and Morcos, M. M. (2001). ANN – based techniques for estimating fault location on transmission lines using Prony method. IEEE Transactions on Power Delivery 16 (2): 219 – 224.

Tian, X., Cai, L., and Chen, S. (2015). Noise – resistant joint diagonalization independent component analysis based process fault detection. Neurocomputing 149: 652 – 666.

Toersen, H. (1998). Application of an envelope technique in the detection of ball bearing defects in a laboratory experiment. Tribotest 4 (3): 297 – 308.

Wegerich, S. W. (2004). Similarity based modeling of time synchronous averaged vibration signals for machinery health monitoring. In: 2004 IEEE Aerospace Conference Proceedings, 2004, vol. 6, 3654 – 3662. IEEE.

Widrow, B., Glover, J. R., McCool, J. M. et al. (1975). Adaptive noise cancelling: principles and applications. Proceedings of the IEEE 63 (12): 1692 – 1716.

William, P. E. and Hoffman, M. W. (2011). Identification of bearing faults using time domain zero – crossings. Mechanical Systems and Signal Processing 25 (8): 3078 – 3088.

Yang, J., Zhang, Y., and Zhu, Y. (2007). Intelligent faultdiagnosis of rolling element bearing based on SVMs and fractal dimension. Mechanical Systems and Signal Processing 21 (5): 2012 – 2024.

Yiakopoulos, C. T., Gryllias, K. C., and Antoniadis, I. A. (2011). Rolling element bearing fault detection in industrial environments based on a K – means clustering approach. Expert Systems with Applications 38 (3): 2888 – 2911.

Yu, X., Hu, D., and Xu, J. (2013). Blind Source Separation: Theory and Applications. Wiley.

Zakrajsek, J. J., Townsend, D. P., and Decker, H. J. (1993). An analysis of gear fault detection methods as applied to pitting fatigue failure data. No. NASA – E – 7470. National Aeronautics and Space Administration.

Zhang, L., Jack, L. B., and Nandi, A. K. (2005). Fault detection using genetic programming. Mechanical Systemsand Signal Processing 19 (2): 271 – 289.

Zhen, D., Wang, T., Gu, F., and Ball, A. D. (2013). Fault diagnosis of motor drives using stator current signal analysis based on dynamic time warping. Mechanical Systems and Signal Processing 34 (1 – 2): 191 – 202.

第 4 章 频域分析

4.1 引言

上一章已经指出,在振动信号分析中可以采用多种时域分析技术,如均值、峰值、峰度等,这些技术主要处理的是测得的原始振动信号中所有正弦波成分的总和。在频域中,每一个正弦波成分都可以表示为一个谱成分(图4.1)。频率分析,也称为谱分析,是设备状态监测领域中最为常用的振动分析技术之一。事实上,频域分析技术能够根据频率特性来进一步为我们呈现出一些有用信息,而此类信息在时域中是难以获得的。我们所测得的时域振动信号一般是由设备中的多个零部件产生的,例如轴承、转轴和风扇等,每个零部件自身的运动可能会产生单一频率和幅值的正弦波,而其他零部件则会进一步增加一些频率成分。换言之,设备的每个零部件往往导致的是单一频率的信号。然而,在测得的信号中我们一般是难以观察到这些单个频率的,看到的只是所有信号的总和。显然,如果从时域波形中生成频率成分谱,那么,我们就能够更轻松地观察到每一个振源情况,如图4.1所示。

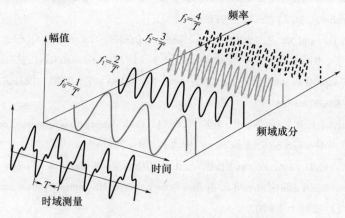

图 4.1 时域测量与频域测量(源于 Brandt(2011))

如同第2章所阐明的,旋转类设备的零部件在时域内产生的振动信号是多样的,包括随机信号和周期信号,健康状态和故障状态都是如此。这些信号的频率成分一般需要借助傅里叶分析技术来提取,这一技术通常分为3种,即傅里叶级数、连续傅里叶变换(CFT)和离散傅里叶变换(DFT)。傅里叶分析的基本思想是19世纪法国数学家傅里叶所提出的,他指出,任何周期函数都可以展开为复指数函数的求和形式。对于离散时间信号的频率分析,DFT是上述3种技术中最重要的(Van Loan,1992;Diniz等,2010)。

在这一章中,我们将介绍傅里叶分析的基本概念和方法,在振动信号的时域频域变换中它们是经常用到的。另外,本章还将讨论一些相关技术,这些技术可以用于提取能够更有效地反映设备健康状态的各种频谱特征。

4.2 傅里叶分析

4.2.1 傅里叶级数

针对周期信号 $x(t)$ 的傅里叶分析也称为谐波分析,它是将该信号分解为一系列正弦成分的求和形式,其中的每一个正弦成分具有一个特定的幅值和相位。周期信号一般包含了基本频率成分 $f_0 = 1/T$(T 为信号的周期)的整数倍谐波频率成分,因此,信号中只会存在着 $1/T$、$2/T$、$\cdots$、n/T 这些频率成分(图4.1)。周期信号的傅里叶级数展开可以表示为周期为 T 的所有正弦和余弦函数的线性组合,其数学表达式为

$$x(t) = \frac{1}{2}a_0 + \sum_{k=1}^{\infty} a_k \cos(k\omega_0 t) + \sum_{k=1}^{\infty} b_k \sin(k\omega_0 t) \tag{4.1}$$

式中:a_k 和 b_k 为系数,可以按照如下两式进行计算:

$$a_k = \frac{2}{T} \int_{-\frac{T}{2}}^{\frac{T}{2}} x(t) \cos(k\omega_0 t) dt \quad k = 0,1,2,\cdots \tag{4.2}$$

$$b_k = \frac{2}{T} \int_{-\frac{T}{2}}^{\frac{T}{2}} x(t) \sin(k\omega_0 t) dt \quad k = 0,1,2,\cdots \tag{4.3}$$

且有

$$a_0 = \frac{1}{T} \int_0^T x(t) dt \tag{4.4}$$

上面各式中的 $\omega_0 = 2\pi/T$(单位:rad/s)代表了周期为 T 的信号所具有的基

本角频率。

振动信号一般表现为受到多个较低频率信号或周期信号调制的高频谐波形式,因而,在其信号分析中谐波是非常重要的。根据傅里叶级数理论可知,所有的周期信号都是由一系列谐波所构成的,如对于包含频率为 f_0、f_1、f_2 和 f_3 的谐波成分(f_1、f_2 和 f_3 都是 f_0 的整数倍,即 $f_1 = 2f_0 = \frac{2}{T}$,$f_2 = 3f_0 = \frac{3}{T}$,$f_3 = 4f_0 = \frac{4}{T}$)的信号 $x(t)$,如图 4.1 所示,该周期信号可以表示为如下数学表达式:

$$x(t) = \frac{1}{2}a_0 + a_1\cos\left(\frac{2\pi}{T}t\right) + a_2\cos\left(\frac{4\pi}{T}t\right) + a_3\cos\left(\frac{6\pi}{T}t\right) + a_4\cos\left(\frac{8\pi}{T}t\right)$$
$$+ b_1\sin\left(\frac{2\pi}{T}t\right) + b_2\sin\left(\frac{4\pi}{T}t\right) + b_3\sin\left(\frac{6\pi}{T}t\right) + b_4\sin\left(\frac{8\pi}{T}t\right) \quad (4.5)$$

式中:系数为 a_1 和 b_1 的项代表的是基本频率成分(一阶谐波成分),即频率为 ω_0 的成分;系数为 a_2 和 b_2 的项代表的是二阶谐波成分,即频率为 $2\omega_0$ 的成分;系数为 a_3 和 b_3 的项代表的是三阶谐波成分,即频率为 $3\omega_0$ 的成分;系数为 a_4 和 b_4 的项代表的是四阶谐波成分,即频率为 $4\omega_0$ 的成分。

信号的傅里叶级数展开也可以表示为复数形式,此时,我们不再利用式(4.2)和式(4.3)这两个积分去计算级数的三角展开式中的系数,而是将傅里叶级数写成指数形式,其中利用了欧拉公式 $e^{j\omega_0 t} = \cos(\omega_0 t) + j\sin(\omega_0 t)$($j = \sqrt{-1}$),于是,正弦项和余弦项可以分别表示为如下形式:

$$\cos(\omega_0 t) = \frac{e^{j\omega_0 t} + e^{-j\omega_0 t}}{2} \quad (4.6)$$

$$\sin(\omega_0 t) = \frac{e^{j\omega_0 t} - e^{-j\omega_0 t}}{2j} \quad (4.7)$$

另外,为使式(4.1)的物理含义更加简洁,我们无须在每个频率处使用两个简谐函数,而只需采用一个带有相位 ϕ_k 的简谐函数即可,因此,式(4.1)就可以改写成如下形式:

$$x(t) = \frac{1}{2}a_0 + \sum_{k=1}^{\infty} c_k \cos(k\omega_0 t + \phi_k) \quad (4.8)$$

其中

$$c_k = \sqrt{a_k^2 + b_k^2} \quad (4.9)$$

$$\phi_k = \arctan\left(\frac{b_k}{a_k}\right) \quad (4.10)$$

利用式(4.6)所给出的指数形式,式(4.8)即可重新表示为

$$x(t) = \frac{1}{2}a_0 + \sum_{k=1}^{\infty} \frac{c_k}{2} (e^{j(\omega_k t + \phi_k)} + e^{-j(\omega_k t + \phi_k)}) \tag{4.11}$$

其中

$$\omega_k = k\omega_0$$

在旋转类设备的振动分析中,傅里叶级数主要用于分析周期信号,当设备的转速不变时,往往产生的就是此类信号。不过,实际的振动信号并不总是周期性的,此时我们可以通过积分形式来表达,也称为傅里叶积分。对于一个函数 $f(t)$ 来说,其傅里叶积分可以表示为如下形式:

$$f(t) = \frac{1}{\pi} \int_0^{\infty} [A(\omega)\cos(\omega t) + B(\omega)\sin(\omega t)] d\omega \tag{4.12}$$

其中

$$A(\omega) = \int_{-\infty}^{\infty} f(t)\cos(\omega t) dt \tag{4.13}$$

$$B(\omega) = \int_{-\infty}^{\infty} f(t)\sin(\omega t) dt \tag{4.14}$$

4.2.2 离散傅里叶变换

信号 $x(t)$ 的傅里叶变换(FT)可以表示为如下形式:

$$x(\omega) = \int_{-\infty}^{\infty} x(t) e^{-j\omega t} dt \tag{4.15}$$

式中: $\omega = 2\pi/T$ 为频率。进一步,与此对应的逆变换可以写为

$$x(t) = \frac{1}{2\pi} \int_{-\infty}^{\infty} x(j\omega) e^{j\omega t} d\omega \tag{4.16}$$

式(4.16)中的因子 $1/2\pi$ 是为了保证能够通过逆变换恢复原始信号 $x(t)$。当信号是离散形式的时,我们可以采用 DFT。实际上,离散方法经常被用于计算机上的分析和处理。DFT 的数学形式一般可以表示为

$$X_{\text{DFT}}(k) = \sum_{n=0}^{N-1} x(n) e^{-j2\pi nk/N} \qquad k = 0, 1, \cdots, N-1 \tag{4.17}$$

或者表示为如下更有用的形式:

$$X_{\text{DFT}}(k) = \sum_{n=0}^{N-1} x(n) W_N^{nk} \qquad k = 0, 1, \cdots, N-1 \tag{4.18}$$

其中

$$W_N = e^{-j\frac{2\pi}{N}} = \cos\left(\frac{2\pi}{N}\right) - j\sin\left(\frac{2\pi}{N}\right) \tag{4.19}$$

式中:N 为信号的长度。

DFT 的逆变换是将 $X_{\text{DFT}}(k)$ 恢复成 $x(n)$,其数学表达式可以写为

$$x(n) = \frac{1}{N}\sum_{n=0}^{N-1} X_{\text{DFT}}(k) W_N^{-nk} \qquad k = 0,1,\cdots,N-1 \qquad (4.20)$$

为了计算出长度为 N 的信号的 DFT,一般需要进行 N^2 次复数乘法运算,这也使得 DFT 在处理带有大量样本点的信号时不太实用(Diniz 等,2010)。

4.2.3 快速傅里叶变换

快速傅里叶变换(FFT)是一种很有效的算法,在针对平稳时间序列信号计算 DFT 及其逆变换时,可以显著减少复杂度。事实上,FFT 在计算长度为 N 的信号的 DFT 时,只需进行 $N\log_2 N$ 次复数乘法运算,而不是 N^2 次。FFT 技术最早是由 Cooley 和 Tukey(1965)在 DFT 的稀疏分解(Van Loan,1992)基础上提出的,下面我们简要地对简化的 FFT 形式做一介绍。

假定存在一个长度为 N 的离散时间序列信号 x,并设 $N=2^m$,将长度 N 分为两个部分,即由偶数样本点构成的 $x_{\text{even}}(x_0,x_2,x_4,\cdots)$ 和由奇数样本点构成的 $x_{\text{odd}}(x_1,x_3,x_5,\cdots)$,于是,每个部分将具有总采样点数量的 $1/2(N/2)$。在此基础上,式(4.18)就可以改写为如下形式:

$$X_{\text{DFT}}(k) = \sum_{n-\text{even}=0}^{N-2} x(n) W_N^{nk} + \sum_{n-\text{odd}=0}^{N-1} x(n) W_N^{nk} \qquad (4.21)$$

若在偶数项求和中将 n 替换为 $2m$,奇数项求和中将 n 替换为 $2m+1$,其中 $m=0,1,2,\cdots,N/2-1$,那么,式(4.21)可以表示为

$$X_{\text{DFT}}(k) = \sum_{m=0}^{\frac{N}{2}-1} x(2m) W_N^{2mk} + \sum_{m=0}^{\frac{N}{2}-1} x(2m+1) W_N^{(2m+1)k} \qquad (4.22)$$

$$= \sum_{m=0}^{\frac{N}{2}-1} x(2m) (W_N^2)^{mk} + \sum_{m=0}^{\frac{N}{2}-1} x(2m+1) (W_N^2)^{mk} W_N^k \qquad (4.23)$$

W_N^2 可以化为

$$W_N^2 = W_{N/2} \qquad (4.24)$$

于是,式(4.22)可以重新写为

$$X_{\text{DFT}}(k) = \sum_{m=0}^{\frac{N}{2}-1} x(2m) (W_{N/2})^{mk} + \sum_{m=0}^{\frac{N}{2}-1} x(2m+1) (W_{N/2})^{mk} W_N^k \qquad (4.25)$$

在 $x_{n-\text{even}}$ 和 $x_{n-\text{odd}}$ 基础上,信号 $x(n)$ 的 DFT 就可以表示为如下一般形式:

$$X_{\text{DFT}}(k) = \text{DFT}_{N/2}\{x_{\text{even}}(m), k\} + W_N^k \text{DFT}_{N/2}\{x_{\text{odd}}(m), k\} \quad k = 0, 1, \cdots, N-1 \tag{4.26}$$

图 4.2 给出了一个示例,即通过将信号长度 $N(N=8)$ 分为两个部分(每个部分具有 $N/2$ 个采样点)来计算 DFT。例如,$X[0]$ 和 $X[1]$ 的计算可以表示为如下形式:

$$X[0] = x_{\text{even}}[0] + x_{\text{odd}}[0]W_8^0 \tag{4.27}$$

$$X[1] = x_{\text{even}}[1] + x_{\text{odd}}[1]W_8^1 \tag{4.28}$$

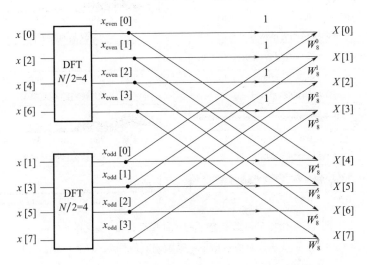

图 4.2 利用 FFT 计算 DFT 的 8 个点(源于 Kuo 等(2006))

进一步,图 4.3 给出了 6 种类型的振动信号(包含 1200 个数据点,与上一章中的图 3.9 所给出的健康和故障状态相对应)及其对应的傅里叶系数绝对值,该 FFT 是利用 MATLAB 中的傅里叶分析和滤波工具箱内的 fft 函数实现的。

FFT 的另一个突出优点是它能保留信号的相位信息,进而可以实现逆变换。FFT 的逆变换是利用式(4.20)完成的,在 MATLAB 中我们可以轻松地获得这种逆变换,只需使用傅里叶分析和滤波工具箱内的 ifft 函数即可。倒频谱分析是跟 DFT 逆变换相关的另一分析技术,它是将信号的 DFT 的对数幅值进行 DFT 逆变换,因此,离散信号 $x[n]$ 的倒频谱 $x_{\text{cepstrum}}[n]$ 可以表示为如下形式:

$$x_{\text{cepstrum}}[n] = F^{-1}\{\log|F\{x[n]\}|\} \tag{4.29}$$

式中:F 为 DFT;F^{-1} 为 DFT 逆变换。

对于 DFT 计算中涉及的 FFT 的更多数学描述,读者可以参阅 Cochran 等(1967)、Van Loan(1992)和 Diniz 等(2010)的相关文献。

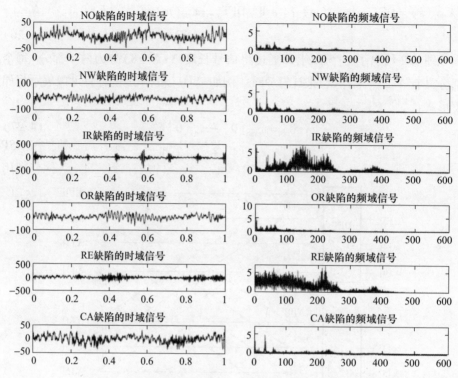

图 4.3 健康和缺陷状态下的 6 种振动信号(参见图 3.9):
1200 个点及其对应的傅里叶系数绝对值(基于 FFT 得到)

现在我们来讨论 FFT 在设备故障诊断中的应用。这一方面的早期研究可以参考 Harris(1978)、Renwick(1984)、Renwick 和 Babson(1985)、Burgess(1988)等的文献。1991 年,Zeng 和 Wang 给出了一个设备故障诊断框架,其中包含了数据采集、数据处理、特征提取、故障聚类和分类等方面,在数据处理过程中需要通过 FFT 将采集到的数据变换到频域(Zeng 和 Wang,1991)。McCormick 和 Nandi 将人工神经网络(ANN)应用到转轴状态的分类研究中,由于时间序列的矩量可以根据测试数据快速地计算,因而,他们将其作为输入特征使用。为跟频域分析进行比较,他们还采用 FFT 进行了实时处理。FFT 会生成大量频率窗口(Frequency Bin),一般跟计算中的采样点数量有关,为此他们指出有必要确定哪些频率成分可以作为特征来使用。考虑到旋转频率的谐波在信号中占据主导地位,这些研究人员选择了跟前 10 个谐波对应的那些窗口(即 Bin)。研究表明,这种特征选择的效果明显不如矩量特征。他们认为有如下几个方面的原因:
①一些设备信号的谱峰要比 10 阶谐波(770Hz~1kHz)还高,将这些成分包括进

来有可能改进分析结果;②谱能量有可能分布在非转速频率的谐波上,选择更好的FFT窗口可能获得更好的结果;③信号的随机特性、谱泄漏以及较低的频谱分辨率这些因素也可能导致所选择的特征在状态指示效果上比预期结果差(McCormick和Nandi,1997)。Li等提出了一种可用于普通电动机轴承故障检测的基于频域振动信号和ANN的技术方法,在该方法中传感器采集到的时域振动信号是借助FFT技术变换到频域的,利用这些频谱进行ANN训练,他们以最少量的数据获得了相当好的结果(Li等,1998)。Betta等还出了一种基于DSP的FFT分析工具,基于振动分析考察了旋转类设备的故障诊断问题。他们利用这一手段对故障态的振动信号进行了分析,验证了该技术方法在设备故障诊断中的有效性(Betta等,2002)。

  Farokhzad进一步针对离心泵采用FFT和一种自适应模糊推理系统,研究了一种基于振动的故障检测技术。在这一技术中,振动信号的特征是借助FFT提取得到的,这些特征随后被作为输入向量导入到自适应模糊神经网络推理系统中(Farokhzad,2013)。Zhang等针对制造系统中零部件和设备的性能退化问题,给出了一种利用振动信号进行故障分类和预测的技术方法。在这一方法中,首先需要借助小波包变换(WPT)将采集到的振动信号分解成若干个由近似和细节信号组成的信号,然后再采用FFT将这些信号变换到频域之中。基于FFT提取到的信号特征进一步可以用于训练ANN,从而根据这个ANN去预测性能的退化并识别设备或零部件的故障。这一研究结果已经验证了该技术方法的有效性(Zhang等,2013)。Talhaoui等也提出了可用于考察感应电动机转子断条故障的方法,他们采用了闭环控制,针对启动和平稳工作状态借助FFT和离散小波变换(DWT)进行了电学和力学参数的分析(Talhaoui等,2014)。Randall还讨论了倒频谱分析在机械系统问题中的两个主要适用场景:①振动和声信号中的谐波与边带的检测和分类,甚至消除;②信号源和传递途径效应的盲源分离(Randall,2017)。

  de Jesus Romero – Troncoso(2017)针对故障诊断问题,将基于FFT的谱估计进行了改进。该方法利用FFT来提取故障的特征参数,然后引入多采样率信号处理技术改进基于FFT的方法,通过分形重采样减少了谱泄漏。实验结果表明,这种针对感应电动机故障检测的改进方法是有效的。Gowid及其合作者们分析和对比了基于FFT的分段、特征选择、故障识别算法与神经网络(NN)、多层感知机(MLP),结果表明,与NN相比,基于FFT的分段、特征选择和故障识别算法具有非常多的优点,例如更容易实现、计算成本和时间更少等(Gowid等,

2017)。Ahmed 和 Nandi 借助稀疏 FFT 得到了滚动轴承振动信号的稀疏表示,进而用于生成压缩采样信号(借助压缩采样(CS)过程),随后他们采用各种特征选择技术从这些压缩采样信号中选取了更少的特征,根据这些特征,借助 MLP、ANN 和支持向量机等手段考察了分类问题。研究结果表明,该方法在滚动轴承的状态分类上是有效的(Ahmed 和 Nandi,2018)。

4.3　包络分析

如同第 3 章所介绍的,由于故障设备的信号会被故障特征和/或背景噪声所调制,因而解调过程是必要的,例如我们可以通过包络分析来提取所采集的信号中的相关诊断信息。包络分析也称为高频共振分析或共振解调,它是一种信号处理技术,已经在滚动轴承的故障检测中表现出了有效性和可靠性。该技术一般包括 3 个步骤:①将原始振动信号进行带通滤波;②通过将时域波形的下部向上部折叠进行校正或包络处理,通常采用希尔伯特黄变换(HHT)处理;③利用快速傅里叶变换(FFT)进行变换处理。最终得到的包络谱能够展现出明显的幅值峰,而在 FFT 中是不易观察到的。图 4.4 中绘出了某振动信号的上方和下方的峰值包络,该信号来自于一个磨损但没有损坏(NW)的轴承,参见图 3.9。图 4.5 则给出了包络信号和与之对应的包络谱。

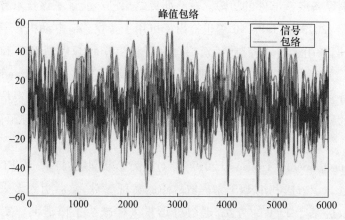

图 4.4　磨损而没有损坏(NW)的轴承振动信号
(参见图 3.9)的上下峰值包络:1200 个点(见彩插)

现在我们来介绍包络分析在设备故障诊断中的应用,这一方面的早期研究可以参阅 McFaden 和 Smith(1984)的工作,他们回顾了基于高频共振方法的滚

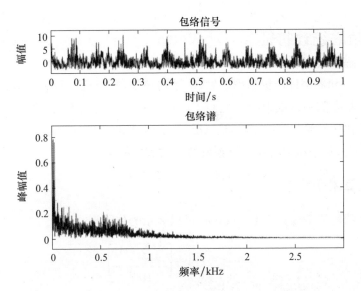

图 4.5　磨损而没有损坏（NW）的轴承振动信号（参见图 3.9）的包络信号和包络谱

动轴承振动监测研究，并指出了包络信号谱的构建过程已经十分成熟。大量研究人员也已经采用包络分析技术进行了轴承故障的诊断研究，例如 Toersen 通过对传感器共振频率的包络分析考察了一种包络技术的诊断能力，结果表明，轴承外圈缺陷导致的振动谱成分会出现在未损坏的轴承的包络谱中，内圈缺陷和滚动体缺陷则会表现出人们所熟知的载荷调制效应（Toersen，1998）。Randall 等针对滚动轴承诊断问题将循环平稳分析和包络分析进行了对比，他们指出，一些设备信号尽管很接近于周期信号，但是并不是与轴的转速保持精准的相位同步，例如滚动轴承中的脉冲信号就是如此，它们是二阶循环平稳信号。不过，这些研究者也总结指出，采用谱相关性来分析这些信号并没有太多的优势。其研究结果表明，通过分析相应的解析信号的平方包络能够获得更好的结果（Randall 等，2000）。Tsao 等提出了一种在包络分析中选择恰当的本征模函数（IMF）的方法，该方法跟传统的包络分析不同，在检测轴承故障的过程中它不去检查所有的共振频带，而是采用经验模态分解去选取一个合适的共振频带来表征故障特征（通过包络分析）。实验结果表明，这种方法是有效的（Tsao 等，2012）。Patidar 和 Soni 针对滚动轴承故障诊断中的振动分析技术，总结了近期的研究进展。他们发现时域技术只能指示出轴承故障的存在，不能提供其位置信息，而频域技术能够识别故障的位置。不仅如此，他们还指出，包络分析是滚动轴承早期故障检测的非常有用的方法（Patidar 和 Soni，2013）。

4.4 频谱统计特征

在 FFT 和数字计算机出现以后,信号的功率谱计算已经不再困难,目前,频域特征在状态监测领域中已经得到了广泛的应用。类似于幅值特征,这些频域特征能够快速地给出设备状态的概况,而无须借助特殊的诊断技术(Nandi 等,2013)。下面几个小节将对部分频域特征做简要的介绍。

4.4.1 算术平均值

频谱的均值 $\hat{x}(\omega)$(单位为 dBm)可以表示为如下形式:

$$\hat{x}(\omega) = 20\log\left\{\frac{\frac{1}{N}\sum_N A_n}{10^{-5}}\right\} \tag{4.30}$$

式中:A_n 为 N 个成分中的第 n 个成分的幅值。这一特征给出的是某个频率范围内的平均幅值。

4.4.2 几何平均值

几何平均值 $\hat{x}_{\text{geo}}(\omega)$(单位为 dBm)可以表示为如下形式:

$$\hat{x}_{\text{geo}}(\omega) = \sum_N 20\log\left(\frac{\frac{A_n}{\sqrt{2}}}{10^{-5}}\right) \tag{4.31}$$

4.4.3 匹配滤波器 RMS

当存在参考谱时,可以计算匹配滤波器均方根 M_{frms},它给出的是信号频率成分的 RMS 幅值(相对于参考谱),其数学表达式如下:

$$M_{\text{frms}} = 10\log\left\{\frac{1}{N}\sum_N\left(\frac{A_i}{A_n^{\text{ref}}}\right)\right\} \tag{4.32}$$

式(4.32)中的 A_n^{ref} 针对的是参考谱的第 n 个成分。

4.4.4 谱差的 RMS

谱差的 RMS 即 R_d 可以表示为如下形式:

$$R_d = \sqrt{\frac{1}{N}\sum_N (P_n - P_n^{\text{ref}})^2} \tag{4.33}$$

式中：P_n 为输入谱的幅值（单位为 dB）；P_n^{ref} 为参考谱的幅值（单位为 dB）。

4.4.5 平方谱差之和

平方谱差之和 s_d 能够给大幅值成分更高的权重，其数学表达式为

$$s_d = \frac{1}{N} \sum_N \sqrt{(P_n + P_n^{\text{ref}}) * |P_n - P_n^{\text{ref}}|} \tag{4.34}$$

4.4.6 高阶谱技术

高阶谱也称多谱，是以上一章所介绍的高阶累积量形式定义的。在高阶谱中，三阶谱（也称为双谱）是平稳信号三阶统计量的傅里叶变换，而三谱则为平稳信号四阶统计量的傅里叶变换（Nikias 和 Mendel,1993）。当信号中包含了非高斯成分时，这些高阶谱能比功率谱提供更多的诊断信息。双谱和三谱都可以针对功率谱进行归一化，从而得到双相干和三相干谱，它们在二次相位耦合检测中是很有用的，不过对于周期成分占主导的设备状态信号可能面临困难（McCormick 和 Nandi,1999）。

计算双谱（B_s）和三谱（T_s）的方法可以表示为如下关系式：

$$B_s(f_1, f_2) = E(X(f_1)X(f_2)X^*(f_1+f_2)) \tag{4.35}$$

$$T_s(f_1, f_2, f_3) = E(X(f_1)X(f_2)X(f_3)X^*(f_1+f_2f_3)) \tag{4.36}$$

式中：$X(f)$ 为 $x[n]$ 的傅里叶变换。

在了解了双谱和三谱的含义之后，现在我们讨论它们在设备故障诊断中的应用，目前这一方面已有一些研究工作。例如，McCormick 和 Nandi 分析了基于高阶谱的两种方法在机械设备状态监测中的应用，第一种方法将整个双谱或三谱分析作为分类器的输入特征，进而确定设备的状态，其中考虑了 6 种分类算法；第二种方法是以更高的分辨率对设备振动信号的高阶谱进行分析。实验结果已经表明了这些方法在设备故障诊断问题中的有效性（McCormick 和 Nandi,1999）。Yunusa-Kaltungo 和 Sinha(2014)进一步研究指出，通过双谱和三谱的联合分析，我们可以改善故障诊断和维护工作的成本效益。

另外，在有关滚动轴承故障诊断的大量研究中，人们还采用了谱峰度指标，例如可参阅 Vrabie 等(2004)的研究。Tian 等(2016)提出了一种针对电动机轴承故障和性能退化的检测方法，该方法先借助谱峰度和互相关性提取故障特征，然后利用主成分分析（PCA）和半监督 k 近邻（k-NN）分类方法将这些特征联合起来进行分析。进一步，Wang 等(2016)还针对谱峰度在旋转类设备的故障检

测、诊断以及预测中的应用情况进行了非常好的综述。

4.5 本章小结

本章主要介绍了频域内的一些信号处理技术,它们能够根据频率特性揭示出一些在时域内难以观测到的信息。我们介绍了傅里叶分析技术,其中包括傅里叶级数、DFT 和 FFT 这些最为常用的信号变换技术(从时域变换到频域),另外,本章还针对可用于提取各种频谱特征的几种技术方法进行了阐述,所提取出的频谱特征能够更有效地反映设备的健康状态。相关内容包括:①包络分析,也称为高频共振分析或共振解调,它是一种信号处理技术,已经在滚动轴承的故障检测中表现出了有效性和可靠性;②频域特征,可快速地反映设备状态概况,而无须借助特殊的诊断技术,包括算术平均值、匹配滤波器 RMS、谱差的 RMS、平方谱差之和以及高阶谱等方面。表 4.1 中对本章所介绍的大部分技术进行了归纳,并列出了可公开获取的软件情况。

表 4.1 所介绍的部分技术及其可公开获取的软件汇总

算法名称	平台	软件包	函数
离散傅里叶变换	MATLAB	通信系统工具箱	fft
离散傅里叶反变换			ifft
快速傅里叶变换		傅里叶分析和滤波	fft
快速傅里叶反变换			ifft
信号包络	MATLAB	信号处理工具箱	envelope
用于设备诊断的包络谱			envspectrum
针对振动信号的阶次平均谱			Orderspectrum
复倒谱分析			cceps
逆复倒谱			Icceps
实倒谱与最小相位重构			rceps

参考文献

Ahmed, H. and Nandi, A. K. (2018). Compressive sampling and feature ranking framework for bearing fault classification with vibration signals. IEEE Access 6: 44731 – 44746.

Betta, G., Liguori, C., Paolillo, A., and Pietrosanto, A. (2002). A DSP – based FFT – analyzer for the fault diagnosis of rotating machine based on vibration analysis. IEEE Transactions on Instrumentation and Measurement 51 (6): 1316 – 1322.

Brandt, A. (2011). Noise and Vibration Analysis: Signal Analysis and Experimental Procedures. Wiley.

Burgess, P. F. (1988). Antifriction bearing fault detection using envelope detection. Transactions of the Institution of Professional Engineers NewZealand: Electrical/Mechanical/Chemical Engineering Section 15 (2): 77.

Cochran, W. T., Cooley, J. W., Favin, D. L. et al. (1967). What is the fast Fourier transform? Proceedings of the IEEE 55 (10): 1664 – 1674.

Cooley, J. W. and Tukey, J. W. (1965). An algorithm for the machine calculation of complex Fourier series. Mathematics of Computation 19 (90): 297 – 301.

Diniz, P. S., Da Silva, E. A., and Netto, S. L. (2010). Digital Signal Processing: System Analysis and Design. Cambridge University Press.

Farokhzad, S. (2013). Vibration based fault detection of centrifugal pump by fast fourier transform and adaptive neuro – fuzzy inference system. Journal of Mechanical Engineering and Technology 1 (3): 82 – 87.

Gowid, S., Dixon, R., and Ghani, S. (2017). Performance comparison between fast Fourier transform – based segmentation, feature selection, and fault identification algorithm and neural network for the condition monitoring of centrifugal equipment. Journal of Dynamic Systems, Measurement, and Control 139 (6): 061013.

Harris, F. J. (1978). On the use of windows for harmonic analysis with the discrete Fourier transform. Proceedings of the IEEE 66 (1): 51 – 83.

de Jesus Romero – Troncoso, R. (2017). Multirate signal processing to improve FFT – based analysis for detecting faults in induction motors. IEEE Transactions on Industrial Informatics 13 (3): 1291 – 1300.

Kuo, S. M., Lee, B. H., and Tian, W. (2006). Real – Time Digital Signal Processing: Implementations and Applications. Wiley.

Li, B., Goddu, G., and Chow, M. Y. (1998). Detection of common motor bearing faults using frequency – domain vibration signals and a neural network based approach. In: Proceedings of the 1998 American Control Conference, 1998, vol. 4, 2032 – 2036. IEEE.

McCormick, A. C. and Nandi, A. K. (1997). Real – time classificationof rotating shaft loading conditions using artificial neural networks. IEEE Transactions on Neural Networks 8 (3): 748 – 757.

McCormick, A. C. and Nandi, A. K. (1999). Bispectral and trispectral features for machine condition diagnosis. IEE Proceedings – Vision, Image and Signal Processing 146 (5): 229 – 234.

McFadden, P. D. and Smith, J. D. (1984). Vibration monitoring of rolling element bearings by the high-frequency resonance technique - a review. Tribology International 17 (1): 3 - 10.

Nandi, A. K., Liu, C., and Wong, M. D. (2013). Intelligent vibration signal processing for condition monitoring. In: Proceedings of the International Conference Surveillance, vol. 7, 1 - 15. https://surveillance7.sciencesconf.org/resource/page/id/20.

Nikias, C. L. and Mendel, J. M. (1993). Signal processing with higher-order spectra. IEEE Signal Processing Magazine 10 (3): 10 - 37.

Patidar, S. and Soni, P. K. (2013). An overview on vibration analysis techniques for the diagnosis of rolling element bearing faults. International Journal of Engineering Trends and Technology (IJETT) 4 (5): 1804 - 1809.

Randall, R. B. (2017). A history of cepstrum analysis and its application to mechanical problems. Mechanical Systems and Signal Processing 97: 3 - 19.

Randall, R. B., Antoni, J., and Chobsaard, S. (2000). A comparison of cyclostationary and envelope analysis in the diagnostics of rolling element bearings. In: 2000 IEEE International Conference on Acoustics, Speech, and Signal Processing, 2000. ICASSP'00. Proceedings, vol. 6, 3882 - 3885. IEEE.

Renwick, J. T. (1984). Condition monitoring of machinery using computerized vibration signature analysis. IEEE Transactions on Industry Applications (3): 519 - 527.

Renwick, J. T. and Babson, P. E. (1985). Vibration analysis - a proven technique as a predictive maintenance tool. IEEE Transactions on Industry Applications (2): 324 - 332.

Talhaoui, H., Menacer, A., Kessal, A., and Kechida, R. (2014). Fast Fourier and discrete wavelet transforms applied to sensorless vector control induction motor for rotor bar faults diagnosis. ISA Transactions 53 (5): 1639 - 1649.

Tian, J., Morillo, C., Azarian, M. H., and Pecht, M. (2016). Motor bearing fault detection using spectral kurtosis-based feature extraction coupled with K-nearest neighbor distance analysis. IEEE Transactions on Industrial Electronics 63 (3): 1793 - 1803.

Toersen, H. (1998). Application of an envelope technique in the detection of ball bearing defects in a laboratory experiment. Tribotest 4 (3): 297 - 308.

Tsao, W. C., Li, Y. F., Du Le, D., and Pan, M. C. (2012). An insight concept to select appropriate IMFs for envelope analysis of bearing fault diagnosis. Measurement 45 (6): 1489 - 1498.

Van Loan, C. (1992). Computational Frameworks for the Fast Fourier Transform, vol. 10. Siam.

Vrabie, V., Granjon, P., Maroni, C. S. et al. (2004). Application of spectral kurtosis to bearing fault detection in induction motors. 5th International Conference on Acoustical and Vibratory Surveillance Methods and Diagnostic Techniques (Surveillance5).

Wang, Y., Xiang, J., Markert, R., and Liang, M. (2016). Spectral kurtosis for fault detection, diagnosis, and prognostics of rotating machines: a review with applications. Mechanical Systems and Signal Processing 66: 679 – 698.

Yunusa – Kaltungo, A. and Sinha, J. K. (2014). Combined bispectrum and trispectrum for faults diagnosis in rotating machines. Proceedings of the Institution of Mechanical Engineers, Part O: Journal of Risk and Reliability 228 (4): 419 – 428.

Zeng, L. and Wang, H. P. (1991). Machine – fault classification: a fuzzy – set approach. The International Journal of Advanced Manufacturing Technology 6 (1): 83 – 93.

Zhang, Z., Wang, Y., and Wang, K. (2013). Fault diagnosis and prognosis using wavelet packet decomposition, Fourier transform and artificial neural network. Journal of Intelligent Manufacturing 24 (6): 1213 – 1227.

第 5 章　时频域分析

5.1　引言

前一章已经指出,傅里叶变换可以将时域信号变换到频域中。频域描述能够体现出信号的谱成分,这些谱成分的时域分布信息通常包含在傅里叶变换的相位特性中。然而,在频域内是很难利用这些时域分布信息的。此外,当我们将一个信号变换到频域中时,一般会假定其频率成分不会随时间而变化,也就是假定了信号是平稳的,因此,傅里叶变换不能给我们提供谱成分的时域分布信息。一般而言,旋转类设备产生的是平稳的振动信号,不过 Brandt 已经指出,绝大多数的旋转类设备分析在考察振动信号时采用的是速度扫描,设备要么是从低转速加速到高转速,要么是从高转速减速到低转速,这一过程通常会导致非平稳信号,其频率成分是随时间改变的(Brandt,2011)。

人们已经采用了时频分析技术来处理非平稳信号,此类信号在设备发生故障时是非常常见的。在设备故障诊断研究中,诸多学者已经提出了多种时频分析方法,例如短时傅里叶变换(STFT)、小波变换(WT)、希尔伯特黄变换(HHT)、经验模态分解(EMD)以及局部均值分解(LMD)等。本章将介绍时频域内的信号处理方法,讨论几种相关的技术手段,它们都可用于考察非平稳时间序列信号的时频特性,要比傅里叶变换以及与之对应的频谱特征更加有效。

5.2　短时傅里叶变换

短时傅里叶变换(STFT)(Cohen,1995)是对傅里叶变换的改进,使之可以在时频域内分析非平稳信号,最早是由 Gabor(1946)提出的。对于一个时域振动信号 $x(t)$,其 STFT 可以表示为如下形式:

$$\mathrm{STFT}_{x(t)}(t,w) = \int_{-\infty}^{+\infty} x(t) w(t-\tau) \mathrm{e}^{-jwt} \mathrm{d}\tau \tag{5.1}$$

式中：$w(\tau)$ 为窗函数；τ 为时间变量。

对于离散形式的振动信号，式(5.1)可以改写为如下形式：

$$\mathrm{STFT}_{x(n)}(n,w) = \sum_{-\infty}^{+\infty} x(n) w(n-m) \mathrm{e}^{-jwn} \tag{5.2}$$

STFT 的基本思想是不再计算整个信号的离散傅里叶变换(DFT)，而是利用针对局部时间域的窗函数(如高斯窗或海明窗)将信号分解成较短的等长度的信号段，然后再针对加窗后的每个信号段单独进行 DFT，由此即可形成信号的时频谱。实际应用中，人们经常采用快速傅里叶变换(FFT)来计算 STFT 的 DFT。STFT 要求所分析的信号在较短的时间间隔内(即窗口时间段内)是平稳的。为了基于 STFT 得到信号的频率成分，一般将 STFT 的幅值平方定义为谱图，这一图形描述能够反映出信号在时频域上的能量分布。若以数学表达式来描述，谱图可以表示为

$$\mathrm{SPEC}_{x(n)}(n,w) = |\mathrm{STFT}_{x(n)}(n,w)^2| \tag{5.3}$$

图 5.1 给出了一个示例，这是正常状态和缺陷状态(参见图 3.9)下的滚动轴承振动信号的谱图(即时频谱)，其中采用了海明窗，长度为 1333，连续信号段之间有 50% 的重叠，计算 FFT 时最多采用了 2048 个数据点。如果减小窗口尺寸，我们还可以获得时间分辨率更加精细的结果，不过同时也会增加计算时间。此外，为了提高频率分辨率，我们需要更长的时间间隔，不过这可能又会跟平稳假设冲突。事实上，STFT 是采用固定尺寸的窗口的，因而，必须事先选择好这个尺寸。由于在旋转类设备的状态监测中，非平稳信号往往受到噪声的干扰，有时是较弱的，因此，从这些信号中进行故障检测就需要更加有效、更加灵活的处理技术，而 STFT 在加窗处理时是无法针对信号所包含的频率成分改变窗口尺寸的。

很多学者已经将 STFT 和谱图应用于设备状态监测领域中，如 Strangas 等采用了 4 种方法去识别电气传动系统中萌发的电气故障，其中就包括了 STFT。在这一研究中，他们利用线性判别分类器和 k 均值分类法对不同的故障状态进行了分类处理(Strangas 等，2008)。Wang 和 Chen(2011)针对转速变化的旋转类设备的状态诊断问题，分析了 3 种时频分析技术的灵敏性，其中包括了 STFT。Belšak 和 Prezelj(2011)研究指出，采用合适的谱图及其对各个频率成分的清晰描述，并将平均谱作为状态检测手段，可以更可靠地对齿轮装置的寿命进行监

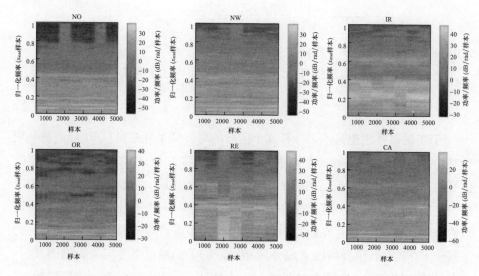

图 5.1 正常状态和缺陷状态(参见图 3.9)下的滚动轴承振动信号的谱图(见彩插)

测。Banerjee 和 Das(2012)提出并分析了一种面向故障信号分类的混合方法,该方法建立在传感器数据融合基础上,采用了支持向量机(SVM)和 STFT 技术。在这一方法中,他们根据信号的频率和幅值情况利用 STFT 进行了信号分离。Czarnecki(2016)针对联合时频分布提出了一种瞬时频率变化率谱图(IFRS)技术,通过进行局部的 STFT 可以直接获得所需的分布。

Liu 等进一步给出了一种滚动轴承故障诊断方法,它建立在 STFT 基础之上,采用栈式稀疏自编码器(SAE)来自动提取故障特征。在这一方法中,首先需要借助 STFT 获得输入信号的谱图,然后利用 SAE 提取故障特征,最后通过 softmax 回归对轴承故障状态进行分类(Liu 等,2016a)。虽然该方法能够获得不错的故障分类效果,不过 Liu 等也指出,STFT 和谱图会耗费非常多的内存,因为其中涉及大量的矩阵运算。He 和 He(2017)采用同样的方式给出了一种基于深度学习的方法,并将其用于轴承的故障诊断。在该方法中,首先需要采用 STFT 将原始数据从时域变换到频域,从而得到谱矩阵,然后在此基础上构建最优深度学习架构来进行轴承故障的诊断。

5.3 小波分析

小波分析是另一种时频分析方法,主要是基于一族"小波"来进行信号的分解。这一方法能够在时频域内通过可变谱图进行信号的局部化分析,因而,比

STFT 方法更适合于非平稳信号的研究。跟 STFT 所使用的窗函数不同的是,小波族具有固定的形状,例如 Haar、Daubechies、symlets、Morlets、coiflets 等,不过小波函数是尺度可变的,这意味着,小波变换能够适用于大范围的频率分辨率和时间分辨率要求。我们可以将母小波 $\psi(t)$ 表示为如下形式:

$$\psi_{s,\tau}(t) = \frac{1}{\sqrt{s}}\psi\left(\frac{t-\tau}{s}\right) \tag{5.4}$$

式中:s 为尺度参数;τ 为平移参数;t 为时间。对于基本的母小波,有 $s=1$ 和 $\tau=0$。

小波分析中有 3 种主要的变换(Burrus 等,1998),分别是连续小波变换(CWT)、离散小波变换(DWT)和小波包变换(WPT)。关于 STFT 与小波变换之间的相似性和差异性,如果希望了解更多的具体内容,读者可以去参阅 Daubechies(1990)的文献。

5.3.1 小波变换

小波变换(WT)是傅里叶变换的进一步拓展,能够将原始信号从时域映射到时频域。小波基函数是在母小波 $\psi(t)$ 的基础上通过缩放和平移过程得到的,这些小波函数一般具有跟母小波相同的形状,不过尺度和位置不同。小波分析中有 3 种主要的变换,即 CWT、DWT 和 WPT。下面几个小节将针对这些小波变换方法进行讨论。

5.3.1.1 连续小波变换

针对一个时域振动信号 $x(t)$ 进行连续小波变换之后可得

$$W_{x(t)}(s,\tau) = \frac{1}{\sqrt{s}}\int x(t)\psi^*\left(\frac{t-\tau}{s}\right)\mathrm{d}t \tag{5.5}$$

式中:ψ^* 为 $\psi(t)$ 的复共轭,并且经过了缩放和平移;s 为尺度参数;τ 为平移参数。平移参数 τ 关系到小波窗口的位置,而尺度参数 s 则关系到小波的缩放程度。式中的积分是将信号的局部形状与小波的形状进行比较。因此,式(5.5)计算出的系数也就描述了信号波形与所使用的(经过缩放和平移的)小波之间的相关性。也可以说,所得到的系数体现了在所选择的一系列尺度和平移参数下这一系列小波的幅值。计算信号的 CWT 一般需要进行如下 5 个步骤(Saxena 等,2016)。

(1)选择一个小波,并将其匹配到信号的起始段。

(2)计算 CWT 系数,该系数反映了该小波与所分析的信号段之间的相似性。

(3)将该小波以平移参数 τ 向右平移,然后重复进行第(1)步和第(2)步,计算出所有平移参数下的 CWT 系数。

(4)将该小波进行缩放,然后重复进行第(1)~(3)步。

(5)针对所有的缩放参数重复第(4)步。

小波系数经常借助尺度谱来表示,它反映了尺度和波长的影响。在 CWT 中最常用的小波是 Morse 小波、解析 Morlets 小波和 bump 小波。图 5.2 给出了一个示例,它显示的是滚动轴承振动信号的尺度谱,考虑了全新轴承和带有内圈缺陷的情况(可参见图 3.1)。从这幅图中可以看出,借助小波系数的多分辨率,内圈缺陷和正常状态下振动波形的差异是能够观测到的。

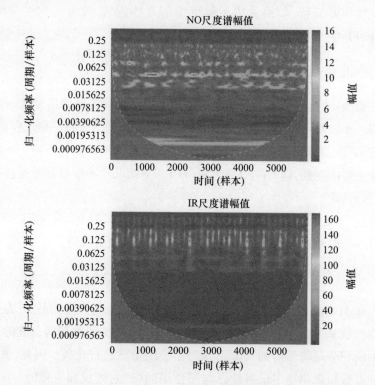

图 5.2 正常和缺陷状态下(参见图 3.1)滚动轴承振动信号的尺度谱(见彩插)

CWT 的另一个重要之处在于,它能够针对时频域内的信号通过逆变换进行重构,得到原始信号的近似 $\hat{x}(t)$。逆 CWT 根据小波系数重构原始信号,一般是以二维积分形式表示的,这个二重积分是在尺度参数 s 和平移参数 τ 上进行的,可以表示为如下形式:

$$\hat{x}(t) = \frac{1}{C_\psi} \int_{-\infty}^{\infty} d\tau \int_{-\infty}^{\infty} \frac{1}{s^2} W_{x(t)}(s,\tau) \psi_{s,\tau} ds \tag{5.6}$$

式中：C_ψ 为常数，跟所选择的小波类型有关。

CWT 的两个主要应用分别是时频分析和局部时间段内频率成分的滤波。在早期基于 CWT 的设备诊断研究中，Lopez 等针对旋转类设备的故障检测和识别问题，对基于小波/神经网络系统的研究工作进行过综述，该技术方法已经应用于多种场合，其中包括直升机变速箱、涡轮泵和燃气轮机（Lopez 等，1996）。进一步，大量学者还将 CWT 用于检测齿轮、转子和滚动轴承中的局部缺陷。例如，Zheng 等研究指出，在基于 Morlet 小波函数的 CWT 基础上得到的时间平均小波谱（TAWS）能够帮助我们更好地选择特征，有效地完成齿轮故障的识别。在这一思路基础上，他们提出并验证了一种谱比较方法和一种能量方法（基于 TAWS），这些方法都能准确地检测出齿轮的故障（Zheng 等，2002）。Luo 等（2003）针对轴承状态监测问题，给出了一种基于快速 CWT 的在线振动分析方法，其中 CWT 的计算采用了无限脉冲响应（IIR）滤波器，研究证实了该方法在实时应用中的可行性。Zhang 等（2006）介绍了一种基于解析小波的设备健康诊断技术，该技术能够提取缺陷特征并在单个步骤中重构信号的包络。Hong 和 Liang 基于 CWT 的计算结果，将一种改进的 Lempel–Ziv 复杂度作为轴承故障的严重性评价指标，该复杂度是根据最佳尺度上的小波系数计算得到的。他们的分析结果也验证了该方法在评价轴承内圈和外圈缺陷严重性上的有效性（Hong 和 Liang，2009）。

此外，Wang 等还给出了一种基于复 Morlet CWT 的齿轮故障诊断方法，其中是将齿轮运动的残差信号（反映了时域同步平均（TSA）信号与啮合振动平均信号之间的偏差）作为源数据进行分析的，其原因在于该信号对于变化的负载更不敏感（Wang 等，2010a）。Rafiee 等（2010）研究指出，复 Morlet 小波在轴承和齿轮故障诊断中都能表现出令人满意的效果。Konar 和 Chattopadhyay 则证实了 CWT 和 SVM 的联合使用要比基于 DWT/人工神经网络（ANN）的故障分类算法更好，并且他们还指出母小波的选择在故障检测算法中是非常关键的（Konar 和 Chattopadhyay，2011）。Kankar 等进一步提出了一种用于滚动轴承故障诊断的基于 CWT 的方法，在特征提取方面采用并对比了两种小波选取准则，即最大能量–香农熵比和最大相对小波能量。他们从小波系数中提取出统计特征并将其输入到一个机器学习分类器中，实现了轴承故障的分类（Kankar 等，2011）。Saxena 等（2016）也指出了 CWT 分析是研究轴承故障数据的一种有效手段，CWT 特征可以用于此类故障的视觉检测。

5.3.1.2 离散小波变换

在小波变换的计算机实现与分析过程中,一般需要采用离散方式进行处理。对于一个时域振动信号 $x(t)$,离散小波变换(DWT) $W_{x(t)}(s,\tau)$ 可以按照下式计算:

$$W_{x(t)}(s,\tau) = \frac{1}{\sqrt{2^j}} \int x(t) \psi^* \left(\frac{t - k2^j}{2^j} \right) dt \tag{5.7}$$

DWT 代表的是 CWT 的离散形式,$\psi_{s,\tau}(t)$ 的离散包含了两个尺度,即 $s = 2^j$ 和 $\tau = k2^j$,其中的 j 和 k 都是整数。实际应用中,DWT 一般需要借助低通尺度滤波器 $h(k)$ 和高通小波滤波器 $g(k) = (-1)^k h(1-k)$ 来实现,这些滤波器是根据尺度函数 $\phi(t)$ 和 $\psi(t)$ 构造的,这两个尺度函数的表达式如下:

$$\phi(t) = \sqrt{2} \sum_k h(k) \phi(2t - k) \tag{5.8}$$

$$\psi(t) = \sqrt{2} \sum_k g(k) \psi(2t - k) \tag{5.9}$$

借助小波滤波器,原始信号可以分解为一组低频和高频信号,且有

$$a_{j,k} = \sum_m h(2k - m) a_{j-1,m} \tag{5.10}$$

$$b_{j,k} = \sum_m g(2k - m) a_{j-1,m} \tag{5.11}$$

式中:h 和 g 这两项为低通和高通滤波器,它们是根据小波函数 $\psi(t)$ 和尺度函数 $\phi(t)$ 导得的;$a_{j,k}$ 和 $b_{j,k}$ 分别为信号中的低频成分和高频成分的系数。通过 DWT 技术进行信号分析之后只会得到很少的大幅值系数,而信号中的噪声成分会表现出更小的幅值系数,由此能够很好地实现信号的去噪和压缩。下面我们简要地给出 DWT 过程。

为进行给定离散信号 x 的 DWT(也称为多分辨率分析),首先,需要利用特殊的低通滤波器(L)和高通滤波器(H),如 Daubechies、coiflets 和 symlets,对信号进行滤波处理,从而生成第一级的低通和高通子带向量;第一个向量是近似系数(A_1),第二个向量是细节系数(D_1),参见图 5.3。其次,为进行下一级分解,我们需要将近似系数(即低通子带)进一步通过 L 和 H 滤波器进行滤波处理,从而得到第二级近似系数(A_2)和细节系数(D_2)。每一级的系数长度都是上一级系数的一半(Mallat,1989;Mertins 和 Mertins,1999)。如图 5.3 所示,其中给出了五级分解的 DWT。图 5.4 则给出了保持架缺陷导致的原始振动信号(参见图 3.9)以及与之对应的五级分解结果,其中采用了 sym6 小波,该小波属于 symlet 小波族。

第 5 章 时频域分析

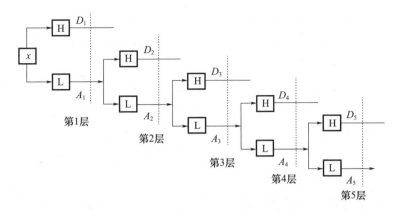

图 5.3 带有 5 个分解层次的 DWT 示例

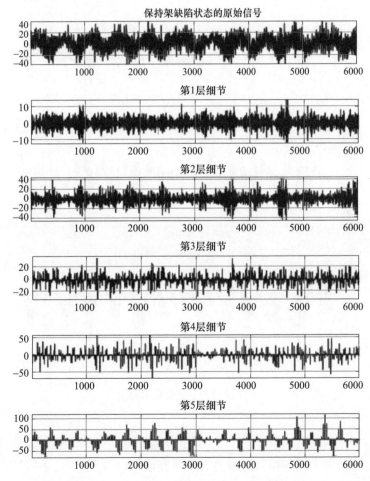

图 5.4 保持架缺陷状态下的振动信号(参见图 3.9)及其对应的 1~5 层细节

在设备故障诊断领域中,DWT 的主要应用之一就是去除时域和频域振动信号中的噪声。振动信号去噪的途径之一就是对细节系数进行阈值缩放处理。Donoho 和 Johnstone 回顾并比较了阈值的选择方式,其中包括了软阈值和硬阈值(Donoho 和 Johnstone,1994)。这两种阈值处理技术都将幅值(m)小于阈值(τ)的系数设定为零,不同之处只是体现在如何处理幅值大于阈值的系数。硬阈值处理中是保持这些系数不变,而软阈值处理中则将系数的幅值减小为 $|\tau - m|$。图 5.5 中给出了某振动信号的去噪结果,针对的是图 3.9 所示的保持架缺陷状态,采用了 sym6 小波,并分别考虑了硬阈值处理(5.5(b))和软阈值处理(5.5(c)),另外还给出了对应的信噪比(SNR)。

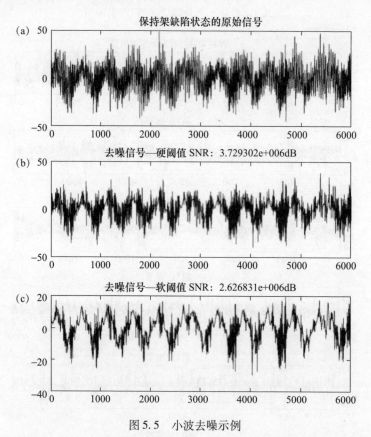

图 5.5 小波去噪示例

(a)保持架缺陷状态下的原始振动信号(参见图 3.9);(b)利用硬阈值得到的去噪信号;
(c)利用软阈值得到的去噪信号。

在有关旋转类设备振动信号的大量研究中,人们已经广泛采用了各种小波类型。例如,Lin 和 Qu 基于小波分析给出了一种去噪技术,可以从机械振动信号中提取特征。该研究采用了 Morlet 小波,通过调整参数 β 值(用于控制基本小波的形状)针对不同的信号选择了合适的时频分辨率。这些学者将该方法应用于滚动轴承和齿轮箱的诊断问题中,结果表明,这种基于 Morlet 小波的去噪方法在从设备振动信号中提取特征方面要比软阈值去噪方法更具优势(Lin 和 Qu,2000)。Prabhakar 等(2002)研究指出,DWT 是检测单一故障和多重故障的一种有效工具。Smith 等针对飞机状态监测问题提出了一种基于小波的振动分析方法,该方法借助 Haar、Daubechies 和 Morlet 小波从噪声中提取振动信号的典型特征,然后利用信号的尺度谱信息进行检测。研究结果表明,所提出的基于小波的振动检测算法能够成功地应用于振动信号的检测。此外,这些研究者还利用上述小波从噪声中恢复了振动信号的关键特征(Smith 等,2007)。Chen 等也给出了一种基于过完备有理离散小波变换(ORDWT)的特征提取技术,考虑了齿轮箱故障诊断所涉及的故障特征。所采用的 ORDWT 主要用于输入振动信号的分解,同时他们还利用其他辅助信号处理技术来处理重构的小波子带。分析结果表明了该方法在各种故障特征类型检测方面的有效性(Chen 等,2012)。Li 等介绍了一种旋转类设备状态诊断方法,其中采用了小波变换(ReverseBior 2.8 小波函数)和蚁群优化(ACO)技术。他们将该方法应用于离心风扇系统中的轴承故障诊断问题,验证了其可行性(Li 等,2012)。

进一步,Kumar 和 Singh 在基于 symlet 小波进行信号分解的基础上,提出了一种可用于评估滚动轴承外圈缺陷宽度(在 0.5776~1.9614mm 范围内)的方法,实验分析结果证实了基于 symlet 小波的五级分解是适合于滚动轴承外圈缺陷分析的,另外他们还借助图像分析验证了缺陷宽度(Kumar 和 Singh,2013)。Li 等给出了一种基于小波分析的多尺度斜率特征提取方法,该方法主要分为 3 个步骤:①利用 DWT 得到振动信号的一系列细节信号;②计算多尺度细节信号的方差;③基于斜率对数方差对基于小波的多尺度斜率特征进行估计。这一研究表明了所提出的方法在轴承和齿轮箱的状态分类工作中是有效的,能够获得很高的分类精度(Li 等,2013)。近期,Ahmed 等(2018)在针对采集到的大量振动信号进行压缩处理时,采用了经阈值处理的 Haar 小波函数,得到了滚动轴承振动信号的稀疏表示,然后他们将其用于压缩采样(CS)过程,由此获得了具有原始信号质量的高度压缩采样。

5.3.2 小波包变换

小波包变换(WPT)是对 DWT 的改进,它将 DWT 得到的每一个信号细节进一步分解成近似信号和细节信号（Shen 等,2013）。对于一个时域振动信号 $x(t)$ 来说,我们可以将其作如下分解:

$$d_{j+1,2n} = \sum_m h(m-2k)d_{j,n} \tag{5.12}$$

$$d_{j+1,2n+1} = \sum_m g(m-2k)d_{j,n} \tag{5.13}$$

式中:m 为系数的个数;$d_{j,n}$、$d_{j+1,2n}$ 和 $d_{j+1,2n+1}$ 分别为子带 n、$2n$ 和 $2n+1$ 上的小波系数。

较之于其他类型的小波变换,WPT 的核心优点在于其信号分解的准确性和细节描述。不仅如此,小波包基函数良好的时域局部性也提供了更好的信号近似和分解(Saleh 和 Rahman,2005)。

针对给定的离散信号 x,WPT 的步骤包括:①利用特殊的低通滤波器(L)和高通滤波器(H)对信号进行滤波处理,由此生成第一级的低通子带和高通子带向量,第一个向量为近似系数(A_L),第二个为细节系数(D_H),如图 5.4 所示。②进行下一级分解,利用 L 和 H 滤波器对 A_L 和 D_H 做进一步滤波,由此生成第二级的近似系数(AA_L 和 AD_H)和细节系数(DA_L 和 DD_H),以此类推。图 5.6 示出了包含三级分解的 WPT。

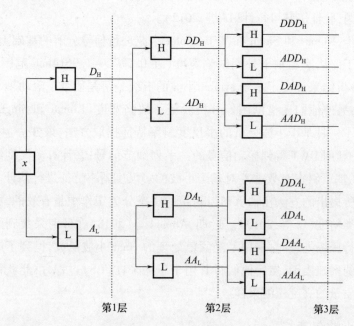

图 5.6 带有 3 个分解层次的 WPT 示例

现在我们来介绍 WPT 在设备故障诊断中的应用。在基于 WPT 进行设备诊断的早期研究中,Liu 等(1997)给出了一种借助小波包变换的方法,其中为方便特征提取,还引入了与故障相关的基。Yen 和 Lin 针对 WPT 在振动信号分类中的应用问题进行了研究,该研究主要建立在通过 WPT 能够获得信号更多的时频特性这一思想基础之上。这些学者详细介绍了特征选择过程,该过程利用了小波包节点能量中的信号类型差异,从而能够获得维度缩减的特征空间(与原始时间序列振动信号相比)。他们的实验结果表明了该方法在振动监测中具有很高的分类精度(Yen 和 Lin,2000)。Hu 等(2007)基于改进的小波包变换(IW-PT)提出了一种旋转类设备故障诊断方法,并指出了该方法在提取滚动轴承故障特征方面的优越性。Sadeghian 等(2009)针对感应电动机的转子断条故障研究了一种在线检测算法,其中采用了 WPT 和神经网络。Xian 和 Zeng(2009)利用 WPT 在时频域内从旋转类设备的振动信号中提取特征,并采用混合 SVM 对这些特征(通过对不同故障状态的 WPT 所提取出的)中包含的内在模式进行了分类。Al – Badour 等(2011)采用 CWT 和 WPT 分析了旋转类设备的振动信号。Boskoski 和 Juricic 针对不同运行状态下的旋转类设备的各种机械故障,给出了一种检测方法。故障的检测是通过计算包络概率密度函数(PDF)的瑞丽熵和 Jensen – Renyi 散度实现的,该包络概率密度函数则是借助小波变换系数计算的(Boskoski 和 Juricic,2012)。

关于小波在设备故障诊断问题中的应用,读者可以参阅一些系统性的综述文献,例如 Peng 和 Chu(2004)、Yan 等(2014)和 Chen 等(2016)的相关工作。

5.4 经验模态分解

经验模态分解(EMD)方法是在如下假设基础上发展起来的,即任何信号都是由不同的简单的本征振荡模态所组成的。每个本征模态,无论是线性的还是非线性的,都代表了一种简单的振荡行为,一般可以借助本征模函数(IMF)来表示。EMD 是一种非线性的自适应数据分析技术,能够将时域信号 $x(t)$ 分解成不同的尺度或不同的 IMF(Huang 等,1998;Wu 和 Huang,2009;Huang,2014)。这些 IMF 必须满足如下一些条件:①在整个数据集中,极值点和零交叉点的数量必须相等或最多相差一个;②在任意点处,局域极大值的包络和局部极小值的包络应当具有零均值。对于一个时域信号 $x(t)$ 来说,EMD 的过程包括如下几个步骤。

(1) 识别出所有的局部极值点,然后采用三次样条将所有的局部极大值点连接起来,形成上包络。

(2) 针对局部极小值点重复这一过程,生成下包络,所有数据都应位于上下包络构成的范围之内。

(3) 令上下包络的均值为 m_1,信号 $x(t)$ 与 m_1 之差为第一个成分 h_1,即

$$h_1 = x(t) - m_1 \tag{5.14}$$

理想情况下,如果 h_1 是一个 IMF,那么,它就是 $x(t)$ 的第一个成分。

(4) 如果 h_1 不是 IMF,那么将其作为原始信号,重复上述步骤,从而可得

$$h_{11} = h_1 - m_{11} \tag{5.15}$$

(5) 重复进行 k 次处理,直到 h_{1k} 成为一个 IMF,且有

$$h_{1k} = h_{1(k-1)} - m_{1k} \tag{5.16}$$

并令

$$C_1 = h_{1k} \tag{5.17}$$

在上述的重复处理过程中,我们必须选择一个终止准则。Huang 等(1998)采用柯西收敛原理建立相应的终止准则,他们定义了两个相继的处理过程之间的归一化平方差,即

$$SD_k = \frac{\sum_{t=0}^{T} |h_{k-1}(t) - h_k(t)|^2}{\sum_{t=0}^{T} h_{k-1}^2} \tag{5.18}$$

如果 SD_k 小于某个预先确定的值,那么,将终止这一重复处理过程。第一个本征模函数 C_1 应当包含最精细尺度或最短周期的信号成分,在确定了 C_1 之后,就可以将它从原始信号 $x(t)$ 中分离开来,从而可得

$$r_1 = x(t) - C_1 \tag{5.19}$$

将这个残值信号 r_1 作为新的信号,我们再次进行前述的重复处理,由此可得

$$r_2 = r_1 - C_2 \tag{5.20}$$

这个过程一直持续到生成 $r_j(j=1,2,3,\cdots)$,我们可以将它表示成

$$r_j = r_{j-1} - C_j \tag{5.21}$$

或者

$$x(t) = \sum_{j=1}^{n} c_j + r_n \tag{5.22}$$

式中:c_j 为第 j 个 IMF;r_n 为从 $x(t)$ 中提取了 n 个 IMF 之后得到的残值信号。

图 5.7 给出了一个示例,展示了某振动信号的 EMD,其中提取了 IMF1～IMF8。

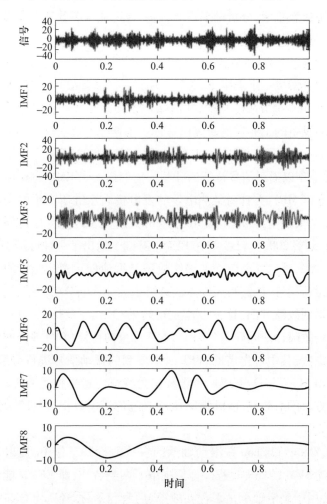

图 5.7　振动信号的 EMD 示例:IMF1～IMF8

　　Wu 和 Huang 基于 EMD 给出了集成经验模态分解(EEMD)技术,它能够解决单个 IMF 包含完全不同尺度的波动成分或者不同的 IMF 中包含相似尺度的信号(也称为模态混叠)等问题。模态混叠意味着,EMD 的结果会对信号中的噪声成分非常敏感(Wu 和 Huang,2009)。关于 EEMD,其处理过程主要包括如下几个步骤:①将白噪声加入到感兴趣的信号中;②将带有白噪声的信号分解成 IMF;③针对白噪声的不同实现重复上述过程;④获得这些 IMF 的(总体)平均。

　　大量研究人员已经针对设备故障诊断问题,将 EMD 应用于振动信号的分析之中。例如,Junsheng 等基于 EMD 提出了一种能量算子解调过程,用于提取多成分幅值调制和频率调制(AM-FM)信号中的瞬时频率和幅值。他们采用该方法进行了设备故障诊断,分析结果表明,这一方法能够有效地提取设备故障的振动特征(Junsheng 等,2007)。Wu 和 Qu 介绍了一种改进的基于斜率的方法(ISBM),用于改善 EMD 的端点效应,研究表明非平稳和非线性时间序列可以被有效而准确地分解成一组 IMF 和残差。为了进行设备故障诊断,他们将由该方法生成的 IMF 用于提取故障特征,并消除背景噪声和某些相关成分的干扰。针对大型旋转类设备的工业实例研究已经证实了这一方法在分析非平稳非线性时间序列方面的有效性(Wu 和 Qu,2008)。Gao 等(2008)研究指出,受噪声的影响,IMF 有时是难以揭示信号特征的,因此,他们提出了 EMD 自适应滤波特征和组合模态函数(CMF),并针对某热电厂的发电机高压缸所产生的实际故障信号进行了分析,结果表明,EMD 和 CMF 能够有效地用于故障特征的提取和故障模式的识别(Gao 等,2008)。Lei 等在 EEMD 基础上给出了一种可用于诊断旋转类设备故障的方法,针对发电机中的碰摩故障和重油催化裂化装置的早期碰摩故障所产生的振动信号,他们利用该方法进行了故障诊断分析。结果表明,在提取故障特征和识别故障方面,这一方法是可行的(Lei 等,2009)。Bin 等针对旋转类设备的早期故障诊断问题,将 WPT、EMD 和反向传播(BP)神经网络结合起来给出了一种方法,其中首先借助 WPT 对采集到的振动信号进行分解,随后利用 EMD 得到 IMF,最后将这些 IMF 的能量作为特征向量来描述故障特征,分析结果验证了该方法的有效性,能够消除虚假成分的影响并提高故障诊断的准确性(Bin 等,2012)。

进一步,Zhang 和 Zhou 在滚动轴承的多故障诊断工作中,提出了一种基于 EEMD 和最优 SVM 的处理过程。他们提取了两类特征,即 EEMD 能量熵和奇异值向量,前者用于确定轴承是否存在故障,后者与最优 SVM 组合起来用于确定故障的类型(Zhang 和 Zhou,2013)。Dybała 和 Zimroz 基于 EMD 与 CMF 研究了一种可用于滚动轴承的故障诊断方法,其中包括如下几个步骤:①将原始振动信号分解成大量的 IMF;②将邻近的 IMF 组合为 CMF;③根据每个 IMF 的皮尔逊相关系数和由经验确定的原始信号的局部均值,将信号分为 3 个部分,即噪声主导的 IMF、信号主导的 IMF 以及残余成分的 IMF。为了从这些信号中提取出轴承的故障特征,他们进行了谱分析。针对工业领域中比较复杂的机械系统所产生的原始振动信号,这些研究者借助上述方法进行了分析,结果表明,该方法能够在早期阶段识别出轴承故障(Dybała 和 Zimroz,2014)。Ali 等推荐一种基于 EMD 能量熵的特征提取方法,通过数学分析选择最主要的 IMF,利用所选择的这些特征,他们进一步采用 ANN 对轴承缺陷进行了分类处理,实验结果表明,该方法能够可靠地实现轴承故障的分类(Ali 等,2015)。除了上述研究工作之外,Lei 等(2013)还针对 EMD 在旋转类设备的故障诊断问题中的应用,进行了非常好的系统性回顾。

5.5 希尔伯特黄变换

希尔伯特变换(HT)是一种计算信号的瞬时频率的方法,瞬时频率能够揭示波内频率调制行为,从而更好地反映信号特性(Boashash,1992;Huang,2014)。对于一个信号 $x(t)$,它的希尔伯特变换可以通过其复共轭 $y(t)$ 来描述,即

$$y(t) = \frac{P}{\pi} \int_{-\infty}^{+\infty} \frac{x(\tau)}{t-\tau} \mathrm{d}\tau \qquad (5.23)$$

式中:P 为奇异积分的主值。

利用 HT,信号 $x(t)$ 的解析信号 $z(t)$(复信号,其虚部为实部的 HT)可以表示为

$$z(t) = x(t) + \mathrm{i}y(t) = a(t)\mathrm{e}^{\mathrm{i}\varphi(t)} \qquad (5.24)$$

式中:$a(t)$ 为 $x(t)$ 的瞬时幅值,其计算式为

$$a(t) = [x^2(t) + y^2(t)]^{1/2} \qquad (5.25)$$

$\varphi(t)$ 为 $x(t)$ 的瞬时相位,可以表示为

$$\varphi(t) = \arctan \frac{y(t)}{x(t)} \qquad (5.26)$$

瞬时频率是瞬时相位 $\varphi(t)$ 的时间导数,因而,可以按照下式计算:

$$\omega(t) = \frac{\mathrm{d}\varphi(t)}{\mathrm{d}t} \qquad (5.27)$$

实现时域信号的希尔伯特变换的一种简单方法是借助傅里叶变换将其变换到频域,并将所有成分的相角平移 $\pm\pi/2$(即 $\pm 90°$),然后再变换回时域中。如图 5.8 所示,其中给出了一个示例,图中展示了轴承外圈缺陷振动信号的实部和虚部,是采用 MATLAB 软件中信号处理工具箱内的"hilbert"函数生成的(https://uk.mathworks.com/help/matlab/index.html?s_tid=CRUX_lftnav)。该函数能够利用 FFT 来计算希尔伯特变换并返回 $x(t)$ 的解析信号 $z(t)$。计算解析信号 $z(t)$ 的另一方法是像 5.4 节所介绍的那样,借助 EMD 将信号分解成 IMF,然后针对所有 IMF 进行 HT,并计算它们的瞬时频率,这一技术也称为希尔伯特黄变换(HHT)。

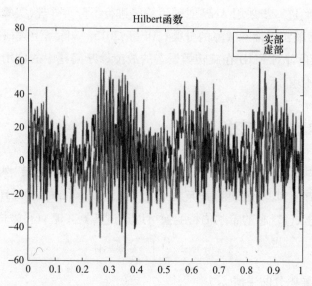

图 5.8　利用希尔伯特变换得到的轴承外圈缺陷状态下振动信号的实部和虚部信号（见彩插）

旋转类设备所产生的振动经常会包含一些非线性和非平稳的信号，由于希尔伯特变换能够很好地处理非平稳和非线性信号，因而，它在机械振动分析领域中已经得到了广泛的应用。在大量已有研究工作中，诸多学者提出了多种多样的技术手段。例如，Peng 等给出了一种改进的 HHT，将其用于振动信号的分析，并指出了这种改进的 HHT 是很精确的非线性和非平稳信号分析方法。这一方法将 WPT 作为一个预处理步骤，在应用 EMD 之前把信号分解成一组窄带信号。他们指出，借助 WPT，从 EMD 生成的每一个 IMF 都能变成单一成分。随后，他们还进行了筛选，将不相关的 IMF 从结果中剔除（Peng 等，2005b）。Yu 等介绍了一种滚动轴承故障诊断方法，该方法建立在 EMD 和希尔伯特谱基础之上，首先借助 WPT 对振动信号进行分解，然后利用 HT 分析小波系数，继而采用 EMD 进行包络信号分析，得到 IMF，最后针对所选择的一些特殊的 IMF 计算出局部希尔伯特边际谱，由此即可诊断出故障（Yu 等，2005）。Rai 和 Mohanty 还提出了一种可用于预测缺陷特征频率（CDF）的方法，该方法是基于 HHT 的，它首先借助时域 EMD 和 HT 确定 CDF，生成单一成分的 IMF，然后利用 FFT 算法将这些 IMF 转换到频域（Rai 和 Mohanty，2007）。

Feldman（2011）进一步进行了大量的实例研究，其主要目的是介绍实际机械系统信号的一些关键概念并验证希尔伯特变换在设备故障诊断中的优势。Ming 等通过研究发现，特征频率在包络谱中十分清晰，从而有利于进一步的故障诊断。为了计算包络谱,他们首先借助一个循环维纳滤波器对原始信号进行滤波处理,然后再利用 HT 计算包络谱(Ming 等,2011)。Sawalhi 和 Randall 针对带有剥落损伤的轴承,利用不同转速条件下注入故障后的振动特征进行了分析,考虑了该滚动轴承进入和离开某典型剥落损伤时产生的加速度时间信号。他们提出可以采用组合处理过程来提取这两个事件中的剥落损伤尺寸:①利用自回归(AR)模型将信号预白化;②针对预白化后的信号利用复 Morlet 小波进行滤波处理;③在滤波后的信号中选择具有相似频率成分的信号,利用 HT 计算其平方包络信号并借助 EMD 进行改善;④通过实倒频谱确定两脉冲的平均间隔(Sawalhi 和 Randall,2011)。Soualhi 等还给出了一种将 HHT、SVM 和支持向量回归(SVR)组合起来的技术方法,实验结果表明,该方法能够改善轴承退化的检测、诊断和预测(Soualhi 等,2015)。

5.6 Wigner – Ville 分布

Wigner 分布(WD)是 Wigner(1932)首先提出的,可以通过将功率谱和自相关函数之间的关系推广到非平稳的时变过程导得。对于一个时域信号 $x(t)$,利用如下表达式即可给出 WD:

$$W_x(t,f) = \int_{-\infty}^{+\infty} x\left(t + \frac{\tau}{2}\right) x^*\left(t + \frac{\tau}{2}\right) e^{-2\pi f t} d\tau \qquad (5.28)$$

式中:$x^*(t)$ 为 $x(t)$ 的复共轭。

Wigner – Ville 分布(WVD)是解析信号 $z(t)$ 的 WD,即

$$W_z(t,f) = F_{\tau \to f}\left\{ z\left(t + \frac{\tau}{2}\right) z^*\left(t - \frac{\tau}{2}\right) \right\} \qquad (5.29)$$

式(5.29)中的 $z(t)$ 可以表示为

$$z(t) = x(t) + j\hat{x}(t) \qquad (5.30)$$

式中:$\hat{x}(t)$ 为 $x(t)$ 的希尔伯特变换。

很多研究人员已经考察了 WVD 在设备故障诊断中的有效性。例如,Shin 和 Jeon 针对设备状态监测问题,将伪 Wigner – Ville 分布(PWVD)应用于非平稳信号的分析之中,并指出 PWVD 对于非平稳时域信号和平稳信号的处理都是非常理想的(Shin 和 Jeon,1993)。Staszewski 等在齿轮箱状态监测工作中引入了 WVD,并阐明了 WVD 是能够用于检测直齿轮的局部轮齿缺陷的。他们基于 WVD 进行特征选择,并借助神经网络进行分析,结果表明,利用这些特征能够很

好地将齿轮箱振动数据区分成恰当的类别(Staszewski 等,1997)。Stander 等提出了一种振动波形标准化方法,该方法能够借助 PWVD 来指示变载荷工况下不断恶化的故障状态,其中统计参数和其他特征都是从这一分布中提取出来的(Stander 等,2002)。Li 和 Zhang 在 EMD 基础上,考察了一种基于 WVD 的轴承故障诊断方法,其中利用 EMD 对原始的时间序列数据进行分解,得到了 IMF,进而针对选定的 IMF 计算 WVD,实验结果说明了该方法对于轴承故障的诊断是可行的(Li 和 Zhang,2006)。Blodt 等还针对感应电动机速度瞬时变化中的机械负载故障,提出了一种检测方法,其中的故障特征是从 WD 中提取的,可用于在线状态监测,实验结果验证了基于时频方法进行在线状态监测的实际可行性(Blodt 等,2008)。

Tang 等进一步研究了一种基于 Morlet 小波变换和 WVD 的风力发电机故障诊断方法,该方法借助一个 Morlet 小波变换过程对原始信号进行去噪处理,其中利用交叉验证方法(CVM)对 CWT 中的尺度参数做了优化。不仅如此,这些研究人员还采用自动项窗(ATW)函数对 WVD 中的交叉项进行了抑制。研究结果表明,采用所给出的方法,所得到的风力发电机齿轮箱的故障特征更加清晰(Tang 等,2010)。Ibrahim 和 Albarbar 考虑了齿轮箱系统的监测问题,从振动特征和能量计算过程方面将 EMD 和平滑伪 Wigner - Ville 分布(SPWVD)方法进行了对比,结果表明,利用 EMD 技术进行能量计算要比利用 SPWVD 方法的计算能更有效地检测早期故障,并且计算速度更快(Ibrahim 和 Albarbar,2011)。Yang 等针对风力发电机轴承提出了一类数据驱动的故障诊断方法,其基本思想是利用稀疏表示和移不变字典学习从振动信号中提取不同的脉冲成分。在该方法中,不同位置处具有相同特征的脉冲信号可以通过移动操作实现单原子描述,将一些短原子所有可能的移动考虑进来,即可进一步生成移不变字典。在学习完的移不变字典基础上,所得到的系数将是稀疏的,并且提取到的脉冲信号更加接近真实信号。最后,他们还利用每个原子的 WVD 和对应的稀疏系数给出了脉冲成分的时频表示(Yang 等,2017)。

5.7 局部均值分解

局部均值分解(LMD)是一种自适应分析技术,能够将一个复杂信号分解为一系列乘积函数(PF),每个乘积函数都是一个包络信号和一个纯频率调制(FM)信号的乘积。不仅如此,借助 LMD 还能够得到原始信号的完整的时频分布。对于一个时域信号 $x(t)$，LMD 的过程一般包括如下步骤。

(1) 确定所有的局部极值点 $(n_1, n_2, n_3, \cdots)$。

(2) 针对信号中的每个半波计算局部均值以及最大值点和最小值点的局部包络估计，第 i 个均值 (m_i) 可以表示为

$$m_i = \frac{n_i + n_{i+1}}{2} \tag{5.31}$$

而第 i 个包络估计 (a_i) 为

$$a_i = \frac{|n_i - n_{i+1}|}{2} \tag{5.32}$$

(3) 利用滑动平均(MA)法得到平滑连续的局部均值函数 $m_{11}(t)$ 和包络函数 $a_{11}(t)$。

(4) 从 $x(t)$ 中减去 $m_{11}(t)$，得到残差信号 $h_{11}(t)$，即

$$h_{11}(t) = x(t) - m_{11}(t) \tag{5.33}$$

(5) 将 $h_{11}(t)$ 除以 $a_{11}(t)$，得到 $s_{11}(t)$，即

$$s_{11}(t) = h_{11}(t)/a_{11}(t) \tag{5.34}$$

(6) 计算 $s_{11}(t)$ 的包络 $a_{12}(t)$，如果 $a_{12}(t) \neq 1$，则需要针对 $s_{11}(t)$ 重复上述处理过程。

(7) 针对 $s_{11}(t)$ 计算平滑的局部均值 $m_{12}(t)$，从 $s_{11}(t)$ 中减去该均值得到 $h_{12}(t)$，并将 $h_{12}(t)$ 除以 $a_{12}(t)$ 得到 $s_{12}(t)$。重复这一过程 n 次，直到获得一个纯调频信号 $s_{1n}(t)$。

(8) 为得到第一个乘积函数 PF_1 的包络信号 $a_1(t)$，应将迭代过程中所有平滑的局部包络相乘，即

$$a_1(t) = a_{11}(t) a_{12}(t) a_{13}(t) \cdots a_{1n}(t) \tag{5.35}$$

(9) 利用 $a_1(t)$ 和最终的调频信号 $s_{1n}(t)$ 计算 PF_1：

$$PF_1 = a_1(t) s_{1n}(t) \tag{5.36}$$

(10) 从原始信号中减去 PF_1，得到平滑后的信号：

$$u_1(t) = x(t) - PF_1 \tag{5.37}$$

经过 m 次处理之后，我们最终可以将 $x(t)$ 表示为如下形式：

$$x(t) = \sum_{i=1}^{m} PF_i(t) + u_m(t) \tag{5.38}$$

式中：m 为 PF 的个数。

在设备故障诊断研究中，很多学者已经考察了 LMD 的可行性。例如，Wang

等针对 LMD 和 EMD 及其在旋转类设备健康诊断问题中的应用进行了对比,结果表明,在早期故障检测中 LMD 应当更为适用,其性能要比 EMD 更好(Wang 等,2010b)。与此类似,Cheng 等也针对齿轮和滚动轴承的故障诊断问题,比较了 LMD 和 EMD 的性能,分析结果也验证了基于 LMD 的诊断方法能够更准确、更有效地识别出齿轮和滚动轴承的状态(Cheng 等,2012)。

Liu 和 Han 提出了一种基于 LMD 和多尺度熵(MSE)的故障特征提取方法,其中将由 LMD 得到的每一个 PF 的多尺度熵作为特征向量。针对实际轴承振动信号的分析验证了该方法的有效性(Liu 和 Han,2014)。

Liu 等基于第二代小波去噪(SGWD)和 LMD 技术给出了一种混合式故障诊断方法,其中首先借助 SGWD(利用了相邻系数)技术去除旋转类设备的信号噪声,然后采用 LMD 将去噪后的信号分解成若干个 PF,继而根据相关系数准则选择跟故障特征信号相对应的 PF,最后借助 FFT 分析其频谱。这些研究人员针对从齿轮箱和实际机车滚动轴承采集到的振动信号,进行了实验分析,结果表明该方法是有效的(Liu 等,2016b)。

Li 等基于 LMD、改进多尺度模糊熵(IMFE)、拉普拉斯分值(LS)和 SVM,提出了一类滚动轴承故障诊断方法。该方法首先将 LMD 作为一个预处理步骤对振动信号进行处理,然后根据峰度特征选择最优 PF,进而将 IMFE 作为特征提取器来计算最优 PF 的多尺度模糊熵,并借助 LS 选取最佳尺度因子(根据其重要性和可识别性),最后采用改进的 SVM 处理分类问题。通过滚动轴承故障诊断实验,他们指出,这一方法在识别不同的故障类型和严重程度方面是更为有效的(Li 等,2016)。

Feng 等曾进行过系统性的回顾,其中包括了两类主要算法中的自适应模式分解以及它们在与设备故障诊断相关的信号分析中的应用。第一种算法类型是单组分分解算法,包括 EMD、LMD、固有时间尺度分解、局部特征尺度分解、希尔伯特振动分解、经验小波变换、变分模式分解、非线性模式分解以及自适应局部迭代滤波等。第二种算法类型是瞬时频率估计方法,其中包括 HHT、直接求积、基于经验 AM – FM 分解的归一化 HT(Feng 等,2017)。

Yu 和 Lv 针对轴承的早期故障给出了一种基于 LMD 和多层混合去噪(MHD)的特征提取方法,他们在借助 LMD 得到分解后的 PF 之后,根据幅值情况选择有效的 PF,进而将小波阈值去噪(WTD)作为前置滤波器,然后进行奇异值分解(SVD),使得所得到的奇异值能够包含这些 PF 最重要的信息,最后还利用 SVD 来提取 PF 的汉克尔矩阵的主特征。这些学者根据从滚动轴承采集到的振动信号,进行了实验分析,结果证实了局部均值分解和多层混合去噪(LMD-MHD)相结合能够有效地提取出弱信号特征,对于轴承故障诊断来说是非常好的技术手段(Yu 和 Lv,2017)。

Li 等介绍了一种旋转类设备早期故障的诊断方法,该方法采用改进 LMD(也称为基于差分有理样条的 LMD)来避免模态混叠问题,针对所得到的 PF,进一步借助 Kullback-Leibler(K-L)散度来选择那些包含了最多故障信息的主要 PF 成分。实验分析结果已经表明,该方法能够有效而准确地分解信号和检测齿轮与滚动轴承的早期故障(Li 等,2017)。

5.8 峰度和谱峰度法

正如第 3 章所指出的,峰度实际上是四阶归一化中心矩,它能够评价某个分布的峰值是高于还是低于正态分布的峰值。Dwyer(1983)在时域峰度概念基础上,首先提出了谱峰度(SK),并将其作为一种频域峰度(FDK)技术。

FDK 是指 STFT 的四阶中心矩期望值与其二阶中心矩平方的期望值之比(Dwyer,1984),可以表示为如下形式:

$$x_{\mathrm{FDK}}(f) = \frac{E\{[x(q,f_p)]^4\}}{E\{[(x(q,f))^2]^2\}} \tag{5.39}$$

其中

$$x(q,f) = \sqrt{\frac{h}{m}} \sum_{i=0}^{m-1} w_i x(i,q) \mathrm{e}^{-\mathrm{j}f_p i} \tag{5.40}$$

式中:h 为相邻观测值的间隔;$w_i=1$;$f=2\pi/m$;$q=1,2,\cdots,n,i=p=0,1,2,\cdots,m$;$\mathrm{j}=\sqrt{-1}$。另外,$x(i,q)$ 是输入信号,可以表示为

$$x(i,q) = x[(i+(q-1)m)n] \tag{5.41}$$

SK 技术的基本思想是利用每个频率处的峰度来揭示非高斯成分的存在性,并指出这些非高斯成分所出现的频带。SK 实际上反映了信号中每一个频率成分的峰度(de la Rosa 等,2013)。为计算 SK,一般需要将信号分解到时频域中,并针对每组频率确定峰度值。对于一个信号 $x(t)$,它的 SK 是指四阶归一化累积量,其数学表达式如下(Leite 等,2015):

$$x_{\mathrm{SK}}(f) = \frac{\langle |H(t,f)|^4 \rangle}{\langle |H(t,f)|^2 \rangle^2} - 2 \tag{5.42}$$

式中:$H(t,f)$ 为频率 f 处 $x(t)$ 的复包络函数,可以借助 STFT 算法得到,即

$$H(t,f) = \int_{-\infty}^{+\infty} x(\tau)w(\tau-t)e^{-j2\pi f\tau}d\tau \tag{5.43}$$

Antoni 和 Randall(2006)首先提出了源自于 SK 的谱峰度法(KUR),它利用带通滤波器针对若干窗口尺寸计算 SK,带通滤波器的中心频率 f_c 和带宽的选择应使谱峰度最大化。这里需要针对所有可能的中心频率和带宽考察所有可行的窗口尺寸,由此会使得实际应用时计算成本上升。为了解决这一问题,Antoni 给出了一种基于多采样率滤波器组架构和准解析滤波器的快速谱峰度法。跟 STFT 不同的是,快速 KUR 采用了一组数字滤波器。研究结果已经表明,快速 KUR 是有效的,并且比 KUR 的计算速度更高,不过在计算结果上是十分相似的(Antoni,2007;Randall,2011)。关于 SK 和 KUR 以及它们在旋转类设备的故障检测、诊断和预测中的应用,感兴趣的读者还可以去参阅 Wang 等(2016)的文献,其中给出了更为详尽的介绍。

目前已有大量文献研究了 SK 和 KUR 在设备故障诊断中的应用。例如,2006 年 Antoni 和 Randall 分析指出 SK 在旋转类设备的振动监测中是非常方便及有效的,他们的基本思路是利用 SK 的高灵敏性来检测那些导致脉冲型信号的早期故障,其过程主要分为两步:首先,利用 SK 检测相关频带,在该频带内能够观测到故障信号与背景噪声之间存在最显著的差异,这一处理可以应用于监测问题中;其次,以 SK 为基础设计特别检测滤波器,进而提取出故障的机械信号,这一处理可用于诊断问题中(Antoni 和 Randall,2006)。

2007 年 Sawalhi 等介绍了一种可改善 SK 的监测性能的算法,其中采用了最小熵反褶积(MED)技术。研究结果表明,通过引入 MED 技术处理带有剥落损伤的滚动体所产生的冲击信号,其波形将会变得非常陡峭,峰度值增大,进而能够体现出故障的严重程度。这些研究者针对外圈带有剥落损伤的轴承,根据从齿轮箱采集到的信号进行了算法测试,结果表明将 MED 和 SK 分析组合使用,能够明显改进包络分析结果,从而可以应用于故障的全面诊断,并揭示故障的发展趋势(Sawalhi 等,2007)。

Immovilli 利用振动信号的 SK 能量构建了一类轴承粗糙度缺陷检测方法,其中借助谱峰度法识别了能够更突出缺陷影响的带宽,然后将这一带宽中的信号能量作为诊断特征使用。实验研究结果已经验证了该方法在振动监测中的有效性和可靠性(Immovilli 等,2009)。

Zhang 和 Randall 针对滚动轴承采用了快速 KUR,并借助遗传算法选择了最优带通滤波器。他们将所述方法与传统包络分析以及仅使用快速 KUR 的方法进行了对比,最后通过实验验证了所述方法的有效性(Zhang 和 Randall,2009)。Lei 等基于改进的 KUR 方法也给出了一种滚动轴承的故障诊断技术,其中将 WPT 作为 KUR 的滤波器,从而克服了原有 KUR 的缺陷,分析结果也证实了该技术的可行性(Lei 等,2011)。

Wang 等进一步将一种改进的 KUR 应用于滚动轴承的故障诊断,其中的峰度值是基于信号包络(从不同层次的小波包节点提取出的)的功率谱计算的。信号包络的功率谱给出的是信号的稀疏表示,峰度则反映了该稀疏表示的凸出特征。研究结果表明了这一方法在各类故障检测中的有效性(Wang 等,2013)。

Liu 等提出了一类齿轮箱故障特征提取技术,其中采用了自适应 SK 滤波技术,可以在 Morlet 小波基础上提取出信号的瞬态成分。该技术将 Morlet 小波作为滤波器组,其中心频率是由小波相关滤波法确定的。在滤波器组中采用了不同带宽的滤波器,通过选择最优滤波器使得在提取信号的瞬态成分时 SK 最大。类似地,这些学者的研究结果也表明了该方法在实际应用中的可行性(Liu 等,2014a)。

Tian 等给出了一种检测电动机轴承故障和监测性能退化的方法,其中故障特征是基于 SK 和互相关提取出的,然后他们借助主成分分析(PCA)和半监督 k 近邻(k-NN)距离度量,将这些特征联合起来构成了一个健康指标。研究结果证实了该方法是适用于早期故障检测和故障位置诊断的,并且所构造的健康指标能够跟踪故障的恶化过程,不会遗漏间歇性故障(Tian 等,2016)。

近期,Wang 等还提出了一种可用于旋转类设备故障诊断的时频分析方法,该方法是建立在总体局部均值分解(ELMD)和快速 KUR 基础之上的,首先开始 ELMD 过程,将原始信号分解成 PF,然后根据峰度指标选择那些包含最多故障信息的 PF,最后再借助一个最优带通滤波器对所选择的 PF 信号进行滤波处理(基于快速 KUR)。针对滤波后的信号的平方包络谱,他们根据其中的故障特征频率情况进行了故障识别。针对齿轮箱和滚动轴承的实例研究已经表明,这一方法在旋转类设备的故障诊断中是有效的(Wang 等,2018)。

总体而言,在旋转类设备的故障诊断研究中,频域和时频域分析技术已经得到了广泛的应用。这一方面的文献非常多,表 5.1 针对这些频域和时频域振动分析技术进行了归纳,根据这些研究工作,我们可以将相关技术单独地或者联合起来用于原始振动数据的特征提取。此外,还有很多全面性的综述文章也可以为我们提供参考,感兴趣的读者可参阅 Feng 等(2013)、Henao 等(2014)、Lee 等(2014)、Riera-Guasp 等(2015)和 de Azevedo 等(2016)的文献。

基于振动信号的状态监测

表 5.1　旋转类设备状态监测研究所采用的频域和时频域分析技术汇总

相关研究	FFT	CWT	DWT	WPT	STFT	HHT	EMD	LMD	WVD	SK	KUR
Lin and Qu 2000; Peng et al. 2005a	√					√	√				
Peter et al. 2001; Paliwal et al. 2014		√									
Sun and Tang 2002; Luo et al. 2003; Hong and Liang 2007; Li et al. 2007; Zhu et al. 2009; Su et al. 2010; Kankar et al. 2011; Li et al. 2011		√									
Nikolaou and Antoniadis 2002; Ocak et al. 2007; Wang et al. 2015				√							
Prabhakar et al. 2002; Lou and Loparo 2004			√								
Purushotham et al. 2005; Tyagi 2008											
Djebala et al. 2008; Xian 2010; Kumar and Singh 2013; Ahmed et al. 2016						√	√				
Yu et al. 2005							√				
Junsheng et al. 2006; Yu and Junsheng 2006; Zhao et al. 2013; Dybala and Zimroz 2014							√		√		
Li and Zhang 2006; Li et al. 2006											
Antoni and Randall 2006										√	
Sawalhi et al. 2007										√	
Rai and Mohanty. 2007; Pang et al. 2018	√					√					
Li et al. 2008			√	√							
Zhang and Randall 2009											√

续表

相关研究	FFT	CWT	DWT	WPT	STFT	HHT	EMD	LMD	WVD	SK	KUR
Immovilli et al. 2009; Wang and Liang 2011										√	
Wensheng et al. 2010							√			√	
Lei et al. 2011; Wang et al. 2013				√							√
Zhou et al. 2011					√				√		
Linsuo et al. 2011									√	√	
Cheng et al. 2012; Liu and Han 2014; Tian et al. 2015; Li et al. 2016	√	√	√					√			
Cozorici et al. 2012	√			√			√				
Jiang et al. 2013						√					
Singhal and Khandekar 2013; Lin et al. 2016	√				√						
Liu et al. 2014b					√						
Liu et al. 2016a,b	√										
Jacop et al. 2017		√									

5.9 本章小结

这一章介绍了时频域中的信号处理,讨论了一些可用于考察时间序列信号的时频特性的技术手段,跟傅里叶变换和与之对应的频谱特征相比而言,这些技术手段更为有效。人们已经采用多种方法在时频域中从原始振动信号中提取特征,其中包括:①STFT,可以利用时域局部化的窗函数将信号分解成更短的等长信号段再进行 DFT 计算;②小波分析,可以基于一族小波对信号进行分解,跟STFT 采用窗函数不同,小波函数是尺度可变的,这使得它能够适合于很宽的频率范围和时间分辨率范围,另外,该方法还包括 3 种主要的变换技术,即 CWT、DWT 和 WPT;③EMD,可以将信号分解为不同尺度的 IMF;④HHT,即借助 EMD将信号分解为 IMF,针对所有 IMF 成分进行 HT,计算所有 IMF 的瞬时频率,实现时域信号的 HT 的简单方法是借助傅里叶变换将其变换到频域,并将所有成分的相角平移 $\pm\pi/2$(即 $\pm 90°$),然后再变换回时域中;⑤WVD,通过将功率谱和自相关函数之间的关系推广到非平稳的时变过程导得;⑥SK,需要将信号分解到时频域中,并针对每组频率确定峰度值,而 KUR 是利用带通滤波器针对若干窗口尺寸计算 SK。

表 5.2 对本章所介绍的大部分技术进行了归纳,并列出了可公开获取的软件情况。

表 5.2 所介绍的部分技术及其可公开获取的软件汇总

算法名称	平台	软件包	函数
基于 STFT 的谱图	MATLAB	信号处理工具箱	spectrogram
基于希尔伯特变换的离散时间解析信号			hilbert
显示小波族名称	MATLAB	小波工具箱	Waveletfamilies('f')
显示小波族及其特性			Waveletfamilies('a')
基于小波的一维信号去噪			wden
一维连续小波变换			cwt
一维连续小波反变换			icwt
连续小波变换	Python	Gregory R. Lee 等(2018)	Pywt.cwt
离散小波变换			Pywt.dwt
快速峰度图	MATLAB	Antoni(2016)	Fast_Kurtogram

续表

算法名称	平台	软件包	函数
谱峰度可视化	MATLAB2018b		kurtogram
Wigner – Ville 分布与平滑伪Wigner – Ville 分布			wvd
经验模式分解			Emd
信号的谱熵			pentropy

参考文献

Ahmed, H. O. A., Wong, M. D., and Nandi, A. K. (2016). Effects of deep neural network parameters on classificationof bearing faults. In: IECON 2016 – 42nd Annual Conference of the IEEE Industrial Electronics Society, 6329 – 6334. IEEE.

Ahmed, H. O. A., Wong, M. L. D., and Nandi, A. K. (2018). Intelligent condition monitoring method for bearing faults from highly compressed measurements using sparse over – complete features. Mechanical Systems and Signal Processing 99: 459 – 477.

Al – Badour, F., Sunar, M., and Cheded, L. (2011). Vibration analysis of rotating machinery using time – frequency analysis and wavelet techniques. MechanicalSystems and Signal Processing 25 (6): 2083 – 2101.

Ali, J. B., Fnaiech, N., Saidi, L. et al. (2015). Application of empirical mode decomposition and artificial neural network for automatic bearing fault diagnosis based on vibration signals. Applied Acoustics 89: 16 – 27.

Antoni, J. (2007). Fast computation of the kurtogram for the detection of transient faults. Mechanical Systems and Signal Processing 21 (1): 108 – 124.

Antoni, J. (2016). Fast kurtogram. Mathworks File Exchange Center.

https://uk.mathworks.com/matlabcentral/fileexchange/48912 – fast – kurtogram.

Antoni, J. and Randall, R. B. (2006). The spectral kurtosis: application to the vibratory surveillance and diagnostics of rotating machines. Mechanical Systems and Signal Processing 20 (2): 308 – 331.

Banerjee, T. P. and Das, S. (2012). Multi – sensor data fusion using support vector machine for motor fault detection. Information Sciences 217: 96 – 107.

Belšak, A. and Prezelj, J. (2011). Analysis of vibrations and noise to determine the condition of gear units. In: Advances in Vibration Analysis Research, 315 – 328. InTech.

Bin, G. F., Gao, J. J., Li, X. J., and Dhillon, B. S. (2012). Early fault diagnosis of rotating machinery based on wavelet packets—empirical mode decomposition feature extraction and neural network. Mechanical Systems and Signal Processing 27: 696 – 711.

Blodt, M., Bonacci, D., Regnier, J. et al. (2008). On – line monitoring of mechanical faults in variable – speed induction motor drives using the Wigner distribution. IEEE Transactions on Industrial Electronics 55 (2): 522 – 533.

Boashash, B. (1992). Estimating and interpreting the instantaneous frequency of a signal. II. Algorithms and applications. Proceedings of the IEEE 80 (4): 540 – 568.

Boskoski, P. and Juricic, D. (2012). Fault detection of mechanical drives under variable operating conditions based on wavelet packet Renyi entropy signatures. Mechanical Systems and Signal Processing 31: 369 – 381.

Brandt, A. (2011). Noise and Vibration Analysis: Signal Analysis and Experimental Procedures. Wiley.

Burrus, C. S., Gopinath, R. A., Guo, H. et al. (1998). Introduction to Wavelets and Wavelet Transforms a Primer, vol. 1. NJ: Prentice Hall.

Chen, B., Zhang, Z., Sun, C. et al. (2012). Fault feature extraction of gearbox by using overcomplete rational dilation discrete wavelet transform on signals measured from vibration sensors. Mechanical Systems and Signal Processing 33: 275 – 298.

Chen, J., Li, Z., Pan, J. et al. (2016). Wavelet transform based on inner product in fault diagnosis of rotating machinery: a review. Mechanical Systems and Signal Processing 70: 1 – 35.

Cheng, J., Yang, Y., and Yang, Y. (2012). A rotating machinery fault diagnosis method based on local mean decomposition. Digital Signal Processing 22 (2): 356 – 366.

Cohen, L. (1995). Time – Frequency Analysis, vol. 778. Prentice Hall.

Cozorici, I., Vadan, I., and Balan, H. (2012). Condition based monitoring and diagnosis of rotating electrical machines bearings using FFT and wavelet analysis. Acta Electrotehnica 53 (4): 350 – 354.

Czarnecki, K. (2016). The instantaneous frequency rate spectrogram. Mechanical Systems and Signal Processing 66: 361 – 373.

Daubechies, I. (1990). The wavelet transform, time – frequency localization and signal analysis. IEEE Transactions on Information Theory 36 (5): 961 – 1005.

de Azevedo, H. D. M., Araújo, A. M., and Bouchonneau, N. (2016). A review of wind turbine bearing condition monitoring: state of the art and challenges. Renewable and Sustainable Energy Reviews 56: 368 – 379.

de la Rosa, J. J. G., Sierra – Fernández, J. M., Agüera – Pérez, A. etal. (2013). An application of the spectral kurtosis to characterize power quality events. International Journal of Electrical Power & Energy Systems 49: 386 – 398.

Djebala, A., Ouelaa, N., and Hamzaoui, N. (2008). Detection of rolling bearing defects using discrete wavelet analysis. Meccanica 43 (3): 339 – 348.

Donoho, D. L. and Johnstone, I. M. (1994). Threshold selection for wavelet shrinkage of noisy data. In: Engineering in Medicine and Biology Society, 1994. Engineering Advances: New Opportunities for Biomedical Engineers. Proceedings of the 16th Annual International Conference of the IEEE, vol. 1, A24 – A25. IEEE.

Dwyer, R. (1983). Detection of non – Gaussian signals by frequency domain kurtosis estimation. In: Acoustics, Speech, and Signal Processing, IEEE International Conference on ICASSP'83, vol. 8, 607 – 610. IEEE.

Dwyer, R. (1984). Use of the kurtosis statistic in the frequency domain as an aid in detecting random signals. IEEE Journal of Oceanic Engineering 9 (2): 85 – 92.

Dybała, J. and Zimroz, R. (2014). Rolling bearing diagnosing method based on empirical mode decomposition of machine vibration signal. Applied Acoustics 77: 195 – 203.

Feldman, M. (2011). Hilbert transform in vibration analysis. Mechanical Systems and Signal Processing 25 (3): 735 – 802.

Feng, Z., Liang, M., and Chu, F. (2013). Recent advances in time – frequency analysis methods for machinery fault diagnosis: a review with application examples. Mechanical Systems and Signal Processing 38 (1): 165 – 205.

Feng, Z., Zhang, D., and Zuo, M. J. (2017). Adaptive mode decomposition methods and their applications in signal analysis for machinery fault diagnosis: a review with examples. IEEE Access 5: 24301 – 24331.

Gabor, D. (1946). Theory of communication. Part 1: the analysis of information. Journal of the Institution of Electrical Engineers – Part III: Radio and Communication Engineering 93 (26): 429 – 441.

Gao, Q., Duan, C., Fan, H., and Meng, Q. (2008). Rotating machine fault diagnosis using empirical mode decomposition. Mechanical Systems and Signal Processing 22 (5): 1072 – 1081.

He, M. and He, D. (2017). Deep learning based approach for bearing fault diagnosis. IEEE Transactions on Industry Applications 53 (3): 3057 – 3065.

Henao, H., Capolino, G. A., Fernandez – Cabanas, M. et al. (2014). Trends in fault diagnosis for electrical machines: a review of diagnostic techniques. IEEE Industrial Electronics Magazine 8 (2): 31 – 42.

Hong, H. and Liang, M. (2007). Separation of fault features from a single – channel mechanical signal mixture using wavelet decomposition. Mechanical Systems and Signal Processing 21 (5): 2025 – 2040.

Hong, H. and Liang, M. (2009). Fault severity assessment for rolling element bearings using the

Lempel – Ziv complexity and continuous wavelet transform. Journal of Sound and Vibration 320 (1 – 2): 452 – 468.

Hu, Q., He, Z., Zhang, Z., and Zi, Y. (2007). Fault diagnosis of rotating machinery based on improved wavelet package transform and SVMs ensemble. Mechanical Systems and Signal Processing 21 (2): 688 – 705.

Huang, N. E. (2014). Hilbert – Huang Transform and Its Applications, vol. 16. World Scientific.

Huang, N. E., Shen, Z., Long, S. R. et al. (1998). The empirical mode decomposition and the Hilbert spectrum for nonlinear and non – stationary time series analysis. Proceedings of the Royal Society of London A: Mathematical, Physical and Engineering Sciences 454 (1971): 903 – 995.

Ibrahim, G. R. and Albarbar, A. (2011). Comparison between Wigner – Ville distribution – and empirical mode decomposition vibration – based techniques for helical gearbox monitoring. Proceedings of the Institution of Mechanical Engineers, Part C: Journal of Mechanical Engineering Science 225 (8): 1833 – 1846.

Immovilli, F., Cocconcelli, M., Bellini, A., and Rubini, R. (2009). Detection of generalized – roughness bearing fault by spectral – kurtosis energy of vibration or current signals. IEEE Transactions on Industrial Electronics 56 (11): 4710 – 4717.

Jacop, A., Khang, H. V., Robbersmyr, K. G., and Cardoso, A. J. M. (2017). Bearing fault detection for drivetrains using adaptive filters based wavelet transform. In: 2017 20th International Conference on Electrical Machines and Systems (ICEMS), 1 – 6. IEEE.

Jiang, H., Li, C., and Li, H. (2013). An improved EEMD with multiwavelet packet for rotating machinery multi – fault diagnosis. Mechanical Systems and Signal Processing 36 (2): 225 – 239.

Junsheng, C., Dejie, Y., and Yu, Y. (2006). A fault diagnosis approach for roller bearings based on EMD method and AR model. Mechanical Systems and Signal Processing 20 (2): 350 – 362.

Junsheng, C., Dejie, Y., and Yu, Y. (2007). The application of energy operator demodulation approach based on EMD in machinery fault diagnosis. Mechanical Systems and Signal Processing 21 (2): 668 – 677.

Kankar, P. K., Sharma, S. C., and Harsha, S. P. (2011). Fault diagnosis of ball bearings using continuous wavelet transform. Applied Soft Computing 11 (2): 2300 – 2312.

Konar, P. and Chattopadhyay, P. (2011). Bearing fault detection of induction motor using wavelet and support vector machines (SVMs). Applied Soft Computing 11 (6): 4203 – 4211.

Kumar, R. and Singh, M. (2013). Outer race defect width measurement in taper roller bearing using discrete wavelet transform of vibration signal. Measurement 46 (1): 537 – 545.

Lee, G. R., Gommers, R., Wohlfahrt, K. et al., ⋯ 0 – tree (2018). PyWavelets/Pywt: PyWavelets v1.0.1 (Versionv1.0.1). Zenodo. http://doi.org/10.5281/zenodo.1434616 (accessed 08 September 2018).

Lee, J., Wu, F., Zhao, W. et al. (2014). Prognostics and health management design for rotary machinery systems—reviews, methodology and applications. Mechanical Systems and Signal Processing 42 (1-2): 314-334.

Lei, Y., He, Z., and Zi, Y. (2009). Application of the EEMD method to rotor fault diagnosis of rotating machinery. Mechanical Systems and Signal Processing 23 (4):1327-1338.

Lei, Y., Lin, J., He, Z., and Zi, Y. (2011). Application of an improved kurtogram method for fault diagnosis of rolling element bearings. Mechanical Systems and Signal Processing 25 (5): 1738-1749.

Lei, Y., Lin, J., He, Z., and Zuo, M. J. (2013). A review on empirical mode decomposition in fault diagnosis of rotating machinery. Mechanical Systems and Signal Processing 35 (1-2): 108-126.

Leite, V. C., da Silva, J. G. B., Veloso, G. F. C. et al. (2015). Detection of localized bearing faults in inductionmachines by spectral kurtosis and envelope analysis of stator current. IEEE Transactions on Industrial Electronics 62 (3): 1855-1865.

Li, F., Meng, G., Ye, L., and Chen, P. (2008). Wavelet transform-based higher-order statistics for fault diagnosis in rolling element bearings. Journal of Vibration and Control 14 (11): 1691-1709.

Li, H., Fu, L., and Zheng, H. (2011). Bearing fault diagnosis based on amplitude and phase map of Hermitian wavelet transform. Journal of Mechanical Science and Technology 25 (11): 2731-2740.

Li, H. and Zhang, Y. (2006). Bearing faults diagnosis based on EMD and Wigner-Ville distribution. In: The Sixth World Congress on Intelligent Control and Automation, 2006, WCICA 2006, vol. 2, 5447-5451. IEEE.

Li, H., Zheng, H., and Tang, L. (2006). Wigner-Ville distribution based on EMD for faults diagnosis of bearing. In: International Conference on Fuzzy Systems and Knowledge Discovery, 803-812. Berlin, Heidelberg: Springer.

Li, K., Chen, P., and Wang, H. (2012). Intelligent diagnosis method for rotating machinery using wavelet transform and ant colony optimization. IEEE Sensors Journal 12 (7): 2474-2484.

Li, L., Qu, L., and Liao, X. (2007). Haar wavelet for machine fault diagnosis. Mechanical Systems and Signal Processing 21 (4): 1773-1786.

Li, P., Kong, F., He, Q., and Liu, Y. (2013). Multiscale slope feature extraction for rotating machinery fault diagnosis using wavelet analysis. Measurement 46 (1): 497-505.

Li, Y., Liang, X., Yang, Y. et al. (2017). Early fault diagnosis of rotating machinery by combining differential rational spline-based LMD and K-L divergence. IEEE Transactions on Instrumentation and Measurement 66 (11): 3077 – 3090.

Li, Y., Xu, M., Wang, R., and Huang, W. (2016). A fault diagnosis scheme for rolling bearing based on local mean decomposition and improved multiscale fuzzy entropy. Journal of Sound and Vibration 360: 277 – 299.

Lin, H. C., Ye, Y. C., Huang, B. J., and Su, J. L. (2016). Bearing vibration detection and analysis using an enhanced fast Fourier transform algorithm. Advances in Mechanical Engineering 8 (10), p. 1687814016675080.

Lin, J. and Qu, L. (2000). Feature extraction based on Morlet wavelet and its application for mechanical fault diagnosis. Journal of Sound and Vibration 234 (1): 135 – 148.

Linsuo, S., Yazhou, Z., and Wenpeng, M. (2011). Application of Wigner – Ville – distribution – based spectral kurtosis algorithm to fault diagnosis of rolling bearing. Journal of Vibration, Measurement and Diagnosis 1: 010.

Liu, B., Ling, S. F., and Meng, Q. (1997). Machinery diagnosis based on wavelet packets. Journal of Vibration and Control 3 (1): 5 – 17.

Liu, H. and Han, M. (2014). A fault diagnosis method based on local mean decomposition and multi – scale entropy for roller bearings. Mechanism and Machine Theory 75: 67 – 78.

Liu, H., Huang, W., Wang, S., and Zhu, Z. (2014a). Adaptive spectral kurtosis filtering based on Morlet wavelet and its application for signal transients detection. Signal Processing 96: 118 – 124.

Liu, H., Li, L., and Ma, J. (2016a). Rolling bearing fault diagnosis basedon STFT – deep learning and sound signals. Shock and Vibration 2016, 12 pages.

Liu, H., Wang, X., and Lu, C. (2014b). Rolling bearing fault diagnosis under variable conditions using Hilbert – Huang transform and singular value decomposition. Mathematical Problems in Engineering 2014, pp 1 – 10.

Liu, Z., He, Z., Guo, W., and Tang, Z. (2016b). A hybrid fault diagnosis method based on second generation wavelet de – noising and local mean decomposition for rotating machinery. ISA Transactions 61: 211 – 220.

Lopez, J. E., Yeldham, I. A., and Oliver, K. (1996). Overview of Wavelet/Neural Network Fault Diagnostic Methods Applied to Rotating Machinery. Burlington, MA: AlphaTech Inc.

Lou, X. and Loparo, K. A. (2004). Bearing fault diagnosis based on wavelet transform and fuzzy inference. Mechanical Systems and Signal Processing 18 (5): 1077 – 1095.

Luo, G. Y., Osypiw, D., and Irle, M. (2003). On – line vibration analysis with fast continuous wavelet algorithm for condition monitoring of bearing. Modal Analysis 9 (8): 931 – 947.

Mallat, S. G. (1989). A theory for multiresolution signal decomposition: the wavelet representation. IEEE Transactions on Pattern Analysis and Machine Intelligence 11 (7): 674 – 693.

Mertins, A. and Mertins, D. A. (1999). Signal Analysis: Wavelets, Filter Banks, Time - Frequency Transforms and Applications. Wiley.

Ming, Y., Chen, J., and Dong, G. (2011). Weak fault feature extraction of rolling bearing based on cyclic Wiener filter and envelope spectrum. Mechanical Systems and Signal Processing 25 (5): 1773 - 1785.

Nikolaou, N. G. and Antoniadis, I. A. (2002). Rolling element bearing fault diagnosis using wavelet packets. NDT & E International 35 (3): 197 - 205.

Ocak, H., Loparo, K. A., and Discenzo, F. M. (2007). Online tracking of bearing wear using wavelet packet decomposition and probabilistic modeling: a method for bearing prognostics. Journal of Sound and Vibration 302 (4 - 5): 951 - 961.

Paliwal, D., Choudhur, A., and Govandhan, T. (2014). Identification of faults through wavelet transform vis - à - vis fast Fourier transform of noisy vibration signals emanated from defective rolling element bearings. Frontiers of Mechanical Engineering 9 (2): 130 - 141.

Pang, B., Tang, G., Tian, T., and Zhou, C. (2018). Rolling bearing fault diagnosis based on an improved HTT transform. Sensors 18 (4): 1203.

Peng, Z. K. and Chu, F. L. (2004). Application of the wavelet transform in machine condition monitoring and fault diagnostics: a review with bibliography. Mechanical Systems and Signal Processing 18 (2): 199 - 221.

Peng, Z. K., Peter, W. T., and Chu, F. L. (2005a). A comparison study of improved Hilbert - Huang transform and wavelet transform: application to fault diagnosis for rolling bearing. Mechanical Systems and Signal Processing 19 (5): 974 - 988.

Peng, Z. K., Peter, W. T., and Chu, F. L. (2005b). An improved Hilbert - Huang transform and its application in vibration signal analysis. Journal of Sound and Vibration 286 (1 - 2): 187 - 205.

Peter, W. T., Peng, Y. A., and Yam, R. (2001). Wavelet analysis and envelope detection for rolling element bearing fault diagnosis—their effectiveness and flexibilities. Journal of Vibration and Acoustics 123 (3): 303 - 310.

Prabhakar, S., Mohanty, A. R., and Sekhar, A. S. (2002). Application of discrete wavelet transform for detection of ball bearing race faults. Tribology International 35 (12): 793 - 800.

Purushotham, V., Narayanan, S., and Prasad, S. A. (2005). Multi - fault diagnosis of rolling bearing elements using wavelet analysis and hidden Markov model based fault recognition. NDT & E International 38 (8): 654 - 664.

Rafiee, J., Rafiee, M. A., and Tse, P. W. (2010). Application of mother wavelet functions for automatic gear and bearing fault diagnosis. Expert Systems with Applications 37 (6): 4568 - 4579.

Rai, V. K. and Mohanty, A. R. (2007). Bearing fault diagnosis using FFT of intrinsic mode functions in Hilbert - Huang transform. Mechanical Systems and Signal Processing 21 (6): 2607 - 2615.

Randall, R. B. (2011). Vibration-based condition monitoring: industrial, aerospace and automotive applications. John Wiley & Sons.

Riera-Guasp, M., Antonino-Daviu, J. A., and Capolino, G. A. (2015). Advances in electrical machine, power electronic, and drive condition monitoring and fault detection: state of the art. IEEE Transactions on Industrial Electronics 62 (3): 1746-1759.

Sadeghian, A., Ye, Z., and Wu, B. (2009). Online detection of broken rotor bars in induction motors by wavelet packet decomposition and artificial neural networks. IEEE Transactions on Instrumentation and Measurement 58 (7): 2253-2263.

Saleh, S. A. and Rahman, M. A. (2005). Modeling and protection of a three-phase power transformer using wavelet packet transform. IEEE Transactions on Power Delivery 20 (2): 1273-1282.

Sawalhi, N. and Randall, R. B. (2011). Vibration response of spalled rolling element bearings: observations, simulations and signal processing techniques to track the spall size. Mechanical Systems and Signal Processing 25 (3): 846-870.

Sawalhi, N., Randall, R. B., and Endo, H. (2007). The enhancement of fault detection and diagnosis in rolling element bearings using minimum entropy deconvolution combined with spectral kurtosis. Mechanical Systems and Signal Processing 21 (6): 2616-2633.

Saxena, M., Bannet, O. O., Gupta, M., and Rajoria, R. P. (2016). Bearing fault monitoring using CWT based vibration signature. Procedia Engineering 144: 234-241.

Shen, C., Wang, D., Kong, F., and Peter, W. T. (2013). Fault diagnosis of rotating machinery based on the statistical parameters of wavelet packet paving and a generic support vector regressive classifier. Measurement 46 (4): 1551-1564.

Shin, Y. S. and Jeon, J. J. (1993). Pseudo Wigner-Ville time-frequency distribution and its application to machinery condition monitoring. Shock and Vibration 1 (1): 65-76.

Singhal, A. and Khandekar, M. A. (2013). Bearing fault detection in induction motor using fast Fourier transform. In: IEEE International Conference on Advanced Research in Engineering & Technology, 190-194.

Smith, C., Akujuobi, C. M., Hamory, P., and Kloesel, K. (2007). An approach to vibration analysis using wavelets in an application of aircraft health monitoring. Mechanical Systems and Signal Processing 21 (3): 1255-1272.

Soualhi, A., Medjaher, K., and Zerhouni, N. (2015). Bearing health monitoring based on Hilbert-Huang transform, support vector machine, and regression. IEEE Transactions on Instrumentation and Measurement 64 (1): 52-62.

Stander, C. J., Heyns, P. S., and Schoombie, W. (2002). Using vibration monitoring for local faultdetection on gears operating under fluctuating load conditions. Mechanical Systems and Signal Processing 16 (6): 1005-1024.

Staszewski, W. J., Worden, K., and Tomlinson, G. R. (1997). Time-frequency analysis in gearbox fault detection using the Wigner-Ville distribution and pattern recognition. Mechanical Systems and Signal Processing 11 (5): 673-692.

Strangas, E. G., Aviyente, S., and Zaidi, S. S. H. (2008). Time-frequency analysis for efficient fault diagnosis and failure prognosis for interior permanent-magnet AC motors. IEEE Transactions on Industrial Electronics 55 (12): 4191-4199.

Su, W., Wang, F., Zhu, H. et al. (2010). Rolling element bearing faults diagnosis based on optimal Morlet wavelet filter and autocorrelation enhancement. Mechanical Systems and Signal Processing 24 (5): 1458-1472.

Sun, Q. and Tang, Y. (2002). Singularity analysis using continuous wavelet transform for bearing fault diagnosis. Mechanical Systems and Signal Processing 16 (6): 1025-1041.

Tang, B., Liu, W., and Song, T. (2010). Wind turbine fault diagnosis based on Morlet wavelet transformation and Wigner-Ville distribution. Renewable Energy 35 (12): 2862-2866.

Tian, J., Morillo, C., Azarian, M. H., and Pecht, M. (2016). Motor bearing fault detection using spectral kurtosis-based feature extraction coupled with K-nearest neighbor distance analysis. IEEE Transactions on Industrial Electronics 63 (3): 1793-1803.

Tian, Y., Ma, J., Lu, C., and Wang, Z. (2015). Rolling bearing fault diagnosis under variable conditions using LMD-SVD and extreme learning machine. Mechanism and Machine Theory 90: 175-186.

Tyagi, C. S. (2008). A comparative study of SVM classifiers and artificial neural networks application for rolling element bearing fault diagnosis using wavelet transform preprocessing. Neuron 1: 309-317.

Wang, D., Peter, W. T., and Tsui, K. L. (2013). An enhanced Kurtogram method for fault diagnosis of rollingelement bearings. Mechanical Systems and Signal Processing 35 (1-2): 176-199.

Wang, H. and Chen, P. (2011). Fuzzy diagnosis method for rotating machinery in variable rotating speed. IEEE Sensors Journal 11 (1): 23-34.

Wang, L., Liu, Z., Miao, Q., and Zhang, X. (2018). Time-frequency analysis based on ensemble local mean decomposition and fast kurtogram for rotating machinery fault diagnosis. Mechanical Systems and Signal Processing 103: 60-75.

Wang, X., Makis, V., and Yang, M. (2010a). A wavelet approach to fault diagnosis of a gearbox under varying load conditions. Journal of Sound and Vibration 329 (9): 1570-1585.

Wang, Y., He, Z., and Zi, Y. (2010b). A comparative study on the local mean decomposition and empirical mode decomposition and their applications to rotating machinery health diagnosis. Journal of Vibration and Acoustics 132 (2): 021010.

Wang, Y. and Liang, M. (2011). An adaptive SK technique and its application for fault detection of rolling element bearings. Mechanical Systems and Signal Processing 25 (5): 1750–1764.

Wang, Y., Xiang, J., Markert, R., and Liang, M. (2016). Spectral kurtosis for fault detection, diagnosis and prognostics of rotating machines: a review with applications. Mechanical Systems and Signal Processing 66: 679–698.

Wang, Y., Xu, G., Liang, L., and Jiang, K. (2015). Detection of weak transient signals based on wavelet packet transform and manifold learning for rolling element bearing fault diagnosis. Mechanical Systems and Signal Processing 54: 259–276.

Wensheng, S., Fengtao, W., Zhixin, Z. et al. (2010). Application of EMD denoising and spectral kurtosis in early fault diagnosis of rolling element bearings. Journal of Vibration and Shock 29 (3): 18–21.

Wigner, E. P. (1932). On the quantum correction for thermodynamic equilibrium. Physical Review 40: 749–759.

Wu, F. and Qu, L. (2008). An improved method for restraining the end effect in empirical mode decomposition and its applications to the fault diagnosis of large rotating machinery. Journal of Sound and Vibration 314 (3–5): 586–602.

Wu, Z. and Huang, N. E. (2009). Ensemble empirical mode decomposition: a noise-assisted data analysis method. Advances in Adaptive Data Analysis 1 (1): 1–41.

Xian, G. M. (2010). Mechanical failure classification for spherical roller bearing of hydraulic injection molding machine using DWT-SVM. Expert Systems with Applications 37 (10): 6742–6747.

Xian, G. M. and Zeng, B. Q. (2009). An intelligent fault diagnosis method based on wavelet packer analysis and hybrid support vector machines. Expert Systems with Applications 36 (10): 12131–12136.

Yan, R., Gao, R. X., and Chen, X. (2014). Wavelets for fault diagnosis of rotary machines: a review with applications. Signal Processing 96: 1–15.

Yang, B., Liu, R., and Chen, X. (2017). Fault diagnosis for a wind turbine generator bearing via sparse representation and shift-invariant K-SVD. IEEE Transactions on Industrial Informatics 13 (3): 1321–1331.

Yen, G. G. and Lin, K. C. (2000). Wavelet packet feature extraction for vibration monitoring. IEEE Transactions on Industrial Electronics 47 (3): 650–667.

Yu, D., Cheng, J., and Yang, Y. (2005). Application of EMD method and Hilbert spectrum to the fault diagnosis of roller bearings. Mechanical Systems and Signal Processing 19 (2): 259–270.

Yu, J. and Lv, J. (2017). Weak fault feature extraction of rolling bearings using local mean decomposition-based multilayer hybrid denoising. IEEE Transactions on Instrumentation and Measurement 66 (12): 3148–3159.

Yu, Y. and Junsheng, C. (2006). A roller bearing fault diagnosis method based on EMD energy entropy and ANN. Journal of Sound and Vibration 294 (1 – 2): 269 – 277.

Zhang, L., Gao, R. X., and Lee, K. B. (2006). Spindle health diagnosis based on analytic wavelet enveloping. IEEE Transactions on Instrumentation and Measurement 55 (5): 1850 – 1858.

Zhang, X. and Zhou, J. (2013). Multi – fault diagnosis for rolling element bearings based on ensemble empirical mode decomposition and optimized support vector machines. Mechanical Systems and Signal Processing 41 (1 – 2): 127 – 140.

Zhang, Y. andRandall, R. B. (2009). Rolling element bearing fault diagnosis based on the combination of genetic algorithms and fast kurtogram. Mechanical Systems and Signal Processing 23 (5): 1509 – 1517.

Zhao, S., Liang, L., Xu, G. et al. (2013). Quantitative diagnosis of a spall – like fault of a rolling element bearing by empirical mode decomposition and the approximate entropy method. Mechanical Systems and Signal Processing 40 (1): 154 – 177.

Zheng, H., Li, Z., and Chen, X. (2002). Gear fault diagnosis based on continuous wavelet transform. Mechanical Systems and Signal Processing 16 (2 – 3): 447 – 457.

Zhou, Y., Chen, J., Dong, G. M. et al. (2011). Wigner – Ville distribution based on cyclic spectral density and the application in rolling element bearings diagnosis. Proceedings of the Institution of Mechanical Engineers, Part C: Journal of Mechanical Engineering Science 225 (12): 2831 – 2847.

Zhu, Z. K., He, Z., Wang, A., and Wang, S. (2009). Synchronous enhancement of periodic transients on polar diagram for machine fault diagnosis. International Journal of Wavelets, Multiresolution and Information Processing 7 (4): 427 – 442.

第三部分　基于机器学习的旋转类设备状态监测

第6章 基于机器学习的振动状态监测

6.1 引言

第1章已经指出,设备状态监测(MCM)是状态检修(CBM)的一个重要组成部分。CBM能够避免定期检修(TBM)所带来的不必要的维护工作,同时也可回避故障检修工作的高成本问题,特别是对于大型旋转类设备更是如此。一些研究人员已经证实了CBM在多个旋转类设备应用场合中的经济优势,例如McMillan和Ault(2007)、Verma等(2013)、Van Dam和Bond(2015)以及Kim等(2016)。在CBM中,采取维护保养措施与否是根据设备的当前健康状态决定的,而这一般需要借助状态监测(CM)系统来识别。精确的CM技术能够检测出早期故障并正确识别出它们的类型。不难理解,CM系统越准确越灵敏,那么维护决策也就越精准,在设备出现故障停机之前我们也就能有更多的时间来制定并执行恰当的维护计划。

设备状态监测的主要目标是避免灾难性的设备故障,它们往往可能带来继发性破坏、设备停机、安全事故、生产损失,以及更高昂的维修成本等。旋转类设备的CM技术涉及监测一些可测的数据,如振动、声发射、电流等,进而将它们的改变归类为不同的设备状态。在已有技术中,基于振动的CM技术得到了广泛的研究,在计划维护管理工作中已经成为一项深受认可的技术手段。一般来说,不同的故障状态会产生不同形式的振动谱,因而,振动分析能够帮助我们检查和分析设备运行过程中内部零部件的健康状态,只需借助设备所产生的振动信号即可,而无需将设备拆解开来。此外,从振动信号中还可以检测到各种典型的特征信息,这也使得振动监测技术成为了设备状态监测工作的最佳选择之一。

这一章将介绍引入机器学习算法的基于振动的MCM,第一部分回顾基于振动的MCM过程,阐明故障检测和故障诊断问题的框架,以及可用于振动数据的机器学习类型。第二部分将针对故障诊断这一目的,介绍从振动数据进行学习的相关主要问题,并针对这些问题讨论一些振动数据处理技术。

6.2 基于振动的 MCM 过程概述

6.2.1 故障检测和诊断问题的框架

在基于振动的 CM 中,针对所采集到的振动信号分析其物理特征,就可以将这些信号区分为不同的状态,这通常是一种多类分类问题。如图 6.1 所示,一个简单的基于振动的 CM 系统主要包括 3 个核心步骤。

(1)数据采集。即利用安装在感兴趣的零部件上的传感器,例如速度传感器或加速度传感器,采集振动信号。这些原始数据可以进一步被传输、储存和处理。

(2)振动数据分析。针对上一步采集到的振动数据,进行预处理、滤波、特征提取和选择等。

(3)设备健康诊断。根据提取到的特征,利用分类器将数据信号区分为不同的类别,从而实现故障的检测和识别,另外,也包括预测设备在发生故障停机之前的剩余寿命(Nandi 和 Jack,2004)。

图 6.1 基于振动的设备状态监测总体框架

在基于振动的故障检测和诊断框架中,第一步的实际振动数据采集是利用加速度传感器等仪器实现的。关于设备健康状态监测领域中所使用的振动数据类型,Lei 等(2018)曾指出,设备故障和预测方面的绝大多数研究文献都是从加速退化试验台上采集相关数据的,而不是实际工业设备,这主要是考虑到一般很难采集到适合于科学研究的持续运行至故障停机的高质量数据,具体原因如下。

(1)机械设备通常会经历一个长期的性能退化过程,从健康状态到失效状态可能需要几个月时间。于是,通过这个长期的退化过程来采集全过程的所有数据,显然代价是高昂的。

(2)一些无法预料的设备故障可能导致意外的设备停机、事故甚至伤亡,因而一般不允许设备一直运行到故障停机。

(3) 对于很多设备来说,例如风力发电机齿轮箱、汽车齿轮箱和飞机发动机等,我们所监测到的数据往往会包含大量的环境干扰。不仅如此,很多监测数据是在设备非正常服役期间(例如故障停机或重新启动阶段)采集到的,它们跟设备正常服役期间采集到的数据相比,其行为特性显然是有所不同的。这些一般都会降低数据的质量。

(4) 一些军事和商业机构能够提供有限的全过程数据,不过这些数据仅对跟这些机构进行合作的研究人员开放。

为了设计和验证设备故障诊断方法,我们也可以利用仿真数据,它们一般是借助模型生成的,这些模型能够模拟处于不同运行状态和故障状态的设备情况。例如,Li 等(2000)利用神经网络和时频域振动分析,给出了一种针对电动机滚动轴承的故障诊断技术。他们首先利用计算机仿真得到的振动数据设计了基于神经网络的电动机轴承故障诊断算法,然后将实时采集到的轴承实际振动信号用于该算法的初步测试和验证。Ocak 和 Loparo(2004)针对感应电动机的故障检测及诊断问题基于振动数据提出了两个算法,用于所需的运行速度和轴承特征频率的估计。这一研究通过构建线性振动模型生成了模拟振动数据,然后借助这些数据对所提出的两个算法的性能进行了验证。Fan 和 Zuo(2006)进一步在希尔伯特变换和小波包变换基础上给出了一种齿轮故障检测方法,他们在分析中采用了仿真数据和从齿轮箱采集到的真实数据,分析结果表明该方法是有效的。

对于实际测量的和仿真模拟得到的这两类振动数据来说,它们一般包含了一台设备或多台设备在某个时间段内产生的大量信号,能够反映设备的健康和故障状态。为了设计基于振动的故障诊断算法,人们经常将来自于不同状态下的振动数据汇总成数据集。例如,在本书所给出的实例研究中,所采用的轴承振动数据集主要来自于模拟滚动轴承运行的试验台上的实验,在这些实验中会将若干可替换的存在缺陷的滚动轴承安装到试验台上,由此来模拟或反映滚动轴承可能出现的常见故障类型。用于采集轴承振动数据的试验台(图6.2)包含了一台 12V 直流电动机,它通过一个柔性联轴器驱动一根轴,该轴由两个立式轴承座支承,带损伤的轴承是安装在该轴承座中的。该试验台采用两个加速度传感器来测量水平和垂直面内的振动情况,加速度传感器的输出会通过一个电荷放大器反馈到一个 Loughborough Sound Images DSP32 模数转换卡中,其中利用了低通滤波器(截止频率为 18kHz)。采样率为 48kHz,可以给出轻微的过采样结果。所考察的滚动轴承健康状态分为 6 种:2 种正常状态,即全新(NO)和有磨损但没有损坏(NW)状态;4 种缺陷状态,即内圈(IR)、外圈(OR)、滚动体(RE)和保持架(CA)缺陷状态。表 6.1 中针对这些轴承健康状态进行了具体说明。

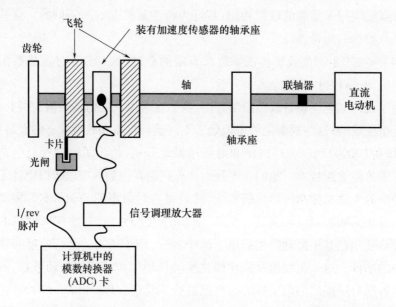

图 6.2　用于采集(本书所给出的实例研究中所使用的)轴承振动数据的试验台

表 6.1　轴承数据集中的轴承健康状态特性

状态	特性
NO	全新轴承,处于理想状态
NW	轴承已经服役一段时间,且仍处于良好状态
IR	内圈缺陷(在内圈滚道上切出小沟槽)
OR	外圈缺陷(在外圈滚道上切出小沟槽)
RE	滚动体缺陷(利用电蚀刻机对滚动体表面进行蚀刻,模拟腐蚀行为)
CA	保持架缺陷(从轴承中取出塑料保持架,切除一部分,使得两个滚珠不再保持均匀间隔,能够自由运动)

所记录的数据针对的是 16 种不同的转速,均处于 25～75rad/s 这一范围之内。在每种转速条件下,针对每一种状态记录了 10 个时间序列,也就是说,每种状态下共计 160 个样本,由此获得的样本(含 6000 个数据点)数量共 960 个。如图 6.3 所示,其中针对上述 6 种不同的状态给出了一些典型的时间序列信号(Ahmed 和 Nandi,2018)。

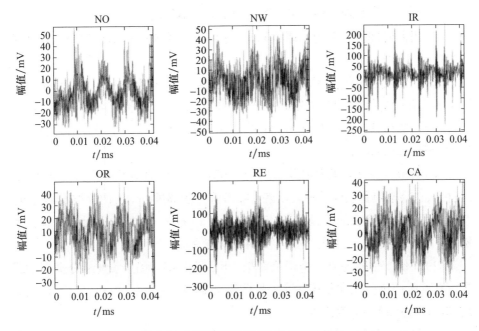

图 6.3　6 种状态下典型的时域振动信号

如同第 3 章所介绍的,实际场合中采集到的振动信号通常是由设备中多个源位置生成的信号以及一些背景噪声所共同组成的,因此,直接利用这些振动信号进行设备故障诊断往往是比较困难的。在处理原始振动信号时,我们主要是计算能够反映其本质的某些特性,这些特性在机器学习领域中也称为特征。因此,在基于振动的故障检测和诊断框架的第二步工作中,一般需要采用若干合适的方法进行一系列步骤的处理,从而完成从原始振动数据集生成所需的最终结果这一过程,其中所采用的振动分析技术应当能够从原始振动数据集中提取出设备状态方面的有用信息,进而我们可以将其顺利地应用于故障的诊断。

下面将介绍可用于振动数据的若干学习类型。

6.3　从振动数据中学习

第 3 章曾经指出,视觉检验在旋转类设备的状态监测领域中是不可靠的,其原因是多方面的,归纳起来有以下几点。

（1）并非所有的信号波形都能够提供清晰的视觉差异;

（2）实际场合中所需处理的大量振动信号中往往会包含一些背景噪声;

(3) 有时我们处理的是噪声环境中测得的低幅值振动信号；

(4) 当需要进行故障的早期检测时，这种人工检测所有采集到的振动信号的方法是不切实际的。

因此，为了能够自动检测出振动数据中所包含的有用信息，一般需要采用学习算法。在设备故障诊断方面的已有文献中，人们已经研究了各种设备学习算法(Liu等,2018;Martin – Diaz等,2018;Zhao等,2019)，这些学习算法都包含了3个部分(Domingos,2012)。

(1) 表示。一个分类器必须借助计算机可以处理的某种形式语言来表示，反过来，选择学习算法的某种表示就意味着选择能够进行学习的分类器集合，这个集合称为学习算法的假设空间(Hypothesis Space)。常见的表示方法包括实例、超平面、决策树、规则集、神经网络和图模型等。

(2) 评价。一般需要一个评价函数(也称为目标函数)来判断分类器的优劣。常见的评价方法包括准确率、错误率、精确率、召回率、似然、后验概率、间隔、信息增益和K – L散度等。

(3) 优化。我们需要一个搜索方法，它能够在假设空间中找到评价函数得分最高的那个分类器。优化技术的选择对于学习算法的效率来说是至关重要的。常用的优化方法包括组合优化(如贪婪算法)和连续优化，连续优化中还包括约束优化(如线性规划法和二次规划法)与无约束优化(如梯度下降法、共轭梯度法和拟牛顿法)。

目前已经有多种分类技术可以根据特征进行振动类型的分类处理。如果振动信号的特征是经过精心处理的并且分类器参数也是经过精心调整的，那么，我们就能够获得很高的分类精度。本书第四部分将介绍一些已经在振动信号状态分类研究中得到广泛应用的现有技术，包括分类器、决策树、随机森林、多元逻辑回归、支持向量机和人工神经网络(ANN)等。

在机器学习中，可用于振动数据的学习类型有多种，下面几个小节将对其进行简要的讨论。

6.3.1 学习类型

6.3.1.1 批量学习与在线学习

批量学习也称为离线学习，当我们能够获得所有振动数据时可以采用这种方式。它将所有的数据一次性批量输入给学习算法并对模型参数进行优化。当我们无法获得所有数据时，可以进行在线学习，此时观测样本是依次输入的，每次都要利用新样本对模型进行训练(Suthaharan,2016)。

6.3.1.2 基于实例的学习与基于模型的学习

对于设备故障诊断来说,机器学习算法的主要任务是对设备的健康状态进行预测。这就意味着,在给定的大量训练样本(观测值)的基础上,此类算法必须能够将其泛化到新样本。实现这种泛化主要有两种学习技术:①基于实例的学习;②基于模型的学习。在基于实例的学习技术中,算法需要评价新样本与老样本之间的相似性,如 k 近邻(k-NN)算法(Aha 等,1991;Géron,2017;Liu 等,2018)。在基于模型的学习技术中,为实现泛化一般需要建立已有样本的模型,进而借助该模型进行预测,如模糊逻辑、ANN 和基于案例的推理(CBR)(Murphey 等,2006)。

6.3.1.3 监督学习与无监督学习

监督学习和无监督学习的定义跟样本的类别有关,在监督学习中,给定训练数据集内的样本类别是已知的,其边界也是清晰的,换言之,监督学习是对数据集中的实例进行训练,该实例的类别标签已经给定。在无监督学习中,也称聚类,样本类别或类别边界是未知的,而且类别边界是统计性的,无法精确定义(Suthaharan,2016)。

6.3.1.4 半监督学习

有监督的分类器一般只需要借助有标签的数据进行训练,然而,在很多实际应用中,我们所获得的数据集往往包含大量无标签数据和少量有标签数据,原因在于有标签数据的获取通常比较困难、代价高或耗时,一般需要有经验的人员进行注释。与此不同的是,无标签数据相对更容易获得,不过与之相关的使用方法却较少。半监督学习解决了这一不足,它能够利用大量无标签数据和少量有标签数据构建出更好的分类器(Zhu,2006)。

6.3.1.5 强化学习

机器学习问题研究的核心目标是通过学习与适应变化环境的过程来生成智能程序或智能体。强化学习是人工智能(AI)的一个分支,其中学习器或软件智能体是从与环境的直接交互中进行学习的。智能体从环境中观测状态空间与动作空间信息,即使难以获得完整模型或全部环境信息它们也是能够学习的。智能体获得其动作的反馈并将其作为奖励,然后分派给新的状态。这里的强化学习智能体将这些(在跟环境交互中获得的)奖励最大化,从而确定能够解决特定任务的最优策略(Sutton 和 Barto,2011;Kulkarni,2012)。

强化学习不同于监督学习,后者是从外部监督者给出的实例中学习的。虽然监督学习是很重要的学习类型,不过它自身是难以从交互中进行学习的。强化学习将动态规划和监督学习联合起来,可以生成非常接近于人类学习技术的机器学习算法。

6.3.1.6 迁移学习

前面已经提及,半监督学习算法解决了大量实际应用中所遇到的数据集中包含大量无标签数据和少量有标签数据这一问题。然而,大多数半监督学习算法均假定了有标签数据和无标签数据具有完全相同的分布。与此不同的是,迁移学习允许训练和测试中所使用的域、任务和分布是不同的,并利用来自于不同源域的有标签数据去改善学习过程。如同 Pang 和 Yang(2010)所指出的,根据源任务和目标任务之间的不同情况,迁移学习可以有 3 种不同的设置。

(1)归纳式迁移学习。无论源和目标是否处于相同的域,源任务都不同于目标任务。在目标域中,我们需要一些有标签数据来诱导出一个目标预测模型 $f_T(\cdot)$,以便在目标域中使用。源域中的数据可以是有标签或无标签的,如果能够获得大量有标签数据,那么,归纳迁移学习跟多任务学习是相似的,而如果源域中的数据是无标签的,那么,它类似于自学习,此时,源域和目标域的标签空间可以是不同的。

(2)直推式迁移学习。源任务和目标任务是相同的,而源域和目标域是不同的。在这种类型中,目标域中没有有标签数据,而源域中存在大量有标签数据。这里也分为两种情况:第一种情况中源域和目标域的特征空间不同,即 $X_S \neq X_T$;第二种情况下 $X_S = X_T$,但二者输入数据的边缘概率分布是不同的,即 $P(X_S) \neq P(X_T)$。

(3)无监督迁移学习。目标任务与源任务不同,但与源任务相关。无监督迁移学习的重点是解决目标域中的无监督学习任务。在这种情况下,源域和目标域中都没有可用的有标签数据。

很多学者已经将迁移学习应用于设备故障诊断的研究之中,如 Shen 等(2015)、Wang 等(2016)、Zhang 等(2017)、Wen 等(2017)和 Han 等(2018)。

6.3.2 从振动数据中学习的主要困难

6.3.2.1 维数灾难

当前的数据分析需要处理极大量的数据。由于传感器技术的不断发展,数据的采集和存储也越来越容易,数据量的巨大增长不仅体现在观测值数量上(即某时间段内采集到的信号样本数),而且也表现在每个样本的特征数量上(Verleysen 和 François,2005)。人们经常把测得的数据组装成向量形式,这些向量的维数对应于特征数量，每个样本都可以视为高维空间中的一个向量。对于基于学习的数据分析工具来说，它们是从可获得的学习样本中推断知识或信息的。成功的学习算法需要足够的数据进行学习，因而，学习样本的数量必须随着维数呈指数增长。这种指数增长正是所谓的维数灾难的结果，因此，当特征数量（N）远大于样本数量（L）时，这一现象将是分类器设计中的主要问题，不过通过降低数据维数可以解决这一问题。

如同6.2.1节所阐述的，基于振动的状态监测系统的第一步工作是采集振动数据，也就是利用安装在感兴趣的零部件上的传感器，例如速度传感器或加速度传感器，采集振动信号，这些原始数据可以进一步被传输、储存和处理。当前的传感系统主要建立在采样定理（包括香农-奈奎斯特定理）基础上，不过奈奎斯特采样率至少应为信号中的最高频率的2倍，这对于一些现代应用场合来说是偏高的，如对于工业生产中的旋转类设备就是如此（Eldar，2015）。很多采用奈奎斯特采样率的研究文献都已经指出，这一做法可能导致需要测量非常多的数据，同时还涉及如此多的数据的传输、存储和处理。不仅如此，在宽带应用场合中以必需的速率采集大量数据也会导致非常高的成本。很明显，大量数据的采集需要更大的存储空间和更多的信号处理时间，由此也将限制我们能实施远程监控的设备数量，因为这一工作需要借助无线传感器网络（WSN）的带宽和功率。

正因为如此，研发全新的状态监测方法已经成为当前研究发展的一个必然要求，这些方法不仅应能实现设备健康状态的准确检测和识别，同时也应解决如下两个主要问题。

(1) 从极大量振动数据中进行学习的成本，包括传输成本、计算成本和计算所需的功率。

(2) 早期故障检测的需求。

6.3.2.2 无关特征

前面已经提及，我们所采集到的振动信号一般会包含设备中多个源位置产生的信号和一些背景噪声，这主要是由数据源和数据采集技术的缺陷所带来的。显然，由于维数灾难的原因，借助机器学习分类器进行自动化的合理推断并不是一项容易的任务。常用的技术方法不是直接处理原始信号，而是针对原始信号计算它们所包含的某些能够反映信号本质的特征。这些特征可以分为3种类型，分别是强相关特征、弱相关特征和无关特征（John 等，1994）。在分类问题中，无关特征对于分类准确性而言毫无价值，而相关特征（无论是强相关还是弱相关)都会影响分类的准确性,换言之,去除相关特征会导致分类结果的改变。

6.3.2.3 旋转类设备所处的环境和工况

实际场合中,很多结构都会受到各种环境条件和工况的影响,如温度和湿度就会影响它们的动力学行为。如果改变了环境条件和工况,那么,测得的信号也会发生改变,显然,这些改变会掩盖由损伤导致的振动信号的细微变化(Sohn, 2006;Deraemaeker 等,2008)。各种环境条件和工况都会对测得的振动信号的准确性带来影响,这些环境条件包括风、温度、基础应变、湿度和磁场等,而工况则包括外部载荷条件、工作速度和质量负载等。这一问题一般可以通过振动数据集的归一化处理来解决。

6.3.3 振动数据分析的预处理

6.3.3.1 归一化

上面已经指出,各种环境条件和工况都会影响到振动数据的准确性,一般可以借助归一化过程来加以解决。常用的一些归一化过程包括如下几种(Farrar 等,2001;Kantardzic,2011)。

(1)从测得的振动信号中减去该时间序列的均值,从而消除信号中的直流偏移。

(2)将信号除以标准差,从而完成信号中的变化幅值的归一化。

(3)min – max 归一化,即针对原始数据进行线性变换。如果令测得的信号中的最小值和最大值分别为 min_a 和 max_a,那么,该归一化过程可以将值 x_i 映射为 $[new-min_a, new-max_a]$ 范围内的 $\hat{x}_i$,即

$$\hat{x}_i = \left(\frac{x_i - min_a}{max_a - min_a}\right) \cdot (new - min_a - new - max_a) + new - min_a \quad (6.1)$$

(4)Z – score 归一化,即针对测得的信号 x 的均值和标准差进行归一化,即

$$\hat{x}_i = \frac{x_i - \bar{x}}{\sigma_x} \quad (6.2)$$

式中:$\bar{x}$ 和 σ_x 分别为测得的信号的均值和标准差。

(5)小数定标归一化,即将测得的信号值的小数点进行移动处理:

$$\hat{x}_i = \frac{x_i}{10^k} \quad (6.3)$$

6.3.3.2 维数约减

前面曾经指出,维数灾难可以借助数据降维方法来解决,这一般是通过计算

原始振动信号的某些特征来实现的。不过,从带有噪声的大量振动数据中提取出有用特征并不是一项简单的工作,我们需要采用合理的方法来处理这一问题,实际上也就是将高维数据映射到一个子空间中,从而生成低维表示。目前已有多种技术手段可以帮助我们从高维振动信号中获得子空间特征,其中包括特征提取和特征选择技术。下面将对此做一简要介绍。

(1)特征提取。特征提取是一种降维过程,它能够将高维输入转换成简约特征集。这一特征转换技术的主要目标就是降低高维输入数据的维数,从而得到一个低维数据集,后者是原始信号的线性或非线性组合。这一方面的技术手段包括如下几种。

①线性子空间学习(LSL),如主成分分析(PCA)、独立成分分析(ICA)、线性判别分析(LDA)、典型相关分析(CCA)和偏最小二乘法(PLS)。

②非线性子空间学习(NLSL),如核主成分分析(KPCA)、等距特征映射(ISOMAP)、扩散映射(DM)、拉普拉斯特征映射(LE)、局部线性嵌入(LLE)、Hessian 局部线性嵌入(HLLE)、局部切空间排列分析(LTSA)、最大方差展开(MVU)和随机近邻嵌入(SPE)等。

我们将在第7章和第8章中对上述这些技术分别进行详细介绍。

(2)特征选择,也称为子集选择,其主要目的是选取一个能够代表原始信号特征特性的特征子集,由此可以降低计算成本,并去除无关特征和冗余特征,进而提升学习性能。在基于振动的设备故障诊断中,主要任务是将采集到的振动信号进行正确的分类,使之对应到不同的设备状态上,一般属于多类分类问题。因此,MCM 中的特征选择应当能够选择出可以区分不同类别实例的特征子集。换言之,特征选择的主要任务是选择出跟分类问题最相关的特征子集。根据特征选择技术与学习算法之间的关系,我们可以将其分为如下3种主要类型。

①过滤式模型,如 Fisher 分值(FS)、拉普拉斯分值(LS)、Relief 算法、皮尔逊相关系数(PCC)、信息增益(IG)、增益率(GR)、互信息(MI)和卡方分析(Chi - 2)等。

②包裹式模型,可以进一步分为序列式选择算法和启发式搜索算法。

③嵌入式模型,如 LASSO、弹性网络、分类与回归树(CART)、C4.5 和支持向量机 - 递归特征消除(SVM - RFE)。

上述这些技术将在第9章中进行详细讨论。

6.4 本章小结

MCM 的主要目的是避免灾难性的设备故障,它们往往会带来继发性破坏、设备停机、安全事故、生产损失,以及更高昂的维修成本等。旋转类设备的 CM 技术涉及监测一些可测的数据,如振动、声发射、电流等,从而将它们的改变归类为不同的设备健康状态。在已有的各种监测技术中,基于振动的 CM 技术得到了广泛的研究,在计划维护管理工作中已经成为一项深受认可的技术手段。这一章介绍了引入机器学习算法的基于振动的 MCM,回顾了基于振动的 MCM 过程和故障检测与诊断问题。进一步,我们还讨论了若干能够应用于振动数据的学习类型,其中包括批量学习、在线学习、基于实例的学习、基于模型的学习、监督学习、无监督学习、半监督学习、强化学习和迁移学习等。此外,面向设备故障诊断应用,本章也针对从振动数据中学习所面临的主要问题以及解决这些问题所需的振动数据预处理技术进行了介绍,这些技术包括归一化和维数约减技术,后者还包括了特征提取与特征选择技术。

参考文献

Aha, D. W., Kibler, D., and Albert, M. K. (1991). Instance – based learning algorithms. Machine Learning 6 (1): 37 – 66.

Ahmed, H. and Nandi, A. K. (2018). Compressive sampling and feature ranking framework for bearing fault classification with vibration signals. IEEE Access 6: 44731 – 44746.

Deraemaeker, A., Reynders, E., De Roeck, G., and Kullaa, J. (2008). Vibration – based structural health monitoring using output – only measurements under changing environment. Mechanical Systems and Signal Processing 22 (1): 34 – 56.

Domingos, P. (2012). A few useful things to know about machine learning. Communications of the ACM 55 (10): 78 – 87.

Eldar, Y. C. (2015). Sampling Theory: Beyond Bandlimited Systems. Cambridge University Press.

Fan, X. and Zuo, M. J. (2006). Gearbox fault detection using Hilbert and wavelet packet transform. Mechanical Systems and Signal Processing 20 (4): 966 – 982.

Farrar, C. R., Sohn, H., and Worden, K. (2001). Data Normalization: A Key for Structural Health Monitoring (No. LA – UR – 01 – 4212). NM, US: Los Alamos National Lab.

Géron, A. (2017). Hands – on Machine Learning with Scikit – Learn and Tensor Flow: Concepts,

Tools, and Techniques to Build Intelligent Systems. O'Reilly Media, Inc.

Han, T., Liu, C., Yang, W. et al. (2018). Deep transfer network with joint distribution adaptation: a new intelligent fault diagnosis framework for industry application. arXiv:1804.07265.

John, G. H., Kohavi, R., and Pfleger, K. (1994). Irrelevant features and the subset selection problem. In: Machine Learning Proceedings 1994, 121–129. San Francisco, CA: Morgan Kaufmann.

Kantardzic, M. (2011). Data Mining: Concepts, Models, Methods, and Algorithms. Wiley.

Kim, J., Ahn, Y., and Yeo, H. (2016). A comparative study of time-based maintenance and condition-based maintenance for optimal choice of maintenance policy. Structure and Infrastructure Engineering 12 (12): 1525–1536.

Kulkarni, P. (2012). Reinforcement and Systemic Machine Learning for Decision Making, vol. 1. Wiley.

Lei, Y., Li, N., Guo, L. et al. (2018). Machinery health prognostics: a systematic review from data acquisition to RUL prediction. Mechanical Systems and Signal Processing 104: 799–834.

Li, B., Chow, M. Y., Tipsuwan, Y., and Hung, J. C. (2000). Neural-network-based motor rolling bearing fault diagnosis. IEEE Transactions on Industrial Electronics 47 (5): 1060–1069.

Liu, R., Yang, B., Zio, E., and Chen, X. (2018). Artificial intelligence for fault diagnosis of rotating machinery: a review. Mechanical Systems and Signal Processing 108: 33–47.

Martin-Diaz, I., Morinigo-Sotelo, D., Duque-Perez, O., and Romero-Troncoso, R. J. (2018). An experimental comparative evaluation of machine learning techniques for motor fault diagnosis under various operating conditions. IEEE Transactions on Industry Applications 54 (3): 2215–2224.

McMillan, D. and Ault, G. W. (2007). Quantification of condition monitoring benefit for offshore wind turbines. Wind Engineering 31 (4): 267–285.

Murphey, Y. L., Masrur, M. A., Chen, Z., and Zhang, B. (2006). Model-based fault diagnosis in electric drives using machine learning. IEEE/ASME Transactions on Mechatronics 11 (3): 290–303.

Nandi, A. K. and Jack, L. B. (2004). Advanced digital vibration signal processing for condition monitoring. International Journal of COMADEM 7 (1): 3–12.

Ocak, H. and Loparo, K. A. (2004). Estimation of the running speed and bearing defect frequencies of an induction motor from vibration data. Mechanical Systems and Signal Processing 18 (3): 515–533.

Pan, S. J. and Yang, Q. (2010). A survey on transfer learning. IEEE Transactions on Knowledge and Data Engineering 22 (10): 1345–1359.

Shen, F., Chen, C., Yan, R., and Gao, R. X. (2015). Bearing fault diagnosis based on SVD feature extraction and transfer learning classification. In: Prognostics and System Health Management Conference (PHM), 2015, 1 – 6. IEEE.

Sohn, H. (2006, 1851). Effects of environmental and operational variability on structural health monitoring. Philosophical Transactions of the Royal Society A: Mathematical, Physical and Engineering Sciences 365: 539 – 560.

Suthaharan, S. (2016). Machine learning models and algorithms for big data classification. Integrated Series in Information Systems 36: 1 – 12.

Sutton, R. S. and Barto, A. G. (2011). Reinforcement Learning: An Introduction. Cambridge, U. K: Cambridge Univ. Press.

Van Dam, J. and Bond, L. J. (2015). Economics of online structural health monitoring of wind turbines: cost benefit analysis. AIP Conference Proceedings 1650 (1): 899 – 908.

Verleysen, M. and François, D. (2005). The curse of dimensionality in data mining and time series prediction. In: International Work – Conference on Artificial Neural Networks, 758 – 770. Berlin, Heidelberg: Springer.

Verma, N. K., Khatravath, S., and Salour, A. (2013). Cost benefit analysis for condition – based maintenance. In: 2013 IEEE Conference on Prognostics and Health Management (PHM), 1 – 6.

Wang, J., Xie, J., Zhang, L., and Duan, L. (2016). A factor analysis based transfer learning method for gearbox diagnosis under various operating conditions. In: International Symposium on Flexible Automation (ISFA), 81 – 86. IEEE.

Wen, L., Gao, L., and Li, X. (2017). A new deep transfer learning based on sparse auto – encoder for fault diagnosis. IEEE Transactions on Systems, Man, and Cybernetics: Systems 99: 1 – 9.

Zhang, R., Tao, H., Wu, L., and Guan, Y. (2017). Transfer learning with neural networks for bearing fault diagnosis in changing working conditions. IEEE Access 5: 14347 – 14357.

Zhao, R., Yan, R., Chen, Z. et al. (2019). Deep learning and its applications to machine health monitoring. Mechanical Systems and Signal Processing 115: 213 – 237.

Zhu, X. (2006). Semi – Supervised Learning Literature Survey. Computer Science, vol. 2(3), 4. University of Wisconsin – Madison.

第7章 线性子空间学习

7.1 引言

基于振动的设备状态监测的核心目标是将采集到的振动信号正确地归类为对应的设备健康状态,这一工作一般属于多类分类问题。实际场合中,所采集到的振动信号通常会包含设备中多个源位置产生的大量信号和一些背景噪声,因此,在故障诊断中直接使用这些振动信号是较为困难的,无论是人工检测还是自动检测都是如此。为此,人们经常针对原始振动信号计算出能够反映其本质的某些特性,在机器学习领域中,也称为特征。然而,从如此大量的带有噪声的振动数据中提取出有用的特征却并不是一件简单的工作。对于极大量的信号样本而言,比较合理的做法是将高维数据集映射到一个子空间上,从而生成低维表示。

针对旋转类设备的故障诊断问题,人们已经提出了可从非常多的振动信号中生成子空间特征的多种技术手段,其中包括线性子空间学习(LSL)、非线性子空间学习(NLSL)以及特征选择技术。从原始的高维数据中学习出简约特征主要是为了降低计算复杂度和改善分类准确性。这一章将介绍能够从大量振动信号中进行特征学习的 LSL 技术,该技术已经广泛应用于多个信号处理领域,如数据挖掘、维数约减和模式识别等,其基本思想是借助线性投影将一个高维特征空间映射为一个低维特征空间。

LSL 问题可以从数学层面描述如下:给定一个用于训练的数据集 $X = [x_1, x_2, \cdots, x_L]$,其中的 L 为观测值数量,每个观测值 x_l 是向量空间 $\mathbb{R}^n$ 中的一个向量,LSL 的目标是寻找一个线性变换(即投影)$W \in \mathbb{R}^{n \times m}$,使得 n 维振动信号能够映射到更低维数的特征空间,即

$$\hat{x}_l = W^T x_l \tag{7.1}$$

式中:$l = 1, 2, \cdots, L$;$\hat{x}_l$ 为变换后的维数约减的特征向量(即提取出的特征),且有

$\hat{x}_l \in \mathbb{R}^{m \times 1}(m < n)$；$W$ 为变换矩阵。

为了进行分类处理，一般需要将所提取出的特征输入到一个分类器中，如支持向量机（SVM）或人工神经网络（ANN）。

在设备故障诊断研究中人们已经采用了很多 LSL 技术来提取低维特征空间，它通常是原始振动信号的高维特征空间的线性组合。在这些技术中，主成分分析（PCA）（Wold 等，1987）、独立成分分析（ICA）、线性判别分析（LDA）是设备故障诊断问题中最为常用的手段。近期，在大量故障检测问题中，人们还引入了典型相关分析（CCA）和偏最小二乘法（PLS）。下面将详细地讨论上述这些技术类型，另外两种特征学习技术，即 NLSL 和特征选择技术，将分别在第 8 章和第 9 章再进行介绍。

7.2 主成分分析

主成分分析（PCA）是一种正交线性投影算法，目的是确定所有的成分（特征向量）并按照其重要性降序排列，其中前几个主成分（PC）应当贡献了原始数据的主要方差。利用 PCA 我们可以从高维数据中构造出低维特征向量，为了降低数据维数，一般应忽略掉重要性最小的那些成分。一般而言，实现 PCA 主要有两种手段：①利用特征向量分解；②利用奇异值分解（SVD）（Shlens，2014）。

7.2.1 基于特征向量分解的 PCA

基于特征向量分解的 PCA 过程主要包括如下步骤。

（1）计算数据的均值向量。

（2）计算数据的协方差矩阵。

（3）确定协方差矩阵的特征值和特征向量。

如果假定输入数据集 $X = [x_1, x_2, \cdots, x_L]$ 包含了 L 个观测值，每个观测值都是 n 维空间中的向量，参见表 7.1，那么，PCA 将把该数据集变换为 m 维空间中的 $\hat{X} = [\hat{x}_1, \hat{x}_2, \cdots, \hat{x}_L]$。

表 7.1 输入数据集 $X_{L \times n}$

	测量1	测量2	...	测量 n
观测1			...	
观测2			...	

续表

	测量 1	测量 2	…	测量 n
⋮	⋮	⋮	⋮	⋮
观测 L			…	

这里的主要目标是利用式(7.1)来降低振动信号样本的维数,即从 n 维降到 m 维,$m=n$。为了计算变换矩阵 W,PCA 利用了特征值和特征向量,即

$$\lambda V_1 = C_X V_2 \tag{7.2}$$

式中:λ 为特征值;V_1 为特征向量;C_X 为对应的协方差矩阵,可以按下式计算:

$$C_X = \frac{1}{L}\sum_{i=1}^{L}(x_i - \bar{x})(x_i - \bar{x})^{\mathrm{T}} \tag{7.3}$$

式(7.3)中的 $\bar{x}$ 的计算式如下:

$$\bar{x} = \frac{1}{L}\sum_{i=1}^{L} x_i \tag{7.4}$$

PCA 是为了确定所有的成分(特征向量)并按照其重要性进行降序排列,其中前几个主成分(PC)应当贡献了原始数据的主要方差,因此,利用 PCA 我们可以从高维数据中构造出低维特征向量,为了降低数据维数,一般应从主成分中(即 V 中的列向量)忽略掉重要性最小的那些成分,于是有

$$\hat{X} = W_1^{\mathrm{T}} X \tag{7.5}$$

式中:$\hat{X} \in R^{L \times m}$ 为维数约减后的数据矩阵;W_1 为投影矩阵,其中的列向量是由协方差矩阵的前 m($m=n$)个最大特征值所对应的特征向量构成的。

7.2.2 基于 SVD 的 PCA

利用 SVD 也可以计算 PCA 中的变换矩阵 W,这是一种矩阵分解技术,能够将一个数据矩阵分解成 3 个基本部分(Golub 和 Reinsch,1970;Moore,1981),即

$$X = U \Sigma V_2^{\mathrm{T}} \tag{7.6}$$

式中:$X \in R^{L \times n}$ 为输入矩阵;$U \in R^{L \times L}$ 为正交矩阵;$\Sigma \in R^{L \times n}$ 为对角矩阵;$V_2 \in R^{n \times n}$ 也为正交矩阵。Σ 的对角元素是 X 的奇异值,U 中的 L 个列向量是 X 的左奇异向量,V 中的 n 个列向量为 X 的右奇异向量。奇异向量/奇异值与特征向量/特征值之间的关系如下(Lu 等,2013)。

(1)U 中的列向量,即 X 的左奇异向量,是 XX^{T} 的特征向量。

(2)V 中的列向量,即 X 的右奇异向量,是 $X^{\mathrm{T}}X$ 的特征向量。

(3)Σ 的对角元素,即 X 的非零奇异值,是 XX^{T} 和 $X^{\mathrm{T}}X$ 的非零特征值的平

方根。

在基于 SVD 的 PCA 中,为了降低数据 X 的维数,我们需要忽略掉主成分中(即 V_2 中的列向量)那些最不重要的成分,于是有

$$\hat{X} = W_2^T X \tag{7.7}$$

式中:$\hat{X} \in R^{L \times m}$ 是所得到的降维后的数据矩阵;W_2 为投影矩阵,由所选择的 V_2 中前 $m(m=n)$ 个列构成。

7.2.3　PCA 在设备故障诊断中的应用

作为一种降维技术,PCA 在面向设备故障诊断的振动信号分析中已经得到了相当广泛的应用。例如,Baydar 和 Ball(2001)提出了一种可用于齿轮故障检测的方法,其中采用了小波变换,并引入 PCA 改进了性能,即在小波变换之前利用 PCA 进行预处理,并借助小波的相位和幅值信息来揭示齿轮箱中的故障症状。他们针对从齿轮箱采集到的振动信号进行了实验研究,结果表明,小波变换在齿轮故障诊断中是非常有用的工具,能够指示出齿轮箱中故障状态的发展情况,另外将 PCA 作为振动信号的预处理步骤是能够改善小波检测性能的,可以给出更加可靠的判断。

Li 等(2003)给出了一种借助 PCA 来降低特征空间维数的方法,针对齿轮故障诊断问题得到了有效的子空间。该方法在时域中提取了 10 种时域统计参数,其中包括标准差、均值、最大峰值、均方根、偏度、峰度、波形因子、裕度指标、脉冲因子、波峰因数等,并利用基于 SVD 的 PCA 来圈定原始特征空间的主成分。他们在验证所提出的方法时,使用了不同状态下齿轮箱产生的典型信号,其中包括正常状态、轮齿裂纹状态和轮齿断裂状态,采样频率为 12.5kHz。实验研究结果表明,所提取出的 10 种特征都不能用于识别轮齿裂纹状态,而通过引入 PCA 导出原始特征的主成分之后,所述方法对于不同的齿轮箱工作状态都很灵敏,能够识别出相应的缺陷。

Malhi 和 Gao(2004)介绍了一种特征选择方法,它基于 PCA 来选择最具代表性的特征,从而将其用于三类滚动轴承的故障成分及其严重度的分类。他们在时域、频域和小波域中提取了 13 种特征,其中包括峰值、均方根、波形因子、修正偏度和峰度等时域特征;轴承外圈通过频率(BPFO)、轴承内圈通过频率(BPFI)、滚动体自转频率(BSF)和故障频率范围内的功率等频域特征。PCA 主要用于降低输入特征的维数。为了考察所选择的这些特征(即主成分)在设备

故障分类中的有效性,这些研究人员考虑了有监督和无监督分类过程。实验结果表明,基于 PCA 技术选取出的 3 个特征能够获得更好的效果,分类误差约为 1%,而将原来的 13 种特征作为分类器的输入时分类误差为 9%。总之,基于 PCA 所选择的特征能够改善分类精度,无论是采用前馈神经网络(FFNN)的或者径向基函数(RBF)(将在第 12 章介绍)网络的有监督分类,还是采用无监督的竞争性学习,都是如此。

Serviere 和 Fabry(2005)将 PCA 与针对调制振动源的盲源分离(BSS)技术引入进来,建立了一种机电系统故障诊断方法,它将改进的 PCA 作为分离过程的第一个步骤,针对观测到的信号进行噪声滤除和白化处理。这些学者从一个复杂的机电系统中采集了振动数据并进行了分析,结果验证了该方法是能够去除此类信号和正弦成分中的噪声的。Sun 等(2007)给出了一种旋转类设备故障诊断方法,其中组合使用了 C4.5 决策树算法(将在第 10 章中介绍)和 PCA。他们从采集到的信号中提取了 18 种特征,其中包括 7 种时域特征和 11 种频域特征,然后借助 PCA 模型降低这些特征的维数,进而利用 C4.5 算法处理了故障诊断问题。为了验证所给出的方法,他们考察了 6 种运行状态,即正常状态、不平衡状态、转子径向碰摩、油膜涡动、裂纹轴以及不平衡和径向碰摩的组合状态。分析结果表明了基于 C4.5 算法和 PCA 的诊断方法在旋转类设备故障问题中的有效性。

He 等(2009)进一步介绍了一种低维主成分表示方法,并将其用于设备健康状态的表示和分类,该方法采用 PCA 从原始信号的时域和频域统计特征中自动提取出主成分。他们针对内燃机的声学信号和汽车齿轮箱的振动信号进行了分析与实验,结果证实了该方法的可行性。Žvokelj 等(2010)针对大型低速滚动轴承的早期故障监测问题,提出了一种数据驱动的多变量多尺度监测方法,也称为基于集成经验模态分解的多尺度 PCA(EEMD - MSPCA),它将 PCA 多变量监测技术与集成经验模态分解(EEMD)技术组合了起来。为验证该方法在轴承状态监测和信号滤波方面的性能,这些研究者采用滚动轴承的振动和声发射信号进行了分析,其中包括了仿真数据和实际数据。研究结果表明,将声发射信号和振动信号联合起来,并借助所给出的 EEMD - MSPCA 方法,是能够有效实现故障检测的。

Trendafilova(2010)针对滚动轴承的故障检测和分类问题,给出了一类基于模式识别和针对振动信号进行 PCA 的方法。在该方法中,首先针对测得的信号进行小波变换预处理,然后进行改进的 PCA 以减少小波系数的数量,并提取出相关特征。这一研究考察了 4 种轴承的 4 种状态,即无缺陷(NO)、内圈缺陷(IR)、外圈缺陷(OR)和滚动体(RE,带有非常小的切口)缺陷状态,采用了简单的基于 1 近邻法的模式识别技术,分析结果表明,94% ~96% 的故障可以被正确地检测和分类。De Moura 等(2011)将 PCA 和 ANN 以及两种波动分析法(去趋势波动分析(DFA)和重标极差分析(RSA)法)组合起来,提出了一种基于振动信号的滚动轴承故障诊断方法。该方法首先利用 DFA 和 RSA 技术对采集到的振动信号进行预处理,然后再借助 ANN 和 PCA 进行分析,因而总共包括了 4 种途径。为验证方法的正确性,这些研究人员考察了 3 种严重程度的轴承缺陷(宽度分别为 0.15mm、0.50mm 和 1.00mm)和标准无缺陷情形,并进行了比较。他们采集了不同频率和不同负载条件下滚动轴承的振动信号,实验分析结果表明,所给出的组合式方法能够有效地区分出 4 种缺陷情形所对应的振动信号,另外,基于 PCA 的分类器的性能要略差于基于神经网络的分类器,不过它的计算成本要低一些。

Dong 和 Luo(2013)基于 PCA 和最优最小二乘支持向量机(LS-SVM),提出了一类针对轴承性能退化过程的预测技术。他们首先利用时域、频域和时频域特征提取技术从采集到的振动信号中提取特征,然后借助 PCA 来降低特征维数,并提取出典型的敏感特征,最后再通过 LS-SVM 进行分类处理,并且在选择 LS-SVM 参数时还使用了粒子群优化(PSO)技术。为了验证这一方法,该研究工作进行了轴承从正常运行到失效停机(负载不变)的全过程实验,利用所获得的实验数据集进行分析之后,结果表明了该方法的有效性。Gharavian 等(2013)针对汽车齿轮箱的故障诊断问题,基于振动信号建立了一种线性特征提取方法,该方法首先采用基于 Morlet 小波的连续小波变换(CWT)对采集到的振动信号进行处理,然后通过 Fisher 判别分析(FDA)消除维数灾难问题,最后针对所得到的简约特征分别采用高斯混合模型(GMM)和 K 近邻(KNN)分类器进行处理。这些研究者将该方法给出的故障诊断结果跟基于 PCA 的特征处理结果(采用相同的分类器,即 GMM 和 KNN)进行了比较,并针对一个多级齿轮箱进行了实验研究,结果证实了跟基于 PCA 的特征相比,基于 FDA 的特征能够实现更高的准确性和更低的成本。

Yang 和 Wu(2015)针对齿轮运行状态恶化问题,基于 EEMD 和 PCA 技术给出了一种诊断方法。该方法利用 EEMD 和希尔伯特边际谱分析提取了振动信号中的齿轮故障特征,然后借助 PCA 对提取出的特征进行排序(主成分空间中的高级别特征反映了故障齿轮动力学特性的主体信息),最后利用 ANN 对选出的主成分进行了分类。他们考虑了6种齿轮状态,分别是正常、轮齿轻微磨损、轮齿严重磨损、轮齿断裂、齿轮轻微不平衡和严重不平衡等状态,实验分析结果表明了该方法的可行性。Zuber 和 Bajrić(2016)研究了滚动轴承的自动化故障分类,其中引入 ANN 和 PCA 对振动信号进行了处理。他们考虑了不同负载条件下的几种轴承缺陷,并通过实验验证了方法的正确性。Song 等(2019)在时频域分析基础上,利用 PCA 改善低信噪比条件下的解调性能,针对旋转类设备构建了一种动态主成分分析(DPCA)方法,该方法主要借助时频分析和 PCA 提取出周期调制信号。他们在方法验证中进行了仿真分析,并考察了两个实际应用案例。通过针对泵的振动信号和推进器的声信号的实验分析,结果证实了所给出的方法是有效的。

Ahmed 和 Nandi(2019)针对基于压缩测量的滚动轴承故障诊断问题,研究了一种三级混合方法,即压缩采样与主成分和判别成分关联分析(CS-CPDC)。他们借助 CCA 将通过 PCA 和 LDA 得到的特征综合到一个三步处理过程中,从而把压缩测量的特性空间转换到相关主成分和判别成分的低维空间。我们将在第16章进一步详细讨论这一方法。Wang 等(2018)基于 PCA 的变量选择给出了一种风力发电机故障检测与识别方法,在变量选择算法中考虑了多种选择准则,并将3种性能指标,即累积方差百分比、平均相关性和熵百分比,用于评价该算法在变量选择方面的性能。他们采用数据采集与监控系统(SCADA)获得了不同故障类型下的数据信息,进而对该方法进行了验证,其中针对所选择出的变量,借助 ANN 完成了预测。实验结果表明,该方法在风力发电机故障诊断应用中是可行的。

7.3 独立成分分析

独立成分分析(ICA)是一种线性变换算法,其主要目的是将观测到的多维随机向量变换为一些彼此间尽可能具有统计独立性的成分,或者也可定义为一种致力于从混合信号中寻找独立信号成分的算法(Comon,1994;Hyvärinen 等,2001)。ICA 与第3章所介绍的 BSS 技术具有非常密切的联系,对于标准 ICA 模型来说,其基本假设是观测数据 X 为多个源信号的混合,或者说是一系列独立信号成分(s_i)构成的向量,即

$$X = AS \tag{7.8}$$

式中:$X = [x_1, x_2, \cdots, x_L] \in R^{L \times n}$;$S = [s_1, s_2, \cdots, s_L] \in R^{L \times k}$ 为独立成分矩阵($k \leq n$);

$A \in \mathrm{R}^{k \times n}$ 为可逆的混合矩阵,在最简单的情形中是方阵。

这个统计模型描述了观测数据是怎样由 S 中的独立成分混合而成的。由于此处的混合矩阵 A 是未知的,而且 S 中的独立成分也无法直接得到,因此,我们的目标是利用 X 对 A 和 S 进行估计。虽然 ICA 的基本假设是 S 中的成分是统计独立的且为非高斯分布,不过 Hyvärinen 和 Oja(2000)已经指出,在这个基本模型中我们无须知道这些分布。

假定需要估计的矩阵 A 是方阵,那么,利用其逆阵 W 就可以从已知数据中恢复那些独立成分,即

$$\hat{S} = A^{-1}X = WX \tag{7.9}$$

W 的估计建立在代价函数基础上,代价函数也称为目标函数或比较函数,一般是在这些函数的最小值或最大值处确定 W。

考虑到 ICA 中的非高斯性,一般可以通过多种指标来衡量随机变量的非高斯分布形态,例如峰度和负熵(Hyvärinen 和 Oja,1997;Hyvärinen,1999a、b)。另外,在 ICA 模型的估计中,人们还广泛采用了互信息(MI)最小化和最大似然估计等手段(Bell 和 Sejnowski,1995;Hyvärinen,1999a、b)。

7.3.1 互信息最小化

对于一个向量 s,其元素的互信息可以表示为如下形式:

$$\mathrm{MI}(s) = \sum_i H(s_i) - H(s) \tag{7.10}$$

式中:H 为香农熵,$H(s) = -\int p(s) \log p(s) \mathrm{d}s$,$p(s)$ 为向量 s 的元素的联合概率密度。

MI 值一般是非负值,当且仅当各变量是统计独立的时候才为零。对于一个随机向量 x 来说,若存在可逆的线性变换 $s = Wx$,那么,我们可以将向量 s 的 MI 值表示为向量 x 的形式,即

$$\mathrm{MI}(s) = \sum_i H(s_i) - H(x) - \log|\det W| \tag{7.11}$$

在 MI 的分析中,也可以借助 Kullback–Leibler 散度,它反映了两个概率分布之间的距离(Hyvärinen,1999b),即

$$\delta(pd_1, pd_2) = \int pd_1(s) \log \frac{pd_1(s)}{pd_2(s)} \mathrm{d}s \tag{7.12}$$

式中:pd_1 和 pd_2 为概率密度。如果式(7.10)中的 s_i 是独立的,那么,实际概率密

度 $pd(s)$ 与概率密度估计 $\hat{pd}(s) = pd_1(s_1), pd_2(s_2), \cdots, pd_n(s_n)$ 之间的 Kullback - Leibler 散度也就成了 s_i 的独立性指标。

7.3.2 最大似然估计

在 ICA 模型估计中也可以采用似然值(Lh),其表达式为

$$\text{Lh} = \sum_{t=1}^{T} \sum_{i=1}^{n} f_i(\boldsymbol{W}_i^T \boldsymbol{x}(t)) + T\ln|\det \boldsymbol{W}| \quad (7.13)$$

式中: f_i 为 s_i 的概率密度函数; $x(t) (t=1,2,\cdots,T)$ 为 x 的一组实现(Hyvärinen,1999a、b)。

基于上面所介绍的目标函数形式,人们已经提出了各种 ICA 模型算法,其中 Hyvärinen 和 Oja(1997)首先给出了基于非高斯性最大化的快速 ICA 算法。实际上,快速 ICA 是最为常用的 ICA 算法之一,它采用负熵来衡量非高斯性,即

$$N(x) = H(x_{\text{Gauss}}) - H(x) \quad (7.14)$$

式中: x_{Gauss} 为高斯型随机变量; x 为随机变量。

快速 ICA 中的目标函数建立在边际熵最大化基础之上,即

$$J(x) = (E[G(x)] - E[G(x_{\text{Gauss}})])^2 \quad (7.15)$$

式中: G 为非二次函数; x_{Gauss} 为具有零均值和单位方差的高斯型随机变量。考虑球化数据 z(替代 x),并利用峰度比较函数,我们可以把快速 ICA 算法表示为如下数学形式:

$$w \leftarrow E[z(w^T z)^3] - 3w \quad (7.16)$$

在式(7.16)基础上,经过每一次迭代都可以更新 w,在得到最终的 w 后,线性组合 $w^T z$ 也就给出了独立成分。近期 ICA 方法也出现了改进版本,一些学者采用了重构代价和分值匹配来学习过完备特征,感兴趣的读者可以参阅 Hyvärinen(2005)和 Le 等(2011)的研究工作。

由于针对球化数据的 ICA 方法收敛性更好,因而,在进行 ICA 之前对数据进行球化或白化常常是有益的。这种球化或白化处理可以借助前面提及的标准 PCA 来完成。另一种经常在 ICA 之前进行的预处理步骤是使观测信号的均值归零并做去相关处理。

7.3.3 ICA 在设备故障诊断中的应用

在针对设备故障诊断的振动信号分析领域中,大量研究已经广泛地采用了 ICA 技术。例如,Ypma 等(1999)介绍了一种旋转类设备故障检测方法,该方法

利用了 ICA 和支持向量数据描述，它基于 ICA 分析了设备振动的多通道测量结果，然后借助支持向量域描述（SVDD）在接受域中进行描述，该接受域是特征空间的一个能够指示正常设备工况的部分。这些学者针对小型潜水器的大量故障情况（基础松动、不平衡、顶部滚珠轴承外圈缺陷等）进行了分析，实验结果证实了将多通道测试与 ICA 结合起来能够改善故障检测性能。Tian 等（2003）针对齿轮箱故障诊断问题基于频域内的 ICA 和小波滤波给出了一种解决方法，其中先借助快速傅里叶变换（FFT）对输入的振动信号进行处理，然后利用 ICA 来确定解混矩阵 W，即能够用于估计分离后的信号的矩阵。他们针对齿轮箱模拟装置给出的振动信号进行了实验分析，结果表明，频域内的 ICA 能够有效地应用于旋转类设备的故障诊断。

Zuo 等进一步采用小波变换，对从单个传感器采集到的振动数据进行预处理，从而得到了不同尺度的小波变换下的多重数据序列，然后将这些数据序列输入到 ICA 或 PCA 中对单一的独立源进行检测（Zuo 等，2005）。他们将该方法应用于冲击检测，其中使用了一个仿真信号序列和一个实际信号序列（带有齿轮轮齿缺陷的齿轮箱振动信号），实验结果表明，对于冲击识别来说，ICA 与小波变换的组合比 PCA 与小波变换的组合表现更好。Li 等（2006）针对旋转类设备的加速和减速过程给出了一类故障识别方法，称为独立成分分析-因子隐马尔可夫模型（ICA-FHMM），其中利用 ICA 从多通道振动数据中提取特征，并将因子隐马尔可夫模型（FHMM）作为分类器去识别加速和减速过程的故障。他们考虑了 Bently 转子试验台的 4 种运行状况（不平衡、碰摩、油膜涡动和支座松动），实验分析结果验证了该方法在故障识别中的有效性。另外，这些学者还将这一方法与独立成分分析-隐马尔可夫模型（ICA-HMM，即 ICA 与隐马尔可夫模型的组合）进行了比较，结果表明，ICA-FHMM 要比 ICA-HMM 更快。

Widodo 等（2007）研究了 ICA 和 SVM 在感应电动机故障检测和诊断中的应用，利用 ICA 从原始信号中提取特征，同时也借助 PCA 来提取特征并与前者进行了比较。针对所提取出的特征，他们采用 SVM 的序列最小优化算法来处理分类问题，并通过 6 台感应电动机的振动数据进行了实验验证，结果表明了 ICA 和 SVM 联合使用能够有效地诊断感应电动机的故障。Jiao 和 Chang（2009）提出了一种独立成分分析-多层感知器（ICA-MLP）方法，将其用于转子系统的故障诊断。该方法利用 ICA 从多通道振动测试数据（不同转速和/或负载条件下）中提取特征，进而借助 MLP 分类器处理分类问题，实验结果证实了该方法在转子系统故障诊断中的有效性。Li 等（2010）针对旋转类设备中的齿轮多重故障，基于 ICA 和模糊 k 近邻(FKNN)算法介绍了一种诊断方法,其中利用 ICA 对典型振动信号和干扰信号进行了分离,这些信号是多通道加速度传感器采集到的多个时间序列,然后又借助小波变换和自回归(AR)模型从原始特征向量中提取特征,进一步再利用 ICA 降低特征空间的维数,最后将 FKNN 用于这些简约特征,从而识别出齿轮状态。实验分析结果表明,该方法在齿轮故障诊断中是可行的。

Wang 等(2011)考察了约束独立成分分析(CICA)在设备故障诊断中的应用,他们将已有信息作为参考,利用 CICA 提取期望的故障信号,另外也讨论了设备故障诊断中构造 CICA 参考信息的方法。实验分析中采用了模拟的和实际的轴承振动数据(包括正常状态到最终的失效状态),结果验证了该方法在设备故障诊断中的有效性。Guo 等(2014)针对滚动轴承的故障诊断问题,利用包络提取和 ICA 方法给出了一种特征提取方案。该方案将包络提取用于获得跟轴承故障对应的冲击成分,并实现(传感器所采集到的)信号的振源降维作用,然后借助 ICA 根据振源的独立性进行包络分离。通过这一方式,与滚动轴承故障相关的振动特征就能够跟扰动区分开来,并清晰地展现在包络谱中。仿真和实验分析的结果已经证实了这一技术手段在旋转类设备的滚动轴承故障检测中的有效性。Wang 等基于 EEMD 方法和 ICA 技术,提出了一类从混合信号中识别复合故障的方法,该方法首先借助 EEMD 将振动信号分解为本征模函数(IMF),得到多通道信号,然后根据互相关准则选择对应的 IMF 作为 ICA 的输入矩阵,最后通过 ICA 即可有效地区分出复合故障,此处的 ICA 能够使故障特征的提取更容易,识别也更清晰。实验结果表明,这种方法在分离复合故障上是可行的,不仅适用于轴承的外圈缺陷,而且也可用于滚动体缺陷以及实验系统的不平衡(Wang 等,2014)。

近期,Žvokelj 等(2016)给出了一种多变量和多尺度统计过程监测方法,并将其用于大型转盘轴承的早期故障检测中。该方法将 ICA 和 EEMD 组合起来,以自适应方式把信号分解成不同的时间尺度,进而可以处理多尺度系统。这种所谓的 EEMD – MSICA 方法能够去除多变量信号中的噪声,并且还可以跟包络分析联合起来构成一种诊断工具。为了验证所给出的方法,这些研究人员使用了合成信号和实际信号,后者是从转盘轴承试验台上进行的加速寿命试验中采集到的,实验结果表明,EEMD – MSICA 方法能够有效地从包含大量多尺度特征的高维数据集中提取信息,因而是一种可靠的故障检测、诊断和信号去噪工具。

7.4 线性判别分析

PCA 是寻找样本中最重要的成分，LDA 与此不同，它主要是确定能够将不同类别样本区分开的判别成分（Balakrishnama 和 Ganapathiraju，1998）。实际上，线性判别分析（LDA）是使同类的样本聚集到一起，而类间的距离变大。这种 Fisher 线性判别分析方法（Welling，2005；Sugiyama，2006）主要考虑的是 Fisher 准则函数 $J(\boldsymbol{W})$ 的最大化，该函数是类间散度（S_B）和类内散度（S_w）的比值，即

$$J(\boldsymbol{W}) = \frac{|\boldsymbol{W}^T \boldsymbol{S}_B \boldsymbol{W}|}{|\boldsymbol{W}^T \boldsymbol{S}_w \boldsymbol{W}|} \tag{7.17}$$

其中

$$\boldsymbol{S}_B = \frac{1}{L} \sum_{i=1}^{c} l_i (\boldsymbol{\mu}^i - \boldsymbol{\mu})(\boldsymbol{\mu}^i - \boldsymbol{\mu})^T \tag{7.18}$$

$$\boldsymbol{S}_w = \frac{1}{L} \sum_{i=1}^{c} \sum_{j=1}^{l_i} (\boldsymbol{x}_j^i - \boldsymbol{\mu}^i)(\boldsymbol{x}_j^i - \boldsymbol{\mu}^i)^T \tag{7.19}$$

式中：L 为观测样本的总数量；c 为类别的数量；$\boldsymbol{x} \in \mathbf{R}^{L \times n}$ 为训练数据集；$\boldsymbol{x}_1^i$ 为属于第 i 类的数据集；l_i 为第 i 类信号的数量；$\boldsymbol{\mu}^i$ 为第 i 类的均值向量；$\boldsymbol{\mu}$ 为所有训练数据集的均值向量，即

$$\boldsymbol{\mu}^i = \frac{1}{L_c} \sum_{i \in c} \boldsymbol{x}_i \tag{7.20}$$

$$\boldsymbol{\mu} = \frac{1}{L} \sum_{i} \boldsymbol{x}_i \tag{7.21}$$

式中：L_c 为第 c 类中的实例数量。

总散度（S_T）可以表示为如下形式：

$$\boldsymbol{S}_T = \boldsymbol{S}_w + \boldsymbol{S}_B \tag{7.22}$$

于是，目标函数 $J(\boldsymbol{W})$ 就可以改写为

$$J(\boldsymbol{W}) = \frac{|\boldsymbol{W}^T \boldsymbol{S}_T \boldsymbol{W}|}{|\boldsymbol{W}^T \boldsymbol{S}_w \boldsymbol{W}|} - 1 \tag{7.23}$$

这个目标函数是为了使数据的总散度最大化而类内散度最小化。通过寻找一个最优投影矩阵 $\boldsymbol{W}$，LDA 将原始数据空间投影到一个 $(c-1)$ 维空间上，这个 $\boldsymbol{W}$ 应使得 $J(\boldsymbol{W})$ 最大，即

$$\hat{\boldsymbol{W}} = \arg \max_{\boldsymbol{W}} J(\boldsymbol{W}) \tag{7.24}$$

式中: W 为所选取的特征向量 ($\hat{w}_1, \cdots, \hat{w}_{n_2}$，与前 n_2 个最大特征值对应，$n_2 = c - 1$) 构成的矩阵。另外，目标函数 J 的最大化问题也可以转换成一个约束优化问题，其形式如下：

$$\min_w -\frac{1}{2} | W^T S_B W |$$
$$\text{s. t.} \ | W^T S_w W | = 1 \tag{7.25}$$

7.4.1 LDA 在设备故障诊断中的应用

在设备故障诊断研究中，人们已经将 LDA 广泛应用于振动信号的分析。例如，Lee 等(2005)针对感应电动机的故障检测问题，给出了一种基于 LDA 的诊断算法，首先利用 PCA 进行降维处理，然后借助 LDA 提取每种故障特征，进而将预定义的故障向量与输入向量之间的距离用于诊断过程。他们进行了噪声条件下的多个实验，结果表明了该方法在感应电动机故障诊断中是有效的。Park 等(2007)构建了一种特征提取方法和融合算法，将 PCA 和 LDA 用于感应电动机的故障检测。他们首先通过 PCA 和 LDA 从原始信号中提取特征，然后利用参考数据生成匹配值，进而在诊断步骤中把 PCA 和 LDA 得到的两个匹配值与一个概率模型联合起来，最后实现对故障信号的诊断。各种噪声条件下的仿真分析结果已经表明，这一方法在感应电动机的故障检测中是可行的。

Jakovljevic 等(2012)进一步针对感应电动机中的转子断条故障问题，基于振动信号分析给出了一种检测过程。该方法利用 PCA 进行降维处理，并将 ICA 作为数据分类手段。他们通过 2 个加速度传感器采集了实际振动信号(16 维数据点)，其中来自故障电动机的信号 66 个，来自正常(健康)电动机的信号 44 个。在经过数据采集与特征提取之后，这些 16 维数据点被转换为 2 维和 3 维数据点，实验结果表明，3 维约减能够达到 97% 的故障分类准确度。Harmouche 等(2014)利用谱特征和 LDA 提出了一种轴承滚珠缺陷的检测方法，将 FFT 用于提取特征空间的谱特征，然后排除掉来自于外圈缺陷和内圈缺陷状态的信号数据，针对仅包含正常状态和滚珠缺陷状态的样本数据集建立 LDA 模型。为验证方法的正确性，他们进行了实验振动数据分析。实验中，从滚动轴承采集到的实际振动数据包括 6 种状态：全新(NO)、磨损(NW)、内圈(IR)缺陷、外圈(OR)缺陷、滚动体(RE)缺陷和保持架(CA)缺陷。实验结果表明，该方法在轴承缺陷诊断中是可行的，基于 CS 和 LDA 进行特征提取能够在仅利用 20% 的数据情况下获得 100% 的分类精度。

Ciabattoni 等(2015)考虑了电动机轴承故障检测问题,给出了一种基于 LDA 的方法。他们为解决类间散度矩阵的迹非常接近零这一问题,利用协方差矩阵的差异设计了基于 LDA 的算法(称为 Δ－LDA)。针对某故障诊断实例的实验研究表明,该方法在电动机轴承故障分类中是有效的。近期,Ahmed 等(2017)在压缩采样(CS)基础上提出了一种轴承故障分类策略。首先对采集到的轴承时域振动信号(利用随机高斯矩阵)进行重采样,其中使用了不同的压缩传感采样率,由此得到压缩振动信号,然后选择了 3 种方法处理这些压缩数据以实现轴承故障的分类,其中包括直接将这些数据作为分类器的输入、利用线性特征提取方法(即无监督 PCA,LDA)从这些数据中提取特征。

7.5 典型相关分析

典型相关分析(CCA)最早是由 Hotelling(1936)提出的,跟 PCA 和 LDA 不同的是,它仅针对一个数据集进行处理,是一种统计性方法,可以确定相关性最大的两个数据集的线性组合(Hardoon 等,2004)。例如,若令 $(\boldsymbol{y}_1,\boldsymbol{y}_2) \in R^{m1},R^{m2}$ 为两个向量,协方差分别为 $\boldsymbol{C}_{11}$ 和 $\boldsymbol{C}_{22}$,互协方差为 $\boldsymbol{C}_{12}$,那么,CCA 的目的是找到 $\boldsymbol{y}_1$ 和 $\boldsymbol{y}_2$ 的相关系数最大的线性组合 $(\boldsymbol{w}_1^T\boldsymbol{y}_1,\boldsymbol{w}_2^T\boldsymbol{y}_2)$,也就是使得如下目标函数最大化:

$$(\boldsymbol{W}_1,\boldsymbol{W}_2) = \arg \max_{\boldsymbol{W}_1,\boldsymbol{W}_2}(\boldsymbol{w}_1^T\boldsymbol{y}_1,\boldsymbol{w}_2^T\boldsymbol{y}_2) \tag{7.26}$$

或

$$(\boldsymbol{W}_1,\boldsymbol{W}_2) = \arg \max_{\boldsymbol{W}_1,\boldsymbol{W}_2}(\boldsymbol{w}_1^T\boldsymbol{y}_1,\boldsymbol{w}_2^T\boldsymbol{y}_2) = \arg \max_{\boldsymbol{W}_1,\boldsymbol{W}_2}\frac{\boldsymbol{w}_1^T\boldsymbol{C}_{12}\boldsymbol{w}_2}{\sqrt{\boldsymbol{w}_1^T\boldsymbol{C}_{11}\boldsymbol{w}_1\boldsymbol{w}_2^T\boldsymbol{C}_{22}\boldsymbol{w}_2}} \tag{7.27}$$

其中

$$\boldsymbol{C}_{11} = \frac{1}{m}\boldsymbol{y}_1\boldsymbol{y}_1^T \tag{7.28}$$

$$\boldsymbol{C}_{22} = \frac{1}{m}\boldsymbol{y}_2\boldsymbol{y}_2^T \tag{7.29}$$

$$\boldsymbol{C}_{12} = \begin{bmatrix} \boldsymbol{C}_{11} & \boldsymbol{C}_{12} \\ \boldsymbol{C}_{21} & \boldsymbol{C}_{22} \end{bmatrix} \tag{7.30}$$

基于 CCA 理论,式(7.27)中的目标函数解不会受到 $\boldsymbol{w}_1$ 和 $\boldsymbol{w}_2$ 尺度缩放的影响,如在式(7.27)的分子和分母中同时缩放同一个因子 α,所得到的解跟缩放前的解是等价的,这一点从数学上可以表示为

$$\frac{\alpha w_1^{\mathrm{T}} C_{12} w_2}{\sqrt{\alpha^2 w_1^{\mathrm{T}} C_{11} w_1 w_2^{\mathrm{T}} C_{22} w_2}} = \frac{w_1^{\mathrm{T}} C_{12} w_2}{\sqrt{w_1^{\mathrm{T}} C_{11} w_1 w_2^{\mathrm{T}} C_{22} w_2}} \tag{7.31}$$

相应地,式(7.27)所示的优化问题就可以改写为如下形式:

$$\arg\max_{w_1, w_2} w_1^{\mathrm{T}} C_{12} w_2$$
$$\text{s. t. } w_1^{\mathrm{T}} C_{11} w_1 = 1, w_2^{\mathrm{T}} C_{22} w_2 = 1 \tag{7.32}$$

为了确定 w_1 和 w_2,使得 y_1 和 y_2 的相关系数最大,我们假定根据上述方程可以从 w_2 导出 w_1,或者反之,那么,对应的拉格朗日函数可以写为

$$L(\lambda, w_1, w_2) = w_1^{\mathrm{T}} C_{12} w_2 - \frac{\lambda_1}{2}(w_1^{\mathrm{T}} C_{11} w_1 - 1) - \frac{\lambda_2}{2}(w_2^{\mathrm{T}} C_{22} w_2 - 1) \tag{7.33}$$

于是,针对 w_1 和 w_2 求导可得如下关系式:

$$\frac{\partial L}{\partial w_1} = C_{12} w_2 - \lambda_1 C_{11} w_1 = 0 \tag{7.34}$$

$$\frac{\partial L}{\partial w_2} = C_{21} w_1 - \lambda_2 C_{22} w_2 = 0 \tag{7.35}$$

然后,将式(7.34)乘以 w_1^{T},式(7.35)乘以 w_2^{T},两式相减可得

$$w_1^{\mathrm{T}} C_{12} w_2 - w_1^{\mathrm{T}} \lambda_1 C_{11} w_1 - w_2^{\mathrm{T}} C_{21} w_1 + w_2^{\mathrm{T}} \lambda_2 C_{22} w_2 = 0$$
$$w_2^{\mathrm{T}} \lambda_2 C_{22} w_2 - w_1^{\mathrm{T}} \lambda_1 C_{11} w_1 = 0 \tag{7.36}$$

根据式(7.32)和式(7.36)这两个约束可得 $\lambda_2 - \lambda_1 = 0$。因此,若记 $\lambda = \lambda_1 = \lambda_2$,并假定 C_{22} 可逆,那么,根据式(7.35)可知,w_2 可以表示为如下形式:

$$w_2 = \frac{C_{22}^{-1} C_{21} w_1}{\lambda} \tag{7.37}$$

将式(7.37)代入到式(7.34)中,可得

$$\frac{C_{12} C_{22}^{-1} C_{21} w_1}{\lambda} - \lambda C_{11} w_1 = 0 \tag{7.38}$$

或写为

$$C_{12} C_{22}^{-1} C_{21} w_1 = \lambda^2 C_{11} w_1 \tag{7.39}$$

式(7.39)是一个广义特征值问题,由此不难解得 w_1,进而借助式(7.37)又可解得 w_2。

近年来,CCA 已经应用于很多故障检测应用问题中。例如,Chen 等(2016a、b)将 CCA 用于工业过程中的早期乘性故障检测;Jiang 等(2017)利用基因算法(GA)对 CCA 进行调整,在此基础上针对大规模过程提出了一种数据驱动的分布式故障检测方法;Liu 等(2018)针对非线性质量相关的过程监测问题给出了

一类变分 CCA 混合方法；Chen 等（2018）进一步在非高斯过程的故障检测问题中引入了广义 CCA 和随机算法；Ahmed 和 Nandi（2019）在设备故障检测和诊断问题中提出了一种三段式混合方法 CS－CPDC，基于压缩采样信号进行了轴承故障的诊断分析，该方法将 PCA 和 LDA 特征通过 CCA 组合到一个三步过程中，从而使得压缩采样数据的特性空间转换到相关特征和判别特征的低维空间中，我们将在第 16 章进一步介绍这一方法。

7.6 偏最小二乘法

偏最小二乘法（PLS）也称为对潜在结构的投影，它是一种通过潜在变量对观测变量集之间的关系进行建模的方法，最早是由 Hermon Wold（1966a、b）提出的，该学者给出了基于迭代最小二乘过程的非线性估计（NILES）。随后，人们又将采用普通最小二乘（OLS）的 NILES 用于 PCA 中的主成分的迭代估计。自此，PLS 的各种不同形式应运而生，如非线性迭代偏最小二乘（NIPALS）、偏最小二乘路径建模（PLS－PM）、偏最小二乘回归（PLS－R）（Wold,1966a、b,1976;Geladi 和 Kowalski,1986;Wold 等,2001）。简单来说，PLS 的思想是构造新的预测变量，即潜在变量，将其作为原始变量的线性组合，这些原始变量是特征矩阵 X 中的描述子变量和响应变量矩阵 Y 中的响应变量（类型），下面简要给出 PLS 过程的数学描述。

不妨令 $X \in R^{L \times n}$ 代表一个包含 L 个样本的数据矩阵，每个样本为 n 维的特征向量，类似地，令 $Y \in R^{L \times c}$ 为代表类标签的矩阵，PLS 的降维过程如下。

（1）将零均值矩阵 $X \in R^{L \times n}$ 和零均值矩阵 $Y \in R^{L \times c}$ 分解成如下形式：

$$X = TP^T + E \tag{7.40}$$

$$Y = UQ^T + F \tag{7.41}$$

式中：$T \in R^{L \times p}$ 和 $U \in R^{L \times p}$ 为包含 p 个已提取出的潜在向量的矩阵；矩阵 $P \in R^{n \times p}$ 和向量 $q \in R^{1 \times p}$ 为载荷因子；矩阵 $E \in R^{L \times n}$ 和 $F \in R^{L \times c}$ 为残差。

（2）利用 NIPALS 方法（Wold,1973）构造由一组权重向量 $W = \{w_1, w_2, \cdots, w_p\}$ 组成的潜在子空间，潜在向量之间的协方差即可表示为

$$\text{cov}(t_i, u_i) = \max_{|w_i|=|s_i|=1} \left[\text{cov}(Xw_i, Ys_i) \right]^2 \tag{7.42}$$

式中：t_i 和 u_i 分别为矩阵 T 与 U 的第 i 列。

为了确定得分向量 t_i 和 u_i，NIPALS 方法从 y 空间向量 u_i 的随机初始化开

始,重复进行如下步骤直至收敛(Rosipal 和 Krämer,2005):

①$w_i = X^T u_i / (u_i^T u_i)$;②$\|w_i\| \to 1$;③$t_i = X w_i$;④$s_i = Y^T t_i / (t_i^T t_i)$;⑤$\|s_i\| \to 1$;⑥$u_i = Y s_i$。

完成了这些步骤之后,在计算得到的 t_i 和 u_i 基础上,通过减去其秩一近似,矩阵 X 和 Y 也就得到了压缩,不同的压缩方式往往对应了不同的 PLS 形式,感兴趣的读者可以参阅相关的文献(Wold,1975)。

PLS 方法在大量应用场合中都已经受到了关注,如在化工过程的故障诊断中(Chiang 等,2000;Russell 等,2012)、在基于外表的人员识别中(Schwartz 和 Davis,2009)以及在针对关键性能指标的故障诊断中(Yin 等,2015)等。

在很多设备故障诊断问题中,人们也利用 PLS 进行了研究。例如,为了揭示滚动轴承产生的振动信号的非平稳、非线性特性,Cui 等(2017)在 SVD、经验模态分解(EMD)和基于变量预测模型的模式分类(VPMCD)基础上,给出了一种故障诊断方法,该方法借助 PLS 对 VPMCD 的模型参数进行了估计,实验分析结果表明,这一方法能够有效地识别故障轴承。Lv 等(2016)针对风力发电机故障诊断问题,提出了一种基于多重变量统计的方法,其中通过 PLS 利用原始数据建立输入和输出变量之间的关系,并获得监测模型。计算机仿真结果证实了该方法在降低数据维数和实现故障诊断方面的有效性。Fuente 及其合作者们进一步在多重变量统计技术基础上构建了一种故障检测和识别方法,该方法利用 PLS 检测故障,进而采用 Fisher 判别分析(FDA)进行故障识别(Fuente 等,2009)。

7.7 本章小结

这一章针对 LSL 介绍了一些常见方法,它们可以用于降低所采集到的大量振动数据的维数,而不会过分丢失信息。从高维数据中进行子空间学习的线性技术方法有多种,其中的 PCA、ICA 和 LDA 都是设备故障诊断领域中最为常用的方法。近年来,CCA 和 PLS 也已经被用于大量故障检测应用中,包括设备的故障检测。表 7.2 对本章所介绍的大部分技术进行了归纳,并列出了可公开获取的软件情况。

表 7.2 所介绍的部分技术及其可公开获取的软件汇总

算法名称	平台	软件包	函数
本征值和本征向量	MATLAB	数学工具箱—线性代数	eig

续表

算法名称	平台	软件包	函数
奇异值分解			svd
原始数据的主成分分析		统计和机器学习工具箱—降维与特征提取	pca
基于重构 ICA 进行特征提取			rica
典型相关性			Canoncorr

参考文献

Ahmed, H. and Nandi, A. (2019). Three-stage hybrid fault diagnosis for rolling bearings with compressively-sampled data and subspace learning techniques. IEEE Transactions on Industrial Electronics 66 (7): 5516-5524.

Ahmed, H. O. A., Wong, M. D., and Nandi, A. K. (2017). Compressive sensing strategy for classification of bearing faults. In: 2017 IEEE International Conference on Acoustics, Speech and Signal Processing (ICASSP), 2182-2186. IEEE.

Balakrishnama, S. and Ganapathiraju, A. (1998). Linear discriminant analysis-a brief tutorial. Institute for Signal and Information Processing 18: 1-8.

Baydar, N. and Ball, A. D. (2001). Detection of gear failures using wavelet transform and improving its capability by principal component analysis. In: The 14th International Congress on Condition Monitoring and Diagnostic Engineering Management (eds. A. G. Starr and R. B. K. N. Rao), 411-418. Manchester: Elsevier Science Ltd.

Bell, A. J. and Sejnowski, T. J. (1995). An information-maximization approach to blind separation and blind deconvolution. Neural Computation 7 (6): 1129-1159.

Chen, Z., Ding, S. X., Peng, T. et al. (2018). Fault detection for non-Gaussian processes using generalized canonical correlation analysis and randomized algorithms. IEEE Transactions on Industrial Electronics 65 (2): 1559-1567.

Chen, Z., Ding, S. X., Zhang, K. et al. (2016a). Canonical correlation analysis-based fault detection methods with application to alumina evaporation process. Control Engineering Practice 46: 51-58.

Chen, Z., Zhang, K., Ding, S. X. et al. (2016b). Improved canonical correlation analysis-based fault detection methods for industrial processes. Journal of Process Control 41: 26-34.

Chiang, L. H., Russell, E. L., and Braatz, R. D. (2000). Fault diagnosis in chemical processes using Fisher discriminant analysis, discriminant partial least squares, and principal component analysis. Chemometrics and Intelligent Laboratory Systems 50 (2): 243-252.

Ciabattoni, L., Cimini, G., Ferracuti, F. et al. (2015). A novel LDA – based approach for motor bearing fault detection. In: 2015 IEEE 13th International Conference on Industrial Informatics (INDIN), 771 – 776. IEEE.

Comon, P. (1994). Independent component analysis, a new concept? Signal Processing 36 (3): 287 – 314.

Cui, H., Hong, M., Qiao, Y., and Yin, Y. (2017). Application of VPMCD method based on PLS for rolling bearing fault diagnosis. Journal of Vibroengineering 2308, 19 (1): 160 – 175.

De Moura, E. P., Souto, C. R., Silva, A. A., and Irmao, M. A. S. (2011). Evaluation of principal component analysis and neural network performance for bearing fault diagnosis from vibration signal processed by RS and DF analyses. Mechanical Systems and Signal Processing 25 (5): 1765 – 1772.

Dong, S. and Luo, T. (2013). Bearing degradation process prediction based on the PCA and optimized LS – SVM model. Measurement 46 (9): 3143 – 3152.

Fuente, M. J., Garcia – Alvarez, D., Sainz – Palmero, G. I., and Villegas, T. (2009). Fault detection and identification method based on multivariate statistical techniques. In: ETFA 2009: IEEE Conference on Emerging Technologies & Factory Automation, 2009, 1 – 6. IEEE.

Geladi, P. and Kowalski, B. R. (1986). Partial least – squares regression: a tutorial. Analytica Chimica Acta 185: 1 – 17.

Gharavian, M. H., Ganj, F. A., Ohadi, A. R., and Bafroui, H. H. (2013). Comparison of FDA – based and PCA – based features in fault diagnosis of automobile gearboxes. Neurocomputing 121: 150 – 159.

Golub, G. H. and Reinsch, C. (1970). Singular value decomposition and least squares solutions. Numerische Mathematik 14 (5): 403 – 420.

Guo, Y., Na, J., Li, B., and Fung, R. F. (2014). Envelope extraction based dimension reduction for independent component analysis in fault diagnosis of rolling element bearing. Journal of Sound and Vibration 333 (13): 2983 – 2994.

Hardoon, D. R., Szedmak, S., and Shawe – Taylor, J. (2004). Canonical correlation analysis: an overview with application to learning methods. Neural Computation 16 (12): 2639 – 2664.

Harmouche, J., Delpha, C., and Diallo, D. (2014). Linear discriminant analysis for the discrimination of faults in bearing balls by using spectral features. In: 2014 International Conference on Green Energy, 182 – 187. IEEE.

He, Q., Yan, R., Kong, F., and Du, R. (2009). Machine condition monitoring using principal component representations. Mechanical Systems and Signal Processing 23 (2): 446 – 466.

Hotelling, H. (1936). Relations between two sets of variates. Biometrika 28 (3/4): 321 – 377.

Hyvärinen, A. (1999a). Fast and robust fixed – point algorithms for independent component analysis. IEEE Transactions on Neural Networks 10 (3): 626–634.

Hyvärinen, A., 1999b. Survey on independent component analysis.

Hyvärinen, A. (2005). Estimation of non-normalized statistical models by score matching. Journal of Machine Learning Research 6 (Apr): 695–709.

Hyvärinen, A., Hoyer, P. O., and Inki, M. (2001). Topographic independent component analysis. Neural Computation 13 (7): 1527–1558.

Hyvärinen, A. and Oja, E. (1997). A fast fixed-point algorithm for independent component analysis. Neural Computation 9 (7): 1483–1492.

Hyvärinen, A. and Oja, E. (2000). Independent component analysis: algorithms and applications. Neural Networks 13 (4–5): 411–430.

Jakovljevic, B. B., Kanovic, Z. S., and Jelicic, Z. D. (2012). Induction motor broken bar detection using vibration signal analysis, principal component analysis and linear discriminant analysis. In: 2012 IEEE International Conference on Control Applications (CCA), 1686–1690. IEEE.

Jiang, Q., Ding, S. X., Wang, Y., and Yan, X. (2017). Data-driven distributed local fault detection for large-scale processes based on the GA-regularized canonical correlation analysis. IEEE Transactions on Industrial Electronics 64 (10): 8148–8157.

Jiao, W. and Chang, Y. (2009). ICA-MLP classifier for fault diagnosis of rotor system. In: IEEE International Conference on Automation and Logistics, 2009: ICAL'09, 997–1001. IEEE.

Le, Q. V., Karpenko, A., Ngiam, J., and Ng, A. Y. (2011). ICA with reconstruction cost for efficient overcomplete feature learning. In: Advances in Neural Information Processing Systems, 1017–1025. https://papers.nips.cc/paper/4467-ica-with-reconstruction-cost-for-efficient-overcomplete-feature-learning.pdf.

Lee, D. J., Park, J. H., Kim, D. H., and Chun, M. G. (2005). Fault diagnosis of induction motor using linear discriminant analysis. In: International Conference on Knowledge-Based and Intelligent Information and Engineering Systems, 860–865. Berlin, Heidelberg: Springer.

Li, W., Shi, T., Liao, G., and Yang, S. (2003). Feature extraction and classification of gear faults using principal component analysis. Journal of Quality in Maintenance Engineering 9 (2): 132–143.

Li, Z., He, Y., Chu, F. et al. (2006). Fault recognition method for speed-up and speed-down process of rotating machinery based on independent component analysis and Factorial Hidden Markov Model. Journal of Sound and Vibration 291 (1–2): 60–71.

Li, Z. X., Yan, X. P., Yuan, C. Q., and Li, L. (2010). Gear multi-faults diagnosis of a rotating machinery based on independent component analysis and fuzzy k-nearest neighbor. In: Advanced Materials Research, vol. 108, 1033 – 1038. Trans Tech Publications.

Liu, Y. , Liu, B. , Zhao, X. , and Xie, M. (2018). A mixture of variational canonical correlation analysis for nonlinear and quality – relevant process monitoring. IEEE Transactions on Industrial Electronics 65 (8): 6478 – 6486.

Lu, H. , Plataniotis, K. N. , and Venetsanopoulos, A. (2013). Multilinear Subspace Learning: Dimensionality Reduction of Multidimensional Data. Chapman and Hall/CRC.

Lv, F. , Zhang, Z. , Zhai, K. , and Ju, X. (2016). Research on fault diagnosis method of wind turbine based on partial least square method. In: 2016 2nd IEEE International Conference on Computer and Communications (ICCC), 925 – 928. IEEE.

Malhi, A. and Gao, R. X. (2004). PCA – based feature selection scheme for machine defect classification. IEEE Transactions on Instrumentation and Measurement 53 (6): 1517 – 1525.

Moore, B. (1981). Principal component analysis in linear systems: controllability, observability, and model reduction. IEEE Transactions on Automatic Control 26 (1): 17 – 32.

Park, W. J. , Lee, S. H. , Joo, W. K. , and Song, J. I. (2007). A mixed algorithm of PCA and LDA for fault diagnosis of induction motor. In: International Conference on Intelligent Computing, 934 – 942. Berlin, Heidelberg: Springer.

Rosipal, R. and Krämer, N. (2005). Overview and recent advances in partial least squares. In: International Statisticaland Optimization Perspectives Workshop "Subspace, Latent Structure and Feature Selection", 34 – 51. Berlin, Heidelberg: Springer.

Russell, E. L. , Chiang, L. H. , and Braatz, R. D. (2012). Data – Driven Methods for Fault Detection and Diagnosis in Chemical Processes. Springer Science & Business Media.

Schwartz, W. R. and Davis, L. S. (2009). Learning discriminative appearance – based models using partial least squares. In: 2009 XXII Brazilian Symposium on Computer Graphics and Image Processing (SIBGRAPI), 322 – 329. IEEE.

Serviere, C. and Fabry, P. (2005). Principal component analysis and blind source separation of modulated sources for electro – mechanical systems diagnostic. Mechanical Systems and Signal Processing 19 (6): 1293 – 1311.

Shlens, J. (2014). A tutorial on principal component analysis. arXiv preprint arXiv:1404.1100.

Song, Y. , Liu, J. , Chu, N. et al. (2019). A novel demodulation method for rotating machinery based on time – frequency analysis and principal component analysis. Journal of Sound and Vibration 442:645 – 656.

Sugiyama, M. (2006). Local fisher discriminant analysis for supervised dimensionality reduction. In: Proceedings of the 23rd international conference on Machine learning, 905 – 912. ACM.

Sun, W. , Chen, J. , and Li, J. (2007). Decision tree and PCA – based fault diagnosis of rotating machinery. Mechanical Systems and Signal Processing 21 (3): 1300 – 1317.

Tian, X., Lin, J., Fyfe, K. R., and Zuo, M. J. (2003). Gearbox fault diagnosis using independent component analysis in the frequency domain and wavelet filtering. In: 2003 IEEE International Conference on Acoustics, Speech, and Signal Processing, 2003. Proceedings. (ICASSP'03), vol. 2, 245 – 248. IEEE.

Trendafilova, I. (2010). An automated procedure for detection and identification of ball bearing damage using multivariate statistics and pattern recognition. Mechanical Systems and Signal Processing 24 (6): 1858 – 1869.

Wang, H., Li, R., Tang, G. et al. (2014). A compound fault diagnosis for rolling bearings methodbased on blind source separation and ensemble empirical mode decomposition. PLoS One 9 (10): e109166.

Wang, Y., Ma, X., and Qian, P. (2018). Wind turbine fault detection and identification through PCA – based optimal variable selection. IEEE Transactions on Sustainable Energy 9 (4): 1627 – 1635.

Wang, Z., Chen, J., Dong, G., and Zhou, Y. (2011). Constrained independent component analysis and its application to machine fault diagnosis. Mechanical Systems and Signal Processing 25 (7): 2501 – 2512.

Welling, M. (2005). Fisher linear discriminant analysis. Department of Computer Science, University of Toronto. https://www.ics.uci.edu/~welling/teaching/273ASpring09/Fisher – LDA. pdf.

Widodo, A., Yang, B. S., and Han, T. (2007). Combination of independent component analysis and support vector machines for intelligent faults diagnosis of induction motors. Expert Systems with Applications 32 (2): 299 – 312.

Wold, H. (1966a). Estimation of principal components and related models by iterative least squares. In: Multivariate Analysis, 391 – 420. New York: Academic Press.

Wold, H. (1966b). Nonlinear estimation by iterative least squares procedures. In: Festschrift for J. Neyman: Research Papers in Statistics (ed. F. N. David), 411 – 444. Wiley.

Wold, H. (1973). Nonlinear iterative partial least squares (NIPALS) modelling: some current developments. In: Multivariate Analysis – III, 383 – 407. Academic Press.

Wold, H. (1975). Path models with latent variables: the NIPALS approach. In: Quantitative sociology, 307 – 357. Academic Press.

Wold, S., Esbensen, K., and Geladi, P. (1987). Principal component analysis. Chemometrics and Intelligent Laboratory Systems 2: 37 – 52.

Wold, S., Sjöström, M., and Eriksson, L. (2001). PLS – regression: a basic tool of chemometrics. Chemometrics and Intelligent Laboratory Systems 58 (2): 109 – 130.

Yang, C. Y. and Wu, T. Y. (2015). Diagnostics of gear deterioration using EEMD approach and PCA process. Measurement 61: 75 – 87.

Yin, S. , Zhu, X. , and Kaynak, O. (2015). Improved PLS focused on key – performance – indicator – related fault diagnosis. IEEE Transactions on Industrial Electronics 62 (3): 1651 – 1658.

Ypma, A. , Tax, D. M. , and Duin, R. P. (1999). Robust machine fault detection with independent component analysis and support vector data description. In: Neural Networks for Signal Processing IX, 1999. Proceedings of the 1999 IEEE Signal Processing Society Workshop, 67 – 76. IEEE.

Zuber, N. and Bajrić, R. (2016). Application of artificial neural networks and principal component analysis on vibration signals for automated fault classification of roller element bearings. Eksploatacja i Niezawodność 18 (2): 299 – 306.

Zuo, M. J. , Lin, J. , and Fan, X. (2005). Feature separation using ICA for a one – dimensional time series and its application in fault detection. Journal of Sound and Vibration 287 (3): 614 – 624.

Žvokelj, M. , Zupan, S. , and Prebil, I. (2010). Multivariate and multiscale monitoring of large – size low – speed bearings using ensemble empirical mode decomposition method combined with principal component analysis. Mechanical Systems and Signal Processing 24 (4): 1049 – 1067.

Žvokelj, M. , Zupan, S. , and Prebil, I. (2016). EEMD – based multiscale ICA method for slewing bearing fault detection and diagnosis. Journal of Sound and Vibration 370: 394 – 423.

第8章 非线性子空间学习

8.1 引言

正如前文中已经指出的,在实际应用中,从旋转类设备采集到的振动信号通常会包含不同源位置产生的响应和一些背景噪声。由此带来的维数灾难问题,使得在相关的设备故障诊断中很难直接使用所采集到的这些振动信号,无论是人工检测还是自动监测都是如此。为此,一般需要对原始振动信号进行处理,一种常用的处理方法是计算这些信号的某些能够反映其本质的特征。第7章曾经阐明,对于涉及大量样本的处理这种困难来说,合理的手段是对高维数据的子空间进行学习,即将一个高维数据集映射成低维情形,并介绍了一些线性子空间学习方法,它们能够实现高维数据集的线性学习,获得低维描述。然而,很多高维数据集本质上是非线性的,因而,线性子空间学习可能是难以奏效的。

针对旋转类设备的故障诊断问题,人们已经提出了各种非线性子空间学习技术,可以从大量振动信号中学习出子空间特征。这些技术包括核主成分分析(KPCA)、核线性判别分析(KLDA)、核独立成分分析(KICA)、等距特征映射(ISOMAP)、扩散映射(DM)、拉普拉斯特征映射(LE)、局部线性嵌入(LLE)、Hessian 局部线性嵌入(HLLE)、局部切空间排列分析(LTSA)、最大方差展开(MVU)和随机邻近嵌入(SPE)等。本章各节将详细介绍这些技术及其在设备故障诊断中的应用。

8.2 核主成分分析

核主成分分析(KPCA)是上一章所介绍的线性主成分分析(PCA)的非线性拓展。实际上,它是在高维空间中进行线性 PCA 的重构,其中借助了核函数(Schölkopf 等,1998)。KPCA 的基本思想是先通过非线性映射将输入空间映射为特征空间,然后在特征空间中计算主成分。这一技术计算的是核矩阵而不是协方差矩阵的主特征向量。由于核矩阵类似于借助核函数构造的高维空间中的数据点乘积,因而,核空间中 PCA 的重构是简洁明确的。

如同上一章所描述的,线性 PCA 主要借助的是样本协方差矩阵 XX^T(两个向量之间的点积)的特征向量。为了利用核函数将数据映射到更高维的空间,例如 $\Phi:R^2 \rightarrow R^3$,我们可以把新特征空间中的点积表示为如下形式:

$$K(x_i, x_j) = \Phi(x_i)\Phi(x_j) \tag{8.1}$$

核函数的主要作用是给出确定的映射过程,使得数据映射到高维空间。常用的典型核函数是多项式核函数和高斯核函数,它们的表达式如下:

$$K(x,y) = (x^T y + c)^d \tag{8.2}$$

$$K(x,y) = e^{\frac{-|x-y|^2}{2\sigma^2}} \tag{8.3}$$

在计算变换矩阵 W 时,线性 PCA 采用了特征值和特征向量,即

$$\lambda V_1 = C_X V_2 \tag{8.4}$$

式中:λ 为特征值;V_1 为一个特征向量;C_X 为数据 X 的协方差矩阵,可以表示为

$$C_X = \frac{1}{L} \sum_{i=1}^{L} (x_i - \bar{x})(x_i - \bar{x})^T \tag{8.5}$$

式中:L 为观测数,$\bar{x}$ 可以按下式计算:

$$\bar{x}_i = \frac{1}{L} \sum_{i=1}^{L} x_i \tag{8.6}$$

为了将线性 PCA 拓展用于生成非线性子空间,我们需要计算式(8.1)中核矩阵的主特征向量,而不是式(8.5)中的协方差矩阵的主特征向量。线性 PCA 的这一拓展一般称为 KPCA,其过程如下所示。

(1)利用核函数 K 将输入数据映射到高维特征空间,即

$$\Phi:X \rightarrow H, X \in R^n \tag{8.7}$$

式中:$X \in R^n$ 为输入数据;$H \in R^N$ 为高维特征空间;$n = N$。

(2)计算特征空间 H 中数据的协方差,即

$$C_H = \frac{1}{L} \sum_{i=1}^{L} \Phi(x_i)\Phi(x_i)^T \tag{8.8}$$

(3)通过求解特征值和特征向量来计算主成分,即

$$\lambda V_1 = C_H V_2 \tag{8.9}$$

$$\lambda V_1 = \frac{1}{L} \sum_{i=1}^{L} \Phi(x_i)\Phi(x_i)^T V_2 \tag{8.10}$$

于是,特征向量 V_1 即可表示为

$$V_1 = \frac{1}{\lambda L}\sum_{i=1}^{L}\boldsymbol{\Phi}(\boldsymbol{x}_i)\boldsymbol{\Phi}(\boldsymbol{x}_i)^{\mathrm{T}}V_2 = \sum_{i=1}^{L}\frac{\boldsymbol{\Phi}(\boldsymbol{x}_i)^{\mathrm{T}}V_2}{\lambda L}\boldsymbol{\Phi}(\boldsymbol{x}_i) \tag{8.11}$$

令 $\sum_{i=1}^{L}\frac{\boldsymbol{\Phi}(\boldsymbol{x}_i)^{\mathrm{T}}V_2}{\lambda L} = \alpha_i$,则 V_1 又可表示为

$$V_1 = \sum_{i=1}^{L}\alpha_i\boldsymbol{\Phi}(\boldsymbol{x}_i) \tag{8.12}$$

将式(8.12)和式(8.1)代入式(8.10)可得

$$\lambda \alpha_i = \boldsymbol{K}\alpha_j \tag{8.13}$$

为了针对核函数所定义的特征空间中的数据进行归一化,使之具有零均值,我们需要减去这些数据的均值,从而实现高维特征空间的中心化,即

$$\hat{\boldsymbol{\Phi}}(\boldsymbol{x}_K) = \boldsymbol{\Phi}(\boldsymbol{x}_i)^{\mathrm{T}} - \frac{1}{L}\sum_{i=1}^{L}\boldsymbol{\Phi}(\boldsymbol{x}_K) \tag{8.14}$$

于是,归一化的核矩阵就可以表示为

$$\hat{K}(\boldsymbol{x}_i,\boldsymbol{x}_j) = \hat{\boldsymbol{\Phi}}(\boldsymbol{x}_i)\hat{\boldsymbol{\Phi}}(\boldsymbol{x}_j) \tag{8.15}$$

或写为

$$\hat{\boldsymbol{K}} = \boldsymbol{K} - 2\boldsymbol{1}_L\boldsymbol{K} + \boldsymbol{1}_L\boldsymbol{K}\boldsymbol{1}_L \tag{8.16}$$

其中

$$\boldsymbol{1}_L = \frac{1}{L}\begin{bmatrix} 1 & \cdots & 1 \\ \vdots & & \vdots \\ 1 & \cdots & 1 \end{bmatrix} \tag{8.17}$$

最后,通过求解特征值问题 $\lambda \alpha_i = \hat{\boldsymbol{K}}\alpha_j$ 并将数据投影到每一个新的维度 j 上,即可找到低维描述 y_i,即

$$y_i = \sum_{i=1}^{L}\alpha_{ij}K(\boldsymbol{x}_i,\boldsymbol{x}) \qquad j = 1,2,\cdots,m \tag{8.18}$$

其他一些线性子空间学习方法也可以借助核函数进行非线性子空间学习,其中包括线性判别分析(LDA)、独立成分分析(ICA)和典型相关分析(CCA),它们在拓展之后可分别命名为 KLDA、KICA 和 KCCA。限于篇幅,这里不再详细介绍,感兴趣的读者可以参阅相关文献(Mika 等,1999;Lai 和 Fyfe,2000;Bach 和 Jordan,2002)。

8.2.1 KPCA 在设备故障诊断中的应用

在设备故障诊断领域中,KPCA 是应用最为广泛的非线性维数缩减技术之

一,已有部分文献讨论了 KPCA 在该领域中的应用。例如,Qian 等(2006)基于 KPCA 给出了一种可用于裂纹轮齿早期检测的方法,他们借助 PCA 和 KPCA 方法分析了齿轮振动信号,并识别了齿轮的正常和异常状态,结果表明,PCA 和 KPCA 都能用于齿轮状态的识别,不过对于齿轮运行状态的监控来说,KPCA 方法要比 PCA 更为有效。Widodo 和 Yang(2007)考察了非线性特征提取和支持向量机(SVM)在感应电动机故障诊断中的应用,他们采用了 PCA 和 ICA 过程,利用核技巧将数据以非线性方式映射到特征空间中,然后借助 SVM 对感应电动机的故障进行了分类。方法验证中采用 3 个方向上的振动信号和三相电流信号,基于 SVM 的故障分类结果表明,非线性特征提取能够改善分类器的性能。

He 等(2007)基于 KPCA 提出了一种可用于齿轮箱状态监测的技术。该技术提取了时域和频域振动信号的统计特征,用于描述齿轮状态特性。时域统计特征包括了绝对均值、最大峰值、均方根、均方值、方差、峰度、波峰因数和波形因子等。另外,他们还利用小波包分析消除噪声,从而改善设备信号,并借助快速傅里叶变换(FFT)将设备信号变换到频域。研究中将二次信号的频谱等分成 8 段,然后将它们的谱能量作为频域统计特征。在齿轮箱状态监测中,他们考虑了两种子空间结构:第一种称为 KPCA1,是根据所有训练数据(包含所有健康状态)构建的;第二种称为 KPCA2,是利用每种健康状态下的训练数据构建的。方法验证中采用的是从汽车齿轮箱采集到的振动信号,分析结果证实了两种子空间方法在齿轮箱状态监测中的有效性。

Dong 等(2017)借助 KPCA 和最优 k 邻近模型给出了一种轴承故障诊断方法。该方法首先利用局部均值分解(LMD)将采集到的振动信号进行分解,然后计算分解后的乘积函数(PF)的香农熵,接着采用 KPCA 降低特征维数,最后通过基于粒子群优化(PSO)的最优 Kohonen 神经网络(KNN)处理故障诊断问题。他们考虑了两个滚动轴承实例,分析结果表明了所提出的方法是有效的。

8.3 等距特征映射

等距特征映射(ISOMAP)是一种非线性降维方法,它将问题视为 PCA 和多维标度法(MDS)的主算法特征、计算效率、全局最优性、渐近收敛特征的组合,能够灵活地学习广泛的非线性流形类型(Tenenbaum 等,2000;Samko 等,2006)。ISOMAP 算法针对高维输入空间 X 中的 N 个数据点,将每一对(i,j)之间的距离 $d_X(i,j)$ 作为输入,并输出低维欧几里得空间 Y 中能够最好地描述数据集内蕴几

何的坐标向量 Y_i。ISOMAP 技术的过程一般包括以下 3 个主要步骤。

（1）构建邻接图。如果数据点 i 和 j 非常靠近（ε - ISOMAP）或 i 是 j 的 K 邻近之一（K - ISOMAP），则将它们连接起来，并设定边长为 $d_X(i,j)$，从而确定图 G 中的所有数据点。

（2）计算最短路径。如果 i 和 j 是连接的，则初始化 $d_G(i,j) = d_X(i,j)$，否则，令 $d_G(i,j) = \infty$。然后，针对每一个 k 值（$k = 1, 2, \cdots, N$），将所有 $d_G(i,j)$ 替换为

$$\min\{d_G(i,j), d_G(i,k) + d_G(k,j)\} \tag{8.19}$$

由此构成的最终值的矩阵 $\boldsymbol{D}_G(i,j) = \{d_G(i,j)\}$ 将包含图 G 中所有点对之间的最短距离。

（3）构建 d 维嵌入。这一步利用 MDS 算法处理距离矩阵 $\boldsymbol{D}_G(i,j) = \{d_G(i,j)\}$，完成 d 维欧几里得空间中的数据嵌入，使之能够最好地保留流形的内蕴几何。选择 Y 中数据点的坐标向量 Y_i 时需满足如下函数的最小化要求：

$$E = \|\tau(\boldsymbol{D}_G) - \tau(\boldsymbol{D}_Y)\|_{L_2} \tag{8.20}$$

式中：$\boldsymbol{D}_Y$ 为欧几里得距离矩阵 $\{d_y(i,j) = \|\boldsymbol{y}_i - \boldsymbol{y}_j\|\}$；$\|\ \|_{L_2}$ 为矩阵范数；τ 为算子，它将距离转换成内积，给出了便于最优化处理的数据几何的描述形式。

Samko 等（2006）曾针对 ISOMAP 第一步中 K 和 ε 的最优值提出了一种自动选取算法，该算法包含如下 4 个步骤。

（1）选择 K 的可行值区间，$K_{opt} \in [K_{min}, K_{max}]$。$K_{min}$ 为 K 的最小值，邻接图就是据此连接而成的（参见 ISOMAP 的第二步）。对于 K_{max}，可以选择满足如下式子的最大 K 值：

$$\frac{2P}{N} \leq K + 2 \tag{8.21}$$

式中：P 为邻接图中的边的数量；N 为节点数量。对于 ε，可以选择 ε_{max} 为 $\max(d_X(i,j))$。

（2）针对每一个 $K \in [K_{min}, K_{max}]$ 计算式（8.19）给出的代价函数 $E(K)$。

（3）计算 $E(K)$ 所有的最小值及其对应的 K，它们构成了最优值初始选择集 I_K。

（4）针对每一个 $K \in I_K$ 执行 ISOMAP 算法，并利用如下关系式确定 K_{opt}：

$$K_{opt} = \arg\min_K (1 - \rho^2_{D_X D_Y}) \tag{8.22}$$

式中：$\boldsymbol{D}_x$ 和 $\boldsymbol{D}_y$ 分别为输入空间和输出空间中点对之间的欧几里得距离矩阵；ρ 为标准线性相关系数（针对 $\boldsymbol{D}_x$ 和 $\boldsymbol{D}_y$ 所有的元素）。

8.3.1　ISOMAP 在设备故障诊断中的应用

人们已经将 ISOMAP 应用于设备故障的诊断研究中,考察了这一技术的有效性。例如,Xu 和 Chen(2009)基于 ISOMAP 与人工神经网络(ANN)技术给出了一种可用于机电设备故障预测的方法。该方法利用 ISOMAP 算法提取机电设备的运行数据并进行降维处理,然后,将降维后的数据作为人工神经网络的输入以实现故障预测。他们针对一台烟气轮机前后轴承的振动信号进行了方法验证,分析结果表明,该方法在机电设备的故障预测方面是有效的。Benkedjouh 等(2013)将 ISOMAP 算法应用于非线性特征缩减,并结合非线性支持向量回归(SVR)构造了健康状况指示器,从而实现了滚动轴承的健康状态预估并预测了其剩余使用寿命(RUL)。这一方法包括两个步骤,分别是离线和在线步骤。离线步骤主要用于学习轴承退化模型,其中使用了 ISOMAP 和 SVR 方法。在线步骤利用这一模型去检查新测轴承的当前健康情况并预测它们的 RUL。在方法验证中,他们采用了 3 个退化轴承的实际振动信号。首先,借助小波包分解技术从每一个退化轴承的原始振动信号中提取出 8 个特征,其次,利用 ISOMAP 将这 8 个特征缩减成一个特征,称为健康指示器。ISOMAP 的输入参数是利用一个优化过程进行预测的。研究结果表明,该方法在轴承的退化评估建模和 RUL 预测方面是有效的。

进一步,Zhang 等(2013)针对旋转类设备基于 ISOMAP 提出了一种故障诊断技术。他们利用 ISOMAP 刻画高维信号空间的非线性内在流形结构,然后将它映射到低维流形空间中,进而在其中借助分类器进行故障分类处理。ISOMAP 中的近邻数量 k 的确定是经验性的,他们将能够给出最佳分类结果的 k 值作为最优选择。为了验证该方法的故障分类性能,研究中采用了两个振动数据集,分别是包含不平衡、不对中和碰摩故障的转子试验台数据,以及包含正常状态、内圈(IR)缺陷和外圈(OR)缺陷的滚动轴承数据。在降维后的空间中,为了处理分类问题,还使用了 3 种分类器,分别是最小距离分类器、KNN 和带有径向基核函数的 SVM。研究结果证实了所提出的方法在旋转类设备故障诊断中的可行性。

Yin 等(2016)基于小波包变换(WPT)、ISOMAP 和深度置信网络(DBN),提出了一种可用于设备健康状态评估的模型。该模型首先从时域、频域和 WPT 层面提取出原始振动信号的特征,然后利用 ISOMAP 对所提取的特征进行降维,并将所得到的低维特征作为 DBN 的输入,进而评估设备的性能状态。方法验证中使用了从滚动轴承采集到的振动信号,分析结果表明,跟所考察的其他一些方法相比,所提出的方法在滚动轴承健康评估方面是更有效的。

8.4 扩散映射和扩散距离

为了找到数据集的有意义的几何描述,Coifman 和 Lafon(2006)给出了一个基于扩散过程的框架,其中采用马尔可夫矩阵的本征函数定义了一个随机游走,从而通过一族映射(扩散映射(DM))得到数据集的新描述,将数据点嵌入了一个欧几里得空间,在这个空间中距离反映了点对间的关系(以连通性的形式)。由此也就定义了一个很有用的数据点之间的距离,一般称为扩散距离。数据集的不同几何表示可以通过马尔可夫矩阵的迭代或者前向随机游走来获得。下面我们简要地给出简化 DM 框架(Van Der Maaten 等,2009)。

(1)构建数据图,并利用高斯核函数计算图中各边的权值,于是,权值矩阵 $\boldsymbol{W}$ 的元素可以表示为

$$w_{ij} = e^{-\frac{\|x_i - x_j\|}{2\sigma^2}} \tag{8.23}$$

式中:σ 为方差。

(2)针对矩阵 $\boldsymbol{W}$ 进行归一化处理,使其行和为 1,从而定义了一个矩阵 $\boldsymbol{P}^{(1)}$。可以将该矩阵视为一个马尔可夫矩阵,它描述了一个动力过程的前向转移概率,其元素为

$$p_{ij}^{(1)} = \frac{w_{ij}}{\sum_k w_{ik}} \tag{8.24}$$

矩阵 $\boldsymbol{P}^{(1)}$ 反映了单个时间步中从一个点转移到另一个点的概率。

(3)将前向随机游走概率定义为 t 个时间步的概率 $\boldsymbol{P}^{(t)}$,可以由 $(\boldsymbol{P}^{(1)})^t$ 给出。于是,扩散距离即可按照下式确定:

$$D^{(t)}(\boldsymbol{x}_i, \boldsymbol{x}_j) = \sqrt{\sum_k \frac{(p_{ik}^{(t)} - p_{jk}^{(t)})^2}{\psi(\boldsymbol{x}_k)^{(0)}}} \tag{8.25}$$

此处的 $\psi(\boldsymbol{x}_k)^{(0)} = g_i / \sum_j g_j$ 能够给图中高密度部分赋予更大的权值,$g_i = \sum_j p_{ij}$ 是节点 $\boldsymbol{x}_i$ 的度。从式(8.24)可以观察到,具有高转移概率 $\boldsymbol{P}^{(t)}$ 的数据点对将具有较小的扩散距离。

(4)为在数据集 $\boldsymbol{Y}$ 的低维表示中保持扩散距离 $D^{(t)}(\boldsymbol{x}_i, \boldsymbol{x}_j)$,DM 采用了基于谱理论的随机游走方法。数据集的低维表示是由如下特征值问题的 d 个主特征

向量形成的:

$$P^{(t)}v = \lambda v \quad (8.26)$$

由于图是全连通的,因而最大特征值是平凡的,特征向量 v_1 应舍弃。

(5) 最后利用如下关系式给出低维表示:

$$Y = \{\lambda_2 v_2, \lambda_3 v_3, \lambda_4 v_4, \cdots, \lambda_{d+1} v_{d+1}\} \quad (8.27)$$

8.4.1 DM 在设备故障诊断中的应用

DM 在设备故障诊断领域中的应用研究已经比较常见了。例如,Huang 提出了一种降维技术,称为判别扩散映射分析(DDMA),将其用于设备状态监测和故障诊断(Huang 等,2013)。这一研究将判别核手段综合到 DM 框架之中,并通过3 个不同的实验对 DDMA 技术的正确性进行了验证,其中包括一个气动压力调节器实验、一个基于振动的滚动轴承实验以及一个人工噪声非线性测试系统。研究结果表明,DDMA 能够在低维空间中有效地描述高维数据。此外,通过与 PCA、ICA、LDA、LE、LLE、HLLE 以及 LTSA 的经验性比较,他们还指出 DDMA 所产生的低维特征在不同状态中都更为良好。

Chinde 等(2015)通过对比无损状态和损伤状态下的数据集内蕴几何,提出了一种可用于机械结构损伤诊断的数据驱动方法。该方法利用谱 DM 技术识别分布式传感器采集到的时间序列数据的内蕴几何,并借助 DM 的奇异值分解(SVD)进行不同损伤严重度所对应的数据集的低维嵌入。他们通过风机叶片的损伤诊断进行了方法验证,仿真结果表明了所提出的基于 DM 的方法是有效的。

Sipola 等(2015)介绍了一种基于 DM 的齿轮故障检测和分类方法。该方法利用 DM 生成数据的低维表示,并借助 Nystrom 方法将新的测试数据(不属于训练集)拓展到模型中。方法验证中采用了实际齿轮数据进行训练和测试,结果表明,基于 DM 的降维在齿轮故障检测中是有效的。

8.5 拉普拉斯特征映射

拉普拉斯特征映射(LE)是一种从几何角度出发的非线性降维技术(Belkin 和 Niyogi,2002、2003)。LE 算法在计算给定数据的低维表示时,连接点间的距离是尽可能靠近的。对于给定的 n 个数据点 $\{x_i\}_{i=1}^n$,其中每个点均位于高维空间,即 $x_i \in R^D$,LE 将按照如下过程确定映射 Φ,使得 x_i 能够映射为低维空间 $\Phi(x_i) = y_i \in R^d (d = D)$ 中的 y_i。

(1) 利用 n 个数据点 $\{x_i\}_{i=1}^{n}$ 构造图 $G=(V,E)$，每一个数据点对应于一个顶点 $v_i \in V$，于是有

$$|V|=n \tag{8.28}$$

(2) 如果 x_i 和 x_j 比较靠近，则在 v_i 和 v_j 之间放置一条边。计算接近程度通常有两种常见手段，分别是 ε - 邻近和 k - 邻近，可以表示为如下形式：

$$\|x_i - x_j\|^2 < \varepsilon \tag{8.29}$$

$$x_j \in N_i \text{ 或 } x_i \in N_j \tag{8.30}$$

(3) 为每条边赋权值，即

$$W_{ij} = \begin{cases} 1, v_i \text{ 与 } v_j \text{ 连通} \\ 0, \text{其他} \end{cases} \tag{8.31}$$

或者也可以选用热核函数，按照如下方式赋值：

$$W_{ij} = \mathrm{e}^{-\frac{\|x_i - x_j\|^2}{t}} \tag{8.32}$$

(4) 通过求解如下广义特征值问题计算低维表示 y_i，即

$$Lv = \lambda Dv \tag{8.33}$$

其中

$$D = W\mathbf{1}, L = D - W$$

8.5.1 LE 在设备故障诊断中的应用

到目前为止，设备故障诊断研究中 LE 的应用还非常少见。Sakthivel 等（2014）对比了一些降维方法在整体式离心泵的故障诊断中（基于振动信号）的性能表现。他们将从振动信号中提取出的统计特征作为所需特征，然后利用线性降维技术（例如 PCA）和非线性降维技术（例如 KPCA、ISOMAP、MVU、DM、LLE、LE、HLLE 和 LTSA）进行降维处理，并采用了朴素贝叶斯、贝叶斯网络和 KNN 处理分类问题。研究中从离心泵采集了振动信号，并将其用于检验这些降维技术的有效性。每种方法的有效性都是通过视觉分析进行验证的，结果表明，在各种降维技术中，PCA 能够获得最好的分类效果。

近期，Yuan 等（2018）利用 LE 特征转换和基于 PSO 的深度神经网络（DNN），给出了一种设备状态监测方法。这一方法首先针对从设备上采集到的振动信号，通过时频域和 WPT 分析进行特征提取（在原始的高维空间中），然后利用 LE 将数据变换到低维空间，进一步借助基于 PSO 优化的 DNN 来评估健康状况。方法验证中采用的是滚动轴承的振动信号，分析结果证实了该方法在滚

动轴承故障诊断中的可行性。

8.6 局部线性嵌入

局部线性嵌入(LLE)是一种学习算法,可以实现高维输入的低维、邻近保持嵌入(Roweis 和 Saul,2000;De Ridder 和 Duin,2002)。针对给定的 n 个数据点 $\{x_i\}_{i=1}^{n}$,其中每个点均位于高维空间,即 $x_i \in \mathrm{R}^D$,LLE 算法将按照如下过程确定映射 $\boldsymbol{\Phi}$,使得 x_i 能够映射为低维空间 $\boldsymbol{\Phi}(x_i) = y_i \in \mathrm{R}^d(d=D)$ 中的 y_i。

(1) 对于每一个 x_i,寻找其 K 个最近邻,即 $x_{i1}, x_{i2}, \cdots, x_{iK}$。

(2) 假定每个数据点及其近邻位于或靠近流形的某个局部线性面,那么,这些线性面的局部几何可以通过线性系数来表征,这些线性系数根据邻近点对每一个数据点进行了重构,重构误差可以按照下式计算:

$$\varepsilon = \sum_{i=1}^{n} \left| x_i - \sum_{j=1}^{n} w_{ij} x_j \right|^2 \tag{8.34}$$

其中的权值 w_{ij} 体现了第 j 个数据点对第 i 个重构的贡献,可以通过上式的最小化进行计算,且满足约束 $\sum_{j=1}^{n} w_{ij} = 1$ 和 $w_{ij} = 0$(对于不是 x_i 近邻的所有点)。

(3) 重构权值 w_{ij} 反映了数据的固有几何属性,对于这样的变换而言具有不变性。因此,我们期望原始数据空间中局部几何的 w_{ij} 特征在流形的局部平面上也是相同的。于是,D 维空间中第 i 个数据点的重构权值 w_{ij} 也必须能够在低维(d 维)中重构其嵌入流形坐标。正因为如此,在 LLE 算法的最后一步中,每一个高维的 x_i 将会被映射成低维空间中的 y_i,只需通过选取 y_i 使得如下代价函数最小即可:

$$\Phi = \sum_{i=1}^{n} \left| y_i - \sum_{j=1}^{n} w_{ij} y_j \right|^2 \tag{8.35}$$

LLE 算法仅有一个参数,也就是需要设定的最近邻个数。为了自动选取最近邻数量的最优值,Kouropteva 等(2002)曾提出过一种分级方法。

8.6.1 LLE 在设备故障诊断中的应用

现有文献中只有少量研究考察了 LLE 在设备故障诊断中的应用。例如,Li 等(2013)给出了一种齿轮箱故障检测方法,其中采用了盲源分离(BSS)和非线性特征提取技术。该方法将 KICA 算法作为 BSS 手段,用于处理齿轮箱的混合振动信号,从而揭示出跟齿轮箱故障相关的振源。然后,利用 WPT 和经验模态分解(EMD)方法来处理非平稳振动信号,以获得原始故障特征向量。进一步,采用 LLE 实现特征降维,最后借助模糊 k 近邻(FKNN)方法实现齿轮箱健康状态的分类。方法验证中使用了两个振动数据集,分别是从如下两种情况中采集到的:①转速为 750r/min 的重载齿轮;②电动机驱动转速为 800r/min 时的滚动轴承。分析结果证实了 LLE 算法能够有效地提取出清晰的特征,在此基础上借助 FKNN 可以成功识别出不同的故障状态。Su 等(2014)基于有监督增量式局部线性嵌入(I - ESLLE)和一种自适应近邻分类器(ANNC)给出了一类设备故障诊断方法。该方法首先利用 I - ESLLE 对故障样本(来自于所采集的振动信号)进行降维处理,然后将其作为 ANNC 的输入,完成故障类型的识别。为了验证所提出的方法,他们考虑了 5 种齿轮箱运行状态下的振动信号,分别是正常状态、齿轮表面点蚀状态、轴承 IR 缺陷、轴承 OR 缺陷和轴承滚动体缺陷。研究结果表明,这一方法在齿轮故障诊断中是可行的。

进一步,Wang 等(2015)基于统计局部线性嵌入(S - LLE)算法给出了一种设备故障诊断方法,该算法是 LLE 的一种拓展。他们首先借助时域、频域和 EMD 技术从振动信号中提取特征,然后利用 S - LLE 实现高维空间到低维空间的映射,最后在低维空间中通过基于 RBF 的 SVM 分类器实现故障的分类。方法验证中采用的是滚动轴承的振动信号,分析结果表明,S - LLE 要比 PCA、LDA 和 LLE 更为有效。

8.7 Hessian 局部线性嵌入

Hessian 局部线性嵌入(HLLE)是另一种 LLE 算法,它建立在 Hessian 特征映射基础之上(Donoho 和 Grimes,2003)。下面简要介绍简化形式的 Hessian 局部线性嵌入算法。

假定给定的数据集为 $\{x_i\}_{i=1}^{N} \in R^n$,并令 d 为参数空间的维数,k 为近邻个数,且有 $\min(k,n) > d$,此处的目标是借助 HLLE 计算 $\{w_i\}_{i=1}^{N} \in R^d$,这一过程包括以下几个步骤。

(1)针对每一个数据点 $x_i(i = 1,2,\cdots,n)$,确定欧几里得距离上的 k 个最近邻。令 N_i 代表近邻集合,那么,对于每一个 $N_i(i = 1,2,\cdots,N)$,可以构建一个 $k \times n$ 矩阵 X^i,该矩阵的行中包含了中心化的点 $x_j - \bar{x}_i \in N_i$,此处的 $\bar{x}_i$ 是 $x_j(j \in N_i)$ 的平均值。

(2)利用 SVD 得到矩阵 $\boldsymbol{U}$、$\boldsymbol{D}$ 和 $\boldsymbol{V}$。$\boldsymbol{U}$ 的维数为 $k \times \min(k,n)$,前 d 列给出了 N_i 中数据点的切空间坐标。

(3)对 Hessian 矩阵进行估计。一般需要建立其最小二次估计形式,从原理上来说,就是一个矩阵 $\boldsymbol{H}^i$,其特性是:如果 f 为一个光滑函数 $f: X \to R$,且 $f_j = (f(\boldsymbol{x}_i))$,那么,与近邻 N_i 中的点对应的向量 $\boldsymbol{v}^i$ 的元素可以从 f 中提取出来,在这些点上,$\boldsymbol{H}^i \boldsymbol{v}^i$ 将可给出一个 $d(d+1)/2$ 维向量,其元素即为 Hessian 矩阵 $\left(\dfrac{\partial f}{\partial U_i U_j} \right)$ 的元素的估计。

(4)构造二次型。建立一个对称矩阵 $\boldsymbol{\Pi}$,其元素为

$$\Pi_{ij} = \sum_l \sum_r ((\boldsymbol{H}^l)_{r,i} (\boldsymbol{H}^l)_{r,j}) \tag{8.36}$$

式中:$\boldsymbol{H}^l$ 为 $\dfrac{d(d+1)}{2} \times k$ 矩阵,即近邻 N_i 上的 Hessian 矩阵近似。

(5)进行 $\boldsymbol{\Pi}$ 的特征值分析,确定跟 $d+1$ 个最小特征值对应的 $(d+1)$ 维子空间。此处的零特征值是跟常函数子空间相关的,而随后的 d 个特征值则对应于分布在 d 维空间 $\hat{V}_d$ 中的特征向量,嵌入坐标是在该空间中确定的。

(6)选择 $\hat{V}_d$ 的一个合适的基,对于某个给定近邻 N_0 应为正交基。这个近邻可以任意选择,所得到的基向量 w^1、w^2、…、w^d 即代表了嵌入坐标。

8.7.1 HLLE 在设备故障诊断中的应用

这里对 HLLE 在设备故障诊断领域中的应用研究做一简要介绍。Tian 等(2016)基于微分几何提出了一种轴承诊断方法,他们利用 HLLE 从流形拓扑结构中提取流形特征,随后提取出特征矩阵的奇异值和谱图中的若干特定频率幅值,用于减小流形特征的复杂度,并进一步采用基于信息几何的 SVM 进行了故障状态的分类。为便于评估健康状态,这一研究中利用流形距离来描述健康信息,并借助高斯混合模型计算了能够直接反映健康状态的置信度。实例分析中选用了洛伦兹信号和振动数据集(来自滚动轴承),结果验证了该方法的有效性,特别地,这一研究还指出,与 Teager 能量算子(TEO)和希尔伯特 – 黄变换(HHT)相比,利用 HLLE 得到的特征频率幅值更为清晰,简谐成分更加显著。

8.8 局部切空间排列分析

局部切空间排列分析(LTSA)是一种流形学习和非线性降维方法(Zhang 和

Zha,2004),这里简要介绍其算法。

给定来自于潜在 d 维流形的可能带有噪声的样本 $\{x_i\}_{i=1}^N \in R^n$,LTSA 算法能够针对由 k 个局部近邻构造而成的流形生成 N 维坐标 $T \in R^{d \times N}$,其过程主要包括以下 3 个步骤。

(1)提取局部信息。对于每一个 $x_i(i=1,2,\cdots,N)$,先找到它的 k 个最近邻 $x_{ij}(j=1,2,\cdots,k)$,然后计算相关矩阵 $(X_i - \bar{x}_i e^T)^T(X_i - \bar{x}_i e^T)$ 的 d 个最大特征向量 v_1、v_2、$\cdots$、v_d,并令 $G_i = \left[\frac{e}{\sqrt{k}}, v_1, v_2, \cdots, v_d\right]$。

(2)构造排列矩阵。为计算 d 个与 e 正交的最小特征向量,需要针对显式构造的矩阵 B 进行特征值求解,该矩阵可以按照下式计算:

$$B(I_i, I_i) \leftarrow B(I_i, I_i) + I - G_i G_i^T, i = 1, 2, \cdots, N \tag{8.37}$$

初始时 $B = 0$,$I_i = \{i_1, i_2, \cdots, i_k\}$ 代表的是 x_i 的 k 个近邻的指标集合。如果进行直接特征值求解,可以通过对式(8.37)进行局部求和来构造矩阵 B;否则,可以编制程序,针对任意一个向量 u 计算矩阵和向量的乘积,即 Bu。

(3)计算特征向量和特征值。对矩阵 B 进行特征值分析,确定与 $d+1$ 个最小特征值对应的 $d+1$ 维子空间。由此,我们即可得到一个特征向量矩阵$[u_2, \cdots, u_{d+1}]$和 $T = [u_2, \cdots, u_{d+1}]^T$。

8.8.1 LTSA 在设备故障诊断中的应用

在设备故障诊断领域中,已有部分学者采用 LTSA 将高维特征映射到低维特征空间中。例如,Wang 等给出了改进的 LTSA,即有监督学习的局部切空间排列分析(SLLTA)算法和有监督增量式局部切空间排列分析(SILTSA)算法。在这两种算法和 SVM 分类器的基础上,这些研究者提出了两种方法,分别是 SLLT-SA – SVM 和 SILTSA – SVM,并将其用于滚动轴承的故障诊断(Wang 等,2012)。为验证这些方法,研究中采用了滚动轴承的振动信号,结果表明,SILTSA – SVM 方法能够获得更好的诊断性能。Zhang 等(2014)给出了一种可用于设备故障诊断的有监督局部切空间排列(S – LTSA)方法,该方法试图充分利用类型信息来改善分类性能。研究中采用了 IR 缺陷、OR 缺陷和滚珠缺陷情况下的振动信号,结果也验证了该方法是可行的,并且跟传统的 LTSA 和 PCA 相比,S – LTSA 性能更佳。

Dong 等(2015)基于形态学滤波器(经 PSO 优化)和非线性流形学习算法 LTSA,给出了一种旋转类设备故障诊断方法。该方法首先借助形态学滤波器对信号进行滤波处理,滤波器的结构元(SE)是通过 PSO 方法选择的;然后采用 EMD 对滤波后的信号进行分解,进而将提取出的特征导入 LTSA 算法以提取典型特征;最后利用 SVM 处理了故障诊断问题。方法验证中采用的是轴承故障信号(1797r/min 条件下,带有 IR 缺陷、滚动体缺陷和 OR 缺陷),研究结果表明,所给出的方法在消除噪声和设备故障诊断方面是有效的。

Su 等(2015a)提出了一种称为有监督扩展局部切空间排列(SE-LTSA)的降维方法。他们先利用 EMD 将振动信号分解成若干本征模函数(IMF),然后计算每一个 IMF 的能量,并选择能量较大的那些 IMF。这一研究发现,前 6 个 IMF 所包含的能量超过总能量的 90%,因而选择了这 6 个 IMF。进一步,他们从每个 IMF 中提取了 7 个时域特征和 5 个频域特征,并利用 SE-LTSA 降低特征空间的维数,最后还将得到的低维故障样本输入到 k 近邻分类器(KNNC),进行了故障识别。研究中采用试验台上的齿轮箱振动信号对该方法进行了验证,结果表明,这一方法在设备故障诊断方面是有效的。

Su 等(2015b)还提出了另一种旋转类设备多故障诊断方法,它建立在有监督正交线性局部切空间排列(OSLLTSA)和最小二乘支持向量机(LS-SVM)基础之上。该方法先借助 EMD 将采集到的振动信号分解成 IMF,并针对那些包含最多故障信息的 IMF 提取统计特征、自回归(AR)系数和瞬时幅值香农熵,从而构造出高维特征集;然后利用 OSLLTSA 方法进行降维处理,从而生成更为灵敏的低维故障特征;最后根据这些低维故障特征,借助 LS-SVM 对设备故障进行了分类,LS-SVM 的参数是通过改进粒子群优化方法(EPSO)选择的。方法验证中采用了滚动轴承的振动信号,结果证实了这一方法能够改善故障诊断的准确性。

进一步,Li 等(2015)给出了一种旋转类设备寿命状态识别方法,该方法建立在有监督正交线性局部切空间排列和最优监督模糊 c 均值聚类(OSFCM)基础上,它先提取出多重时频特征,然后利用 OSLLTSA 算法将所提取出的训练和测试样本的特征集压缩成低维特征向量,进而将其输入给 OSFCM 用于识别寿命等级。通过对深沟球轴承的实例分析,他们验证了这一方法的有效性。

8.9 最大方差展开

最大方差展开(MVU)也称为半定嵌入(SDE),是一种降维技术,它借助半定规划(SDP)构建降维问题模型(Vandenberghe 和 Boyd,1996;Weinberger 等,2005;van der Maaten 等,2009)。为了在学习到的低维特征空间中保留最大方差，MVU 根据相似性进行数据学习，因此，它能够同时保留每个数据点的所有近邻点对之间的局部距离和角度(Wang,2011)。下面针对一个给定的 $\{x_i\}_{i=1}^N \in R^n$ 简要介绍 MVU 的过程。

(1)构建邻接图 G，其中每个数据点 x_i 都与其 k 个近邻 $x_{ij}(j=1,2,\cdots,k)$ 相连接，然后需要使所有点之间的欧几里得距离平方和达到最大化，即进行如下最优化：

$$\max(\sum_{ij}\|y_i - y_j\|^2) \tag{8.38}$$

约束为

$$\|y_i - y_j\|^2 = \|x_i - x_j\|^2, \forall (i,j) \in G \tag{8.39}$$

(2)将低维数据描述 Y 的内积定义为核矩阵 K，进而将式(8.38)这个优化问题转化为一个 SDP 问题，即

$$\max(\text{tr}(K)) \tag{8.40}$$

约束为

$$k_{ii} + k_{jj} - 2k_{ij} = \|x_i - x_j\|^2, \forall (i,j) \in G \tag{8.41}$$

$$\sum_{ij} k_{ij} = 0 \tag{8.42}$$

$$K \geq 0 \tag{8.43}$$

式中的矩阵 K 是通过求解数字信号处理(DSP)问题构建的。

(3)通过核矩阵 K 的特征值分析，计算低维数据表示。

8.9.1 MVU 在设备故障诊断中的应用

尽管在设备故障诊断领域中已经有一些非线性降维技术的应用研究，不过据我们所知，目前仅有一项研究是关于 MVU 的。Zhang 和 Li(2010)借助 MVU 给出了一种非线性信号的降噪技术，他们先根据相空间重构理论将带有噪声的振动信号嵌入到一个高维相空间，然后利用 MVU 进行相空间数据的非线性降维，从而将描述吸引子的低维流形从噪声子空间分离出来，最后通过重构低维流形得到降噪信号。方法验证中使用了航空发动机中的转子碰摩所产生的振动信号，结果表明，这种基于 MVU 的降噪技术能够有效地提取出被噪声覆盖的轻微碰摩特征。

8.10 随机邻近嵌入

随机邻近嵌入(SPE)是一种非线性降维技术，具有如下 4 个优良特征

(Agrafiotis 等,2010):

(1)实现非常简单;

(2)计算非常快;

(3)在时间和存储空间上都与数据规模呈线性关系;

(4)对数据缺失相对不敏感。

SPE 采用一个自组织迭代过程将 m 维数据嵌入 d 维空间,使得原 m 维中的测地距离能够在嵌入后的 d 维中得以保持。为实现压缩采样信号的维数约减,SPE 一般需要进行如下步骤。

(1)初始化坐标 y_i,选择一个初始学习率 β。

(2)随机选择一对点 i 和 j,计算其距离 $d_{ij} = \|y_i - y_j\|$。如果 $d_{ij} \neq r_{ij}$(r_{ij} 为对应的邻近距离),则更新坐标 y_i 和 y_j:

$$y_i \leftarrow y_i + \beta \frac{1}{2} \frac{r_{ij} - d_{ij}}{d_{ij} + \upsilon}(y_i - y_j) \tag{8.44}$$

$$y_j \leftarrow y_j + \beta \frac{1}{2} \frac{r_{ij} - d_{ij}}{d_{ij} + \upsilon}(y_j - y_i) \tag{8.45}$$

式中:υ 为一个小量,用于避免被零除。给定迭代次数,重复这一步,且 β 以某个 $\delta\beta$ 递减。

8.10.1 SPE 在设备故障诊断中的应用

在设备故障诊断领域中,SPE 的应用研究还非常少见。Wang 等(2017)曾给出过一种故障诊断方法,是建立在稀疏滤波和 t 分布随机邻近嵌入(t-SNE)基础上的。为验证方法的有效性,这些研究人员还采用了 5 种降维技术并结合稀疏滤波对齿轮箱数据集进行了分析,这 5 种降维技术分别是 PCA、局部保持投影(LPP)、Sammon 映射(SM)、LDA 和 SPE。所采集的振动信号来自于一个四速摩托车齿轮箱,包括 4 种健康状况:正常、轻度磨损、中度磨损和轮齿断裂。研究结果表明,基于稀疏滤波与 t-SNE 的这种方法能够实现最佳的分类准确性(99.87%),而其他 5 种方法,即稀疏滤波分别结合 PCA、SM、LPP、LDA 和 SPE,所获得的准确性分别为 99.62%、96.43%、88.74%、56.73% 和 86.22%。Ahmed 和 Nandi 提出了一种三段式方法用于监测旋转类设备的健康状态,称为 CS-SPE。该方法是在压缩采样与随机邻近嵌入基础上,将大量振动数据作为输入用于生成较少的特征,可以实现旋转类设备的故障分类。对于给定的旋转类设备的振动数据集 $X \in R^{n \times L}$,CS-SPE 首先利用基于多测量向量(MMV)模型的压缩采样(CS)来生成压缩采样信号,即压缩数据 $Y=\{y_1,y_2,\cdots,y_L\}\in R^m, 1\le l\le L, m=n$,并将每一个信号与 c 个设备健康状态类型进行匹配,然后借助 SPE 选取压缩采样信号的最优特征。利用所选取的这些特征,最后通过分类器即可实现旋转类设备故障的分类。我们将在第 16 章中详细讨论这一方法。

8.11 本章小结

实际应用中,从旋转类设备采集到的振动信号通常会包含大量来自于不同源位置的响应,而且也会带有一些背景噪声。由于维数灾难问题,在此类设备的故障诊断中直接使用这些振动信号是比较困难的,无论是人工检查还是自动监测都是如此。为此,常见的方法是去计算原始振动信号中能够反映信号本质的某些特征。对于极大量的样本而言,合理的做法是进行高维数据的子空间学习,即将一个高维数据集映射成低维表示。在第 7 章中,我们已经介绍了各种线性子空间学习技术,它们可以用于从大量振动信号中学习子空间特征。然而,对于那些具有非线性结构的数据集来说,线性子空间可能是无效的。因此,这一章阐述了若干非线性子空间学习技术,并介绍了它们在设备故障诊断中的应用,这些技术包括 KPCA、KLDA、KICA、ISOMAP、DM、LE、LLE、HLLE、LTSA、MVU 和 SPE 等。表 8.1 对本章所介绍的绝大部分技术进行了归纳,并给出了可公开获取的软件信息。

表 8.1 所介绍的部分技术及其可公开获取的软件汇总

算法名称	平台	软件包	函数
KPCA	MATLAB	van Vaerenbergh Steven (2016)	km_pca
KCCA			km_cca
用于降维的 MATLAB 工具箱	MATLAB	Van der Maaten 等(2007),针对本书所介绍的一些非线性方法,该工具箱中的软件包括 LLE、LE、HLLE、LTSA、MVU、KPCA、DM、SPE	compute_mapping(data, method, # of dimensions, parameters)

参考文献

Agrafiotis, D. K., Xu, H., Zhu, F. et al. (2010). Stochastic proximity embedding: methods and applications. Molecular Informatics 29 (11): 758–770.

Bach, F. R. and Jordan, M. I. (2002). Kernel independent component analysis. Journal of Machine Learning Research 3 (Jul): 1 – 48.

Belkin, M. and Niyogi, P. (2002). Laplacian eigenmaps and spectral techniques for embedding and clustering. In: Advances in Neural Information Processing Systems, 585 – 591. http://papers.nips.cc/paper/1961 – laplacian – eigenmaps – and – spectral – techniques – for – embedding – and – clustering.pdf.

Belkin, M. and Niyogi, P. (2003). Laplacian eigenmaps for dimensionality reduction and data representation. Neural computation 15 (6): 1373 – 1396.

Benkedjouh, T., Medjaher, K., Zerhouni, N., and Rechak, S. (2013). Remaining useful life estimation based on nonlinear feature reduction and support vector regression. Engineering Applications of Artificial Intelligence 26 (7): 1751 – 1760.

Chinde, V., Cao, L., Vaidya, U., and Laflamme, S. (2015). Spectral diffusion map approach for structural health monitoring of wind turbine blades. In: American Control Conference (ACC), 2015, 5806 – 5811. IEEE.

Coifman, R. R. and Lafon, S. (2006). Diffusion maps. Applied and Computational Harmonic Analysis 21 (1): 5 – 30.

De Ridder, D. and Duin, R. P. (2002). Locally linear embedding for classification. In: Pattern Recognition Group, Dept. of Imaging Science & Technology, Delft University of Technology, Delft, The Netherlands, Tech. Rep. PH – 2002 – 01, 1 – 12.

Dong, S., Chen, L., Tang, B. et al. (2015). Rotating machine fault diagnosis based on optimal morphological filter and local tangent space alignment. Shock and Vibration: 1 – 9.

Dong, S., Luo, T., Zhong, L. et al. (2017). Fault diagnosis of bearing based on the kernel principal component analysis and optimized k – nearest neighbour model. Journal of Low Frequency Noise, Vibrationand Active Control 36 (4): 354 – 365.

Donoho, D. L. and Grimes, C. (2003). Hessian eigenmaps: locally linear embedding techniques for high – dimensional data. Proceedings of the National Academy of Sciences 100 (10): 5591 – 5596.

He, Q., Kong, F., and Yan, R. (2007). Subspace – based gearbox condition monitoring by kernel principal component analysis. Mechanical Systems and Signal Processing 21 (4): 1755 – 1772.

Huang, Y., Zha, X. F., Lee, J., and Liu, C. (2013). Discriminant diffusion maps analysis: a robust manifold learner for dimensionality reduction and its applications in machine condition monitoring and fault diagnosis. Mechanical Systems and Signal Processing 34 (1 – 2): 277 – 297.

Kouropteva, O., Okun, O., and Pietikäinen, M. (2002). Selection of the optimal parameter value for the locally linear embedding algorithm. In: FSKD, 359 – 363. Citeseerx.

Lai, P. L. and Fyfe, C. (2000). Kernel and nonlinear canonical correlation analysis. International Journal of Neural Systems 10 (05): 365 – 377.

Li, F., Chyu, M. K., Wang, J., and Tang, B. (2015). Life grade recognition of rotating machinery based on supervised orthogonal linear local tangent space alignment and optimal supervised Fuzzy C – Means clustering. Measurement 73: 384 – 400.

Li, Z., Yan, X., Tian, Z. et al. (2013). Blind vibration component separation and nonlinear feature extraction applied to the nonstationary vibration signals for the gearbox multi – fault diagnosis. Measurement 46 (1): 259 – 271.

Mika, S., Ratsch, G., Weston, J. et al. (1999). Fisher discriminant analysis with kernels. In: Neural Networks for Signal Processing IX, 1999. Proceedings of the 1999 IEEE Signal Processing Society Workshop, 41 – 48. IEEE.

Qian, H., Liu, Y. B., and Lv, P. (2006). Kernel principal components analysis for early identification of gear tooth crack. In: 2006. WCICA 2006. The Sixth World Congress on Intelligent Control and Automation, vol. 2, 5748 – 5751. IEEE.

Roweis, S. T. and Saul, L. K. (2000). Nonlinear dimensionality reduction by locally linear embedding. Science 290 (5500): 2323 – 2326.

Sakthivel, N. R., Nair, B. B., Elangovan, M. et al. (2014). Comparison of dimensionality reduction techniques for the fault diagnosis of mono block centrifugal pump using vibration signals. Engineering Science and Technology, an International Journal 17 (1): 30 – 38.

Samko, O., Marshall, A. D., and Rosin, P. L. (2006). Selection of the optimal parameter value for the Isomap algorithm. Pattern Recognition Letters 27 (9): 968 – 979.

Schölkopf, B., Smola, A., and Müller, K. R. (1998). Nonlinear component analysis as a kernel eigenvalue problem. Neural Computation 10 (5): 1299 – 1319.

Sipola, T., Ristaniemi, T., and Averbuch, A. (2015). Gear classification and fault detection using a diffusion map framework. Pattern Recognition Letters 53: 53 – 61.

Su, Z., Tang, B., Deng, L., and Liu, Z. (2015a). Fault diagnosis method using supervised extended local tangent space alignment for dimension reduction. Measurement 62: 1 – 14.

Su, Z., Tang, B., Liu, Z., and Qin, Y. (2015b). Multi – fault diagnosis for rotating machinery based on orthogonal supervised linear local tangent space alignment and least square support vector machine. Neurocomputing 157: 208 – 222.

Su, Z., Tang, B., Ma, J., and Deng, L. (2014). Fault diagnosis method based on incremental enhanced supervised locally linear embedding and adaptive nearest neighbor classifier. Measurement 48: 136 – 148.

Tenenbaum, J. B., De Silva, V., and Langford, J. C. (2000). A global geometric framework for nonlinear dimensionality reduction. Science 290 (5500): 2319 – 2323.

Tian, Y., Wang, Z., Lu, C., and Wang, Z. (2016). Bearing diagnostics: a method based on differential geometry. Mechanical Systems and Signal Processing 80: 377 – 391.

Van Der Maaten, L., Postma, E., and Van den Herik, J. (2009). Dimensionality reduction: a comparative. Journal of Machine Learning Research 10: 66 – 71.

Van der Maaten, L., Postma, E. O., and van den Herik, H. J. (2007). Matlab Toolbox for Dimensionality Reduction. MICC, Maastricht University.

Van Vaerenbergh, S. (2016). Kernel methods toolbox. Mathworks File Exchange Center. https://uk.mathworks.com/matlabcentral/fileexchange/46748 – kernel – methods – toolbox? s_tid = FX_rc3_behav.

Vandenberghe, L. and Boyd, S. (1996). Semidefinite programming. SIAM Review 38 (1): 49 – 95.

Wang, G., He, Y., and He, K. (2012). Multi – layer kernel learning method faced on roller bearing fault diagnosis. Journal of Social Work 7 (7): 1531 – 1538.

Wang, J. (2011). Geometric Structure of High – Dimensional Data and Dimensionality Reduction. Springer Berlin Heidelberg.

Wang, J., Li, S., Jiang, X., and Cheng, C. (2017). An automatic feature extraction method and its application in fault diagnosis. Journal of Vibroengineering 19 (4).

Wang, X., Zheng, Y., Zhao, Z., and Wang, J. (2015). Bearing fault diagnosis based on statistical locally linear embedding. Sensors 15 (7): 16225 – 16247.

Weinberger, K. Q., Packer, B., and Saul, L. K. (2005). Nonlinear dimensionality reduction by semidefinite programming and kernel matrix factorization. In: Proc. 30th Int. Workshop Artif. Intell. Statist (AISTATS), 381 – 388.

Widodo, A. and Yang, B. S. (2007). Application of nonlinear feature extraction and support vector machines for fault diagnosis of induction motors. Expert Systems with Applications 33 (1): 241 – 250.

Xu, X. L. and Chen, T. (2009). ISOMAP algorithm – based feature extraction for electromechanical equipment fault prediction. In: 2009. CISP'09. 2nd International Congress on Image and Signal Processing, 1 – 4. IEEE.

Yin, A., Lu, J., Dai, Z. et al. (2016). Isomap and deep belief network – based machine health combined assessment model. Strojniski Vestnik – Journal of Mechanical Engineering 62 (12): 740 – 750.

Yuan, N., Yang, W., Kang, B. et al. (2018). Laplacian Eigenmaps feature conversion and particle swarm optimization – based deep neural network for machine condition monitoring. Applied Sciences 8 (12): 2611.

Zhang, Y. and Li, B. (2010). Noise reduction method for nonlinear signal based on maximum variance unfolding and its application to fault diagnosis. Science China Technological Sciences 53 (8): 2122 – 2128.

Zhang, Y., Li, B., Wang, W. et al. (2014). Supervised locally tangent space alignment for machine fault diagnosis. Journal of Mechanical Science and Technology 28 (8): 2971-2977.

Zhang, Y., Li, B., Wang, Z. et al. (2013). Fault diagnosis of rotating machine by isometric feature mapping. Journal of Mechanical Science and Technology 27 (11): 3215-3221.

Zhang, Z. and Zha, H. (2004). Principal manifolds and nonlinear dimensionality reduction via tangent space alignment. SIAM Journal on Scientific Computing 26 (1): 313-338.

第 9 章 特征选择

9.1 引言

第 6 章曾经指出,在针对从旋转类设备采集到的振动数据进行学习的过程中,维数灾难和无关特征是我们所面临的一系列主要问题中的两个方面。很明显,高维数据信号的处理需要更大的存储空间和更多的时间,而且可通过无线传感网络(WSN)进行远程监测的设备数量也会由于带宽和功率上的限制受到影响。维数缩减是处理带有噪声的高维数据的一种有效手段,这里不妨简要地做一回顾,数据降维的两种主要途径是特征提取和特征选择。特征提取技术将包含 n 个实例 $\{x_i\}_{i=1}^n$ 的高维数据(D 维特征空间,$x_i \in R^D$),投影到一个低维空间,即 $\{y_i\}_{i=1}^n$(d 维特征空间,$y_i \in R^d$),$d \ll D$。这个新的低维特征空间一般是原始特征的线性或非线性组合。第 7 章和第 8 章中已经分别介绍了多种线性和非线性特征提取方法,它们可以用于实现高维特征空间到低维特征空间的映射。

特征选择也称为子集选择,它致力于选取出一个能够充分反映原始特征集典型特性的特征子集,由此将可减少计算代价,并去除无关的和冗余的特征,进而改善学习效果。在基于振动的设备故障诊断问题中,我们的主要任务是将采集到的振动信号正确归类为对应的设备状态,这通常是一种多类别分类问题。因此,设备状态监测中的特征选择应当选取出一个特征子集,根据该特征子集能够区分出不同类别的信号实例,换言之,其主要任务是选择出与分类问题最相关的特征子集。John 等(1994)曾给出过子集选择中的 3 类特征的定义,即无关特征和 2 种不同程度的相关特征(弱相关和强相关)。在分类问题中,无关特征对分类精度没有任何帮助,而相关特征,无论是强相关还是弱相关的,它们都对分类精度有明显的影响,去掉一个相关特征就会导致分类结果的变化。一般来说,特征选择技术是根据某种相关性评价准则从原始特征集中进行相关特征子集的选取。

在分类问题中,诸多学者已经对特征的相关性和无关性进行过研究。例如,Kohavi 和 John(1997)针对贝叶斯分类器考察了特征的相关性和无关性,并指出所有强相关的和一些弱相关的特征对于最优贝叶斯分类器来说是必需的。Weston 等(2001)研究指出,对于存在很多无关特征的高维空间,支持向量机(SVM)的性能会受到显著影响。Yu 和 Liu(2004)的分析表明,为有效地实现高维数据的特征选择,仅考虑特征的相关性是不够的,他们给出了一种可用于相关性和冗余分析的关联性分析方法。Nilsson 等(2007)考察了 2 种不同的特征选择问题,即寻找最优的最小特征子集(MINIMAL - OPTIMAL)和寻找所有与目标变量相关的特征(ALL - RELEVANT),并证实了后者要比前者困难得多。

根据类标签信息的获取情况,特征选择方法可以划分为 3 种主要类型,分别是有监督的特征选择方法、半监督的特征选择方法和无监督的特征选择方法(Chandrashekar 和 Sahin,2014；Huang,2015；Miao 和 Niu,2016；Kumar 等,2017；Sheikhpour 等,2017)。有监督的特征选择方法利用有标签数据样本来选择特征子集,相关性通常是通过计算特征与类标签之间的相关度来评价的。这种方法一般需要足够的有标签数据才能给出判别特征空间,不过在很多实际应用中,我们所获得的数据集常常是由大量无标签样本和少量有标签样本组成的,为了解决这一问题,人们提出了多种半监督特征选择技术(Kalakech 等,2011)。与此不同的是,无监督的特征选择是建立在无标签样本基础上的,因而要比有监督的和半监督的方法更加困难(Ang 等,2016)。

一个典型的特征选择过程包括以下 4 个主要步骤(Dash 和 Liu,1997；Liu 和 Yu,2005)。

(1)子集生成。在这一步中,需要根据某个选定的搜索方法去选择特征子集,搜索方法包括 2 个基本点。①搜索方向。可以是前向的,即从一个空集开始,不断地往其中增加特征；也可以是反向的,即从完整集合开始,不断地从中剔除特征；还可以是双向的,即同时从空集和完整集出发,然后渐次地增加和剔除特征。②搜索策略。可以是完全搜索、序列搜索或随机搜索。

(2)子集评价。利用某种评价指标对所生成的子集进行评价,这些评价指标可以是独立性准则、距离测度、信息指标、相关性度量和一致性度量等。

(3)终止准则判断。主要确定该特征选择过程何时停止,常用的一些终止准则包括：①已经完成完全搜索；②已经获得指定的特征数量、最大特征数量或达到了指定的迭代次数；③进一步增加或剔除任何特征都不能获得更好的子集；④对于给定的分类任务,子集的分类错误率小于容许错误率。

(4)验证。这一步是测试所选择的子集的有效性,需要将结果与已有的公认结果或其他特征选择技术的结果(针对模拟数据集和(或)实际数据集)进行对比。

Dash 和 Liu 指出,绝大多数实际分类问题都是需要有监督的学习的,在这些问题中潜在类别概率和条件概率是未知的,每个实例都有一个类标签。在基于振动的设备故障诊断中,为了借助机器学习分类器实现合理的分析推断,我们常常会去计算原始振动信号的某些能够反映信号本质的特征。有时还需要计算多重特征,从而构成一个特征集。根据特征集中的特征数量的情况,我们可能需要进一步借助特征选择技术对该特征集进行过滤处理(Nandi 等,2013)。实际上,采用特征选择技术的目的就是为了选取出一个特征子集,使得对于给定的振动数据,基于该特征子集能够给出更好的设备健康预测精度。下面针对基于振动的设备故障诊断中的特征选择问题做一简要的介绍。

不妨给定某个振动数据集 X,其中包含了 L 个实例,每个实例又可以通过一个包含 M 个特征值的行向量 $x_i = [x_{i1}, x_{i2}, \cdots, x_{iM}]$ 来表征,于是有

$$X = \begin{bmatrix} x_1 \\ x_2 \\ \vdots \\ x_L \end{bmatrix} = \begin{bmatrix} x_{11} & \cdots & x_{1M} \\ \vdots & & \vdots \\ x_{N1} & \cdots & x_{NM} \end{bmatrix} \tag{9.1}$$

并假定每个向量的原始特征集为 $F = \{f_1, f_2, \cdots, f_M\}$。特征选择技术的主要任务是从 F 中选取出 m 个特征构成子集 Z,$Z \subset F$,我们期望所选取出的特征子集 Z 能够构造出更好的分类模型。

根据与学习算法之间的关系,我们可以将特征选择技术进一步划分为过滤式模型、包裹式模型和嵌入式模型这 3 类情况,下面几节将对这些内容进行详细的讨论。

9.2 基于过滤式模型的特征选择

基于过滤式模型的特征选择技术采用了一个与任何机器学习算法都无关的预处理步骤,它建立在训练数据的各种特性指标基础之上,例如相似性、相关性、信息增益等,因此比其他方法的速度更快,计算复杂度更低。过滤式模型方法的主要过程包含以下 2 步。

（1）根据某些指标对特征进行排序。可以是利用单一特征过滤器针对每一个单一特征进行排序，也可以是利用多特征过滤器对特征子集进行分析（Mitra 等，2002；Tang 等，2014；Chandrashekar 和 Sahin，2014）。

（2）选取排名最靠前的那些特征对分类算法进行训练。

这一节将简要介绍若干可用于振动信号特征排序的特征排序（FR）方法。

9.2.1 Fisher 分值

Fisher 分值（FS）是一种过滤式特征选择方法，也是常用的有监督特征选择方法之一（Duda 等，2001；Gu 等，2012）。FS 的主要思想是在计算特征子集时使得不同类中的数据点之间的距离尽可能大，而同类中的数据点之间的距离尽可能小。不妨设输入矩阵 $\boldsymbol{X} \in \mathbb{R}^{L \times M}$ 约简为 $\boldsymbol{Z} \in \mathbb{R}^{L \times m}$，那么，FS 可以按照下式计算：

$$F(\boldsymbol{Z}) = \mathrm{tr}\{(\boldsymbol{S}_\mathrm{B})(\boldsymbol{S}_\mathrm{T} + \gamma \boldsymbol{I})^{-1}\} \tag{9.2}$$

式中：$\boldsymbol{S}_\mathrm{B}$ 为类间散布矩阵；$\boldsymbol{S}_\mathrm{T}$ 为总散布矩阵；γ 为正则化参数。$\boldsymbol{S}_\mathrm{B}$ 和 $\boldsymbol{S}_\mathrm{T}$ 可以分别计算如下：

$$\boldsymbol{S}_\mathrm{B} = \sum_{i=1}^{c} l_i (\boldsymbol{\mu}_i - \boldsymbol{\mu})(\boldsymbol{\mu}_i - \boldsymbol{\mu})^\mathrm{T} \tag{9.3}$$

$$\boldsymbol{S}_\mathrm{T} = \sum_{i=1}^{L} l_i (\boldsymbol{z}_i - \boldsymbol{\mu})(\boldsymbol{z}_i - \boldsymbol{\mu})^\mathrm{T} \tag{9.4}$$

式中：L 为总观测数；c 为类别数量；z_i 为属于第 c 类的数据集；l_i 为简约数据空间中第 i 类的大小；$\boldsymbol{\mu}_i$ 为第 i 类的均值向量；$\boldsymbol{\mu}$ 为简约数据集的总均值向量，即

$$\boldsymbol{\mu} = \sum_{i=1}^{c} l_i \boldsymbol{\mu}_i \tag{9.5}$$

令 μ_i^j 和 σ_i^j 分别为第 i 类第 j 个特征的均值和标准差，μ^j 和 σ^j 分别为总体数据第 j 个特征的均值和标准差，那么，在形式上可以按照下式计算第 j 个特征的 FS：

$$\mathrm{FS}(\boldsymbol{X}^j) = \frac{\sum_{i=1}^{c} l_i (\mu_i^j - \mu^i)^2}{(\sigma^j)^2} \tag{9.6}$$

式中：$(\sigma^i)^2$ 可表示为

$$(\sigma^i)^2 = \sum_{i=1}^{c} l_i (\sigma_i^i)^2 \tag{9.7}$$

一般地，每个特征的 FS 是独立进行计算的。为此，Gu 等（2012）提出了一种广义 FS 技术，它可以联合选取特征。他们引入了一个指示变量 $\boldsymbol{p} = (p_1, p_2, \cdots, p_d)^\mathrm{T}$，

其中的 $p_i \in \{0,1\}$，将其用于表征某个特征是否被选择。于是，式(9.2)就可以改写为如下形式：

$$F(\boldsymbol{p}) = \mathrm{tr}\{(\mathrm{diag}(\boldsymbol{p})(\boldsymbol{S}_B)\mathrm{diag}(\boldsymbol{p}))(\mathrm{diag}(\boldsymbol{p})(\boldsymbol{S}_T + \gamma \boldsymbol{I})\mathrm{diag}(\boldsymbol{p}))^{-1}\}$$
$$\mathrm{s.t.} \ \boldsymbol{p} \in \{0,1\}^d, \boldsymbol{p}^T \boldsymbol{1} = m \quad (9.8)$$

式中：$\mathrm{diag}(\boldsymbol{p})$ 为 p_i 的对角阵；m 为待选取的特征数量。

因此，式(9.8)的最优值下限将由下式的最优值给出：

$$F(\boldsymbol{W},\boldsymbol{p}) = \mathrm{tr}\{(\boldsymbol{W}^T\mathrm{diag}(\boldsymbol{p})(\boldsymbol{S}_B)\mathrm{diag}(\boldsymbol{p})\boldsymbol{W})(\boldsymbol{W}^T\mathrm{diag}(\boldsymbol{p})(\boldsymbol{S}_T + \gamma \boldsymbol{I})\mathrm{diag}(\boldsymbol{p})\boldsymbol{W})^{-1}\}$$
$$\mathrm{s.t.} \ \boldsymbol{p} \in \{0,1\}^d, \boldsymbol{p}^T \boldsymbol{1} = m \quad (9.9)$$

式中：$\boldsymbol{W} \in \mathrm{R}^{d \times c}$。

根据广义 FS 理论，能够使式(9.9)这一问题最大化的最优指示变量 $\boldsymbol{p}$ 与如下最小化问题的最优 $\boldsymbol{p}$ 是相同的：

$$\min_{\boldsymbol{p},\boldsymbol{W}} \frac{1}{2} \|\boldsymbol{X}^T \mathrm{diag}(\boldsymbol{p})\boldsymbol{W} - \boldsymbol{G}\|_F^2 + \frac{\gamma}{2}\|\boldsymbol{W}\|_F^2$$
$$\mathrm{s.t.} \ \boldsymbol{p} \in \{0,1\}^d, \boldsymbol{p}^T \boldsymbol{1} = m \quad (9.10)$$

式中：$\boldsymbol{G} = [\boldsymbol{g}_1, \cdots, \boldsymbol{g}_c] \in \mathrm{R}^{L \times c}$，$\boldsymbol{g}_i$ 为列向量，可以表示为

$$g_{ji} = \begin{cases} \sqrt{\dfrac{L}{L_c}} - \sqrt{\dfrac{L_c}{L}} & y_j = i \\ -\sqrt{\dfrac{L_c}{L}} & 其他 \end{cases} \quad (9.11)$$

9.2.2 拉普拉斯分值

拉普拉斯分值(LS)是一种无监督过滤式特征选择技术，它根据特征的局部保持能力进行特征排序。实际上，LS 主要建立在拉普拉斯特征映射和局部保持投影基础之上，下面将对此做一简要介绍(He 等，2006)。

不妨给定一个数据集 $\boldsymbol{X} = [\boldsymbol{x}_1, \boldsymbol{x}_2, \cdots, \boldsymbol{x}_L]$，$\boldsymbol{X} \in \mathrm{R}^{L \times M}$，假定第 r 个特征的 LS 为 LS_r，f_{ri} 代表第 r 个特征的第 i 个样本，$i = 1,2,\cdots,M, r = 1,2,\cdots,L$。首先，LS 算法需要构造 M 个节点的近邻图 G，其中的第 i 个节点对应于 $\boldsymbol{x}_i$；然后，在节点 i 和节点 j 之间放置一条边，如果 $\boldsymbol{x}_i$ 和 $\boldsymbol{x}_j$ 互为 k 近邻，那么，这两个节点相互连通。图 G 的权重矩阵元素为 S_{ij}，其计算如下：

$$S_{ij} = \begin{cases} \mathrm{e}^{-\frac{\|\boldsymbol{x}_i - \boldsymbol{x}_j\|^2}{t}} & 节点 i 和节点 j 连通 \\ 0 & 其他 \end{cases} \quad (9.12)$$

式中：t 为某个合适的常数。对于每个样本，其 LS_r 可以按照下式计算：

$$\text{LS}_r = \frac{\tilde{f}_r^{\text{T}}(\mathbf{LS})\tilde{f}_r}{\tilde{f}_r^{\text{T}} \mathbf{D} \tilde{f}_r} \tag{9.13}$$

式中：$\mathbf{D} = \text{diag}(\mathbf{S1})$ 为对角矩阵，$\mathbf{S}$ 为相似矩阵，$\mathbf{1} = [1,2,\cdots,1]^{\text{T}}$，$\mathbf{LS} = \mathbf{D} - \mathbf{S}$ 为图的拉普拉斯矩阵，$\tilde{f}_r$ 的计算可按下式进行：

$$\tilde{f}_r = f_r - \frac{f_r^{\text{T}} \mathbf{D1}}{\mathbf{1}^{\text{T}} \mathbf{D1}} \tag{9.14}$$

其中

$$f_r = [f_{r1}, f_{r2}, \cdots, f_{rM}]^{\text{T}}$$

9.2.3　Relief 算法和 Relief – F 算法

Relief 和 Relief – F 算法是有监督的特征排序方法，在分类和回归问题中经常作为特征子集选择的预处理技术（Kira 和 Rendell,1992；Robnik – Šikonja 和 Kononenko,2003；Liu 和 Motoda,2007）。Relief 算法是一种两类样本过滤算法，而 Relief – F 算法则将其拓展到了多类别场景中。下面将简要介绍这两种算法。

9.2.3.1　Relief 算法

Relief 算法适用于两类样本的情况，其特征排序主要建立在特征取值对两个相邻实例的区分度上（Robnik – Šikonja 和 Kononenko,2003）。下面将给出 Relief 算法的简要过程。

给定两类别的训练数据集 $\mathbf{X} \in \mathbb{R}^{L \times M}$，该算法首先针对所有特征 F 将质量评价函数 $W[F]$ 置零，然后随机选择实例，针对每一个选定的训练实例（$\mathbf{x}_i$）的特征值和类标签值，搜索两个最近邻，第一个近邻称为猜中近邻（Nearest Hit），用 $\mathbf{H}$ 表示，它是同类中的近邻；第二个近邻称为猜错近邻（Nearest Miss），用 $\mathbf{Q}$ 表示，它是不同类中的近邻。随后，该算法根据所有特征 F 在随机选定的实例 $\mathbf{x}_i$、$\mathbf{H}$ 和 $\mathbf{Q}$ 上的取值情况，按照如下方式更新 $W[F]$。

(1) 如果 $\mathbf{x}_i$ 和 $\mathbf{H}$ 在特征 F 上的距离大于 $\mathbf{x}_i$ 与 $\mathbf{Q}$ 上的距离，那么，说明该特征对区分同类和不同类的最近邻起负面作用，应降低该特征的权重，即减小 $W[F]$。

(2) 如果 $\mathbf{x}_i$ 和 $\mathbf{H}$ 在特征 F 上的距离小于 $\mathbf{x}_i$ 与 $\mathbf{Q}$ 上的距离，那么，说明该特征对区分同类和不同类的最近邻是有益的，应增大该特征的权重，即增大 $W[F]$。

上述过程重复 k 次，算法如下所示：

算法9.1　Relief 算法

输入：L 个学习实例，M 个特征，两个类别；

输出：特征质量估计向量 $\boldsymbol{W}$；

1. 初始化 $\boldsymbol{W}[A] = [0,0,\cdots,0]$；

2. For $i := 1$ to k do

3. 随机选择实例 $\boldsymbol{x}_i$；

4. 找到猜中近邻 $\boldsymbol{H}$ 和猜错近邻 $\boldsymbol{Q}$；

5. For $F := 1$ to f do

6. $W := W - \text{diff}(A,\boldsymbol{x}_i,\boldsymbol{H})/k + \text{diff}(A,\boldsymbol{x}_i,\boldsymbol{Q})/k$；

7. 结束。

Relief 算法可以用于数值特征，也可以用于名义特征的处理。对于数值特征来说，两个实例($\boldsymbol{x}_1$ 和 $\boldsymbol{x}_2$)的特征 F 取值差异可以利用如下关系式计算：

$$\text{diff}(F,\boldsymbol{x}_1,\boldsymbol{x}_2) = \frac{|\text{value}(F,\boldsymbol{x}_1) - \text{value}(F,\boldsymbol{x}_2)|}{\max(F) - \min(F)} \tag{9.15}$$

而对于名义特征则为

$$\text{diff}(F,\boldsymbol{x}_1,\boldsymbol{x}_2) = \begin{cases} 0 & \text{value}(F,\boldsymbol{x}_1) = \text{value}(F,\boldsymbol{x}_2) \\ 1 & 其他 \end{cases} \tag{9.16}$$

9.2.3.2　Relief–F 算法

Relief–F 算法是传统 Relief 算法的拓展，能够处理带有噪声的、不完全的、多类别的数据集。该算法利用统计方法根据特征权重（即质量评价值 $\boldsymbol{W}$）来选取重要特征，良好的属性应当能够区分出不同类的实例，同时，对于同类实例还应具有相同的权重(Kononenko 等,1997)。Relief–F 算法的主要思想是从训练数据集中随机选取一些实例，然后计算它们的 l 个同类中的最近邻，也称为猜中近邻($\boldsymbol{H}_j$)，并针对每一个不同的类计算 l 个最近邻，也称为猜错近邻($\boldsymbol{Q}_j$)。它通过函数 diff(属性,实例1,实例2)来计算实例之间的距离，从而确定这些最近邻。类似于 Relief 算法，Relief–F 算法也根据所有特征 F 在随机选定的实例 $\boldsymbol{x}_i$、$\boldsymbol{H}_j$ 和 $\boldsymbol{Q}_j$ 上的取值情况去更新 $\boldsymbol{W}[A]$，不过在更新计算式中是取所有猜中近邻和猜错近邻的平均值。另外，为了处理不完全数据，样本点丢失的数据是以概率方式给出的，如果 $\boldsymbol{x}_1$ 在选定的特征上的值丢失，那么计算实例距离时采用如下关系式：

$$\text{diff}(F,\boldsymbol{x}_1,\boldsymbol{x}_2) = 1 - P(\text{value}(F,\boldsymbol{x}_2) | \text{class}(\boldsymbol{x}_1)) \tag{9.17}$$

式中：$P(\text{value}(F,\boldsymbol{x}_2)|\text{class}(\boldsymbol{x}_1))$ 代表与实例 $\boldsymbol{x}_1$ 相同的类中，特征 F 的值等于

value$(F, \boldsymbol{x}_2)$的概率。如果两个实例的某特征值都丢失了，那么，这个距离函数可以采用下式来计算：

$$\text{diff}(F, \boldsymbol{x}_1, \boldsymbol{x}_2) = 1 - \sum_V (P(V \mid \text{class}(\boldsymbol{x}_1)) \times P(V \mid \text{class}(\boldsymbol{x}_2)))$$

(9.18)

Relief-F算法的过程如下所示：

算法9.2　Relief-F算法

输入：L个学习实例，M个特征，C个类别；

输出：特征质量估计向量$\boldsymbol{W}$；

1. 初始化$\boldsymbol{W} = [0, 0, \cdots, 0]$；
2. For $i := 1$ to k do
3. 随机选取实例$\boldsymbol{x}_i$；
4. 找到l个猜中近邻$\boldsymbol{H}_j$；
5. 针对每个类$C \neq \text{class}(\boldsymbol{x}_i)$进行如下步骤：
6. 找到l个猜错近邻$\boldsymbol{Q}_j$；
7. For $F := 1$ to f do
8. $W[F] := W[F] - \sum_{j=1}^{l} \text{diff}(A, \boldsymbol{x}_i, \boldsymbol{H}_j)/(lk) + \sum_{C \neq \text{class}(\boldsymbol{x}_i)} \frac{P(C)}{1 - P(\text{class}(\boldsymbol{x}_i))}$

$\sum_{j}^{l} \text{diff}(A, \boldsymbol{x}_i, \boldsymbol{H}_j)/(lk)$

9. 结束。

9.2.4　皮尔逊相关系数

皮尔逊相关系数（PCC）（Liu和Motoda，2007）是一种有监督过滤式排序技术，它根据两个变量的相关系数$r(-1 \leq r \leq 1)$来考察其关系，此处的负值表示的是负相关，正值表示正相关，零值代表二者是不相关的。对于分类问题，我们可以借助PCC根据特征和类标签之间的相关性进行特征排序，这种相关系数在数学上可以表示为如下形式：

$$r(i) = \frac{\text{cov}(x_i, y)}{\sqrt{\text{var}(x_i) * \text{var}(y)}}$$

(9.19)

式中：x_i为第i个变量；y为类标签；var($\cdot$)为方差；cov($\cdot$)为协方差。相关系数$r(i)$的值反映了特征x_i与类y的相关性情况。

(1) 如果特征x_i与类y是完全相关的，那么，$r(i)$取1或-1。

(2) 如果特征 x_i 与类 y 是完全不相关的,那么,$r(i)$ 取 0。

(3) 相关系数值接近 1 或 −1 时意味着较高的相关性,而接近 0 时意味着较低的相关性。

如果某特征与类标签的相关性越强,那么,该特征就越好。不过,Yu 和 Liu (2003) 曾经指出,线性相关性这类指标可能是难以刻画出本质上为非线性的相关性行为的,为了解决这一不足,他们提出了一种基于信息论熵思想的相关性指标。

9.2.5 信息增益和增益率

在 Yu 和 Liu(2003) 所提出的基于信息论熵思想的相关性指标中,变量 X 的熵是由下式给出的:

$$H(X) = -\sum_i P(x_i) \log_2(P(x_i)) \tag{9.20}$$

而在观测到另一个变量 Y 之后 X 的熵为

$$H(X|Y) = -\sum_j P(y_j) \sum_i P(x_i|y_i) \log_2(P(x_i|y_i)) \tag{9.21}$$

式中:$P(x_i)$ 为所有 X 值的先验概率;$P(x_i|y_i)$ 为已知 Y 值时 X 的后验概率。

式(9.20) 和式(9.21) 之差称为信息增益(IG),其算式如下:

$$IG(X|Y) = H(X) - H(X|Y) \tag{9.22}$$

如果 $IG(X|Y) > IG(Z|Y)$,那么,就认为特征 Y 与特征 X 的相关性要比特征 Z 与特征 X 的相关性更强。进一步,IG 可以利用特征熵进行归一化处理,即

$$SU(X,Y) = 2 \frac{IG(X|Y)}{H(X) + H(Y)} \tag{9.23}$$

式中:$SU(\cdot)$ 为对称不确定性,其值位于 $[0,1]$ 这一范围,值为 1 时表明已知特征 X 或 Y 的值能够完全预测出 Y 或 X 的值,值为 0 时则表示 X 和 Y 是无关的。

另外,也可以定义增益率(GR) 这一指标,它是 IG 的一种归一化形式,即

$$GR(X,Y) = \frac{H(X) - H(X|Y)}{H(Y)} \tag{9.24}$$

9.2.6 互信息

互信息(MI)是衡量两个变量之间的相关性的指标,即两个变量之间有多少信息是共享的,其定义如下所示(Liu 等,2009;Cang 和 Yu,2012):

$$MI(X,Y) = \sum_{y \in Y} \sum_{x \in X} p(x,y) \log \frac{p(x,y)}{p(x)p(y)} \tag{9.25}$$

根据定义可以看出,如果 X 和 Y 彼此之间非常相关,那么,$MI(X,Y)$ 就会很大,而 $MI(X,Y)$ 为零时,那么,就意味着 X 和 Y 是完全无关的。在分类问题中,MI 可以用于评价特征 $F = \{f_1, f_2, \cdots, f_m\}$ 与类标签 $C = \{c_1, c_2, \cdots, c_k\}$ 之间的相关性,即

$$MI(C,F) = \sum_c P(c) \sum_f p(f,c) \log \frac{p(f,c)}{p(f)} \tag{9.26}$$

9.2.7 卡方

利用卡方(Chi-2)进行特征排序和选择主要建立在 χ^2 检验统计量基础之上(Yang 和 Pedersen,1997)。卡方分析通过相对于类标签的 χ^2 检验计算来评估特征的重要性,对于类标签组 c 中的每一个特征 f,χ^2 值的计算表达式如下所示:

$$\chi^2(f,c) = \frac{L(E_{c,f}E - E_c E_f)^2}{(E_{c,f} + E_c)(E_f + E)(E_{c,f} + E_f)(E_c + E)} \tag{9.27}$$

式中:L 为实例总个数;$E_{c,f}$ 为 f 和 c 同时出现的次数;E_f 为只出现特征 f 的次数;E_c 为只出现 c 的次数;E 为 f 和 c 都不出现的次数。χ^2 的值越大,就意味着该特征的相关性越高。

9.2.8 Wilcoxon 排序

如同 Vakharia 等(2016)所指出的,Wilcoxon 排序(Wilcoxon,1945)是一种针对特征集中的特征排序的非参数检验方法,可以用于检验原假设(H_0)和备择假设(H_1),前者是指两个总体具有完全相同的分布函数,后者是指两个分布函数在中位数上是不同的。因此,大样本检验可以按照如下算式计算:

$$\zeta = \frac{R - \mu_R}{\sigma_R} \tag{9.28}$$

式中:R 为样本的秩和;μ_R 为 R 的均值;σ_R 为 R 的标准差。μ_R 和 σ_R 分别可由如下两式给出:

$$\mu_R = \frac{n_1(n_1 + n_2 + 1)}{2} \tag{9.29}$$

$$\sigma_R = \sqrt{\frac{n_1 n_2 (n_1 + n_2 + 1)}{12}} \tag{9.30}$$

式中:n_1 和 n_2 分别为样本 1 与样本 2 的大小(Vakharia 等,2016)。

9.2.9 特征排序在设备故障诊断中的应用

在旋转类设备的故障诊断研究中,一些学者已经采用了基于过滤式模型的特征选择技术。例如,Tian 等(2012)提出了一种建立在小波包变换(WPT)和包络分析基础上的方法,将其用于提取受齿轮箱故障信号掩蔽的滚动轴承的故障特征。该方法中利用基于 PCC 的相关性分析来选择小波包,然后借助包络分析从所选择的小波包中提取出轴承的故障特征。分析中,他们假定了故障轴承和故障齿轮箱所产生的脉冲信号是不同的。根据振动信号实例研究的结果,他们证实了这一方法能够成功地从含有齿轮箱故障的振动信号中提取到 BPFO(轴承外圈通过频率,30.48Hz)处的故障特征。不仅如此,这些研究人员还指出这一方法是不需要知道齿轮箱的故障信息的。Wu 等(2013)针对旋转类设备中的滚动轴承故障诊断问题,考察了多尺度分析和 SVM 分类技术的可行性,该技术利用多尺度分析提取不同尺度的故障特征,如多尺度熵(MSE)、多尺度排列熵(MPE)、多尺度均方根(MSRMS)和多频带谱熵(MBSE),然后选择一些特征作为 SVM 分类器的输入,其中借助了 FS 和马尔可夫距离评价,它们可以同时改善轴承故障分类的准确性和计算效率。他们在实验中采集了滚动轴承在正常、带有内圈缺陷(IRD)、带有滚动体缺陷以及带有外圈缺陷(ORD)等状态下的振动信号,利用这些信号评估了所给出的方法的有效性。分析结果表明,利用所提取的不同尺度的特征能够实现准确的轴承故障诊断。

进一步,Zheng 等(2014)在滚动轴承故障诊断研究中基于多尺度模糊熵(MFE)、LS 和基于变量预测模型的模式分类(VPMCD)给出了一种技术手段,它利用 MFE 来描述滚动轴承振动信号的复杂性和不规则性,然后借助 LS,根据特征的重要性及其与故障信息的相关性进行特征排序并选择最重要的特征,进而得到维数较小的特征向量,针对所选择的这些特征,最后再采用 VPMCD 来处理分类问题。这些研究人员采集了滚动轴承在 8 种健康状态下的振动信号,将其用于验证方法的正确性。这些健康状态包括了正常状态和 3 种故障状态,故障状态又细分为 2 种程度(轻微和非常严重)的滚动体故障(REF)、2 种程度(轻微和非常严重)的外圈故障(ORF),以及 3 种程度(轻微、中度和非常严重)的内圈故障(IRF)。分析结果表明了所给出的方法是能够有效诊断滚动轴承的故障的。

Vakharia 等(2016)介绍了一种根据所采集的振动信号进行各种轴承故障检测的方法。该方法首先针对时域、频域和离散小波变换计算了 40 个统计特征,然后借助卡方和 Relief-F 特征排序技术选择最有用的那些特征从而减小特征向量的维度,最后分析了各特征对人工神经网络(ANN)和随机森林(RF)的性能影响。这一研究从滚动轴承的健康(HB)、IRD、ORD 和滚珠缺陷(BD)等状态中采集了振动信号,将其用于验证所提出的方法的正确性。研究结果表明,当采用卡方特征排序方法和 RF 分类器时可以获得 93.54% 的十折交叉验证精度。

SaucedoDorantes 等(2016)还基于高维特征缩减给出了一种电动机多故障诊断方法。该方法首先利用经验模态分解(EMD)对信号进行分解处理,然后从中提取出统计特征,继而为保留数据方差,将遗传算法(GA)和主成分分析(PCA)结合起来进行特征优化,接着通过 FS 去选择特征,最后针对这些特征借助 ANN 处理了分类问题。他们在方法验证中使用了 6 种实验状态下测得的振动信号,结果表明,相较于 PCA 和线性判别分析(LDA)而言,该方法在诊断精度上分别获得了大约 12% 和 20% 的提升。

Haroun 及其合作者们进一步考察了自组织映射(SOM)在三相电动机滚动轴承故障检测中的应用,他们采用了基于时域、频域以及时频域的多重特征提取技术,然后借助 Relief-F 和最小冗余最大相关性(mRMR)特征选择技术选取了最优特征,降低了所获取的振动数据维度,最后利用 SOM 对轴承健康状态进行了分类。研究结果表明,将特征选择技术与 SOM 分类器组合使用能够改善故障诊断过程的分类性能(Haroun 等,2016)。

Li 等(2017)基于改进多尺度排列熵(IMPE)、LS 和量子行为粒子群优化-最小二乘支持向量机(QPSO-LSSVM),给出了一种滚动轴承故障诊断策略。该策略首先利用 IMPE 得到准确而可靠的滚动轴承振动信号值,然后借助 LS 算法针对提取出的特征进行精化处理,从而形成一个包含了主要特性信息的新特征向量,最后通过 QPSO-LSSVM 分类器对滚动轴承的健康状况进行了分类处理。为了验证所提出方法的有效性,他们采集了各种工况下的滚动轴承振动信号并进行了实验,结果表明,该方法是能够有效实现滚动轴承故障诊断的,并且指出了较之于多尺度排列熵(MPE),IMPE 能够获得更高的分类精度。

除此之外,Ahmed 和 Nandi(2017)还利用多测量向量压缩采样(MMV-CS)、FS 和 SVM 构建了一种滚动轴承故障分类方法。这一方法将 MMV-CS 和 FS 组合起来用于数据压缩,然后选择压缩样本最重要的特征以减小计算成本和剔除那些无关的和冗余的特征,进一步将带有所选特征的这些压缩样本输入 SVM 分类器进行轴承健康状态的分类处理。这些研究人员采集了 6 种不同状态下的滚动轴承振动信号,其中包括了 2 种健康状态和 4 种故障状态,用于验证方法的正确性。结果表明,这一方法能够获得很高的分类精度。与此相似,Ahmed 等(2017)基于压缩采样、LS 和多类支持向量机(MSVM),提出了一种滚动轴承故障分类方法。他们利用压缩采样(CS)从原始振动信号得到压缩样本,然后借助 LS 对这些压缩样本的特征进行排序(根据它们的重要性及其与关键故障特性之间的相关性),在此基础上进一步选取数量较少的最重要的那些压缩样本用于构造特征向量,最后再针对这些特征向量通过 MSVM 分类器完成滚动轴承健康状态的分类处理。为了验证这一方法,他们采集了 6 种不同健康状况下的滚动轴承振动信号并进行了实验分析,结果表明,该方法能够以相当小的特征集实现较高的分类精度。

近期,Ahmed 和 Nandi(2018)将基于多测量向量(MMV)的 CS 和特征排序联合使用,从大量振动数据中学习得到较少的最优特征,据此完成滚动轴承健康状态的分类。在这一框架中,通过 CS 可以获得具有原始信号品质的压缩采样信号,从而减少了原始信号的数量,然后借助特征排序技术进一步对这些压缩采样信号进行特征排序,并选出一个包含最重要特征的子集。这些研究者依据这一工作框架,在从压缩采样信号中选取特征子集时考虑了 2 种特征选取技术。第一种是基于相似度的方法,也就是给那些彼此很接近的压缩采样信号赋予相似度值,他们基于相似度分析了 3 种特征选择算法(LS、FS 和 Relief-F)。第二种是统计方法,即利用不同的统计指标评价压缩采样信号特征的重要性,该研究中考察了 2 种分别基于相关性和独立性检验的特征选取算法(PCC 和 Chi-2)。进一步,他们将这些被选特征与 3 种流行的分类器(多类逻辑回归分类器(MLRC)、ANN 和 SVM)结合起来进行了轴承故障的分类处理,并利用各种健康状态下滚动轴承产生的振动信号完成了 2 项实例分析,研究结果验证了所给出的工作框架在滚动轴承故障诊断问题中是能够获得较高的分类精度的,并且也表明了所考察的 CS 与特征排序技术的各种组合,在引入逻辑回归分类器(LRC)、ANN 和 SVM 之后,即使对于较为有限的数据也能实现较好的分类准确性。

9.3 基于包裹模型的特征子集选择

基于包裹模型的特征选择建立在预定义的预测器的预测性能基础上,一般比过滤式特征选择代价更高,其过程主要包括以下两个步骤。

(1)根据预定义的搜索策略去搜索一个特征子集。

(2) 利用预定义的预测器来评价所选择的特征子集。

这一过程一直重复到无法再改善预测为止。包裹式方法将预测器的性能作为目标函数进行特征子集的评价,各种类型的搜索技术都可用于搜索能够使得预测性能最大化的特征子集。包裹式方法可以分为序列选择算法和启发式搜索算法(Ckhandrashekar 和 Sahin,2014)。下面将详细介绍这些算法。

9.3.1 序列选择算法

序列选择算法分为两种类型:第一种是序列前向选择(SFS),即从一个空集开始顺序增加特征,并评价所选择的特征,一直重复到无法改善预测为止;第二种是序列后向选择(SBS),即从一个完整的特征集开始,顺序地移除特征,并评估所选的特征,一直重复到无法改善预测为止(Devijver 和 Kittler,1982)。Pudil 等(1994)还建议在特征选择中采用浮动搜索方法,即在序列搜索方法的每一步中动态地改变增加或者移除的特征数量,由此也形成了序列前向浮动选择(SFFS)和序列后向浮动选择(SBFS)技术。

9.3.2 启发式选择算法

在包裹式方法中,针对 n 个特征的搜索空间大小为 $O(2^n)$,这使得此类方法对于高维特征空间而言变得不切实际。为此,人们提出了基于启发式和元启发式搜索的特征选择算法(Kohavi 和 John,1997;Bozorg-Haddad 等,2017),用于改善搜索性能。在轴承故障诊断中,元启发式算法是最为常见的特征选择技术类型之一。此类算法包括蚁群优化(ACO)、GA 和粒子群优化(PSO),下面将对这些方法进行介绍。

9.3.2.1 蚁群优化

蚁群优化(ACO)是 Dorigo 等(1996)提出的一种元启发式搜索技术。正如 Blum 和 Roli(2003)所描述的,ACO 算法的提出主要是受到自然界蚂蚁觅食行为的启发,它们能够找到食物源与巢穴之间的最短路径。蚂蚁能够在它们所经过的路径上释放一种称为信息素的物质,当需要决定往哪个方向前进时,它们会选择概率更大的路径,也就是信息素浓度更高的路径。ACO 算法建立在参数化概率模型基础上,即用于描述化学信息素踪迹的信息素模型。人工蚂蚁是在图 $G(A,B)$ 上随机行走的,这个图称为构造图,其顶点集是解成分集合 A,集合 B 为连接弧集合。与解成分 $a_i \in A$ 相关联的信息素踪迹参数为 τ_i,与连接弧 $b_{ij} \in B$ 相关联的信息素踪迹参数为 τ_{ij},这些参数的值分别用 l_i 和 l_{ij} 表示。另外,$a_i \in A$

和 $b_{ij} \in B$ 还分别与启发值 h_i 和 h_{ij} 相关联。所有信息素参数的集合可以记作 τ，而所有启发值的集合可以记作 H。蚂蚁们就是利用这些值针对怎样在图 G 上行走制定概率性的决策的，也称为转移概率。

Dorigo 等(1996)所提出的蚁群系统(AS)是现有文献中的第一个 ACO 算法。AS 的基本思想是在每次迭代中，每一个蚂蚁 $m \in M$ 创建一个解 s_m，此处的 M 代表蚂蚁集合，然后根据这些解去更新信息素值。在这一算法中，首先需要对信息素的值进行初始化，使之具有相同的较小值($v_0 > 0$)；然后每个蚂蚁逐步构建解成分并将其加入到不完整的当前解中；随后利用转移概率选择下一个解成分，一般根据如下转移规则进行：

$$p(a_r | s_m[a_l]) = \begin{cases} \dfrac{[h_r]^\alpha [l_r]^\beta}{\sum_{a_u \in J(s_m[a_l])} [h_u]^\alpha [l_u]^\beta} & a_r \in J(s_m[a_l]) \\ 0 & \text{其他} \end{cases} \quad (9.31)$$

式中：$J(s_m[a_l])$ 为允许加入部分解 $s_m[a_l]$ 中的解成分集合；a_l 为被加入的最后一个成分；α 和 β 为调节启发信息和信息素值的相对重要性的参数。

当所有蚂蚁构建了解之后，AS 算法将按照如下方式进行在线延迟信息素更新：

$$l_j \leftarrow (1 - \rho) l_j + \sum_{m \in M} \Delta l_j^{s_m}, \forall \tau_i \in \tau \quad (9.32)$$

式中：$0 \leqslant \rho \leqslant 1$ 为信息素的挥发率，$\Delta l_j^{s_m}$ 的定义如下：

$$\Delta l_j^{s_m} = \begin{cases} F(s_m) & a_j \text{ 为 } s_m \text{ 的一个成分} \\ 0 & \text{其他} \end{cases} \quad (9.33)$$

式中：F 为品质函数。

AS 算法的过程可归纳为算法 9.3。

算法 9.3　蚁群系统

初始化：初始化信息素值(τ)、蚂蚁数量(M)、迭代次数(K)。

While $k < K$ do

针对所有蚂蚁 $m \in M$, do

$s_m \leftarrow$ 构建一个解(τ, H)

end

进行在线延迟信息素更新($\tau, \{s_m | m \in M\}$)

end

在 AS 的基础上，人们进一步提出了若干种 ACO 算法，如基于排序的 AS 算法（Bullnheimer 等,1997）、蚁群算法（ACS）（Dorigo 和 Gambardella,1997）、最大最小 AS（MMAS）（Stützle 和 Hoos,2000）、基于种群的 ACO 算法（Guntsch 和 Middendorf,2002）、针对 ACO 的超立方框架（Blum 和 Dorigo,2004）、beam - ACO（Blum,2005）等。

9.3.2.2 遗传算法和遗传规划

遗传算法（GA）是一种基于启发式搜索的优化算法,它主要受到了达尔文的适者生存理论的启发,最早是由 Holland(1975)提出的。GA 算法利用自然选择原理模拟进化过程,从而寻找问题的最优解。1989 年,Holland 和 Goldberg 提出了基本 GA,该算法从一个初始的随机生成的个体集合（也称为种群）开始,然后借助适应度函数对种群进行评价,检验每个个体是否满足终止条件,如果没有个体能够满足终止条件,那么就选择出最佳的个体,并将所选择出的个体作为新一代种群的父代。针对这些父代个体进行交叉操作,即通过交换两个父代个体的子个体以生成两个新的个体,并进一步执行变异操作,从而获得最终的新一代种群（Holland 和 Goldberg,1989）。

正如 Wong 和 Nandi(2004)所阐述的,为了求解优化问题,GA 一般需要包括以下 4 个方面。

（1）编码。即对个体进行编码表示,从而使之适合于优化求解。每个个体通常是由一组参数（变量）构成的字符串来表示的,也就是所谓的染色体,它对应于一个解。显然,GA 中的每个个体解也就是一个基因串。染色体中包含了问题求解所需的某些参数,如二进制基因编码和列表基因编码。在二进制基因编码中,每个染色体长度为 N,N 代表了输入特征总数,基因值"1"表示在对应的参数位置存在某个特征,而基因值"0"表明在该位置不存在某个特征。这种编码方式的优点是:在动态搜索特征子空间时不需要用户指定子集特征的数量,并且也不需要施加任何约束条件。第二种编码方式是实数列表形式,每个基因长度为 M,M 是特征子集中特征的预期数量。在初始化阶段,GA 需要在从 1 到 N 这一范围内的整数中随机选择 M 个数。然而,我们不希望这些整数出现重复,因为这意味着同一特征会被多次选择,为此就需要施加一个约束,即 $1 < f_i < N$,其中的 f_i 为第 i 个输入特征。

（2）初始化。初始种群一般是随机生成的,它们代表了初始解集。

（3）适应度函数。适应度函数也称为评价函数,主要用于评估每个个体的优良程度。例如,在函数最小化问题中,能够给出最小输出的个体将被赋予最高的分值。

(4) 遗传算子。GA 主要包括以下 3 种算子。

①选择。在中间种群的生成过程中有多种选择方式。轮盘赌选择法根据个体的性能为其分配概率,因此较差的个体存活机会较小。与此不同的是,排序选择法只是根据个体的性能进行排序,然后选择和复制一些最好的个体。

②交叉。交叉操作是以概率 P_c 进行的。该操作是针对两个染色体选择一个基因位置,然后将它们的基因信息交换。此外,也有其他一些操作方式,如两点交叉和多点交叉。

③变异。变异操作主要用于避免 GA 出现局部收敛。在二进制编码中,该操作是指选择一个变异位置,然后将该位置上的基因值替换成另一个值。在列表编码中,所选位置的基因值将被替换成一个满足约束的新值。变异操作的概率一般取 0.05,之所以选取这么小的值是为了避免出现震荡。

此外,还有其他一些遗传算子,如精英主义、小生境技术和二倍体结构等,人们通常将它们归类为高级遗传算子。

遗传规划(GP)是能够自动生成计算机程序的一种技术,它属于 GA 的一个分支。GA 构建的是由能够影响解的性能的数字或参数组成的染色体,而 GP 构造的是计算机程序,并将其作为所需的解(Zhang 等,2005)。

9.3.2.3 粒子群优化

粒子群优化(PSO)技术是一种可用于求解全局优化问题的群体智能方法,它主要受到了一些生物组织的社会学行为的启发(Kennedy 和 Eberhart,1995)。PSO 算法借助一个粒子集合来考察搜索空间,这些粒子是通过它们的位置和速度定义的,每一个粒子位置(x)代表了一个潜在的解。在优化过程中,该算法会记忆每个粒子得到的最佳位置,并且整个群体也会将任何粒子得到的最佳位置保存下来。各个粒子的位置和速度是在每一次迭代中进行更新的,例如,在第 k 次迭代中,各个粒子的速度 v 和位置 x 可以分别根据如下两式进行更新:

$$v(k+1) = wv[k] + c_l r_l[k](p[k]-x[k]) + c_g r_g[k](g[k]-x[k]) \quad (9.34)$$

$$x(k+1) = x[k] + v[k+1] \quad (9.35)$$

式中:w 为惯性因子,它能够防止群体过度扩张而陷入纯粹的随机搜索过程;c_l 和 c_g 为加速因子,用于控制每个粒子运动的局部和全局特性;r_l 和 r_g 为独立的随机数。

尽管在具体实现中一般采用式(9.34)和式(9.35),不过理论分析中通常会使用如下所示的二阶等效方程,即

$$x(k+1) - (1 + w - c_l r_l[k] - c_g r_g[k])x[k] + wx[k-1]$$

$$= c_1 r_1[k]p[k] + c_g r_g[k]g[k] \qquad (9.36)$$

Rapaic 等(2008)曾提出过一种广义 PSO 方法,该方法将式(9.36)作为差分方程用于描述一个随机、二阶、时间离散且具有多个输入的线性系统的运动,其基本思想是把式(9.36)替换成一个更一般的二阶模型,即

$$x(k+1) + a_1 x[k] + a_0 x[k-1] = b_1 p[k] + b_g g[k] \qquad (9.37)$$

式中:a_0、a_1、b_1 和 b_g 均为具有合适分布特性的随机数。

为了使式(9.37)获得良好的优化性能,一般需要施加如下一些约束条件。

(1)式(9.37)必须是稳定的,其稳定性边际在优化过程中应当不断增长。

(2)对于受扰的初始条件来说,系统的响应应当是振荡的。

(3)当 k 增大时,应有 $p[k] \to g[k] \to g$,其中的 g 为搜索空间中的任意点。

所有这些要求可以通过如下方程来保证:

$$x[k+1] - 2\xi\rho x[k] + \rho^2 x[k-1] = (1 - 2\xi\rho + \rho^2)(cp[k] + (1-c)g[k]) \qquad (9.38)$$

此处的稳定性条件为 $0 < \rho < 1$ 和 $|\xi| \le 1$,ρ 在优化过程中必须逐渐减小。当 $0 \le \xi < 1$ 时,这一算法是振荡的,随着 ξ 的减小,系统的振荡程度将变得更为显著。参数 c 的取值范围为 $[0,1]$。

9.3.3 基于包裹模型的特征子集选择在设备故障诊断中的应用

很多研究人员已经采用了序列选择算法从振动数据的高维特征空间中进行特征选择,进而实现滚动轴承的故障诊断。例如,Zhang 等(2011)提出了一种可用于设备故障诊断的混合模型,该模型将多种特征选择模型组合起来,从所有可能的相关特征中选择最重要的特征。研究中考虑了8种过滤式模型和2种包裹式模型,即数据方差、PCC、Relief、FS、类间可分离度、Chi-2、IG、GR、二分搜索(BS)模型和 SBS 模型。他们通过2个实例分析验证了该混合模型在设备故障诊断中的有效性,研究结果表明,所提出的方法是能够揭示与故障相关的频率特征的。进一步,Rauber 等(2015)将不同的特征模型组合使用,并借助 PCA、SFS、SBS、SFFS 和 SBFS 选择了最重要的特征,这些模型主要针对的是统计时间参量、复包络谱和小波包分析。他们从滚动轴承的不同健康状态下采集了振动信号,进行了方法验证。Islam 及其合作者们(Islam 等,2016)给出了一种混合式轴承故障诊断模型,该模型是从声发射信号中进行特征提取的。这一研究从时域和频域中提取了若干统计特征,然后考察了多种特征选择过程,其中包括 SFS、SFFS 和 GA。他们针对不同的轴承状态采集了声发射(AE)信号,其中包括正常

健康轴承(NB)、内圈存在裂纹的轴承(BCI)、外圈存在裂纹的轴承(BCO)和滚动体存在裂纹的轴承(BCR)，并且考虑了不同的转速情况。分析结果表明，通过在故障诊断过程中引入特征选择技术，诊断性能得到了改善。

大量学者也已经将 ACO 用于 SVM 参数的选择，从而改善滚动轴承故障的分类性能。例如，Li 等(2013)介绍了一种可用于检测滚动轴承缺陷的方法，称为 IACO-SVM，它建立在改进的 ACO 和 SVM 基础之上。这一方法允许将蚂蚁得到的最差解用于信息素密度的更新，并在 ACO 中采用了网格来调节优化参数的范围。方法验证中从滚动轴承的 4 种状态采集了振动信号，其中包括正常状态、IRF、ORF 和 REF。首先，借助统计技术从振动信号中计算了大量特征，然后将这些特征作为输入提供给 SVM，实验分析结果表明，IACO 能够优化 SVM 的参数，改进算法是有效的，能够获得很高的分类精度，并且速度很快。

Zhang 等(2015)针对旋转类设备的故障诊断问题，将 ACO 用于特征提取和 SVM 的参数优化。该方法的特征提取步骤是从原始振动信号及其对应的 FFT 谱中获得统计特征。为了验证这一方法的有效性，他们针对机车滚动轴承的故障诊断将该方法与另外两种基于 SVM 的方法进行了比较，其中一种方法是采用 ACO 算法进行参数优化的 SVM，另一种方法是采用 ACO 算法进行特征提取的 SVM。分析结果指出，所提出的方法在诊断设备故障方面要比其他方法更为有效。

关于 GA 在设备故障诊断中的应用问题，Jack 和 Nandi(1999、2000)考虑了设备状态监测中存在的大量特征，利用 GA 为 ANN 选择了最重要的输入特征。研究中基于振动数据的矩量和累积量提取了大量不同的统计特征，并通过调控基因组的值进行了 GA 特征选择。对于待检测的具有 $N+1$ 个值的基因组，将前 N 个值用于确定哪些行作为输入特征集矩阵的子集，与基因组中所包含的数值对应的行将被复制到一个包含 N 行的新矩阵中。基因组的最后一个值主要用于确定隐含层中神经元的数量。变异算子采用的是实高斯变异，变异概率为 0.2，交叉算子采用的是均匀交叉，交叉概率为 0.75，GA 中采用的适应度函数为整个数据集上的正确分类数。这些研究者从 6 种不同的轴承状态中采集了实际振动数据，其中包括 2 种正常状态和 4 种缺陷状态，完成了方法的验证。实验研究结果表明，GA 能够从 156 个特征中选择出 6 个输入特征，由此 ANN 可实现 100% 的分类精度。不仅如此，对于由 66 个谱特征构成的较小的输入特征集，GA 能够从中选择出 8 个特征，据此 ANN 可获得 99.8% 的分类精度。Jack 和 Nandi(2002)采用类似的方式考察了 SVM 和 ANN 在二类(故障/无故障)识别问题中的性能表现，试图借助基于 GA 的特征选择过程去改进这两种技术的总体泛化性能。该研究从两台设备采集了振动数据，第一个原始振动数据集针对的是设备 1，考虑了 6 种轴承健康状态，加速度传感器是安装在轴承座的垂向和水平方向上的。第二个振动数据集考虑了 5 种健康状态，加速度传感器仅安装在一个方向上。分析结果表明，利用从设备 1 的原始振动数据中提取出的统计特征集、谱特征集和组合特征集，ANN 能够表现出良好的泛化能力，并获得很高的成功率；利用从设备 2 的原始振动数据集中提取出的谱特征集，两种分类器都能获得 100% 的成功率。

Samanta 等（2001）给出了一种可用于诊断齿轮状态的过程，它建立在 GA 和 ANN 基础之上。他们针对一台带有正常和缺陷齿轮的旋转类设备，从时域振动信号中提取了均值、均方根值、方差、偏度和峰度等特征，并将 GA 和 ANN 组合起来对 ANN 的输入特征选择及其隐含层节点数量进行了优化。输出层包含了两个二值节点，它们用于指示设备的状态，即正常齿轮或缺陷齿轮。实验分析结果表明，所提出的方法在设备故障检测中是有效的。Saxena 和 Saad（2007）也利用 GA 和 ANN 进行了机械系统的状态监测研究，他们首先将原始振动信号做归一化处理，然后考虑了 5 个特征集：①原始振动信号的统计特征；②和信号的统计特征；③差信号的统计特征；④谱特征；⑤所有特征的组合。进一步，利用 GA 选择出这些特征中的最佳特征；根据选出的特征，最后借助 ANN 对故障分类问题进行了处理。方法验证中从轴承采集了振动信号，分析结果表明了带有 GA 优化的 ANN 明显比单独的 ANN 更为优秀。此外，人们也已经证实了 GP 在设备故障分类中最佳特征的选择方面是很有效的（Zhang 等，2005；Zhang 和 Nandi，2007）。

关于 PSO 技术在设备故障诊断中的应用，目前也有一些实验方面的研究。Yuan 和 Chu（2007）提出了一种故障诊断方法，其中利用修正的离散 PSO 对特征选择和 SVM 参数进行了联合优化。该方法在评估 SVM 的性能时采用了一种正确率指标，并将其作为优化问题的目标函数，在约束条件中使用了可同时描述特征与 SVM 参数的混合向量。他们将这一方法应用于涡轮泵转子的故障诊断分析，结果表明了该方法是有效的。

Kanovic 等（2011）针对 PSO 和广义 PSO 及其在故障诊断中的应用，给出了详尽的理论和经验分析。他们从 10 台感应电动机采集了振动信号，振动传感器是安装在水平和垂直方向上的。利用这些信号进行了方法验证，分析结果证实了所给出的方法是能够有效处理感应电动机的故障检测的。

Liu 等(2013)研究了一种多故障分类模型,称为 WSVM,它建立在 SVM 和小波框架的核方法基础之上。为了确定最优参数,他们利用 PSO 对 WSVM 的未知参数进行了优化。研究中首先借助 EMD 对从滚动轴承采集到的振动信号进行分解,然后利用距离评估技术剔除冗余和无关信息,并选出最重要的特征用于轴承缺陷的分类处理。研究结果指出,所提出的这种方法在滚动轴承故障诊断中是有效的。与此类似,Van 和 Kang(2015)也给出了一种基于小波核函数和线性局部 Fisher 判别分析(LFDA)的方法,称为小波核函数与局部 Fisher 判别分析(WKLFDA)。研究中利用 PSO 搜索了 WKLFDA 方法的最优参数。针对合成数据和真实振动数据(来自滚动轴承)的实验研究结果表明,该方法能够有效地实现滚动轴承的缺陷分类。

Zhu 等(2014)进一步开发了一种基于层次熵(HE)和 SVM 以及 PSO 的故障特征提取方法。该方法计算了 8 层分解节点的样本熵,并将其作为故障特征向量,其中同时考虑了滚动轴承振动信号的低频成分和高频成分;利用提取出的 HE 特征向量,进一步借助带有 PSO 的多类 SVM 处理了分类问题。实验分析结果证实,HE 能够比 MSE 更准确地刻画出滚动轴承振动信号的特征。

9.4 基于嵌入式模型的特征选择

基于嵌入式模型的特征选择方法是在分类算法中构建的,用于完成特征的选择。常用的嵌入式方法包括 LASSO、弹性网络、分类与回归树(CART)、C4.5 和 SVM-递归特征消除(SVM-RFE)等。一些研究人员已经将基于嵌入式模型的特征选择方法应用于轴承的故障诊断。例如,Rajeswari 及其合作者们(2015)分析了 MSVM 在轴承故障分类方面的性能,其中采用了不同的特征选择技术。在数据预处理阶段,他们利用小波变换从轴承振动信号中提取特征,为了降低特征的维数,使用了 SVM-RFE、包裹子集方法、Relief-F 法和 PCA 特征选择技术;然后借助两种分类算法(MSVM 和 C4.5)处理了分类问题。方法验证中从滚动轴承的 4 种健康状态采集了振动信号,分析结果揭示了包裹特征选择方法与 SVM 分类器的组合使用(14 个被选特征)能够达到的最大精度为 96%。

Seera 等(2016)研究了一种混合式在线学习模型,该模型将模糊最小最大(FMM)神经网络和 CART 组合起来用于电动机故障的诊断。研究中首先从振动信号中提取了不同状态下的若干时域和频域特征,然后将它们作为输入提供给 FMM-CART 进行电动机轴承故障的检测和诊断。为了验证所提出的方法,这些研究者采用了与不同电动机轴承故障状态相关的参考数据样本,分析结果表明,这一方法是有效的。Duque-Perez 等(2017)针对轴承健康状态的诊断问题,借助 LASSO 技术对 LRC 的性能进行了改进,并通过一个滚动轴承实例进行了验证,其中考虑了 5 种健康状态。研究结果表明,该方法在滚动轴承的故障诊断方面是有效的。

9.5 本章小结

在基于振动的设备故障诊断中,为了利用基于机器学习的分类器得到灵敏的结果,一般需要计算原始振动信号中某些能够反映信号本质的特征,有时还应计算出多种特征以构造出特征集。根据特征集中特征数量的情况,人们可能需要借助特征选择技术进行进一步的过滤处理。在基于振动的设备故障诊断中,特征选择的目的是选取出一个特征子集,该子集应能区分出属于不同类别的实例。换言之,特征选择的主要任务是选出一个与分类问题最相关的特征子集。根据类标签信息的实际情况,特征选择方法可以划分为 3 个主要类型,即有监督式、半监督式和无监督式。另外,根据特征选择方法与学习算法之间的不同关系,它们还可进一步划分为过滤式模型、包裹式模型和嵌入式模型。

本章主要介绍了一些一般性方法,它们可以用于选择最重要的特征,这些特征能够有效地代表原始特征。这些方法包括了各种特征排序算法、序列选择算法、启发式选择算法以及基于嵌入式模型的特征选择算法。表 9.1 归纳了本章所介绍的大部分技术及其可公开获取的软件信息。

表 9.1 所介绍的部分技术及其可公开获取的软件汇总

算法名称	平台	软件包	函数
序列特征选择	MATLAB	统计和机器学习工具箱	sequentialfs
基于 Relief-F 算法的属性(预测器)重要度			relieff
Wilcoxon 秩和检验			ranksum
通过类型划分准则进行关键特征排序		生物信息学工具箱	rankfeatures
特征选择库		Giorgio(2018)	Relief,laplacian,fisher,lasso
利用遗传算法寻找函数最小值		全局优化工具箱	ga

参考文献

Ahmed, H. and Nandi, A. K. (2018). Compressive sampling and feature ranking framework for bearing fault classification with vibration signals. IEEE Access 6: 44731 – 44746.

Ahmed, H. O. A. and Nandi, A. K. (2017). Multiple measurement vector compressive sampling and fisher score feature selection for fault classification of roller bearings. In: 2017 22nd International Conference on Digital Signal Processing (DSP), 1 – 5. IEEE.

Ahmed, H. O. A., Wong, M. D., and Nandi, A. K. (2017). Classification of bearing faults combining compressive sampling, laplacian score, and support vector machine. In: Industrial Electronics Society, IECON 2017 – 43rd Annual Conference of the IEEE, 8053 – 8058. IEEE.

Ang, J. C., Mirzal, A., Haron, H., and Hamed, H. N. A. (2016). Supervised, unsupervised, and semi – supervised feature selection: a review on gene selection. IEEE/ACM Transactions on Computational Biology and Bioinformatics 13 (5): 971 – 989.

Blum, C. (2005). Beam – ACO—hybridizing ant colony optimization with beam search: an application to open shop scheduling. Computers & Operations Research 32 (6): 1565 – 1591.

Blum, C. and Dorigo, M. (2004). The hyper – cube framework for ant colony optimization. IEEE Transactions on Systems, Man, and Cybernetics, Part B (Cybernetics) 34 (2): 1161 – 1172.

Blum, C. and Roli, A. (2003). Metaheuristics in combinatorial optimization: overview and conceptual comparison. ACM Computing Surveys (CSUR) 35 (3): 268 – 308.

Bozorg – Haddad, O., Solgi, M., and LoÃ, H. A. (2017). Meta – Heuristic and Evolutionary Algorithms for Engineering Optimization, vol. 294. Wiley.

Bullnheimer, B., Hartl, R. F., and Strauss, C. (1997). A new rank based version of the Ant System. A computational study. Technical report, Institute of Management Science, University of Vienna.

Cang, S. and Yu, H. (2012). Mutual information based input feature selection for classification problems. Decision Support Systems 54 (1): 691 – 698.

Chandrashekar, G. and Sahin, F. (2014). A survey on feature selection methods. Computers & Electrical Engineering 40 (1): 16 – 28.

Dash, M. and Liu, H. (1997). Feature selection for classification. Intelligent Data Analysis 1 (3): 131 – 156.

Devijver, P. A. and Kittler, J. (1982). Pattern Recognition: A Statistical Approach. Prentice Hall.

Dorigo, M. and Gambardella, L. M. (1997). Ant colony system: a cooperative learning approach to the traveling salesman problem. IEEE Transactions on Evolutionary Computation 1 (1): 53 – 66.

Dorigo, M., Maniezzo, V., and Colorni, A. (1996). Ant system: optimization by a colony of cooperating agents. IEEE Transactions on Systems, Man, and Cybernetics, Part B (Cybernetics) 26 (1): 29 – 41.

Duda, R. O., Hart, P. E., and Stork, D. G. (2001). Pattern Classification Second Edition, vol. 58, 16. New York: Wiley.

Duque – Perez, O., Del Pozo – Gallego, C., Morinigo – Sotelo, D., and Godoy, W. F. (2017). Bearing fault diagnosis based on Lasso regularization method. In: 2017 IEEE 11th International Symposium on Diagnostics for Electrical Machines, Power Electronics and Drives (SDEMPED), 331 – 337. IEEE.

Giorgio. (2018). Feature selection library. Mathworks File Exchange Center.
https://uk.mathworks.com/matlabcentral/fileexchange/56937 – feature – selection – library.

Gu, Q., Li, Z., and Han, J. (2012). Generalized Fisher score for feature selection. arXiv preprint arXiv: 1202.3725.

Guntsch, M. and Middendorf, M. (2002). A population based approach for ACO. In: Workshops on Applications of Evolutionary Computation, 72 – 81. Berlin, Heidelberg: Springer.

Haroun, S., Seghir, A. N., and Touati, S. (2016). Feature selection for enhancement of bearing fault detection and diagnosis based on self – organizing map. In: International Conference on Electrical Engineering and Control Applications, 233 – 246. Cham: Springer.

He, X., Cai, D., and Niyogi, P. (2006). Laplacian score for feature selection. In: Advances in Neural Information Processing Systems, 507 – 514.

Holland, J. H. (1975). Adaptation in Natural and Artificial Systems: an Introductory Analysis With Applications to Biology, Control, and Artificial Intelligence, 4th ed. Boston, MA: MIT Press.

Holland, J. H. and Goldberg, D. (1989). Genetic Algorithms in Search, Optimization and Machine Learning. Massachusetts: Addison – Wesley.

Huang, S. H. (2015). Supervised feature selection: a tutorial. Artificial Intelligence Research 4 (2): 22.

Islam, M. R., Islam, M. M., and Kim, J. M. (2016). Feature selection techniques for increasing reliability of fault diagnosis of bearings. In: Proceedings of the 9th International Conference on Electrical and Computer Engineering (ICECE), 396 – 399. IEEE.

Jack, L. B. and Nandi, A. K. (1999). Feature selection for ANNs using genetic algorithms in condition monitoring. In: Proc. Eur. Symp. Artif. Neural Netw (ESANN), 313 – 318.

Jack, L. B. and Nandi, A. K. (2000). Genetic algorithms for feature selection in machine condition monitoring with vibration signals. IEE Proceedings – Vision, Image and Signal Processing 147 (3): 205 – 212.

Jack, L. B. and Nandi, A. K. (2002). Fault detection using support vector machines and artificial neural networks, augmented by genetic algorithms. Mechanical Systems and Signal Processing 16 (2 – 3): 373 – 390.

John, G. H., Kohavi, R., and Pfleger, K. (1994). Irrelevant features and the subset selection problem. In: Machine Learning Proceedings 1994, 121 – 129. Elsevier.

Kalakech, M., Biela, P., Macaire, L., and Hamad, D. (2011). Constraint scores for semi – supervised feature selection: a comparative study. Pattern Recognition Letters 32(5): 656 – 665.

Kanović, Ž., Rapaić, M. R., and Jeličić, Z. D. (2011). Generalized particle swarm optimization algorithm – theoretical and empirical analysis with application in fault detection. Applied Mathematics and Computation 217 (24): 10175 – 10186.

Kennedy, J. and Eberhart, R. (1995). Particle swarm optimization. In: Proceedings of the IEEE International Conference on Neural Networks IV, 1942 – 1948.

Kira, K. and Rendell, L. A. (1992). A practical approach to feature selection. In: Machine Learning Proceedings 1992, 249 – 256. Elsevier.

Kohavi, R. and John, G. H. (1997). Wrappers for feature subset selection. Artificial Intelligence 97 (1 – 2): 273 – 324.

Kononenko, I., Šimec, E., and Robnik – Šikonja, M. (1997). Overcoming the myopia of inductive learning algorithms with RELIEFF. Applied Intelligence 7 (1): 39 – 55.

Kumar, C. A., Sooraj, M. P., and Ramakrishnan, S. (2017). A comparative performance evaluation of supervised feature selection algorithms on microarray datasets. Procedia Computer Science 115: 209 – 217.

Li, X., Zhang, X., Li, C., and Zhang, L. (2013). Rolling element bearing fault detection using support vector machine with improved ant colony optimization. Measurement 46 (8): 2726 – 2734.

Li, Y., Zhang, W., Xiong, Q. et al. (2017). A rolling bearing fault diagnosis strategy based on improved multiscale permutation entropy and least squares SVM. Journal of Mechanical Science and Technology 31 (6): 2711 – 2722.

Liu, H. and Motoda, H. (eds.) (2007). Computational Methods of Feature Selection. CRC Press.

Liu, H., Sun, J., Liu, L., and Zhang, H. (2009). Feature selection with dynamic mutual information. Pattern Recognition 42 (7): 1330 – 1339.

Liu, H. and Yu, L. (2005). Toward integrating feature selection algorithms for classification and clustering. IEEE Transactions on Knowledge and Data Engineering 17 (4): 491 – 502.

Liu, Z., Cao, H., Chen, X. et al. (2013). Multi – fault classification based on wavelet SVM with PSO algorithm to analyze vibration signals from rolling element bearings. Neurocomputing 99: 399 – 410.

Miao, J. and Niu, L. (2016). A survey on feature selection. Procedia Computer Science 91: 919 – 926.

Mitra, P., Murthy, C. A., and Pal, S. K. (2002). Unsupervised feature selection using feature similarity. IEEE Transactions on Pattern Analysis and Machine Intelligence 24 (3): 301 – 312.

Nandi, A. K., Liu, C., and Wong, M. D. (2013). Intelligent vibration signal processing for condition monitoring. In: Proceedings of the International Conference Surveillance, vol. 7, 1 – 15.

Nilsson, R., Peña, J. M., Björkegren, J., and Tegnér, J. (2007). Consistent feature selection for pattern recognition in polynomial time. Journal of Machine Learning Research 8 (Mar): 589 – 612.

Pudil, P., Novoviˇcová, J., and Kittler, J. (1994). Floating search methods in feature selection. Pattern Recognition Letters 15 (11): 1119 – 1125.

Rajeswari, C., Sathiyabhama, B., Devendiran, S., and Manivannan, K. (2015). Bearing fault diagnosis using multiclass support vector machine with efficient feature selection methods. International Journal of Mechanical and Mechatronics Engineering 15 (1): 1 – 12.

Rapaic, M. R., Kanovic, Z., Jelicic, Z. D., and Petrovacki, D. (2008). Generalized PSO algorithm—an application to Lorenz system identification by means of neural – networks. In: 9th Symposium on Neural Network Applications in Electrical Engineering, 2008. NEUREL 2008, 31 – 35. IEEE.

Rauber, T. W., de AssisBoldt, F., and Varejão, F. M. (2015). Heterogeneous feature models and feature selection applied to bearing fault diagnosis. IEEE Transactions on Industrial Electronics 62 (1): 637 – 646.

Robnik – Šikonja, M. and Kononenko, I. (2003). Theoretical and empiricalanalysis of ReliefF and RReliefF. Machine Learning 53 (1 – 2): 23 – 69.

Samanta, B., Al – Balushi, K. R., and Al – Araimi, S. A. (2001). Use of genetic algorithm and artificial neural network for gear condition diagnostics. In: Proceedings of COMADEM, 449 – 456. Elsevier Science Ltd.

Saucedo Dorantes, J. J., Delgado Prieto, M., Osornio Rios, R. A., and Romero Troncoso, R. D. J. (2016). Multifault diagnosis method applied to an electric machine based on high – dimensional feature reduction. IEEE Transactions on Industry Applications 53 (3): 3086 – 3097.

Saxena, A. and Saad, A. (2007). Evolving an artificial neural network classifier for condition monitoring of rotating mechanical systems. Applied Soft Computing 7 (1): 441 – 454.

Seera, M., Lim, C. P., and Loo, C. K. (2016). Motor fault detection and diagnosis using a hybrid FMM – CART model with online learning. Journal of intelligent manufacturing 27 (6): 1273 – 1285.

Sheikhpour, R., Sarram, M. A., Gharaghani, S., and Chahooki, M. A. Z. (2017). A survey on semi-supervised feature selection methods. Pattern Recognition 64: 141-158.

Stützle, T. and Hoos, H. H. (2000). MAX-MIN ant system. Future Generation Computer Systems 16 (8): 889-914.

Tang, J., Alelyani, S., and Liu, H. (2014). Feature selection for classification: a review. In: Data Classification: Algorithms and Applications, 37-46. CRC Press.

Tian, J., Pecht, M., and Li, C. (2012). Diagnosis of Rolling Element Bearing Fault in Bearing-Gearbox Union System Using Wavelet Packet Correlation Analysis, 24-26. Dayton, OH.

Vakharia, V., Gupta, V. K., and Kankar, P. K. (2016). A comparison of feature ranking techniques for fault diagnosis of ball bearing. Soft Computing 20 (4): 1601-1619.

Van, M. and Kang, H. J. (2015). Wavelet kernel local fisher discriminant analysis with particle swarm optimization algorithm for bearing defect classification. IEEE Transactions on Instrumentation and Measurement 64 (12): 3588-3600.

Weston, J., Mukherjee, S., Chapelle, O. et al. (2001). Feature selection for SVMs. In: Advances in Neural Information Processing Systems, 668-674. http://papers.nips.cc/paper/1850-feature-selection-for-svms.pdf.

Wilcoxon, F. (1945). Individual comparisons by ranking methods. Biometrics Bulletin 1 (6): 80-83.

Wong, M. D. and Nandi, A. K. (2004). Automatic digital modulation recognition using artificial neural network and genetic algorithm. Signal Processing 84 (2): 351-365.

Wu, S. D., Wu, C. W., Wu, T. Y., and Wang, C. C. (2013). Multi-scale analysis based ball bearing defect diagnostics using Mahalanobis distance and support vector machine. Entropy 15 (2): 416-433.

Yang, Y. and Pedersen, J. O. (1997). A comparative study on feature selection in text categorization. In: Proc. 14th Int'l Conf. Machine Learning, vol. 97, 412-420.

Yu, L. and Liu, H. (2003). Feature selection for high-dimensional data: a fast correlation-based filter solution. In: Proceedings of the 20th International Conference on Machine Learning (ICML-03), 856-863.

Yu, L. and Liu, H. (2004). Efficient feature selection via analysis of relevance and redundancy. Journal of Machine Learning Research 5 (Oct): 1205-1224.

Yuan, S. F. and Chu, F. L. (2007). Fault diagnostics based on particle swarm optimisation and support vector machines. Mechanical Systems and Signal Processing 21 (4): 1787-1798.

Zhang, K., Li, Y., Scarf, P., and Ball, A. (2011). Feature selection for high-dimensional machinery fault diagnosis data using multiple models and radial basis function networks. Neurocomputing 74 (17): 2941-2952.

Zhang, L., Jack, L. B., and Nandi, A. K. (2005). Fault detection using genetic programming. Mechanical Systems and Signal Processing 19 (2): 271 – 289.

Zhang, L. and Nandi, A. K. (2007). Fault classification using genetic programming. Mechanical Systems and Signal Processing 21 (3): 1273 – 1284.

Zhang, X., Chen, W., Wang, B., and Chen, X. (2015). Intelligent fault diagnosis of rotating machinery using support vector machine with ant colony algorithm for synchronous feature selection and parameter optimization. Neurocomputing 167: 260 – 279.

Zheng, J., Cheng, J., Yang, Y., and Luo, S. (2014). A rolling bearing fault diagnosis method based on multi – scale fuzzy entropy and variable predictive model – based class discrimination. Mechanism and Machine Theory 78: 187 – 200.

Zhu, K., Song, X., and Xue, D. (2014). A roller bearing fault diagnosis method based on hierarchical entropy and support vector machine with particle swarm optimization algorithm. Measurement 47: 669 – 675.

第四部分　分类算法

玉算表作　　井原四郎

第10章 决策树和随机森林

10.1 引言

本书第三部分中已经介绍了针对振动数据的特征学习和特征选择技术。在基于振动数据的故障检测和诊断问题框架中,下一步是进行分类处理。分类是一项非常典型的监督学习任务,它需要把获得的振动信号正确地归类为对应的设备状态,一般来说,这是一个多类分类问题。如同第6章所指出的,监督学习可以分为批量学习(即离线学习)和在线学习(即增量学习)。批量学习同时利用数据点及其对应的标签进行模型参数的学习和优化。一个简单的分类实例是为一个给定的振动信号指定"正常"或"故障"类别。如图10.1所示,借助若干振动信号实例$(x_1, x_2, \cdots, x_L)$及其预定义标签(即类别,正常状态 NO,故障状态 FA)对分类器进行训练,训练后的分类器可以针对新的振动信号实例$(y_1, y_2, \cdots, y_k)$进行学习,使之归入到 NO 或 FA 类型之中。

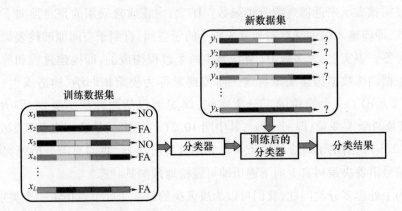

图 10.1 简单的分类示例:将给定的振动信号分配给"正常"或"故障"类别

现有文献中已经给出了多种可用于处理分类问题的技术,如 k 邻近(k -

NN)(Duda 和 Hart,1973);分级模型,决策树(DT)(Quinlan,1986),随机森林(RF)(Breiman,2001);概率模型,朴素贝叶斯分类(Rish,2001),逻辑回归分类(Hosmer 等,2013);支持向量机(SVM)(Cortes 和 Vapnik,1995);分层模型,人工神经网络(ANN)(Jain 等,1996、2014),深度神经网络(DNN)(Schmidhuber,2015)。它们可以用于批量学习和在线学习。

根据所给出的特征,我们可以借助各种分类技术区分出不同的振动类型。如果振动信号的特征经过精心设计,并且分类器的参数也经过精心调节,那么,就有可能实现很高的分类准确性。在本书的这一部分中,我们将介绍一些广泛应用的先进的分类器,即决策树/森林、多类逻辑回归、SVM 和 ANN。除了这些分类器以外,这一部分还将阐明设备状态监测领域中深度学习的近期发展趋势,并讨论一些常用技术及其在设备故障诊断中的应用实例。

这一章将介绍 DT 和 RF 分类器,给出 DT 诊断工具的基本理论及其数据结构,将 DT 综合到决策森林模型中的集成模型,并讨论它们在设备故障诊断领域中的应用。其他类型的技术,即多类逻辑回归、SVM、ANN 和深度学习等,将在第 11 章 ~ 第 14 章分别进行详细介绍。

10.2 决策树

DT 是机器学习中最为流行的工具之一,主要分为两种类型:分类树,其因变量是分类变量;回归树,其因变量是连续变量(Loh,2011;Breiman,2017)。分类树通过树状表示来近似离散分类函数。DT 的构建通常采用的是自顶向下递归的方式,即将输入的训练数据划分成较小的子空间,直到子空间能够代表最恰当的类标签。事实上,大多数 DT 算法是由两个过程构成的,即构建过程和剪枝过程。根据训练数据构建决策树这一阶段通常称为决策树归纳、构造或生长等。图 10.2 示出了一个简单的二分类实例,该实例包括两种状态类别,即 NO 和 FA,以及两个 X 变量,即 x_i^1 和 x_i^2,其中图 10.2(a)给出的是数据点及其划分,而图 10.2(b)则给出了对应的决策树。利用这种分类器,我们只需令所感兴趣的某个信号沿着决策树自上向下遍历即可轻松地预测其状态。

为了处理多分类问题,我们可以为决策树的每一个叶节点指定一个类别,或者说每个叶节点是根据类标签来选择的,并且可能存在两个或更多个叶节点属于同一类别。例如,图 10.3 示出了一个针对滚动轴承健康状态的 6 分类决策树典型实例,其中包括 2 种正常状态,即全新(NO)和未损坏的磨损(NW)状态,以及4种缺陷状态,即内圈(IR)、外圈(OR)、滚动体(RE)和保持架(CA)缺陷状态。

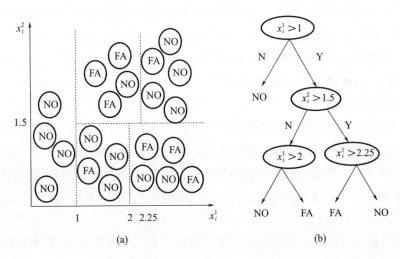

图10.2 一个简单的二分类示例:正常状态(NO),缺陷状态(FA),两个 X 变量

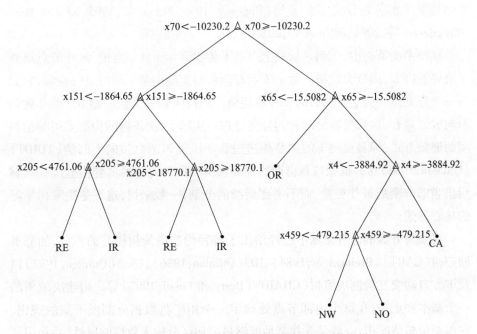

图10.3 针对滚动轴承健康状态的典型的6分类树

决策树非常适合于数据向量输入的场景,能够容许某些特征值的缺失,这种情况在实时数据采集与特征提取中是可能出现的。决策树的结构包含了根节

点、若干决策节点、分支以及叶节点(也称为终端节点)。叶节点包含了类标签,分支代表了从根节点到叶节点的路径。决策树的深度是指从根节点到叶节点的最长路径(Rivest,1987)。在决策树算法中,树的表达是根据输入数据学习得到的,主要是通过识别最佳分割并学习标签分类(即确定终端节点)来完成。每一个节点都需要一个分割准则,如基尼指数、信息增益、Marshall 修正或者随机选择的属性,据此将实例空间分割成两个或更多个子空间(Buntine 和 Niblett,1992;Jaworski 等,2018)。

这些分割准则可以是单变量(即只考虑一个属性)或多变量(考虑多个属性)形式的(Brodley 和 Utgoff,1995;Myles 等,2004;Lee,2005),其主要目的是确定能够将训练元组分割成子集的最佳属性。在决策树分类中,元组的属性一般是类型或数值。不过,人们也提出了多种能够根据不确定性数据构造决策树的方法(Tsang 等,2011)。

决策树可以是二分类也可以是多分类的。在二分类形式中,分割准则是将子空间划分为两个部分,也就是说,每个节点将分裂为两个子集,而多分类形式中则是尽可能地划分成多个子集(Biggs 等,1991;Fulton 等,1995;Kim 和 Loh,2001;Berzal 等,2004;Oliveira 等,2017)。

在每个决策树中,实例是从根节点向下传递到某个叶节点的,该叶节点反映了最终的决策,即分类结果。每个节点都会针对实例的某个属性进行检验,它的每一个分支都对应于该属性的一种可能值。将决策树视为由一组 if-then 规则所构成的集合,这样更容易理解其分类过程。实际上,决策树的构造采用的是典型的递归方式,即自顶向下的贪婪构造过程。决策树的自顶向下归纳(TDIDT)(Quinlan,1986)这一框架就是借助这种算法类型的。此处的贪婪构造过程能够给出当前分割的最佳变量,而不考虑后续的分割,一般来说,这正是决策树学习的核心思想。

决策树方面的已有文献中已经给出了各种构造决策树模型的方法,如分类回归树(CART)(Breiman 等,1984)、ID3(Quinlan,1986)、C4.5(Quinlan,1993)以及卡方自动交互检测决策树(CHAID)(Berry 和 Linoff,1997)等。构建决策树的一个基本要点是:在每个内部节点处确定一个用于将数据分割成子集的规则。在单变量树情况中,一般是寻找某种能够最好地区分输入数据的属性,并利用这一属性制定一个决策规则。在多变量树情况中,通常是寻找一个具有最佳区分能力的属性组合(Murthy,1998)。下面几个小节将对决策树分割决策中最常用的算法进行讨论,其中包括了单变量和多变量分割技术。

10.2.1 单变量分割准则

单变量分割准则在内部节点处仅利用一个属性进行分割处理,因此决策树学习算法需要寻找最佳的可用于分割的属性。理想的分割规则通常能够获得很好的类纯度,即一个叶节点中的所有情况均来自于同一个类别。例如,图10.2中只有一个叶节点是纯的,所有实例都是 NO 类型,而另外 4 个叶节点都是不纯的。为了优化决策树,我们可以搜索分割规则 S_r,使得不纯度函数 F_{imp} 最小化。这个不纯度函数 F_{imp} 定义在所有的 k 元组集合 $(p(c_1),p(c_2),\cdots,p(c_k))$ 上,$p(c_i) \geqslant 0 (i \in \{1,2,\cdots,k\})$,$\sum_{i=1}^{k} p(c_i) = 1$,且应满足:

(1)F_{imp} 仅在点 $(1/k,1/k,\cdots,1/k)$ 处达到最大值;

(2)F_{imp} 在 $(1,0,\cdots,0)$、$(0,1,\cdots,0)$、$\cdots$、$(0,0,\cdots,1)$ 等代表完全纯净的点处取得最小值;

(3)F_{imp} 是关于 $(p(c_1),p(c_2),\cdots,p(c_k))$ 的对称函数。

任何节点(如 N_1)的不纯度都可以通过如下表达式给出:

$$i(N_1) = F_{imp}(p(c_1|N_1),p(c_2|N_1),\cdots,p(c_k|N_1)) \tag{10.1}$$

如果节点 N_1 中的分割规则 S_r 将所有实例划分成两个子集,即 N_{1L} 和 N_{1R},那么,不纯度的下降可以表示为

$$\Delta i(S_r,N_1) = i(N_1) - P_L i(N_{1L}) - P_R i(N_{1R}) \tag{10.2}$$

式中:P_L 和 P_R 分别为 N_{1L} 和 N_{1R} 所占的比例。如果节点 N_j 中的检测是基于某个具有 n 个值的属性的,那么,式(10.2)可以表示为如下所示的一般形式(Raileanu 和 Stoffel,2004):

$$\Delta i(S_r,N_1) = i(N_1) - \sum_{j=1}^{n} P(N_j) i(N_j) \tag{10.3}$$

决策树方面的现有文献中已经给出了若干种基于不纯度的分割指标,下面将详细介绍最常用的一些。

10.2.1.1 基尼指数

基尼指数是用于类型数据的基于不纯度的指标。最初这一指标是用于衡量错误分类概率的,由意大利统计学家 Corrado Gini 于 1912 年提出。后来 Breiman 等(1984)提出可以将其用于决策树节点不纯度的评价。基尼指数评价的是目标属性值概率分布之间的偏差。对于给定的某个节点 N,基于基尼指数的不纯度函数将一个类标签 c_i 以概率 $p(c_i|N)$ 分派给某个训练实例,于是,该实例为类型 j 的概率可以估计为 $p(c_j|N)$。基于这一规则,错误分类的概率估计,即基

尼指数,就可以表示为如下形式:

$$\text{Gini}(c,N) = \sum_{i=1}^{k}\sum_{j=1,j\neq i}^{k} p(c_i|N)p(c_j|N) = \sum_{i=1}^{k} p(c_i|N)(1-p(c_i|N))$$

$$= 1 - \sum_{i=1}^{k}(p(c_i|N))^2 \tag{10.4}$$

当节点 N 纯净时,基尼指数为零。例如,利用上式给出的基尼指数,图 10.2 中的纯净节点(所有实例均为 NO 状态)的不纯度应为 $1-(4/4)^2=0$。对于根节点,它满足 $x_i^1>2.25$,具有 4 个 NO 实例和一个 FA 实例(参见图 10.2(a)),其基尼指数为 $1-(4/5)^2-(1/5)^2=0.32$。如果节点 N 中的分割规则 S_r 将所有实例划分成两个子集,即 N_L 和 N_R,那么,基尼指数可以按照下式进行计算:

$$\text{Gini}_A(S_r,N) = \frac{|N_1|}{|N|}\text{Gini}(N_1) + \frac{|N_2|}{|N|}\text{Gini}(N_2) \tag{10.5}$$

不纯度的下降量可以表示为

$$\Delta\text{Gini}(A) = \text{Gini}(S_r,N) - \text{Gini}_A(S_r,N) \tag{10.6}$$

作为基尼指数的替代,Twoing 准则是一种二分思路,可以表示为

$$\text{Twoing}(N) = 0.25\left(\frac{|N_0|}{|N|}\right)\left(\frac{|N_1|}{|N|}\right)\left(\sum_{c_i\in C} p_{N_0,c_i} - p_{N_1,c_i}\right)^2 \tag{10.7}$$

10.2.1.2 信息增益

信息增益(IG)是用于评价某个特征能够提供多少类型信息的指标,它也是基于不纯度的,将熵作为不纯度指标。信息熵的数学表达式如下:

$$\text{Info}(N) = -\sum_{i=1}^{C} p(N,c_i)\log_2(p(N,c_i)) \tag{10.8}$$

式中:C 为类型数量;$p(N,c_i)$ 为 N 中属于 c_i 的实例所占的比例。对应的信息增益(k 个输出)定义为分割前的熵与分割后的熵之差,其数学形式为(Quinlan,1996a、b)

$$\text{IG}(N) = \text{Info}(N) - \sum_{i=1}^{k}\frac{|N_i|}{|N|}\text{Info}(N_i) \tag{10.9}$$

虽然 IG 是一种良好的不纯度指标,然而,它偏向于选择取值多的属性,为了克服这一缺陷,Quinlan 提出了信息增益率指标,该指标实际上针对 IG 在选择属性时偏向于生成大量小子集这一点进行了惩罚(Quinlan,1986)。增益率可以表示为如下形式:

$$\text{GR}(N) = \frac{\text{IG}(N)}{\text{SplitINFO}} \tag{10.10}$$

式中:SplitINFO 代表的是分割信息值,反映的是将训练数据 N 分割成 k 个子集所产生的潜在信息,即

$$\mathrm{SplitINFO}(N,A) = \sum_{i=1}^{k} \frac{|N_i|}{|N|} \log \frac{|N_i|}{|N|} \qquad (10.11)$$

式中:A 为备选属性;i 为 A 的可能值;N 为实例集合;N_i 为子集(当 $X_A = i$)。

似然比是另一种衡量 IG 的统计意义的指标,其定义如下(Rokach 和 Maimon,2005b):

$$G^2(a_i, N) = 2\ln 2 \, |N| \, IG(a_i, N) \qquad (10.12)$$

10.2.1.3 距离度量

De Mántaras 提出了另一种可用于决策树归纳的特征选择准则,该准则建立在各个分区之间的距离基础上。根据这一准则所选出的节点中的特征可以归纳出(距离上)最接近于正确分区的子集划分(De Mántaras,1991)。由特征 A 和类型 C 所产生的分区之间的距离度量可以表示为如下形式:

$$(A, C) = 1 - \frac{\mathrm{IG}(A, C)}{\mathrm{Info}(A, C)} \qquad (10.13)$$

式中:Info(A, C) 为 A 和 C 的联合熵,其定义式如下:

$$\mathrm{Info}(A, C) = \sum_a \sum_c p_{ac} \log_2 p_{ac} \qquad (10.14)$$

10.2.1.4 正交准则

正交准则(ORT)是一种二分准则,其形式如下(Fayyad 和 Irani,1992):

$$\mathrm{ORT}(N) = 1 - \cos\theta(p_{c, N_1}, p_{c, N_2}) \qquad (10.15)$$

式中:$\theta(p_{c, N_1}, p_{c, N_2})$ 为两个分区(N_1 和 N_2)的目标属性的概率分布之间的角度。

决策树的单变量分割指标还有很多,限于篇幅,这里不再详细加以介绍。感兴趣的读者可以去参阅相关文献,如 Rounds(1980)、Li 和 Dubes(1986)、Taylor 和 Silverman(1993)、Dietterich 等(1996)、Friedman(1977)以及 Ferri 等(2002)的工作。另外,关于分割准则的对比研究也有很多,如 Safavian 和 Landgrebe(1991)、Buntine 和 Niblett(1992)、Breiman(1996b)、Shih(1999)、Drummond 和 Holte(2000)以及 Rokach 和 Maimon(2005a、b)等的工作。

10.2.2 多变量分割准则

单变量分割仅需根据一个属性进行内部节点处的分割处理,与此不同的是,多变量分割在单个节点分割处理中需要考虑多个特征。大多数的多变量分割是建立在输入特征的线性组合基础上的。实际上,确定最佳的多变量分割要比确

定最佳的单变量分割困难得多。现有关于多变量分割的文献中,已经出现了多种可用于确定最佳线性组合的方法,其中包括贪婪搜索、线性规划、线性判别分析、感知机训练以及爬山搜索等。针对各种决策树研究中的多变量分割问题,表 10.1 对最为常用的方法进行了归纳。

表 10.1　决策树研究中最常用的多变量分割方法汇总

方法	相关研究
贪婪学习	Breiman 等(1984);Murthy(1998)
非贪婪学习	Norouzi 等(2015)
线性规划	Lin 和 Vitter(1992);Bennett(1992);Bennett 和 Mangasarian(1992、1994);Brown 和 Pittard(1993);Michel 等(1998)
线性判别分析	You 和 Fu(1976);Friedman(1977);Qing-Yun 和 Fu(1983);Loh 和 Vanichsetakul(1988);Likura 和 Yasuoka(1991);Todeschini 和 Marengo(1992);John(1996);Li 等(2003)
感知机学习	Utgoff(1989);Heath 等(1993);Sethi 和 Yoo(1994);Shah 和 Sastry(1999);Bennett(2000);Bifet 等(2010)
爬山搜索	Murphy 和 Pazzani(1991);Brodley 和 Utgoff(1992);Murthy 等(1994)

无论是单变量还是多变量分割,分割处理都需要一直持续到某个终止准则得到满足为止。一个简单的终止准则是节点达到纯净,即节点中的所有实例均属于唯一的一个类别。这种情况下,显然就没有必要进行进一步的分割处理了。其他的终止准则还包括:①当节点中的实例数量小于预先指定的 N_{stop} 时,将该节点设定为终端节点(Bobrowski 和 Kretowski,2000);②当树的深度,即从根节点到叶节点的最长路径达到要求时终止;③当最优分割准则不超过指定的阈值时终止;④当节点数量达到指定的最大数量时终止。

10.2.3　剪枝方法

正如前文提及的,最常见的决策树归纳过程包括两个主要步骤:①构造一棵能够对所有训练实例进行分类的完整的树;②对所构造的树进行剪枝。Breiman 等(1984)早期所提出的剪枝方法已经得到了广泛的应用,它能够避免过拟合,从而获得规模合适的树,也就是先前构造的树的子树(Mingers,1989;Murthy,1998)。实际上,利用已有的分割指标所进行的决策树生长过程会持续进行分割处理,直到满足某种终止条件。然而,这一过程往往会导致树的规模过大或者过拟合。剪枝处理能够减小这种过拟合和树的尺度。可以说剪枝基本上就是反向的树生长,也可称为自底向上修剪(Kearns 和 Mansour,1998)。一般而言,采用较严格的终止条件通常会导致较小的欠拟合的决策树,而采用较宽松的终止条件又会产生较大的过拟合的决策树。为了解决这一问题,我们需要通过去除一些不影响泛化精度的子分支,将过拟合的树修剪成较小的树(子树)(Rokach 和 Maimon,2005a)。

决策树方面的已有研究已经给出了多种剪枝方法,下面将详细介绍一些最常用的方法。

10.2.3.1 错误-复杂度剪枝

错误-复杂度剪枝也称为代价-复杂度剪枝(Breiman 等,1984),这是一种两步式的错误最小化剪枝方法。在第一步中,根据训练实例产生一个树的序列,即 $T_1, T_2, \cdots, T_m$,其中的 T_1 为剪枝之前的原始树。然后,通过在 T_i 中修剪一个或多个子树来生成 $T_{i+1}(T_{i+1} < T_i)$,例如,我们可以通过在 T_1 中剪去分支 ζ_{T_1} 得到 $T_2 < T_1$,即

$$T_2 = T_1 - \zeta_{T_1} \tag{10.16}$$

更一般的形式可以表示为

$$T_{i+1} = T_i - \zeta_{T_i} \tag{10.17}$$

按照这一方式继续进行下去,我们即可生成一个子树的递减序列,即 $T_1 > T_2 > \cdots > T_m$。对于每一个中间子树,被修剪的是那些能够使得每个修剪后的叶节点的表观错误率增加最少的分支。针对子树 $T \subset T_0$(T_0 为剪枝前的原始树),代价-复杂度准则可以根据下式进行计算:

$$C_a(T) = C(T) + a|\tilde{\zeta}(T)| \tag{10.18}$$

式中:$C(T)$ 为决策树 T 的错误代价;$\tilde{\zeta}(T)$ 为叶节点的数量;a 为复杂度参数。对于剪枝后的子树 $T - T_\zeta$ 来说,其错误-复杂度(该子树相对于节点 ζ 处的分支的代价-复杂度函数 C_a)可以表示为

$$g(\zeta) = \frac{C(T) - C(T_\zeta)}{|\tilde{\zeta}(T)| - 1} \tag{10.19}$$

在第二步中,一般是针对每个内部节点,计算错误复杂度,并将值最小的节点转化为叶节点,从而得到最佳剪枝的树。

10.2.3.2 最小错误剪枝

最小错误剪枝方法(Cestnik 和 Bratko,1991)是自底向上地选择具有最小误差(针对训练数据集)的树。如果给定 m 个概率估计,那么,某个节点中的期望

误差率可以表示为

$$E_\zeta = \frac{N - n_c + (1 - p_{ac})m}{N + m} \quad (10.20)$$

式中:N 为节点中的实例总数;n_c 为能够使得期望误差最小化的类别 c 中的实例数;p_{ac} 为类别 c 的先验概率;m 为估计方法的参数。

10.2.3.3 降低错误剪枝

降低错误剪枝是 Quinlan(1987)提出的一种简单而直接的决策树剪枝方法。该方法不是生成一个树序列然后从中进行选择,而是采用了一个更为直接的过程。其基本思想是评估每一个非叶节点对于独立测试数据集(也称为剪枝数据集)的分类错误情况,即如果将非叶节点替换为可能的最佳叶节点,并检查这一数据集上的分类错误率的变化,若新树所导致的错误率不变或更低,那么,该非叶节点的子树将被替换为上述叶节点。

10.2.3.4 临界值剪枝

临界值剪枝方法(Mingers,1987)通过设定一个称为临界值的阈值,去检查决策树中的非叶节点的重要性。如果该节点没有达到这个阈值,那么就修剪掉,而如果达到阈值,则继续保留。不过,如果某节点满足剪枝条件,但是其子节点不满足该条件,那么这棵子树仍需保留。基于这一技术,如果选择的阈值越大,那么最终得到的决策树就会越小。

10.2.3.5 悲观剪枝

悲观剪枝(Quinlan,1993)采用的是悲观统计相关性测试,而不是剪枝数据集或交叉验证。该方法引入了基于二项分布的连续校正公式,用于确定错分率 $r(\zeta)$ 的估计,即

$$r(\zeta) = \frac{e(\zeta)}{N(\zeta)} \quad (10.21)$$

式中:$e(\zeta)$ 为节点 ζ 处的错分实例数;$N(\zeta)$ 为节点 ζ 处的训练数据集实例数。利用连续校正之后得到的错分率可以表示为如下形式:

$$\tilde{r}(\zeta) = \frac{e(\zeta) + 1/2}{N(\zeta)} \quad (10.22)$$

子树 T_ζ 的错分率可以写为

$$\tilde{r}(T_\zeta) = \frac{\sum e(i) + \tilde{\zeta}(T)/2}{\sum N(i)} \quad (10.23)$$

根据式(10.22)和式(10.23)可知,$N(\zeta) = \sum N(i)$,因为它们针对的是相同

的实例集合。于是,这两个式子中的错分率就可以分别表示为节点和子树的错分数,即

$$\tilde{n}(\zeta) = e(\zeta) + 1/2 \tag{10.24}$$

$$\tilde{n}(T_\zeta) = \frac{\sum e(i) + \tilde{\zeta}(T)/2}{\sum N(i)} \tag{10.25}$$

根据这一方法,如果某个子树的校正后的错分数比节点的错分数至少小一个标准差,那么就保留该子树,否则就修剪掉。错分数的标准差可以通过下式计算:

$$\text{STE}(\tilde{n}(T_\zeta)) = \sqrt{\frac{\tilde{n}(T_\zeta)(N(\zeta) - \tilde{n}(T_\zeta))}{N(\zeta)}} \tag{10.26}$$

10.2.3.6 最小描述长度剪枝

基于最小描述长度(MDL)的决策树剪枝方法(Mehta 等,1995),是利用 MDL 准则来确定模型,使得训练实例集内的类别序列编码最短。对于给定的包含 N 个训练实例(属于类标签 $c_1, c_2, \cdots, c_k$)的决策树节点 ζ,所有实例的分类编码长度可以表示为如下形式:

$$L_c(\zeta) = \log\left(\frac{N}{N_{c_1}, N_{c_2}, \cdots, N_{c_k}}\right) + \log\left(\frac{N+k-1}{k-1}\right) \tag{10.27}$$

MDL 方法将选择能够以更少位数进行编码的决策树,即类标签编码最短的决策树。

现有文献中还介绍了很多其他形式的剪枝方法,感兴趣的读者可以参阅 Wallace 和 Patrick(1993)、Bohanec 和 Bratko(1994)、Almuallim(1996)、Fournier 和 Crémilleux(2002)等的文献。另外,也有一些学者针对各种剪枝方法的性能进行了对比研究,如 Quinlan(1987)、Mingers(1989)、Esposito 等(1997)、Knoll 等(1994)以及 Patil 等(2010)。

10.2.4 决策树归纳算法

决策树归纳算法能够根据给定的训练数据集构建出决策树。现有文献已经给出了很多决策树归纳方法,这里将简要地介绍一些常用的,包括 CART(Breiman 等,1984)、ID3(Quinlan,1986)、C4.5(Quinlan,1993)和 CHAID(Berry 和 Linoff,1997)。这些方法的实现过程中都包含了前面已经介绍过的分割准则和剪枝技术的应用。

10.2.4.1 CART

CART(Breiman 等,1984)是各种决策树归纳方法中最常用的之一。该方法根据训练数据集构造二叉树,即利用分割规则把每个内部节点 ζ 分裂成两个部分——ζ_L 和 ζ_R,可以用于分类问题和回归问题。基尼指数和 Twoing 准则都已经在 CART 中得到了实现。为了处理测试值缺失问题,CART 采用了替代划分技术,即如果某实例测试值中缺失了 x_i,那么,利用最佳替代划分可以决定它进入到 ζ_L 还是 ζ_R。随后,借助代价-复杂度剪枝方法即可对所构建的决策树进行剪枝处理了。

10.2.4.2 ID3

迭代式二分法第 3 代(ID3)(Quinlan,1986)是一种简单的决策树归纳方法,它将 IG 作为分割准则,把 IG 最大的属性作为根节点,但不进行任何剪枝过程,也不处理缺失值问题。在这一方法中,当节点中的所有实例均属于唯一的类标签时或者当 IG 不再大于零时,决策树即停止生长。ID3 方法的主要缺点在于,它针对的是离散特征,因而可能需要进行相应的数据描述处理。

10.2.4.3 C4.5

C4.5 是 Quinlan 于 1993 年提出的一种决策树归纳方法,也是 ID3(Quinlan,1986)的拓展,它能够处理连续型和离散型特征。另外,不同于 ID3,C4.5 可以处理缺失值问题,并且在决策树构建之后还进行了剪枝过程。这种方法将增益率作为分割准则,在决策树生长阶段进行的是基于错误的剪枝处理。当需要划分的实例数小于预先指定的阈值时决策树将终止生长(Quinlan,1993)。

C4.5 的商业版本是 C5.0,这是一个改进版,要比 C4.5 更加高效。另外,J48 是 C4.5 方法在 Weka data-mining tool 中的开源 Java 实现(Xiaoliang 等,2009;Moore 等,2009)。Singh 和 Gupta(2014)还曾对 ID3、CART 和 C4.5 进行过非常好的对比研究,感兴趣的读者可以去参阅。

10.2.4.4 CHAID

CHAID 是自动交互检测法(AID)的改进,也是最早提出的决策树分类方法之一(Kass,1980)。这一方法的基本思想是为每一个输入特征 x_i,利用统计测试的 p 值寻找显著性差异最小的一对目标属性值。一般借助 Pearson 卡方检验来衡量显著性差异。对于每一对选定的属性值,需要将 p 值与某个归并阈值(预先指定的显著性水平)进行比较,如果 p 值小于该阈值则进行合并,并进一步搜索可能合并的属性对。重复这一过程,直到无法找到 p 值小于预先指定的显著性水平的属性对。CHAID 不进行任何剪枝过程,不过它能够处理缺失值问题(将其视为一个单独的类型)。

现有文献中已经指出了决策树的若干优缺点,这里对其进行归纳。

(1)决策树的优点如下。

①构造、使用和理解都很容易。

②能够处理数值特征和类型特征,如 CART。

③能够处理测试值缺失的情况。

④能够处理异常情况。

(2)决策树的缺点如下。

①部分决策树算法,如 ID3 和 C4.5,仅能处理目标属性为离散值的情况。

②过拟合问题。

③如果数据方差很小,预测模型会变得不稳定。

还有很多其他形式的决策树归纳方法,其中包括分类树的快速算法(Loh 和 Vanichsetakul,1988)、多元自适应回归样条(Friedman,1991)、CAL5(Muller 和 Wysotzki,1994)、QUEST(Loh 和 Shih,1997)、PUBLIC(Rastogi 和 Shim,1998)、CRUISE(Kim 和 Loh,2001)以及 CTree(Hothorn 等,2015)等。

10.3 决策森林

虽然决策树容易构建、使用和理解,然而实际应用中它们存在两个主要问题:其一是单棵树容易导致过拟合;其二是不稳定。通过构造由很多棵树构成的系统,让它们投票决定最合适的类别,这一做法能够显著提高分类的准确性(Breiman,2001)。人们已经提出了很多可用于构建此类树系统的方法,这些方法首先将初始的训练数据集随机划分成若干个子集,利用它们生成多个分类器,然后借助一个组合过程为给定的某个实例分派单一的类别。目前已经有很多相关技术可以构建此类树系统,如 bagging(Breiman,1996a)、wagging(bagging 的一种变型,Bauer 和 Kohavi,1999),以及基于 boosting 的方法(包括 AdaBoost 和 Arc – x4(Quinlan,1996a、b;Freund 和 Schapire,1997))。Freund 和 Schapire(1997)曾针对 bagging、boosting 以及它们的变型方法做过经验性的对比研究。所有这些方法的基本思路都是针对第 k 棵树生成一个随机向量 v_k,它与已有的随机向量 v_1、v_2、v_3、$\cdots$、v_{k-1} 是无关的,但是具有相同的分布。借助这些随机向量,我们可以利用所生成的 k 棵树来投票确定最合适的类标签(Breiman,2001)。这些过程通常称为随机森林(RF)。换言之,随机森林(图 10.4)实际上是一种集成学习方法,它在训练过程中构造出了多棵决策树,最终输出的是每一棵决策树投票选出的类模式(Nandi 等,2013)。

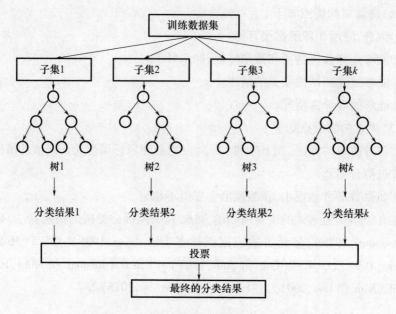

图10.4 随机森林分类器的典型示例

Breiman 曾经指出,随机森林在预测方面是一个有效的工具,不仅如此,他还解释了为什么当更多的树加入之后随机森林不会出现过拟合,而存在着泛化误差的极限值(Breiman,2001)。

决策树以其所具备的多方面优点,受到了大量应用场合的关注,如自动调制识别(Nandi 和 Azzouz,1995、1998;Azzouz 和 Nandi,1996)、生物信息学(Che 等,2011)、图像处理(Lu 和 Yang,2009)和医学(Podgorelec 等,2002)等。下面将介绍它们在设备故障诊断领域中的应用。

10.4 决策树和决策森林在设备故障诊断中的应用

决策树和随机森林已经在设备故障诊断领域中得到了广泛的应用,这一方面的文献很多,这一节将做一简要介绍。

决策树在故障诊断中的较早期应用是 Patel 和 Kamrani(1996)于 1996 年给出的,这一研究针对自动化系统的诊断和维护提出了一种智能决策支持系统,称为 ROBODOC,它是一个基于决策树的系统,其中将维护专家较浅显的知识表示成了 IF…THEN 规则的形式。Yang 等(2005)给出了一种称为 VIBEX 的专家系统,可以用于旋转类设备的振动故障诊断,其中采用了决策树和决策表。这一方法将基于原因-征兆矩阵的决策表作为概率方法,进行异常振动的诊断,并引入了决策树来构建知识库,这个知识库是振动专家系统的核心。VIBEX 中嵌入的原因-结果矩阵包含了 1800 个置信因子,这使其很适合于旋转类设备的监测和诊断。

Tran 等(2006)将决策树方法应用于感应电动机故障的分类,他们先利用特征提取技术从原始数据中提取出有用的信息,其中采用了时域和频域的统计特征参数,然后将决策树方法作为分类模型,根据振动信号和电流信号对感应电动机的故障进行了诊断。实验结果表明,该决策树能够实现很高的故障分类精度。Sugumaran 和 Ramachandran(2007)针对滚动轴承故障诊断中的模糊分类器,提出了基于 ID3 决策树的自动规则学习。该方法利用决策树从特征集中自动生成规则,统计特征是从采集到的振动数据中提取出的,在选择那些能够判别不同故障状态的良好特征时使用了决策树。模糊分类器的规则集也是基于决策树得到的。研究结果表明,这一方法是很不错的,不过它需要非常大量的数据点才能获得好的结果。

Sun 等(2007)基于 C4.5 决策树和主成分分析(PCA)提出了一种可用于旋转类设备故障诊断的方法。该方法利用 PCA 提取所采集到的数据的特征,然后借助样本来训练 C4.5,从而生成具有诊断知识的决策树,最后通过树模型进行了诊断。他们模拟了 6 种运行状态,包括正常、不平衡、转子径向碰摩、油膜涡动、转轴裂纹以及不平衡和径向碰摩同时出现等。分析结果表明,所提出的方法是有效的。

Yang 等(2008)分析了随机森林算法在设备故障诊断中的可行性,提出了一种与遗传算法(GA)相结合的混合式方法,用于改进分类准确性。他们针对感应电动机的故障诊断问题进行了实例研究,实验结果表明,标准的随机森林能够获得令人满意的故障诊断精度,不仅如此,通过 GA 对树的数量和随机森林的随机分割数量等参数的优化,分类精度可以达到 98.89%,比标准随机森林所达到的最佳分类精度高出 3.33%。

Yang 及其合作者们(Yang 等,2009)将自适应神经模糊推理系统(ANFIS)与决策树联合起来,给出了一种故障诊断方法。该方法将 CART 作为特征选择过程,从数据集中选取出恰当的特征。

Saravanan 和 Ramachandran(2009)利用离散小波和决策树提出了一种锥齿轮箱故障诊断方法。他们借助离散小波进行特征提取,通过 J48 决策树进行特征选择和分类。方法验证中采用了锥齿轮箱在多种状态下所产生的振动信号,基于 Daubechies 小波 db1 - db15 针对这些振动信号所有的小波系数进行了统计特征提取,并基于 J48 完成了特征选择和分类处理,实验分析结果表明,最大平均分类精度可达 98.57%。

Sakthivel 等(2010a、b)针对整体式离心泵健康和故障状态下的振动信号提取了统计特征,将 C4.5 决策树算法应用于故障诊断,实验结果揭示了 C4.5 和振动信号很适合于此类设备故障诊断的实际应用。Sakthivel 等(2010b)还针对整体式离心泵正常与故障状态下的振动信号,从中提取出统计特征,进而将决策树和粗糙集用于规则的生成。他们利用决策树和粗糙集规则构造了一个模糊分类器,并借助测试数据进行了检验,实验结果表明,利用决策树 - 模糊混合系统所得到的总体分类精度要优于粗糙集 - 模糊混合系统。

Saimurugan 等(2011)从旋转类机械系统健康和故障状态下的振动信号中提取出统计特征,并将 c - 支持向量分类(c - SVC)和 nu - SVC 模型(带有 4 个核函数)用于故障的分类。他们利用 C4.5 决策树算法选择出显著特征,然后将这些特征作为输入对 c - SVC 和 nu - SVC 模型进行训练和测试,并比较了它们的故障分类精度。Seera 等(2012)提出了一种称为 FMM - CART 的方法,利用混合式的模糊极小极大神经网络与 CART 对感应电动机的全部故障状态进行了检测和分类。这一方法借助电动机电流谐波来构造 FMM - CART 的输入特征,从而实现单个和多个电动机故障状态的检测与诊断。FMM - CART 的过程是从 FMM 开始的,FMM 是利用超盒模糊集构造的,然后将 FMM 训练生成的超盒作为输入提供给 CART 决策树,最终形成的树即可用于故障的分类处理。实验分析结果显示,对于无噪声条件下的 5 种电动机状态,FMM - CART 能够获得 98.25% 的分类精度。Seera 等(2017)还进一步给出了一种可用于滚珠轴承故障分类的基于振动信号的混合模型 FMM - RF。该方法建立在 FMM 神经网络和 RF 模型基础之上,在提取重要特征的过程中采用的是功率谱和样本熵特征。利用这些特征,他们将从 FMM 得到的超盒输入给 CART,并将中心点和置信因子用于决策树的创建。随后,针对 RF 进行 bagging 处理,借助多数投票方式给出预测结果。针对基准的和实际的数据集所进行的实验分析表明,FMM - RF 模型具有很好的性能,两类情况中所达到的最佳分类精度分别为 99.9% 和 99.8%。

Karabadji 等(2012)针对工业设备的故障诊断问题研发了一种基于 GA 的决策树选择技术,在决策树选择中将 GA 用于验证其在训练和测试数据集上的性能,以获得最佳的健壮性。他们生成了多棵树,然后利用 GA 确定最好的具有代表性的树。针对工业风扇所产生的振动信号,这些学者利用 RF 进行了故障诊断实验分析,结果证实了该方法的健壮性和良好的性能。如果引入遗传规划,那么可以进一步获得改进,故障分类研究中已经证实了这一点(Guo 等,2005)。Cerrada 等针对锥齿轮提出了一种两步式的故障诊断方法,诊断系统利用了 GA 和基于 RF 的分类器。

  Muralidharan 和 Sugumaran(2013)借助小波和决策树提出了一种整体式离心泵的故障诊断算法。他们针对采集到的振动信号计算了连续小波变换(CWT),以构造出特征集,其中考虑了不同的小波族和不同的层次;然后将这些特征输入到 J48 分类器中,计算了分类精度。实验结果表明了这一方法在整体式离心泵故障诊断中的有效性。Jegadeeshwaran 和 Sugumaran 针对汽车液压制动系统给出了一种基于振动的监测技术,该技术利用 C4.5 决策树算法从振动信号中提取统计特征,并进行了特征选择。针对所选择的这些特征,他们采用 C4.5 决策树算法和最佳优先决策树算法进行了分类,其中进行了预剪枝和后剪枝处理。实验分析结果表明,带预剪枝的最佳优先决策树分类器要比带后剪枝的最佳优先决策树分类器和 C4.5 决策树分类器更为准确(Jegadeeshwaran 和 Sugumaran,2013)。Saimurugan 等(2015)考察了决策树和 SVM 在齿轮箱故障检测方面的分类性能,这一研究考虑了两种故障类型、两个齿轮转速(第一个和第四个齿轮)以及三种加载条件,特征提取是针对统计特征进行的,分类精度的计算中采用了 SVM 和 J48 决策树方法。

  Li 等(2016)针对齿轮箱的故障诊断问题,同时借助声信号和振动信号,给出了一种称为深度 RF 融合(DRFF)的方法。该方法首先分别从声和振动信号中获取小波包变换(WPT)的统计参数,然后针对 WPT 统计参数的深度表达构建了两个深度玻耳兹曼机(DBM),最后借助 RF 将两个 DBM 的输入融合起来。针对不同运行工况下的齿轮箱,故障诊断的实验分析结果表明,DRFF 能够改善故障诊断的性能。

  Zhang 等(2017)基于快速聚类算法和决策树,针对旋转类设备(包含不平衡数据)给出了一种故障诊断方法。该方法利用快速聚类算法从不平衡故障样本集的大部分数据中搜索重要而基本的样本,进而使得平衡故障样本集中包含了聚类数据,并构建了少数数据集。随后,借助平衡故障样本集对决策树进行训练,得到故障诊断模型。针对齿轮箱故障数据集和滚动轴承故障数据集的实验分析结果表明,所提出的故障诊断模型能够很好地诊断带不平衡数据的旋转类设备的故障。

10.5 本章小结

这一章主要介绍了决策树和随机森林及其在设备故障诊断领域中的应用，其中包括了若干决策树分析技术。我们阐述了决策树进行分割决策时最常采用的一些算法，包括单变量分割准则，如基尼指数、信息增益、距离度量和正交准则等，以及多变量分割准则，如贪婪学习、线性规划、线性判别分析、感知机学习和爬山搜索等。进一步，本章还介绍了决策树的剪枝方法，其中包括错误-复杂度剪枝、最小错误剪枝、临界值剪枝等。此外，我们还简要讨论了最常用的决策树归纳算法，即针对给定的训练数据集构建决策树的方法，如CART、ID3、C4.5和CHAID，并阐明了这些方法的主要过程，即分割准则和剪枝技术的应用。

这一章也简要讨论了决策树和随机森林在设备故障诊断中的应用情况，表10.2对本章所介绍的部分相关技术及其可公开获取的软件做了汇总。

表10.2 所介绍的部分技术及其可公开获取的软件汇总

算法名称	平台	软件包	函数
针对多类分类问题的二元分类决策树拟合	MATLAB	统计和机器学习工具箱—分类—分类树	fitctree
通过剪枝生成子树序列			prune
决策树集成			compact
针对决策树中的替代拆分关联性的平均预测指标			surrogateAssociation
决策树与决策森林	MATLAB	Wang(2014)	RunDecisionForest, TrainDecisionForest

参考文献

Almuallim, H. (1996). An efficient algorithm for optimal pruning of decision trees. Artificial Intelligence 83 (2): 347–362. Elsevier.

Azzouz, E. E. and Nandi, A. K. (1996). Modulation recognition using artificial neural networks. In: Automatic Modulation Recognition of Communication Signals, 132–176. Boston, MA: Springer.

Bauer, E. and Kohavi, R. (1999). An empirical comparison of voting classification algorithms:

bagging, boosting, and variants. Machine Learning 36 (1 – 2): 105 – 139. Springer.

Bennett, K. P. (1992). Decision Tree Construction Via Linear Programming, 97 – 101. Center for Parallel Optimization, Computer Sciences Department, University of Wisconsin.

Bennett, K. P. and Mangasarian, O. L. (1992). Robust linear programming discrimination of two linearly inseparable sets. Optimization Methods and Software 1 (1): 23 – 34. Taylor & Francis.

Bennett, K. P. and Mangasarian, O. L. (1994). Multicategory discrimination via linear programming. Optimization Methods and Software 3 (1 – 3): 27 – 39. Taylor & Francis.

Bennett, K. P., Cristianini, N., Shawe – Taylor, J., and Wu, D. (2000). Enlarging the margins in perceptron decision trees. Machine Learning 41 (3): 295 – 313. Springer.

Berry, M. J. and Linoff, G. (1997). Data Mining Techniques: For Marketing, Sales, and Customer Support. Wiley.

Berzal, F., Cubero, J. C., Marτn, N., and Sánchez, D. (2004). Building multi – way decision trees with numerical attributes. Information Sciences 165 (1 – 2): 73 – 90. Elsevier.

Bifet, A., Holmes, G., Pfahringer, B., and Frank, E. (2010). Fast perceptron decision tree learning from evolving data streams. In: Pacific – Asia Conference on Knowledge Discovery and Data Mining, 299 – 310. Berlin, Heidelberg: Springer.

Biggs, D., De Ville, B., and Suen, E. (1991). A method of choosing multiway partitions for classification and decision trees. Journal of Applied Statistics 18 (1): 49 – 62. Taylor & Francis.

Bobrowski, L. and Kretowski, M. (2000). Induction of multivariate decision trees by using dipolar criteria. In: European Conference on Principles of Data Mining and Knowledge Discovery, 331 – 336. Berlin, Heidelberg: Springer.

Bohanec, M. and Bratko, I. (1994). Trading accuracy for simplicity in decision trees. Machine Learning 15 (3): 223 – 250. Springer.

Breiman, L. (1996a). Bagging predictors. Machine Learning 24: 123 – 140. Springer.

Breiman, L. (1996b). Some properties of splitting criteria. Machine Learning 24 (1): 41 – 47. Springer.

Breiman, L. (2001). Random forests. Machine Learning 45 (1): 5 – 32. Springer.

Breiman, L. (2017). Classification and Regression Trees. Routledge Taylor & Francis.

Breiman, L., Friedman, J. H., Olshen, R. A. et al. (1984). Classification and regression trees. Wadsworth International Group. LHCb collaboration.

Brodley, C. E. and Utgoff, P. E. (1992). Multivariate Versus Univariate Decision Trees. Amherst, MA: University of Massachusetts, Department of Computer and Information Science.

Brodley, C. E. and Utgoff, P. E. (1995). Multivariate decision trees. Machine Learning 19 (1): 45 – 77. Springer.

Brown, D. E. and Pittard, C. L. (1993). Classification trees with optimal multi – variate splits.

In: International Conference on Systems, Man and Cybernetics, 1993. 'Systems Engineering in the Service of Humans', Conference Proceedings, vol. 3, 475 - 477. IEEE.

Buntine, W. and Niblett, T. (1992). A further comparison of splitting rules for decision - tree induction. Machine Learning 8 (1): 75 - 85. Springer.

Cerrada, M., Zurita, G., Cabrera, D. et al. (2016). Fault diagnosis in spur gears based on genetic algorithm and random forest. Mechanical Systems and Signal Processing 70: 87 - 103. Elsevier.

Cestnik, B. and Bratko, I. (1991). On estimating probabilities in tree pruning. In: European Working Session on Learning, 138 - 150. Berlin, Heidelberg: Springer.

Che, D., Liu, Q., Rasheed, K., and Tao, X. (2011). Decision tree and ensemble learning algorithms with their applications in bioinformatics. In: Software Tools and Algorithms for Biological Systems, 191 - 199. New York, NY: Springer.

Cortes, C. and Vapnik, V. (1995). Support - vector networks. Machine Learning 20 (3): 273 - 297. Springer.

De Mántaras, R. L. (1991). A distance - based attribute selection measurefor decision tree induction. Machine Learning 6 (1): 81 - 92. Springer.

Dietterich, T., Kearns, M., and Mansour, Y. (1996). Applying the weak learning framework to understand and improve C4.5. In: International Conference on Machine Learning (ICML), 96 - 104.

Drummond, C. and Holte, R. C. (2000). Exploiting the cost (in) sensitivity of decision tree splitting criteria. Proceedings of the International Conference on Machine Learning 1 (1): 239 - 246.

Duda, R. O. and Hart, P. E. (1973). Pattern Classification and Scene Analysis. A Wiley - Interscience Publication. New York: Wiley.

Esposito, F., Malerba, D., Semeraro, G., and Kay, J. (1997). A comparative analysis of methods for pruning decision trees. IEEE Transactions on Pattern Analysis and Machine Intelligence 19 (5): 476 - 491.

Fayyad, U. M. and Irani, K. B. (1992). The attribute selection problem in decision tree generation. In: American Association for Artificial Intelligence (AAAI), 104 - 110.

Ferri, C., Flach, P., and Hernández - Orallo, J. (2002). Learning decisiontrees using the area under the ROC curve. In: International Conference on Machine Learning (ICML), vol. 2, 139 - 146.

Fournier, D. and Crémilleux, B. (2002). A quality index for decision tree pruning. Knowledge - Based Systems 15 (1 - 2): 37 - 43. Elsevier.

Freund, Y. and Schapire, R. E. (1997). A decision - theoretic generalization of on - line learning and an application to boosting. Journal of Computer and System Sciences 55 (1): 119 – 139. Elsevier.

Friedman, J. H. (1977). A recursive partitioning decision rule for nonparametric classification. IEEE Transactions on Computers (4): 404 – 408.

Friedman, J. H. (1991). Multivariate adaptive regression splines. The Annals of Statistics: 1 – 67.

Fulton, T., Kasif, S., and Salzberg, S. (1995). Efficient algorithms for finding multi – way splits for decision trees. In: Machine Learning Proceedings 1995, 244 – 251.

Guo, H., Jack, L. B., and Nandi, A. K. (2005). Feature generation using genetic programming with application to fault classification. IEEE Transactions on Systems, Man, and Cybernetics, Part B (Cybernetics) 35 (1): 89 – 99.

Heath, D., Kasif, S., and Salzberg, S. (1993). Induction of oblique decision trees. In: International Joint Conferences on Artificial Intelligence (IJCAL), vol. 1993, 1002 – 1007.

Hosmer, D. W. Jr., Lemeshow, S., and Sturdivant, R. X. (2013). Applied Logistic Regression, vol. 398. Wiley.

Hothorn, T., Hornik, K. and Zeileis, A. (2015). ctree: Conditional Inference Trees. The Comprehensive R Archive Network.

Jain, A. K., Mao, J., and Mohiuddin, K. M. (1996). Artificial neural networks: a tutorial. Computer 29 (3): 31 – 44.

Jain, L. C., Seera, M., Lim, C. P., and Balasubramaniam, P. (2014). A review of online learning in supervised neural networks. Neural Computing and Applications 25 (3 – 4): 491 – 509. Springer.

Jaworski, M., Duda, P., and Rutkowski, L. (2018). New splitting criteria for decision trees in stationary data streams. IEEE Transactions on Neural Networks and Learning Systems 29 (6): 2516 – 2529.

Jegadeeshwaran, R. and Sugumaran, V. (2013). Comparative study of decision tree classifier and best first tree classifier for fault diagnosis of automobile hydraulic brake system using statistical features. Measurement 46 (9): 3247 – 3260. Elsevier.

John, G. H. (1996). Robust linear discriminant trees. In: Learning from Data, 375 – 385. New York, NY: Springer.

Karabadji, N. E. I., Seridi, H., Khelf, I., and Laouar, L. (2012). Decision tree selection in an industrial machine fault diagnostics. In: International Conference on Model and Data Engineering, 129 – 140. Berlin, Heidelberg: Springer.

Kass, G. V. (1980). An exploratory technique for investigating large quantities of categorical data. Applied statistics: 119 – 127. Wiley.

Kearns, M. J. and Mansour, Y. (1998). A fast, bottom – up decision tree pruning algorithm with near-optimal generalization. In: International Conference on Machine Learning (ICML), vol. 98, 269-277.

Kim, H. and Loh, W. Y. (2001). Classification trees with unbiased multiway splits. Journal of the American Statistical Association 96 (454): 589-604. Taylor & Francis.

Knoll, U., Nakhaeizadeh, G., and Tausend, B. (1994). Cost-sensitive pruning of decision trees. In: European Conference on Machine Learning, 383-386. Berlin, Heidelberg: Springer.

Lee, S. K. (2005). On generalized multivariate decision tree by using GEE. Computational Statistics & Data Analysis 49 (4): 1105-1119. Elsevier.

Li, X. and Dubes, R. C. (1986). Tree classifier design with a permutation statistic. Pattern Recognition 19 (3): 229-235. Elsevier.

Li, X. B., Sweigart, J. R., Teng, J. T. et al. (2003). Multivariate decision trees using linear discriminants and tabu search. IEEE Transactions on Systems, Man, and Cybernetics - Part A: Systems and Humans 33 (2): 194-205.

Li, C., Sanchez, R. V., Zurita, G. et al. (2016). Gearbox fault diagnosis based on deep random forest fusion of acoustic and vibratory signals. Mechanical Systems and Signal Processing 76: 283-293. Elsevier.

Likura, Y. and Yasuoka, Y. (1991). Utilization of a best linear discriminant function for designingthe binary decision tree. International Journal of Remote Sensing 12 (1): 55-67. Taylor & Francis.

Lin, J. H. and Vitter, J. S., 1992. Nearly optimal vector quantization via linear programming.

Loh, W. Y. (2011). Classification and regression trees. Wiley Interdisciplinary Reviews: Data Mining and Knowledge Discovery 1 (1): 14-23. Wiley.

Loh, W. Y. and Shih, Y. S. (1997). Split selection methods for classification trees. Statistica Sinica: 815-840.

Loh, W. Y. and Vanichsetakul, N. (1988). Tree-structured classification via generalized discriminant analysis. Journal of the American Statistical Association 83 (403): 715-725.

Lu, K. C. and Yang, D. L. (2009). Image processing and image mining using decision trees. Journal of Information Science & Engineering (4): 25. Citeseer.

Mehta, M., Rissanen, J., and Agrawal, R. (1995). MDL-based decision tree pruning. In: Proceedings of the First International Conference on Knowledge Discovery and Data Mining (KDD), vol. 21, No. 2, 216-221.

Michel, G., Lambert, J. L., Cremilleux, B., and Henry-Amar, M. (1998). A new way to build oblique decision trees using linear programming. In: Advances in Data Science and Classification, 303-309. Berlin, Heidelberg: Springer.

Mingers, J. (1987). Expert systems—rule induction with statistical data. Journal of the Operational Research Society 38(1): 39 – 47. Springer.

Mingers, J. (1989). An empirical comparison of pruning methods for decision tree induction. Machine Learning 4 (2): 227 – 243. Springer.

Moore, S. A., D'addario, D. M., Kurinskas, J., and Weiss, G. M. (2009). Are decision trees always greener on the open (source) side of the fence? In: Proceedings of DMIN, 185 – 188.

Muller, W. and Wysotzki, F. (1994). A splitting algorithm, based on a statistical approach in the decision tree algorithm CAL5. In: Proceedings of the ECML – 94 Workshop on Machine Learning and Statistics (eds. G. Nakhaeizadeh and C. Taylor).

Muralidharan, V. and Sugumaran, V. (2013). Feature extraction using wavelets and classification through decision tree algorithm for fault diagnosis of mono – block centrifugal pump. Measurement 46 (1): 353 – 359. Elsevier.

Murphy, P. M. and Pazzani, M. J. (1991). ID2 – of – 3: Constructive induction of M – of – N concepts for discriminators in decision trees. In: Machine Learning Proceedings 1991, 183 – 187. Elsevier.

Murthy, S. K. (1998). Automatic construction of decision trees from data: a multi – disciplinary survey. Data Mining and Knowledge Discovery 2 (4): 345 – 389. Springer.

Murthy, S. K., Kasif, S., and Salzberg, S. (1994). A system for induction of oblique decision trees. Journal of Artificial Intelligence Research 2: 1 – 32.

Myles, A. J., Feudale, R. N., Liu, Y. et al. (2004). An introduction to decision tree modeling. Journal of Chemometrics: A Journal of the Chemometrics Society 18 (6): 275 – 285. Wiley.

Nandi, A. K. and Azzouz, E. E. (1995). Automatic analogue modulation recognition. Signal Processing 46 (2): 211 – 222. Elsevier.

Nandi, A. K. and Azzouz, E. E. (1998). Algorithms for automatic modulation recognition of communication signals. IEEE Transactions on Communications 46 (4): 431 – 436.

Nandi, A. K., Liu, C., and Wong, M. D. (2013). Intelligent vibration signal processing for condition monitoring. In: Proceedings of the International Conference Surveillance, vol. 7, 1 – 15.

Norouzi, M., Collins, M., Johnson, M. A. et al. (2015). Efficient non – greedy optimization ofdecision trees. In: NIPS '15 Proceedings of the 28th International Conference on Neural Information Processing Systems – Volume 1, 1729 – 1737.

Oliveira, W. D., Vieira, J. P., Bezerra, U. H. et al. (2017). Power system security assessment for multiple contingencies using multiway decision tree. Electric Power Systems Research 148: 264 – 272. Elsevier.

Patel, S. A. and Kamrani, A. K. (1996). Intelligent decision support system for diagnosis and maintenance of automated systems. Computers & Industrial Engineering 30 (2): 297 – 319. Elsevier.

Patil, D. D., Wadhai, V. M., and Gokhale, J. A. (2010). Evaluation of decision tree pruning algorithms for complexity and classification accuracy. International Journal of Computer Applications 11 (2).

Podgorelec, V., Kokol, P., Stiglic, B., and Rozman, I. (2002). Decision trees: an overview and their use in medicine. Journal of Medical Systems 26 (5): 445 – 463. Springer.

Qing – Yun, S. and Fu, K. S. (1983). A method for the design of binary tree classifiers. Pattern Recognition 16 (6): 593 – 603. Elsevier.

Quinlan, J. R. (1986). Induction of decision trees. Machine Learning 1 (1): 81 – 106. Springer.

Quinlan, J. R. (1987). Simplifying decision trees. International Journal of Man – Machine Studies 27 (3): 221 – 234. Elsevier.

Quinlan, J. R. (1993). C4.5: Programs for Machine Learning. Elsevier.

Quinlan, J. R. (1996a). Bagging, boosting, and C4.5. In: AAAI' 96 Proceedings of the thirteenth national conference on Artificial intelligence – Volume 1, 725 – 730.

Quinlan, J. R. (1996b). Improved use of continuous attributes in C4.5. Journal of Artificial Intelligence Research 4: 77 – 90.

Raileanu, L. E. and Stoffel, K. (2004). Theoretical comparison between the gini index and information gain criteria. Annals of Mathematics and Artificial Intelligence 41 (1): 77 – 93. Springer.

Rastogi, R. and Shim, K. (1998). PUBLIC: a decision tree classifier that integrates building and pruning. In: Proceedings of the International Conference on Very Large Data Bases (VLDB), vol. 98, 24 – 27.

Rish, I. (2001). An empirical study of the naive Bayes classifier. In: IJCAI 2001 Workshop on Empirical Methods in Artificial Intelligence, vol. 3, No. 22, 41 – 46. New York: IBM.

Rivest, R. L. (1987). Learning decision lists. Machine Learning 2 (3): 229 – 246. Springer.

Rokach, L. and Maimon, O. (2005a). Decision trees. In: Data Mining and Knowledge Discovery Handbook, 165 – 192. Boston, MA: Springer.

Rokach, L. and Maimon, O. (2005b). Top – down induction of decision trees classifiers – a survey. IEEE Transactions on Systems, Man, and Cybernetics, Part C (Applications and Reviews) 35 (4): 476 – 487.

Rounds, E. M. (1980). A combined nonparametric approach to feature selection and binary decision tree design. Pattern Recognition 12 (5): 313 – 317. Elsevier.

Safavian, S. R. and Landgrebe, D. (1991). A survey of decision tree classifier methodology. IEEE Transactions on Systems, Man, and Cybernetics 21 (3): 660 – 674.

Saimurugan, M., Ramachandran, K. I., Sugumaran, V., and Sakthivel, N. R. (2011). Multi component fault diagnosis of rotational mechanical system based on decision tree and support vector machine. Expert Systems with Applications 38 (4): 3819 – 3826. Elsevier.

Saimurugan, M., Praveenkumar, T., Krishnakumar, P., and Ramachandran, K. I. (2015). A study on the classification ability of decision tree and support vector machine in gearbox fault detection. In: Applied Mechanics and Materials, vol. 813, 1058 – 1062. Trans Tech Publications.

Sakthivel, N. R., Sugumaran, V., and Babudevasenapati, S. (2010a). Vibration based fault diagnosis of monoblock centrifugal pump using decision tree. Expert Systems with Applications 37 (6): 4040 – 4049. Elsevier.

Sakthivel, N. R., Sugumaran, V., and Nair, B. B. (2010b). Comparison of decision tree – fuzzy and rough set – fuzzy methods for fault categorization of mono – block centrifugal pump. Mechanical Systems and Signal Processing 24 (6): 1887 – 1906. Elsevier.

Saravanan, N. and Ramachandran, K. I. (2009). Fault diagnosis of spur bevel gear box using discrete wavelet features and decision tree classification. Expert Systems with Applications 36(5): 9564 – 9573. Elsevier.

Schmidhuber, J. (2015). Deep learning in neural networks: an overview. Neural Networks 61: 85 – 117. Elsevier.

Seera, M., Lim, C. P., Ishak, D., and Singh, H. (2012). Fault detection and diagnosis of induction motors using motor current signature analysis and a hybrid FMM – CART model. IEEE Transactions on Neural Networks and Learning Systems 23 (1): 97 – 108.

Seera, M., Wong, M. D., and Nandi, A. K. (2017). Classification of ball bearing faults using a hybrid intelligent model. Applied Soft Computing 57: 427 – 435. Elsevier.

Sethi, I. K. and Yoo, J. H. (1994). Design of multicategory multifeature split decision trees using perceptron learning. Pattern Recognition 27 (7): 939 – 947. Elsevier.

Shah, S. and Sastry, P. S. (1999). New algorithms for learning and pruning oblique decision trees. IEEE Transactions on Systems, Man, and Cybernetics, Part C (Applications and Reviews) 29 (4): 494 – 505.

Shih, Y. S. (1999). Families of splitting criteria for classification trees. Statistics and Computing 9 (4): 309 – 315. Springer.

Singh, S. and Gupta, P. (2014). Comparative study ID3, cart and C4. 5 decision tree algorithm: a survey. International Journal of Advanced Information Science and Technology (IJAIST) 27 (27): 97 – 103.

Sugumaran, V. and Ramachandran, K. I. (2007). Automatic rule learning using decision tree for fuzzy classifier in fault diagnosis of roller bearing. Mechanical Systems and Signal Processing 21 (5): 2237 – 2247. Elsevier.

Sun, W., Chen, J., and Li, J. (2007). Decision tree and PCA – based fault diagnosis of rotating machinery. Mechanical Systems and Signal Processing 21 (3): 1300 – 1317. Elsevier.

Taylor, P. C. and Silverman, B. W. (1993). Block diagrams and splitting criteria for classification trees. Statistics and Computing 3 (4): 147 – 161. Springer.

Todeschini, R. and Marengo, E. (1992). Linear discriminant classification tree: a user – driven multicriteria classification method. Chemometrics and Intelligent Laboratory Systems 16 (1): 25 – 35. Elsevier.

Tran, V. T. , Yang, B. S. , and Oh, M. S. (2006). Fault diagnosis of induction motors using decision trees. In: Proceeding of the KSNVE Annual Autumn Conference, 1 – 4.

Tsang, S. , Kao, B. , Yip, K. Y. et al. (2011). Decision trees for uncertain data. IEEE Transactions on Knowledge and Data Engineering 23 (1): 64 – 78.

Utgoff, P. E. (1989). Perceptron trees: a case study in hybrid concept representations. Connection Science 1 (4): 377 – 391. Taylor & Francis.

Wallace, C. S. and Patrick, J. D. (1993). Coding decision trees. Machine Learning 11 (1): 7 – 22.

Wang, Q. (2014). Decision tree and decision forest. Mathworks File Exchange Center. https://uk.mathworks.com/matlabcentral/fileexchange/39110 – decision – tree – and – decision – forest.

Xiaoliang, Z. , Hongcan, Y. , Jian, W. , and Shangzhuo, W. (2009). Research and application of the improved algorithm C4. 5 on decision tree. In: International Conference on Test and Measurement, 2009. ICTM'09, vol. 2, 184 – 187. IEEE.

Yang, B. S. , Lim, D. S. , and Tan, A. C. C. (2005). VIBEX: an expert system for vibration fault diagnosis of rotating machinery using decision tree and decision table. Expert Systems with Applications 28 (4): 735 – 742. Elsevier.

Yang, B. S. , Di, X. , and Han, T. (2008). Random forests classifier for machine fault diagnosis. Journal of Mechanical Science and Technology 22 (9): 1716 – 1725. Springer.

Yang, B. S. , Oh, M. S. , and Tan, A. C. C. (2009). Fault diagnosis of induction motor based on decision trees and adaptive neuro – fuzzy inference. Expert Systems with Applications 36 (2): 1840 – 1849. Elsevier.

You, K. C. and Fu, K. S. (1976). An approach to the design of a linear binary tree classifier. In: Proc. Symp. Machine Processing of Remotely Sensed Data, 3A – 10A.

Zhang, X. , Jiang, D. , Long, Q. , and Han, T. (2017). Rotating machinery fault diagnosis for imbalanced data based on decision tree and fast clustering algorithm. Journal of Vibroengineering 19 (6): 4247 – 4259.

第 11 章 概率分类方法

11.1 引言

正如第 10 章所指出的,分类问题是一种典型的有监督学习,即利用训练数据集 $X = \{x_1, x_2, \cdots, x_n\}$ 及其对应的类标签 $y \in \{c_1, c_2, \cdots, c_k\}$ 进行分类模型的学习和参数优化,然后借助训练后的分类模型将新实例划分到正确的类别中。一个简单的分类例子就是将某个给定的振动信号分派到"正常"或"故障"类中。分类算法方面的文献中已经给出了各种数据分类方法,其中概率分类方法是最为常用的之一。概率分类的基本思想是计算实例属于每个可能的类标签的后验概率 $p(c_k|x)$,通常有两种计算方法:①利用最大似然确定类条件概率密度 $p(x|c_k)$ 和类先验概率 $p(c_k)$,然后借助贝叶斯定理寻找 $p(c_k|x)$,这也称为概率生成模型;②针对由 $p(c_k|x)$ 定义的似然函数使其最大化,也称为概率判别模型。

本章将介绍可用于分类处理的两种概率模型,第一种是隐马尔可夫模型(HMM),这是一种概率生成模型;第二种是逻辑回归模型(LR),它是一类概率判别模型。在设备故障诊断领域中,这些分类器已经得到了广泛的应用。

11.2 隐马尔可夫模型

HMM 是马尔可夫链(Bishop,2006;Rabiner,1989)的拓展。马尔可夫链是一种随机模型,用于描述一系列可能状态的概率,其中所预测的状态仅依赖于当前状态(Gagniuc,2017)。对于给定系统的 N 个不同状态,即 $s_1, s_2, \cdots, s_N$(任意时刻系统可以通过某个状态进行描述),系统的马尔可夫链可以表示为如下形式:

$$P(s_1, s_2, \cdots, s_N) = p(s_1) \prod_{i=2}^{N} p(s_i|s_{i-1}) \qquad (11.1)$$

在 HMM 中,我们观测的是状态的概率函数,而不是状态,主要目标是确定某个观测量属于某个特定状态的概率。可以将 HMM 描述为一个双重随机过程,其中的底层随机过程包含了一系列状态,每个状态与另一个随机过程相关联,后者能够输出可观测的记号。换言之,HMM 涉及从一个状态到另一个状态的随机转移,以及每个状态处产生的随机输出记号。因此,我们可以将它看成一个简单的动态贝叶斯网络(Murphy 和 Russell,2002)。

每个 HMM 都可以通过一组元素来刻画。

(1) N 个隐含状态,即 $\{S = s_1, s_2, \cdots, s_N\}$,时刻 t 处的状态可记为 q_t。

(2) 与每个状态对应的 M 个不同的观测记号,即 $\{V = v_1, v_2, \cdots, v_M\}$。

(3) 状态转移概率分布 $\boldsymbol{A} = \{a_{ij}\}$,其中的 a_{ij} 代表的是从时刻 t 处的状态 s_i 到时刻 $t+1$ 处的状态 s_j 的转移概率,即

$$a_{ij} = p[q_{t+1} = s_j \mid q_t = s_i], 1 \leq i, j \leq N \tag{11.2}$$

转移概率满足标准随机约束,$a_{ij} \geq 0, 1 \leq i, j \leq N, \sum_{j=1}^{N} a_{ij} = 1$。

(4) 每个状态下观测记号的概率分布 $\boldsymbol{B} = \{b_j(k)\}$,此处的 $b_j(k)$ 代表的是记号 v_k 在状态 s_j 中出现的概率,即

$$b_j(k) = p[v_k, t \mid q_t = s_j], 1 \leq j \leq N, 1 \leq k \leq M \tag{11.3}$$

其中

$$b_j(k) \geq 0, \sum_{k=1}^{M} b_j(k) = 1$$

如果观测是连续的,那么,可以表示为如下所示的有限混合形式:

$$b_j(\boldsymbol{O}) = \sum_{m=1}^{M} \xi_{jm} \aleph[\boldsymbol{O}, \boldsymbol{\mu}_{jm}, \boldsymbol{U}_{jm}], 1 \leq j \leq N \tag{11.4}$$

式中:$\aleph$ 一般采用高斯密度;$\boldsymbol{O}$ 为构建的向量;ξ_{jm} 为系数;$\boldsymbol{\mu}_{jm}$ 为均值向量;$\boldsymbol{U}_{jm}$ 为协方差矩阵。

(5) 初始状态分布 $\boldsymbol{\pi} = \{\pi_i\}$,其中的 π_i 为 $t=0$ 处初始状态为 s_i 的概率,可以表示为

$$\pi_i = p[q_1 = s_i], 1 \leq j \leq N \tag{11.5}$$

相应地,HMM 的完整描述需要两个模型参数(N 和 M)、观测记号以及 3 个概率指标($\boldsymbol{A}, \boldsymbol{B}, \boldsymbol{\pi}$),对于离散模型的完整参数集来说可以表示为 $\lambda = (\boldsymbol{A}, \boldsymbol{B}, \boldsymbol{\pi})$。对于连续型 HMM,$\lambda$ 可以表示为 $\lambda = (\boldsymbol{A}, \xi_{jm}, \boldsymbol{\mu}_{jm}, \boldsymbol{U}_{jm}, \boldsymbol{\pi})$。当给定了一组输出序列,这一学习算法的主要任务就是确定 HMM 参数的最大似然估计。一般来说,利用一个迭代过程可以得到局部极大似然估计,如 Baum – Welch 方法(Welch,

2003)。

在 HMM 的实际应用中,一般有 3 个基本问题需要解决。这些问题及其解决方法可以总结如下。

(1) 给定观测序列 $O = o_1, o_2, \cdots, o_T$ 和 $\lambda = (A, B, \pi)$,计算 $P(O|\lambda)$。利用前向-后向过程可以有效地计算 $P(O|\lambda)$ (Rabiner, 1989)。考虑前向变量 $\vartheta_t(j) = p(o_1, o_2, \cdots, o_t, q_t = s_i | \lambda)$,我们可以通过递归方式进行求解。

① 初始化:$\vartheta_1(j) = \pi_i b_i(o_1), 1 \leq i \leq N$。

② 递归:$\vartheta_{t+1}(j) = \left[\sum_{i=1}^{N} \vartheta_t(j) a_{ij}\right] b_j(o_{t+1}), 1 \leq t \leq T-1, 1 \leq i \leq N$。

③ 结束:$P(O|\lambda) = \sum_{i=1}^{N} \vartheta_T(i)$。

(2) 给定观测序列 $O = o_1, o_2, \cdots, o_T$ 和 $\lambda = (A, B, \pi)$,确定最可能的状态序列。针对给定的观测序列 $O = o_1, o_2, \cdots, o_T$,为了确定一个最佳序列 $Q = q_1, q_2, \cdots, q_T$,我们可以利用 Viterbi 算法(Forney, 1973),即

$$\delta_t(i) = \max_{q_1, q_2, \cdots, q_T} p[q_1, q_2, \cdots, q_T = s_i, o_1, o_2, \cdots, o_T | \lambda] \quad (11.6)$$

式中:$\delta_t(i)$ 为时刻 t 沿着单一路径的最佳得分,其中考虑了前 t 个观测且结束于状态 s_i。类似地,也可以通过递归方式给出 $\delta_{t+1}(i)$,即

$$\delta_{t+1}(i) = \left[\max_i \delta_t(i) a_{ji}\right] b_i(o_{t+1}) \quad (11.7)$$

确定最可能的状态序列的完整过程可以归纳如下。

① 初始化:$\delta_1(i) = \pi_i b_i(o_1), 1 \leq i \leq N; \psi_1(i) = 0, \psi$ 为用于追踪宗量(针对每个 t 和 j)的阵列。

② 递归:$\delta_t(i) = \max_i [\delta_{t-1}(i) a_{ji}] b_i(o_t); \psi_t(i) = \arg\max_i [\delta_{t-1}(i) a_{ji}], 2 \leq t \leq T, 1 \leq i \leq N$。

③ 结束:$p^* = \max_i [\delta_T(i)]; q_T^* = \arg\max_i [\delta_T(i)]$。

④ 状态序列(即路径)回溯:$q_t^* = \psi_{t+1}(q_{t+1}^*)$。

(3) 调整 HMM 参数 $\lambda = (A, B, \pi)$ 使得 $P(O|\lambda)$ 最大化。一般可以借助 Baum-Welch 方法(Welch, 2003)来解决这一问题,其中可以构造 Baum 辅助函数如下:

$$Q(\lambda, \bar{\lambda}) = \sum_Q P(q|O, \lambda) \log[P(O, Q|\bar{\lambda})] \quad (11.8)$$

且有

$$\max_{\bar{\lambda}} Q(\lambda, \bar{\lambda}) \rightarrow P(O|\bar{\lambda}) \geq P(O|\lambda) \quad (11.9)$$

此处 $Q(\lambda,\bar{\lambda})$ 的最大化可导致似然值增大。

在大量应用场合中 HMM 正在受到关注,如语音识别(Gales 和 Young,2008)、计算生物学(Krogh 等,1994)、股票市场预测(Hassan 和 Nath,2005)等。下面将简要介绍 HMM 在设备故障诊断领域中的应用。

11.2.1 隐马尔可夫模型在设备故障诊断中的应用

很多设备故障检测与诊断的研究中都可以看到 HMM 的身影。基于 HMM 的此类研究的基本思路是:首先,从时域、频域和(或)时频域中提取出特征集,可以是单个域,也可以是混合形式;然后,将这些特征转换成观测序列,用于 HMM 参数的估计。例如,Ocak 和 Loparo(2001)基于振动信号的 HMM 给出了一种轴承故障检测与诊断技术。他们针对正常和故障轴承采集了调幅振动信号,从中进行了特征提取。特征提取过程中首先将振动信号划分成等长窗口,然后,针对每个窗口将(线性自回归模型的)多项式传递函数的反射系数作为特征,进而把这些特征用于 HMM 的训练。为了检验该方法在轴承故障诊断中的有效性,这些研究人员从感应电动机驱动端的滚珠轴承采集了实验数据,分析结果表明了所提出的方法能够获得很高的分类精度。

Lee 等(2004)将连续型隐马尔可夫模型(CHMM)应用于机械故障信号的诊断,他们对传统的 CHMM 进行了一些修正,包括初始化阶段采用最大距离聚类方法、利用滤波器组、缩放的前向/后向变量、对角协方差矩阵以及针对多重观测向量序列进行训练方程的修正等。方法验证中采用了转子模拟器的采样数据,其中包括了 7 种设备健康状态,即正常、共振、共振后的稳定、轴承座松动、不对中、柔性联轴器损伤以及不平衡等。实验分析结果表明,所提出的方法在转子故障诊断方面是有效的。

Li 等(2005)将 HMM 应用于旋转类设备在加速和减速过程中的故障检测和识别。他们利用快速傅里叶变换(FFT)、小波变换和双谱等手段从原始信号中提取了若干特征向量,并将其作为故障特征,继而利用 HMM 进行了分类处理。研究中在 Bently 转子试验台上考察了 4 种运行状态(不平衡、碰摩、油膜涡动和支座松动),并分析了 2 种共振转速(3800r/min 和 6900r/min)和 5 种转速范围(500 ~ 3000r/min,3000 ~ 4500r/min,4500 ~ 6700r/min,6700 ~ 7400r/min,7400 ~ 8000r/min),实验结果证实了所提出的方法在设备故障分类方面的有效性。

Nelwamondo 等(2006)将 HMM 和高斯混合模型(GMM)用于轴承故障的分类。他们利用多尺度分形维数(MFD)、梅尔倒谱系数和峰度从时域振动信号中提取了线性和非线性特征,基于这些特征,进一步借助 HMM 和 GMM 进行了分类问题的处理。研究中针对驱动端轴承采集了 4 种状态下的实际振动数据,即正常、IR 缺陷、OR 缺陷和 RE 轴承缺陷状态,实验分析结果表明,在轴承的健康状态分类上 HMM 比 GMM 更为优秀。Miao 和 Makis(2007)针对设备状态的分类问题,基于小波模极大值分布和 HMM 提出了一个建模框架。他们把模极大值分布作为系统的输入观测序列,然后,通过选择使得观测序列概率最大的 HMM 来识别设备的状态。这一研究给出了基于 HMM 的两步式设备故障分类过程:第一步是对两种健康状态(正常和失效)进行区分,属于故障检测阶段;第二步用于区分多种状态,属于故障分类阶段。为了验证这一框架中的第一阶段,他们利用 3 组实际齿轮箱的振动数据对正常和失效两种状态进行了分类,而对于第二阶段,则采用了 3 种 HMM 模型对 3 个不同状态(相邻轮齿失效、分布式轮齿失效和正常状态)进行了分类研究,实验分析结果表明了所提出的框架是有效的。

进一步,Miao 等(2007)还分析了 HMM 和支持向量机(SVM)在设备状态监测中的分类性能。他们针对实验室环境中的一台由电动机驱动的齿轮箱,采集了实际振动数据,并将其用于 HMM 和 SVM 的分类性能对比研究。分析中考虑了两种设备状态,即正常和故障状态。根据实验结果,这些研究人员指出 SVM 比 HMM 具有更好的分类性能和泛化能力。J. Yu(2012)针对设备健康状态的退化评估问题,利用 HMM 和贡献分析法提出了一种方法。他们通过动态主成分分析(DPCA)从振动信号中提取特征,并针对 HMM 在实际场景中的适用性进行了检验,这种实际场景中是无法得到有关故障严重度的先验知识的。在方法验证中,他们利用了来自于 5 个代表性轴承(带有 IR、OR 和滚珠缺陷)的实际振动数据,实验结果表明,所给出的方法是能够在早期阶段识别出轻微退化行为的,此外,该方法还能够有效地降低数据维数,并从设备健康退化中获得敏感特征。

Zhou 等(2016)提出了一种称为移不变字典学习-隐马尔可夫模型(SIDL-HMM)的方法,利用移不变字典学习(SIDL)和 HMM 来进行轴承故障的检测与诊断。该方法借助 SIDL 从原始振动信号中提取特征,并针对所有可能的轴承故障类型训练和构造独立的 HMM。然后,利用这些 HMM 对无标签振动样本进行故障分类,其中需要计算每个 HMM 的对数似然值,最大值决定了测试样本的特定状态。方法验证中采用了模拟数据和实验数据,后者来自于不同状态下(正常、IR 缺陷、OR 缺陷和 RE 缺陷)的滚动轴承,分析结果证实了 SIDL-HMM 能够识别不同类型的轴承缺陷。

近期,Sadhu 等(2017)通过引入一系列预处理步骤改善了 HMM 在旋转类零部件故障检测中的应用性能。他们首先借助小波包变换(WPT)从原始振动信号中提取去噪的时序信号,然后,利用 Teager-Kaiser 能量算子进行解调,从而计算出状态指标,根据这些状态指标,进一步采用决策树选取了相关的特征,最后通过基于高斯混合模型的 HMM 进行了故障检测。研究中考虑了两个实例,即感应电动机和低速传送带中的轴承故障检测,实验分析结果表明,所提出的方法能够达到的性能要比传统的 HMM 更好。

Liu 等(2017)针对滚动轴承给出了一种基于混合式广义隐马尔可夫模型的状态监测方法(GHMM-CM)。该方法首先借助变分模式分解(VMD)方法将原始振动信号分解成多个模式成分;然后,利用多尺度排列熵(MPE)技术从分解后的信号中提取出区间值特征;随后,通过主成分分析(PCA)对所提取的特征进行降维处理;最后,采用基于广义区间概率的广义隐马尔可夫模型(GHMM)完成了故障类型和特征严重度水平的识别与分类。为验证所给出的方法,他们借助了凯斯西储大学(CWRU)轴承数据中心所提供的滚动轴承振动数据,实验结果表明了 GHMM-CM 在滚动轴承的故障诊断中是有效的。

11.3 逻辑回归模型

回归分析是一种预测性的建模技术,能够描述一个因变量与一个或多个自变量之间的关系。这一技术可以用于时间序列建模(参见 3.4 节)、预报(Montgomery 等,1990)和分类(Phillips 等,2015)。回归分析技术有多种类型,如线性回归、逻辑回归、多项式回归、逐步回归、岭回归(Seber 和 Lee,2012;HosmerJr 等,2013)和套索回归(Tibshirani,1996)等。在这些技术类型中,逻辑回归(LR)模型在大量领域中已经成为最为常用的机器学习技术之一。

LR 一般用于因变量为二值的场合,即因变量 c(类标签)仅存在两个可能的值,如 $c^{(i)} \in \{0,1\}$,$c^{(i)} \in \{$故障,无故障$\}$。LR 模型属于概率判别模型,它直接根据训练数据学习 $P(y|X)$,使得由 $P(y|X)$ 定义的似然函数达到最大化。不妨考虑一个训练数据集 $X = \{x_1, x_2, \cdots, x_n\}$,类标签为 $c_i \in \{0,1\}$,那么,逻辑回归模型可以定义为如下形式:

$$P(y=1|\boldsymbol{x}) = h_1(\boldsymbol{x}) = g(-\boldsymbol{\theta}^T\boldsymbol{x}) = \frac{1}{1+e^{-\boldsymbol{\theta}^T\boldsymbol{x}}} \tag{11.10}$$

式中:$g(-\theta^T x)$为逻辑函数,也称为 Sigmoid 函数,其定义如下:

$$g(z) = \frac{1}{1+e^{-z}} \tag{11.11}$$

如图 11.1 所示,其中给出了逻辑函数的图像,我们可以清晰地看出它位于 0 和 1 之间。

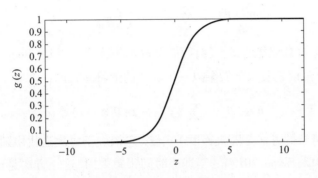

图 11.1 逻辑函数示例

由于 $\sum P(y) = 1$,因而,$P(y=0|x)$可以按照下式计算:

$$P(y=0|x) = h_0(x) = 1 - P(y=1|x) = 1 - \frac{1}{1+e^{-\theta^T x}} \tag{11.12}$$

或

$$P(y=0|x) = \frac{e^{-\theta^T x}}{1+e^{-\theta^T x}} \tag{11.13}$$

联立式(11.10)和式(11.13)可得

$$P(y=y_k|x;\theta) = (P(y=0|x))^{y_k}(P(y=0|x))^{1-y_k} \tag{11.14}$$

逻辑回归的参数一般是利用似然值确定的,N 个训练实例的参数似然值可以通过下式得到:

$$L(\theta) = \prod_{n=1}^{N} (g(\theta^T x^n))^{y(n)} (1-g(\theta^T x^n))^{1-y(n)} \tag{11.15}$$

式中:$\theta = [\theta_0, \theta_1, \cdots, \theta_n]$ 为模型参数,通过训练它们达到最大似然。不过,由于更容易进行数学处理,所以人们经常采用的是对数似然。对于上述情形,对数似然可以表示为

$$\begin{aligned}\log L(\theta) &= \sum_{n=1}^{N} \log((g(\theta^T x^n))^{y(n)} (1-g(\theta^T x^n))^{1-y(n)}) \\ &= \sum_{n=1}^{N} \log(P(y^{(n)} = y_k|x^{(n)};\theta))\end{aligned} \tag{11.16}$$

为了确定能够使得对数似然最大化的 $\boldsymbol{\theta}$,可以将对数似然进行微分,即

$$\frac{\partial \log L(\boldsymbol{\theta})}{\partial \boldsymbol{\theta}} = \frac{\partial \sum_{n=1}^{N} \log(P(y^{(n)} = y_k \mid \boldsymbol{x}^{(n)}; \boldsymbol{\theta}))}{\partial \boldsymbol{\theta}} \tag{11.17}$$

于是,偏导数为

$$\frac{\partial \log L(\boldsymbol{\theta})}{\partial \theta_i} = \sum_{n=1}^{N} (y^{(n)} - g(\boldsymbol{\theta}^{\mathrm{T}} \boldsymbol{x}^{(n)})) x_i^n \tag{11.18}$$

为了确定对数似然的最大值,我们可以利用梯度上升法(Bottou,2012)求解上式,在更新 θ_i 时需要对导数乘以一个不变的学习率 l,即

$$\theta_i \leftarrow \theta_i + l \sum_{n=1}^{N} (y^{(n)} - g(\boldsymbol{\theta}^{\mathrm{T}} \boldsymbol{x}^{(n)})) x_i^n \tag{11.19}$$

另一种可行的方法是随机梯度上升法,它依赖于每次迭代中随机选取的实例(Bottou,2012;Elkan,2012)。当训练时间很重要时,这一方法是比较常用的。此外,牛顿法也可用于逻辑回归模型的最大似然求解(Lin 等,2008)。

11.3.1 逻辑回归的正则化

逻辑回归的学习过程会导致 $\boldsymbol{\theta}$ 变得非常大,进而导致过拟合,使得训练后的模型的预测性能变差。为了消除过拟合问题,我们可以对目标函数(即对数似然函数)进行惩罚,即增加一个正则项。比较常见的一种做法是在目标函数中加入 L2 范数项,即

$$\log L(\boldsymbol{\theta}) = \sum_{n=1}^{N} \log(P(y^{(n)} = y_k \mid \boldsymbol{x}^{(n)}; \boldsymbol{\theta})) - \frac{\lambda}{2} \|\boldsymbol{\theta}\|_2 \tag{11.20}$$

式中:λ 为正则化参数。

利用这个正则化的对数似然,梯度上升更新过程将变为

$$\theta_i \leftarrow \theta_i + l \sum_{n=1}^{N} (y^{(n)} - g(\boldsymbol{\theta}^{\mathrm{T}} \boldsymbol{x}^{(n)})) x_i^n - l \lambda \theta_i \tag{11.21}$$

11.3.2 多类逻辑回归模型

多类逻辑回归(MLR)在人工神经网络中也称为 Softmax 回归,它是一种线性有监督回归模型,将类标签为二值的逻辑回归拓展到了多分类问题,即类标签为 $\{1,2,\cdots,c\}$ ($c^{(i)} \in \{1,2,\cdots,K\}$),$c$ 为类别的数量。下面简要介绍简化 MLR 模型。

在针对多个类标签的 MLR 中,主要目标是针对每一个类标签去估计概率 P

$(c=c^{(i)}\mid x)$，即

$$h_{\theta}(x) = \begin{bmatrix} P(c=1\mid x;\theta) \\ P(c=2\mid x;\theta) \\ \vdots \\ P(c=K\mid x;\theta) \end{bmatrix} = \frac{1}{\sum_{j=1}^{K}e^{\theta^{(j)\mathrm{T}}x}} \begin{bmatrix} e^{\theta^{(1)\mathrm{T}}x} \\ e^{\theta^{(2)\mathrm{T}}x} \\ \vdots \\ e^{\theta^{(K)\mathrm{T}}x} \end{bmatrix} \quad (11.22)$$

式中：$\theta^{(1)},\theta^{(2)},\cdots,\theta^{(K)} \in \mathrm{R}^n$ 为 MLR 模型的参数。

LR 和 MLR 在大量应用场合中已经受到了广泛的关注，如预报(Montgomery 等，1990)、肿瘤分类(Zhou 等，2004)、灾害预测(Ohlmacher 和 Davis，2003)等。下面将简要讨论它们在设备故障诊断领域中的应用。

11.3.3 逻辑回归在设备故障诊断中的应用

LR 在设备故障检测与诊断领域中已经得到了应用，如 Yan 和 Lee(2005)提出了一种基于 LR 的预报方法，针对的是在线性能退化评估和失效模式分类。该方法利用 WPT 从采集到的数据中提取特征(将小波包能量作为特征)，并借助 Fisher 准则选取重要特征，然后通过 LR 检查设备性能并识别失效类型。实验分析结果表明，该方法对于平稳和非平稳信号的分析都是有效的。Caesarendra 等(2010)将相关向量机(RVM)和 LR 组合起来用于检测和预报设备的失效行为(从早期损伤到最终失效)。该方法基于从正常到故障全过程的数据集，利用 LR 对滚动轴承的性能退化进行估计，然后将结果作为失效概率的目标向量，并进一步借助上述数据来训练 RVM。实验分析结果表明了所给出的方法是有效的。

Pandya 等(2014)进一步基于 MLR 分类器和 WPT 给出了一种轴承 RE 故障诊断方法。该方法通过 WPT(利用 RIBO5.5 小波)提取了分类特征，完整的分类是借助能量和峰度特征完成的。他们对比了 3 种分类器的性能，其中包括 ANN、SVM 和 MLR。实验研究结果显示，MLR 分类器要更为有效。Phillips 等(2015)提出利用油样和二值逻辑回归分类器进行设备状态的分类。他们指出，LR 对于相关技术人员来说更易理解，能够帮助他们更好地体会人工分类过程的本质以及可能的误分类结果。这一研究还对比分析了 LR、ANN 和 SVM 的预测性能，针对来自于采矿车发动机的实际油液分析数据集，实验研究结果证实了在发动机健康与非健康状态的预测方面 LR 要比 ANN 和 SVM 更为优秀。

Ahmed 等(2017)针对轴承故障分类问题，提出了一种基于压缩采样(CS)的

策略,只需借助较少的振动测试数据即可完成。他们利用压缩采样技术将采集到的振动信号进行压缩,然后通过3种技术对这些压缩数据进行了处理,即将压缩数据直接作为分类器的输入,利用线性判别分析(LDA)和PCA从数据中提取特征。在分类问题的处理中使用了MLR。实验结果表明了该策略在滚动轴承故障分类方面是可行的。

Habib等(2017)利用基于双谱算法的模式识别给出了一种可用于机械故障检测与分类的方法,针对的是AH-64D直升机尾桨传动系统中的关键旋转元部件。他们从振动双谱中提取特征进行故障的分类,并利用PCA对提取出的特征进行降维,然后选取了6种分类器实现了故障分类,其中包括了朴素贝叶斯、线性判别、二次判别、SVM、MLR和ANN等类型。利用从传统功率谱中提取的特征,他们进行了实验分析,结果表明MLR和ANN能够获得最高的分类性能,精度可达94.79%。

最近,Li等(2018)给出了一种可变转速条件下的滚动轴承故障诊断方法,其中利用了Vod-Kalman滤波器(VKF)、精细复合多尺度模糊熵(RCMFE)和拉普拉斯分值(LS)等技术。该方法先借助VKF从故障表示中去除与故障无关的成分,然后利用RCMFE从去噪后的振动信号中提取特征,进而根据这些特征通过LS来改进故障特征,最后利用所选取的这些特征通过LR进行分类处理。实验分析结果证实了这一方法在转速波动条件下的滚动轴承故障诊断中是有效的。

为了减轻极大量振动数据带来的存储空间和处理时间方面的负担,Ahmed和Nandi(2018)将CS、多测量向量(MMV)和特征排序技术组合起来给出了一个工作框架,用于从大量振动数据中学习到最少量的特征,进而对轴承健康状态进行分类。在这一框架基础上,他们考察了基于MMV的CS和特征排序技术的不同组合情况,并通过3种分类算法(MLR、ANN和SVM)评估了这一框架在轴承故障分类方面的效果。实验结果表明,对于所考察的所有故障来说,该框架能够获得很高的分类精度。特别地,对于MLR和ANN的情形,所得到的结果还表明了,采用不同的采样率和特征数(对于所有的CS与特征选择技术的组合而言)都可得到很高的分类精度。

11.4 本章小结

本章介绍了两种概率分类模型,即概率生成模型HMM和概率判别模型

LR,这些分类器已经广泛地应用于设备故障诊断问题中。第一部分主要阐述了 HMM 和各种模型训练技术,以及它们在设备故障诊断中的应用。第二部分主要讨论了 LR 模型和一种广义 LR 模型,后者也称为 MLR 或多类逻辑回归,并对它们在设备故障诊断中的应用进行了介绍。表 11.1 对本章所给出的主要技术及其可公开获取的软件进行了归纳。

表 11.1 所介绍的部分技术及其可公开获取的软件汇总

算法名称	平台	软件包	函数
隐马尔可夫模型后验状态概率	MATLAB	统计和机器学习工具箱—隐马尔可夫模型	hmmdecode
多元逻辑回归		统计和机器学习工具箱—回归	mnrfit
最大似然估计		统计和机器学习工具箱—概率分布	mle
梯度下降优化		Allison(2018)	grad_descent

参考文献

Ahmed, H. and Nandi, A. K. (2018). Compressive sampling and feature ranking framework for bearing fault classification with vibration signals. IEEE Access 6:44731–44746.

Ahmed, H. O. A., Wong, M. D., and Nandi, A. K. (2017). Compressive sensing strategy for classification of bearing faults. In:2017 IEEE International Conference on Acoustics, Speech and Signal Processing (ICASSP), 2182–2186. IEEE.

Allison, J. (2018). Simplified gradient descent optimization. Mathworks File Exchange Center. https://uk.mathworks.com/matlabcentral/fileexchange/35535-simplified-gradient-descent-optimization.

Bishop, C. (2006). Pattern Recognition and Machine Learning, vol. 4. New York:Springer.

Bottou, L. (2012). Stochastic gradient descent tricks. In:Neural Networks:Tricks of the Trade, 421–436. Berlin, Heidelberg:Springer.

Caesarendra, W., Widodo, A., and Yang, B. S. (2010). Application of relevance vector machine and logistic regression for machine degradation assessment. Mechanical Systems and Signal Processing 24 (4):1161–1171.

Elkan, C. (2012). Maximum likelihood, logistic regression, and stochastic gradient training. In:Tutorial Notes at CIKM, 11. http://cseweb.ucsd.edu/~elkan/250Bwinter2012/logreg.pdf.

Forney, G. D. (1973). The viterbi algorithm. Proceedings of the IEEE 61 (3):268–278.

Gagniuc, P. A. (2017). Markov Chains:From Theory to Implementation and Experimentation.

Wiley.

Gales, M. and Young, S. (2008). The application of hidden Markov models in speech recognition. Foundations and Trends in Signal Processing 1 (3): 195 – 304.

Habib, M. R., Hassan, M. A., Seoud, R. A. A., and Bayoumi, A. M. (2017). Mechanical fault detection and classification using pattern recognition based on bispectrum algorithm. In: Advanced Technologies for Sustainable Systems, 147 – 165. Cham: Springer.

Hassan, M. R. and Nath, B. (2005). Stock market forecasting using hidden Markov model: a new approach. In: Proceedings – 5th International Conference on Intelligent Systems Design and Applications, 2005, ISDA'05, 192 – 196. IEEE.

Hosmer, D. W. Jr., Lemeshow, S., and Sturdivant, R. X. (2013). Applied Logistic Regression, vol. 398. Wiley.

Krogh, A., Brown, M., Mian, I. S. et al. (1994). Hidden Markov models in computational biology: applications to protein modeling. Journal of Molecular Biology 235 (5):1501 –1531.

Lee, J. M., Kim, S. J., Hwang, Y., and Song, C. S. (2004). Diagnosis of mechanical fault signals using continuous hidden Markov model. Journal of Sound and Vibration 276 (3 – 5): 1065 – 1080.

Li, Z., Wu, Z., He, Y., and Fulei, C. (2005). Hidden Markov model – based fault diagnostics method in speed – up and speed – down process for rotating machinery. Mechanical Systems and Signal Processing 19 (2): 329 – 339.

Li, Y., Wei, Y., Feng, K. et al. (2018). Fault diagnosis of rolling bearing under speed fluctuation condition based on Vold – Kalman filter and RCMFE. IEEE Access 6: 37349 – 37360.

Lin, C. J., Weng, R. C., and Keerthi, S. S. (2008). Trust region newton method for logistic regression. Journal of Machine Learning Research 9 (Apr): 627 – 650.

Liu, J., Hu, Y., Wu, B. et al. (2017). A hybrid generalized hidden Markov model – based condition monitoring approach for rolling bearings. Sensors 17 (5): 1143.

Miao, Q. and Makis, V. (2007). Condition monitoring and classification of rotating machinery using wavelets and hidden Markov models. Mechanical Systems and Signal Processing 21 (2): 840 – 855.

Miao, Q., Huang, H. Z., and Fan, X. (2007). A comparison study of support vector machines and hidden Markov models in machinery condition monitoring. Journal of Mechanical Science and Technology 21 (4): 607 – 615.

Montgomery, D. C., Johnson, L. A., and Gardiner, J. S. (1990). Forecasting and Time Series Analysis, 151. New York etc.: McGraw – Hill.

Murphy, K. P. and Russell, S. (2002). Dynamic bayesian networks: representation, inference and learning. PhD thesis. University of California at Berkeley, Computer Science Division.

Nelwamondo, F. V., Marwala, T., and Mahola, U. (2006). Early classifications of bearing faults using hidden Markov models, Gaussian mixture models, mel-frequency cepstral coefficients and fractals. International Journal of Innovative Computing, Information and Control 2 (6): 1281–1299.

Ocak, H. and Loparo, K. A. (2001). A new bearing fault detection and diagnosis scheme based on hidden Markov modeling of vibration signals. In: 2001 IEEE International Conference on Acoustics, Speech, and Signal Processing, 2001. Proceedings. (ICASSP'01), vol. 5, 3141–3144. IEEE.

Ohlmacher, G. C. and Davis, J. C. (2003). Using multiple logistic regression and GIS technology to predict landslide hazard in Northeast Kansas, USA. Engineering Geology 69 (3–4): 331–343.

Pandya, D. H., Upadhyay, S. H., and Harsha, S. P. (2014). Fault diagnosis of rolling element bearing by using multinomial logistic regression and wavelet packet transform. Soft Computing 18 (2): 255–266.

Phillips, J., Cripps, E., Lau, J. W., and Hodkiewicz, M. R. (2015). Classifying machinery condition using oil samples and binary logistic regression. Mechanical Systems and Signal Processing 60: 316–325.

Rabiner, L. R. (1989). A tutorial on hidden Markov models and selected applications in speech recognition. Proceedings of the IEEE 77 (2): 257–286.

Sadhu, A., Prakash, G., and Narasimhan, S. (2017). A hybrid hidden Markov model towards fault detection of rotating components. Journal of Vibration and Control 23 (19): 3175–3195.

Seber, G. A. and Lee, A. J. (2012). Linear Regression Analysis, vol. 329. Wiley.

Tibshirani, R. (1996). Regression shrinkage and selection via the lasso. Journal of the Royal Statistical Society. Series B (Methodological) 58: 267–288.

Welch, L. R. (2003). Hidden Markov models and the Baum–Welch algorithm. IEEE Information Theory Society Newsletter 53 (4): 10–13.

Yan, J. and Lee, J. (2005). Degradation assessment and fault modes classification using logistic regression. Journal of Manufacturing Science and Engineering 127 (4): 912–914.

Yu, J. (2012). Health condition monitoring of machines based on hidden Markov model and contribution analysis. IEEE Transactions on Instrumentation and Measurement 61 (8): 2200–2211.

Zhou, X., Liu, K. Y., and Wong, S. T. (2004). Cancer classification and prediction using logistic regression with Bayesian gene selection. Journal of Biomedical Informatics 37 (4): 249–259.

Zhou, H., Chen, J., Dong, G., and Wang, R. (2016). Detection and diagnosis of bearing faults using shift-invariant dictionary learning and hidden Markov model. Mechanical Systems and Signal Processing 72: 65–79.

第 12 章　人工神经网络

12.1　引言

　　人工神经网络(ANN)是模拟生物神经元的数学模型。神经元是一种能够处理信息的特殊的生物细胞,它利用树状突接收信号,通过细胞体对信号进行处理,并通过轴突将信号传递给其他神经元(Jain 等,1996;Graupe,2013)。ANN 是一组相互连接的节点,这些节点称为人工神经元,它们模拟了生物神经网络(NN)中的神经元。事实上,ANN 一般是由一系列算法构成的,这些算法协同工作即可识别出数据集的内在关系。

　　第一个神经元模型是 McCulloch 和 Pitts(1943)构造的,它是一个二元阈值单元计算模型,能够计算输入信号 x_1、x_2、$\cdots$、x_n 的加权和,并输出 1(若加权和超过给定的阈值)或者 0(Jain 等,1996)。这一模型可以从数学上表示为如下形式:

$$y = f\Big(\sum_{i=1}^{n} w_i x_i - \tau\Big) \tag{12.1}$$

式中:$f(\cdot)$ 为 0 处的单位阶跃函数;w_i 为 x_i 的权重;τ 为阈值。

　　人们已经对这一模型做了多种形式的发展。例如,Rosenblatt 认为 McCulloch 和 Pitts 的神经元模型不能进行学习,原因在于其参数(权重和阈值)是固定的,因此,他针对 McCulloch 和 Pitts 的神经元模型提出了感知器学习算法(Rosenblatt,1958)。Widrow 和 Hoff(1960)引入了 delta 规则(也称为 adaline),这是一种自适应线性神经元学习算法。Cowan(1990)进一步针对 NN 特性的各种研究(覆盖了 1943—1968 年)进行了简要的回顾。1982 年,Hopfield 基于 McCulloch 和 Pitts 的神经元和神经生物学某些特点,并考虑集成电路的需要,提出了神经网络模型(Hopfield,1982)。Chua 和 Yang(1988)指出,NN 的基本特征是网络单元的同步并行处理、连续时间的动态全局交互作用。

NN方面的现有文献中已经出现了各种形式的ANN,如多层感知机(MLP)、径向基函数(RBF)、概率神经网络(PNN)等。这一章将介绍一些已经得到广泛应用的ANN算法,在基于振动信号的设备故障诊断领域中也可以看到它们的应用实例。我们将先阐明ANN的一些基本概念,然后讨论3种可用于故障分类处理的ANN类型(MLP、RBF和Kohonen),另外,也将介绍这些方法在设备故障诊断中的应用情况。

12.2 神经网络的基本原理

ANN是由一簇相互连接的节点构成的,这些节点也称为人工神经元,它们模拟了生物神经网络中的神经元。ANN是一种有监督的学习算法,能够学习离散的和向量值的实函数(Nandi等,2013)。实际上,ANN一般会包含一系列算法,这些算法联合起来工作,从而识别出数据集的内在联系。神经元接收到输入之后,会针对每个输入乘以其权值,并将这些乘积结果组合起来传给一个传输函数,进而生成神经元的输出,参见图12.1。

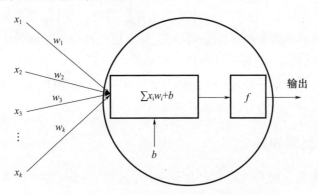

图12.1 人工神经元模型(Ahmed 和 Nandi,2018)

如图12.1所示,人工神经元是一个计算模型,它将一组输入信号 $X = x_1, x_2, \cdots, x_k$ 变换为单一的输出,其中借助了两个函数。

(1)加权求和函数。它是一个净函数,利用输入和它们对应的权值生成一个值 v,即

$$v = \sum_{i=1}^{k}(w_i x_i + b) \tag{12.2}$$

(2)激活函数。它将 v 变换成神经元的输出,即

$$\text{output} = f(v) \tag{12.3}$$

ANN方面的现有文献中已经提出了多种人工神经元类型,它们具有不同的净函数和激活函数形式。例如,线性神经元将加权和函数作为净函数,而把线性或分段线性函数作为激活函数;Sigmoid神经元将加权和作为净函数,而把Sigmoid函数作为激活函数;基于距离的神经元将距离函数作为净函数,而把线性或分段线性函数作为激活函数。

根据人工神经元的连接方式的不同,ANN架构也存在着不同的类型。

(1)分层网络。这种类型中的神经元呈现出分层结构形式,一般包括一个输入层、一个或多个隐含层以及一个输出层。每一层包含了大量的神经元,可以完成特定的功能。分层网络的种类有很多,如前馈型神经网络(FFNN)和多层感知机(MLP),它们包含了一个输入层和输出层以及一个或多个隐含层,其净函数通常采用加权和函数,而激活函数采用线性或Sigmoid函数;再如RBF网络,它包含了一个输入层和一个隐含的径向基层以及一个线性输出层,其激活函数为高斯函数(Lei等,2009);学习向量量化(LVQ)神经网络,这种前馈型结构仅有一个神经元计算层,其输入神经元直接与输出神经元相连接(Kohonen,1995)。

(2)反馈型网络。也称为循环或交互神经网络,一般包含了循环过程。比较典型的反馈型网络是循环神经网络,它是由层和神经元之间的前馈和反馈连接构造而成的(Chow和Fang,1998)。

下面我们将介绍3种可用于故障分类处理的ANN(MLP、RBF和Kohonen),并将讨论这些方法在设备故障诊断领域中的应用。

12.2.1 多层感知机

MLP也称为多层FFNN,它包含了一个输入层、一个或多个隐含层以及一个输出层,是最常用的神经网络之一。MLP经常将加权和函数作为净函数,而把线性或Sigmoid函数作为激活函数。图12.2中给出了一个由一个输入层和一个隐含层以及一个输出层构成的MLP模型。我们可以看出,这些层是按照数据流动方向布置的,即输入层的神经元接收输入数据$X = x_1, x_2, \cdots, x_k$,并将它们传递给隐含层中的每个神经元,数据经过隐含层神经元的处理之后再到达输出层。MLP中每个神经元内的处理过程可以从数学上描述为如下形式:

$$y = f(v(x)) \sum_{i=1}^{k}(w_i x_i + b) \tag{12.4}$$

式中:y为输出;k为神经元的输入个数;w_i为与第i个输入x_i对应的权值;b

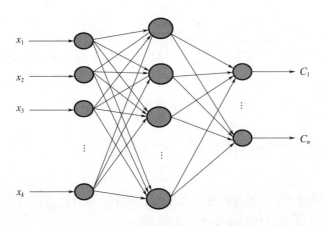

图 12.2　ANN 的多层感知机模型(Ahmed 和 Nandi,2018)

为一个偏置项。每个神经元所生成的值将传递给输出层中的每个神经元,这类似于分类处理步骤。为了使得 MLP 的输出与目标输出之间的误差最小,人们已经提出了很多误差指标,并将其用于 MLP 的训练,如最小分类误差(MCE)、均方误差(MSE)以及最小均方误差对数(Gish,1992;Liano,1996)等。MLP 的训练优化是使得如下目标函数达到最小化:

$$J(w) = \int J(x;w)p(x)\mathrm{d}x \qquad (12.5)$$

一般需要为权值向量选取某些初始 w_0 值,然后在权值空间中进行搜索,即(Bishop,2006)

$$w_{\eta+1} = w_\eta + \Delta w_\eta \qquad (12.6)$$

式中:η 为迭代步。Δw_η 的更新可以有不同的方式,绝大多数都借助了梯度信息。正如第 11 章介绍过的,当需要使目标函数最小化时,可以采用梯度下降优化过程。即在负梯度方向上以较小的步长选择 Δw_η,从而得到:

$$w_{\eta+1} = w_\eta - l\,\nabla w_\eta \qquad (12.7)$$

式中:$l>0$ 为学习率。在每一次更新之后,需要针对更新后的权值重新计算梯度,这一过程是重复进行的。当然,也有其他一些可行方法,如共轭梯度法和拟牛顿法。跟梯度下降法不同的是,这些方法是在每次迭代中使得误差函数不断减小,直到权值向量达到局部或全局最小。

为了计算误差函数 $E(w)$ 的梯度,可以采用反向传播方法,它计算的是导数,可以确定误差函数的局部极小值。不妨令 $E_n(w)$ 代表某个给定输入模式 n 的误差函数,即

$$E_n(w) = \frac{1}{2}\sum_{i=1}^{k}(y_{nk} - t_{nk})^2 \qquad (12.8)$$

式中：$y_{nk} = y_k(x_n, w)$。该误差函数的梯度（相对于权值 w_{ji}）可以表示为如下形式：

$$\frac{\partial E_n(w)}{\partial w_{ji}} = \frac{1}{2}\sum_{i=1}^{k}(y_{nk} - t_{nk})^2 \qquad (12.9)$$

一般地，每个神经元会计算其输入的加权和，即

$$a_j = \sum_i w_{ji} z_i \qquad (12.10)$$

式中：z_i 为与神经元 j 相连接的神经元的激活值；w_{ji} 为与该连接对应的权值。因此，我们也可以将式(12.9)定义为如下形式：

$$\frac{\partial E_n(w)}{\partial w_{ji}} = \frac{\partial E_n(w)}{\partial a_j}\frac{\partial a_j}{\partial w_{ji}} \qquad (12.11)$$

若令

$$\delta_j = \frac{\partial E_n(w)}{\partial a_j} \qquad (12.12)$$

$$z_i = \frac{\partial a_j}{\partial w_{ji}} \qquad (12.13)$$

则有

$$\frac{\partial E_n(w)}{\partial w_{ji}} = \delta_j z_i \qquad (12.14)$$

类似地，我们可以将 δ_j 表示为

$$\delta_j = \frac{\partial E_n(w)}{\partial a_j} = \sum_k \frac{\partial E_n(w)}{\partial a_k}\frac{\partial a_k}{\partial a_j} \qquad (12.15)$$

或写为

$$\delta_j = h'(a_j)\sum_k w_{kj}\delta_k \qquad (12.16)$$

式中：$h(a_j) = z_j$。一般需要先计算 δ_j，然后将其代入式(12.14)中。

12.2.2 径向基函数网络

RBF 网络是一种分层网络，结构与 MLP 相同，其激活函数为高斯核函数。对于给定的包括 c 个类别的分类问题，可以建立包含 K 个隐含神经元和 c 个输出节点的 RBF，其神经元输出函数（即高斯函数）可以按照下式计算：

$$f(x) = e^{\left(-\frac{\|x - \mu_k\|^2}{2\sigma^2}\right)} \qquad (12.17)$$

式中:$\|x-\mu_k\|$为第k个神经元的激活值;μ_k为第k个隐含神经元的中心点;σ为高斯函数的宽度。在RBF神经网络中,输入节点将输入信号传给连接弧,第一层连接不进行加权处理,也就是说,每个隐含节点接收到的输入值是不变的,输出可以按照下式计算:

$$y_c = \sum_{k=1}^{K} w_{k,c} f(x) \tag{12.18}$$

RBF网络的训练是使得输出向量和目标向量之间的MSE最小化,其过程一般包含两个步骤:①定义隐含层参数,即中心点集和隐含节点数;②确定隐含层与输出层之间的(Maglogiannis等,2008)连接权值。

12.2.3 Kohonen网络

Kohonen神经网络(KNN)也称为自组织映射(SOM),是一种神经网络模型和算法,它能够实现从高维空间到低维神经元阵列的特征非线性投影(Kohonen等,1996)。在工程领域中,SOM最直接的应用是识别和监测复杂设备和过程的状态。

SOM可以定义为一种从高维输入空间到低维阵列的非线性、有序、平滑映射。若记$x=\{x_1,x_2,\cdots,x_N\}^T$为输入信号集,$r_i=\{v_{i,1},v_{i,2},\cdots,v_{i,n}\}^T$为与SOM阵列中每个单元相关的实参数向量,那么,可以将输入向量x在SOM阵列上的"像"指标b定义为

$$b = \arg\min_{i}\{d(x,r_i)\} \tag{12.19}$$

式中:$d(x,r_i)$为x和r_i之间的距离。我们主要的任务是确定r_i,从而使得这一映射是有序的,能够描述x的分布。基于向量量化(VQ)思想的优化过程可以确定r_i,其基本思想是将一个码书向量r_c放入到信号空间,r_c最接近于信号空间中的x,然后VQ可以使得期望的量化误差E最小化,即

$$E = \int f[d(x,r_c)]p(x)dx \tag{12.20}$$

式中:$d(x,r_c)$为x和r_c之间的距离;$p(x)$为x的概率密度函数。VQ问题的解就是使得E最小的r_i。另一种估计r_i的方法是利用随机逼近法,由此可得

$$E'(t) = \sum_i h_{ci} f[d(x(t),r_i(t))] \tag{12.21}$$

这种优化算法可以表示为

$$r_i(t+1) = r_i(t) - \frac{1}{2\lambda(t)} \frac{\partial E'}{\partial r_i(t)} \tag{12.22}$$

各种 SOM 算法都可以借助式(12.20)来描述。

还有很多其他方法也是可行的,其中包括模糊 ANN(Filippetti 等,2000)和学习向量量化(LVQ)(Wang 和 Too,2002)等。限于篇幅,这里不再进行详细的介绍,感兴趣的读者可以去参阅更全面的综述文献(Meireles 等,2003)。

ANN 在大量应用场合中正在受到关注,如图像处理(Egmont-Petersen 等,2002)、医疗诊断(Amato 等,2013)、股票市场指数预测(Guresen 等,2011)等。下面将简要介绍它们在设备故障诊断领域中的应用。

12.3 人工神经网络在设备故障诊断中的应用

对于 ANN 算法在设备故障诊断问题中的应用而言,一般首先应考虑 ANN 系统参数的选择问题,这些参数通常包括如下几个方面。

(1)所采用的 ANN 类型(基于距离的或基于加权和的等)。
(2)层数和每层的节点数。
(3)所采用的激活函数。
(4)所采用的训练方法。
(5)所进行的训练次数。
(6)所采用的验证方法(不同的验证方法将在第 15 章介绍)。

在状态监测和故障诊断领域中,人们已经针对神经网络的应用进行了大量的研究。在早期的一个研究实例中,Knapp 和 Wang(1992)给出了一种可用于设备故障诊断的反向传播神经网络。D'Antone(1994)在基于 transputer 的系统基础上,将 MLP 引入到并行架构中,用于提升故障诊断专家系统的网络计算速度。Peck 和 Burrows(1994)基于 ANN 提出了一种可在彻底失效之前预测和识别设备零部件状态的方法。1966 年,McCormick 和 Nandi 阐述了借助 ANN 能够根据振动时间序列实现设备状态的自动分类。例如,他们给出了一种提取特征并将其作为 ANN 输入的方法(McCormick 和 Nandi,1996a),该方法利用水平和垂向振动时间信号生成复时间序列,然后估计其零延迟高阶矩及其微分和积分;他们进一步将振动信号的统计估计(如均值和方差)作为旋转类设备的故障指标(McCormick 和 Nandi,1996a、b,1997b),并指出联合这些指标要比单独使用(作为 ANN 的输入)能够获得更为健壮的分类性能。

McCormick 和 Nandi(1997a、b)还将 ANN 作为分类器应用于基于振动时间序列的设备状态监测中,他们给出了多种特征提取方法,将提取出的特征输入给

ANN，并进行了对比研究。方法验证中考虑了具有 4 种不同状态(NO，无故障；N-R，仅存在碰摩；仅存在附加质量；W-R，碰摩和附加质量同时存在)的转轴的实际振动信号。根据实验结果，他们对比了作为分类系统的 ANN 与其他方法(阈值分类和最近邻中心分类)，发现了由于阈值分类法只能利用一个特征进行决策，因而是不恰当的，作为一种简单的多特征技术的最近邻分类法要稍微好一些，不过需要很大的存储空间并且非常耗时，因此也不适合于实时应用。为此，这些研究人员建议在连续监测系统中选用 ANN。

Subrahmanyam 和 Sujatha(1997)借助有监督的误差反向传播(EBP)学习算法和基于训练范式的无监督自适应共振理论(ART2)研究了两种神经网络技术，并将其用于识别轴承状态。他们从一个正常轴承和两个带有不同缺陷的轴承中采集了实际振动信号，其中考虑了不同的负载和转速情况，进行了方法验证。这一研究从原始振动信号中得到了大量统计参数，利用训练后的神经网络对轴承状态进行了识别。实验结果证实了所提出的方法在滚动轴承故障诊断中的有效性。Li 等(1998)给出了一种根据发动机振动数据，借助频域振动信号和神经网络来检测常见轴承缺陷的方法。他们考虑了轴承松动、IR 缺陷、RE 缺陷以及这些情形的组合情况所导致的不同严重程度状况下的振动信号，利用快速傅里叶变换(FFT)从这些振动信号中提取特征，进而根据这些特征通过一个带有 10 个隐含节点的三层神经网络进行了故障检测。实验分析结果表明，神经网络可以有效地实现各种轴承缺陷的检测。

Jack 和 Nandi(1999、2000)利用遗传算法(GA)从庞大的特征集中选择最重要的特征，并将其作为 ANN 的输入，用于设备状态的监测。研究中从 6 种不同状态下的轴承采集了实际振动数据，其中包括 2 种正常状态和 4 种缺陷状态。实验分析结果表明，GA 能够从 156 个特征中选出 6 个，将它们输入给 ANN 之后可以获得 100% 的分类正确性。Samanta 等(2001)以同样的方式给出了一种基于 GA 和 ANN 的齿轮状态诊断过程。他们针对带有正常和故障齿轮的旋转类设备的时域振动信号进行了处理，利用均值、均方根、方差、偏度和峰度提取了特征，并借助 GA 和 ANN 进行了 ANN 输入特征选择和隐含层节点数量的优化。输出层由两个用于指示设备状态(即正常齿轮和故障齿轮)的二值节点构成。实验结果表明了这一方法在设备故障检测中是有效的。Saxena 和 Saad(2007)也提出了将 GA 和 ANN 用于机械系统的状态监测。他们首先将原始振动信号进行归一化处理，然后考虑了 5 种特征集：①从原始振动信号提取的统计特征；②从和信号提取的统计特征；③从差信号提取的统计特征；④谱特征；⑤所有上述特征。随后,利用 GA 选择出最佳特征,并进一步借助 ANN 处理了故障分类问题。方法验证中使用了从轴承采集的振动信号,结果表明这一方法要比单独使用 ANN 明显优越。

利用 UTA 特征选择算法也能够对基于 ANN 的故障诊断技术进行优化。为了考察 UTA 相对于 GA 的有效性,Hajnayeb 等(2011)针对齿轮箱设计了一种基于 ANN 的故障诊断系统,其中利用了大量振动特征。这一研究从时域振动信号中提取了统计特征,包括最大值、均方根、峰度和波峰因数等,然后利用 UTA 和 GA 选择了最佳特征子集,结果表明,UTA 与 GA 具有相同的精度,不过算法更简单一些。

Filippetti 等(2000)针对感应电动机驱动器的故障诊断问题,对基于人工智能(AI)的方法进行了回顾,其中涵盖了专家系统、ANN、模糊逻辑系统和组合系统(如模糊 - ANN)等的应用。Li 等(2000)还利用神经网络和时域/频域轴承振动信号分析,给出了一种发动机轴承故障诊断方法。他们考虑了轴承松动、IR 缺陷和滚珠缺陷情况下的实际振动信号和模拟振动信号,实验分析结果表明,通过恰当的测试和合理的解读振动信号,ANN 是能够有效地应用于发动机轴承的故障诊断的。

Vyas 和 Satishkumar(2001)针对转子支承系统,提出了一种基于 ANN 的故障识别方法。他们采用了反向传播学习算法(BPA)和多层网络,该网络中的层使用了非线性神经元和正则化技术。研究中针对实验室内的转子试验台,采集了若干故障状态下的实际振动信号,其中包括无故障的转子、质量不平衡的转子、轴承盖松动的转子、不对中的转子、十字联轴器存在间隙、同时带有质量不平衡和不对中的转子等情况。在训练 ANN 时使用的是所采集到的振动信号的统计矩。这些研究人员进行了多个实验,用于考察不同网络架构的适应性,总体成功率达到了 90%。

Kaewkongka 等(2001)利用连续小波变换(CWT)和 ANN 给出了一种转子动力设备的状态监测方法。他们将 CWT 用于从采集到的振动信号中提取特征,并把所提取出的特征进一步转换成灰度图,这些灰度图被作为每个信号的典型特征使用。研究中考虑了 4 类设备运行状态,分别是平衡的转轴、不平衡的转轴、不对中的转轴和轴承缺陷情形。分类工具采用的是反向传播神经网络(BPNN)。实验结果表明,所提出的方法能够获得 90% 的分类精度。Yang 等(2002b)介绍了一种基于 ANN 的三阶谱技术,可用于诊断发动机轴承的状态。他们分析了 7 种信号预处理方法,分别建立在功率谱、双谱、双相干谱、双谱对角切片、双相干谱对角切片、累积平均双谱和累积平均双相干谱的基础之上；考虑了4种轴承健康状态，即正常、保持架缺陷、IR 缺陷和 OR 缺陷。所提取出的特征被输入到 ANN 中，用于完成状态识别。实验结果表明，基于累积平均双谱的方法要比其他6种方法效果更好。

Hoffman 和 Van Der Merwe 考察了3种神经分类技术在多重故障诊断问题中的性能，分别是 KohonenSOM、最近邻规则（NNR）和 RBF 网络。他们从6种滚动轴承中采集了实际振动信号，其中3种无缺陷，但分别带有0、12g 和 24g 的不平衡质量，而另外3种不仅带有0、12g 和 24g 的不平衡质量，同时还存在 OR 缺陷。从振动信号中提取的特征包括6种时域指标和4种频域指标，前者分别是均值、均方根、波峰因数、方差、偏度和峰度；后者分别是水平和垂向上转动频率处的幅值、滚子通过外圈频率（BPFO）、高频成分（HFD）以及从包络谱得到的 BPFO。这些特征在经过正则化处理之后进一步被输入到 SOM、NNR 和 RBF 中进行处理。基于实验分析结果，这些研究者指出，如果类标签是已知的，并且能够正确地选取特征和正则化，那么 SOM 是可以用于多分类问题的；NNR 和 RBF 能够准确地区别出多重故障的不同组合形式，并且能够识别出故障状态的严重度；此外，RBF 分类器要比 NNR 在速度上更具优势（Hoffman 和 van der Merwe,2002）。

Wang 和 Too(2002)针对设备故障检测问题，基于高阶统计量（HOS）和 ANN 给出了一种方法。他们利用 HOS 从振动信号中提取特征，进而通过两种神经网络（SOM 和 LVQ）处理了分类问题。SOM 针对的是初期阶段的数据收集，LVQ 则用于识别阶段。研究中考虑了回转泵8种健康状态下的振动信号，实验分析结果证实了所提出的方法在识别旋转类设备故障中的有效性。Yang 等(2002a)针对旋转类设备的状态监测问题，回顾了各种基于 AI 的诊断方法。在这些方法中，他们介绍了8种神经网络，分别是反向传播前馈网络（BPFFN）、FFNN、循环神经网络（RNN）、RBF、反向传播（BP）、MLP、Kohonen SOM 和 LVQ。

Shuting 等(2002)给出了一种自适应 RBF 网络（称为两层聚类算法），将其用于基于振动信号的涡轮发电机的故障诊断。这一方法能够自动地计算 RBF 网络中隐含层神经元的数量、中心和宽度。研究中考虑了正常运行、转子励磁绕组短路和定子绕组故障这3种状况，采集实际振动数据进行了方法验证。分析结果证实了所给出的方法能够获得很高的诊断精度。Samanta 等(2003)针对基于 ANN 的和基于支持向量机（SVM）的轴承故障检测性能进行了对比研究。提取统计特征时不仅考虑了原始振动信号，而且考虑了经过预处理的信号，如微分和积分信号、低通和高通滤波信号以及谱数据等。在选择输入特征和分类器参数时使用了GA。实验验证中从滚动轴承采集了振动信号,结果表明,只需借助6个基于GA选取的特征,ANN和SVM就能够达到100%的分类精度。

Wu和Chow(2004)针对感应电动机设备故障检测问题研究了一种基于RBF神经网络的检测技术。他们先利用FFT将采集到的振动信号转换到频域,并从振动信号的功率谱中提取出4个特征向量,然后将这些特征作为RBF神经网络的输入,用于故障的检测和分类处理。这些研究人员提出了一种细胞分裂网格算法,可以自动确定RBF神经网络的最优架构。方法验证中考虑了不同转速条件下的不平衡电学故障和机械故障,结果表明,所提出的方法在感应电动机故障检测方面是有效的。

Yang等(2004)针对旋转类设备,基于神经网络提出了一种故障诊断方法。该方法综合了ART和KNN学习策略,首先利用离散小波变换(DWT)将时域信号分解成3个层次,然后对变换后的信号和原始信号进行了评估,其中包括8个参数:均值、标准差、均方根、波形因数、偏度、峰度、波峰因数和熵。实验验证中采用了从设备故障模拟装置所采集到的振动信号,结果显示该方法是可行的。

Guo等(2005)介绍了一种基于遗传规划(GP)的方法,将其用于特征提取。他们从旋转类设备的6种状态中采集了原始振动数据,并从中提取出了特征,然后将这些特征作为输入提供给ANN和SVM分类器,从而用于识别6种轴承状态。实验研究结果表明,与借助经典的特征提取方法所得到的结果相比,这一方法能够改善分类效果。Castro等(2006)给出了一种基于ANN和DWT的轴承故障诊断方法,该方法利用DWT从原始信号中进行特征提取,然后将这些特征输入到3种神经网络中,即MLP、RBF和PNN,用于识别轴承状态。方法验证中从发动机轴承的不同状态采集了振动信号,其中包括正常状态、IR缺陷、OR缺陷和滚动体缺陷等,分析结果说明了PNN能够获得优于MLP和RBF的分类结果。

Rafiee等(2007)给出了一种可用于齿轮箱故障检测与识别的基于ANN的过程,其中所采用的特征向量是根据振动信号的小波包系数的标准差提取的。该过程首先针对采集到的振动信号进行如下步骤的预处理:①利用分段3次埃尔米特插值法(PCHI)进行插值,实现振动信号的同步;②利用小波包系数的标准差进行特征提取。随后,借助一个由一个输入层、一个隐含层和一个输出层构成的MLP处理了故障诊断问题。实验中从齿轮箱采集了振动信号,分析结果表明具有16∶20∶5架构的MLP网络能够实现100%的齿轮故障识别精度。

Sanz等(2007)针对旋转类设备,将自联想神经网络(AANN)和小波变换(WT)结合起来,给出了一种基于振动分析的状态监测方法。该方法利用DWT

从采集到的振动信号中提取特征，然后根据这些特征再通过 AANN 来识别显著的状态变化。为检验所提出的方法的正确性，他们采集了高负载和低负载两种运行状态下的实际振动信号，分析结果揭示了这一方法在旋转类设备的在线故障诊断中的有效性。

Yang 等(2008)基于 ANN 提出了一种风机齿轮箱故障诊断方法。为了从采集到的振动信号中分离噪声信号，他们利用小波分解技术将振动信号分解成 4 个层次并进行了真实信号的重构。然后，借助一个 3 层的 BPNN 完成了齿轮箱健康状态的诊断。实验验证中采用了一台齿轮箱诊断测试台，所采集的振动信号来自于齿轮箱的 4 种典型故障模式，研究结果指出，BPNN 是一种有效的工具，能够解决齿轮箱故障诊断中的复杂状态识别问题。

Al‑Raheem 等(2008)利用拉普拉斯 ‑ 小波变换和 ANN 提出了一种滚动轴承故障检测和诊断技术。他们首先借助拉普拉斯 ‑ 小波变换从滚动轴承的时域振动信号中提取特征，然后将这些特征输入给 ANN 以实现故障的识别。拉普拉斯 ‑ 小波形状参数和 ANN 分类器参数是通过 GA 算法进行优化的。方法验证中使用了实际振动数据和模拟振动数据，分析结果表明了该方法在滚动轴承故障诊断中是可行的。

Tyagi(2008)对比研究了 SVM 分类器和 ANN 在滚动轴承故障诊断中的应用，其中将 WT 作为预处理手段。首先，从采集到的振动信号中提取出统计特征，例如标准差、偏度和峰度等；然后，将这些特征输入给 SVM 和 ANN 分类器。此外，这一研究还考察了特征提取之前引入 DWT 进行预处理的影响。实验所采用的振动信号来自于 4 种健康状态下的轴承，即正常、OR 缺陷、IR 缺陷和滚柱缺陷等状态。分析结果指出，借助 ANN 或 SVM，以及从时域振动信号中提取出的简单的统计特征，轴承状态能够得到正确的识别；引入 DWT 的预处理能改善 ANN 和 SVM 分类器的诊断性能。

Sreejith 等(2008)介绍了一种建立在时域特征和 ANN 基础之上的滚动轴承故障诊断方法。该方法从时域振动信号中提取出正态负对数似然(Nnl)和峰度(KURT)，然后将 Nnl 和 KURT 作为输入特征提供给 FFNN 进行滚动轴承的故障诊断。研究中使用的时域振动信号来自于滚动轴承的 4 种不同健康状态，分别是正常、RE 缺陷、OR 缺陷和 IR 缺陷状态，分析结果证实了该方法是有效的。

Li 等(2009)将阶次倒谱和 RBF 神经网络应用于加速过程中的齿轮故障检测。他们在齿轮箱加速过程中以恒定的时间步长采集了时域振动信号，然后又以恒定的角度增量进行了重采样。随后利用倒谱分析技术对重采样信号进行了处理。特征提取中考虑了正常、磨损和裂纹等状态下的阶次倒谱,所提取的特征被进一步输入到 RBF 中以完成故障的识别。实验验证中使用的振动数据是从一台齿轮箱采集到的,分析结果表明了这一方法在齿轮故障检测与识别中是可行的。

Lei 等(2009)基于小波包变换(WPT)、经验模态分解(EMD)、无量纲参数和 RBF 神经网络,给出了一种旋转类设备故障的智能诊断方法。这一方法首先借助 WPT 和 EMD 对时域振动信号进行预处理,然后从原始振动信号和预处理之后的振动信号中提取出无量纲参数,进而构造出组合特征集,其灵敏度的评价采用了距离评估技术。他们选取了敏感特征并将其作为 RBF 神经网络分类器的输入。方法验证中所使用的振动信号来自于滚动轴承的正常、IR 缺陷、OR 缺陷和滚珠缺陷等不同状态,以及一台重油催化裂化装置的大面积碰摩和轻微碰摩状态,研究结果证实了所给出的方法在旋转类设备故障诊断方面的有效性。

Saravanan 等(2010)借助 ANN 和临近支持向量机(PSVM)考察了基于 Morlet 小波的特征在齿轮箱故障诊断中的可行性。他们利用 Morlet 小波从采集到的时域振动信号中提取特征,通过 Morlet 系数得到了若干统计特征,如峰度、标准差、峰值等。然后,采用 J48 选取了最佳特征,最后将这些特征输入给 ANN 和 PSVM 以完成故障的分类。实验中使用的实际振动信号来自于一台处于不同状态的齿轮箱,其中包括良好状态、轮齿破裂(GTB)、齿根裂纹(GTC)和齿轮表面磨损等情况。分析结果表明,PSVM 比 ANN 的分类性能更为优越。

Castejón 等(2010)研究了一种轴承状态分类方法,其中借助了多分辨率分析(MRA)和 ANN。在这一研究中,他们认为通过解析方程式来应用 WT 是不切实际的,因而需要一个离散化过程,而 MRA 可以用于进行离散化处理。在特征提取中他们采用的母小波是 Daubechies-6,并将第五层细节系数(cD5)作为典型特征,且在[-1,1]范围内进行了归一化处理。利用这些特征,他们进一步采用 MLP 神经网络进行了轴承状态的分类处理。实验中考虑了 4 个振动数据集,分别来自于正常状态、IR 缺陷状态、OR 缺陷状态和滚珠缺陷状态下的滚动轴承实验系统,分析结果发现所提出的方法是良好的,能够在很早期阶段检测出 4 种轴承状态。

De Moura 等(2011)考察了主成分分析(PCA)和 ANN 在滚动轴承故障诊断中的应用性能,其中的振动信号经过了去趋势波动分析(DFA)和重标极差分析法(RSA)的预处理。他们将 PCA、ANN 与 DFA 和 RSA 组合起来,给出了 4 种轴承故障诊断方法,并采集了 4 种健康状态下的轴承振动信号,进行了实验验证,结果表明,基于 ANN 的分类器能够获得的性能略优于基于 PCA 的分类器。

Bin 等(2012)在小波包、EMD 和 ANN 的基础上提出了一种旋转类设备的故障诊断方法。该方法利用从实验转子支承系统(带有 10 种转子缺陷)采集到的振动信号,进行了 4 个步骤的分析:①借助小波包分解技术对振动信号进行去噪处理;②利用 EMD 从去噪后的信号中得到一系列本征模函数(IMF);③通过计算 IMF 的能量矩来表达失效特征;④构造 3 层的 BPNN,将频域失效特征作为网络的目标输出。他们将振动谱中 5 个谱宽度的能量作为典型特征,并将 10 类典型的转子缺陷作为输出,进行了研究,分析结果表明,所提出的方法能够实现旋转类设备的早期故障诊断。

Liang 等(2013)将功率谱、倒谱、双谱和 ANN 应用于感应电动机的故障模式提取。这一研究针对感应电动机故障的检测与诊断中的振动、相电流和瞬时速度分析,从实验层面对比研究了功率谱、倒谱和双谱的有效性。他们发现,对于振动信号来说,如果故障症状在边带和谐波中能够表现出来,那么,借助功率谱、倒谱和双谱能够更好地识别出感应电动机的故障。此外,这些研究人员还指出将功率谱、倒谱和 HOS 方法组合起来,并结合 ANN 分析,毫无疑问是感应电动机的状态监测和故障诊断方面的良好手段。

Ertunc 等(2013)在 ANN 和自适应神经-模糊推理系统(ANFIS)基础上,提出了一种针对滚动轴承故障的多步检测与诊断方法。他们从振动和电流信号中提取了时域和频域参数,并将其作为输入提供给 ANN 和 ANFIS 模型。实验数据是从转轴支承系统采集到的,分析结果表明,在诊断故障的严重度方面,基于 ANFIS 的方法要优于基于 ANN 的方法。

Zhang 等(2013)利用小波包分解、FFT 和 BPNN 技术,针对制造系统中的元件和设备,提出了一种故障分类和性能退化预测的方法。该方法借助小波将采集到的振动信号分解成多个信号,然后通过 FFT 将它们转换到频域,最后将从频域中提取出的特征输入到 BPNN 中。他们所选择的用于判断设备性能退化的特征是 FFT 的峰值。实例研究的结果表明了该方法的有效性。

Unal 等(2014)借助包络分析、FFT 和 FFNN 给出了一种滚动轴承故障诊断方法。他们基于包络分析和希尔伯特变换(HHT)以及 FFT 进行了特征提取,然后将所提取出的特征输入到基于 GA 的 FFNN 中。方法验证中使用了从实验装置中的滚动轴承上采集到的振动信号,分析结果证实了所提出的方法的可行性。

Ali 等(2015)提出了一种基于统计特征、EMD 能量熵和 ANN 的轴承故障诊断技术。他们首先从时域振动信号中提取了 10 个统计特征,然后利用 EMD 提取了一些其他特征,用于构造健壮而可靠的特征集,最后通过 ANN 完成了轴承健康状态的识别。这些研究者还针对早期阶段的在线损伤检测提出了一个健康指标(HI)。研究中考虑了 3 种从正常到失效过程采集到的振动信号,分别对应于带有滚柱缺陷、IR 缺陷和 OR 缺陷的轴承,实验分析结果表明了所给出的方法能够获得很高的分类精度。

Bangalore 和 Tjernberg(2015)介绍了一种可用于风机维护管理的自演化维护计划框架,提出了基于 ANN 的状态监测技术,其中使用的数据来自于数据采集与监控系统(SCADA)。他们将 Levenberg - Marquardt 反向传播(LM)训练算法用于神经网络的训练,进而根据陆上风机的实际数据,将这一基于 ANN 的状态监测技术应用于齿轮箱轴承,研究结果表明所给出的技术能够在基于振动的状态监测系统(CMS)发出警报的一周之前识别出齿轮箱轴承的损伤。

Janssens 等(2016)给出了一种基于卷积神经网络(CNN)的可用于状态监测的特征学习模型。这里的 CNN 模型并不用于处理提取出的特征,如峰度、偏度和均值等,而针对的是振动数据频谱的原始幅值。通过 CNN 对原始数据的处理,该网络学习了数据的变化,从而得到了更好的可用于输出层故障分类的数据表示。方法验证中所采集的振动信号来自于滚动轴承的 8 种健康状态,研究结果显示,这一基于 CNN 的特征学习系统显著优于经典的特征处理方式(即利用人工设计的特征)和随机森林分类器。Lei 等(2016)提出了另一种面向状态监测的特征学习技术,其中引入了一个两步学习方法来实现设备的智能诊断。第一步是利用稀疏滤波(无监督的两层神经网络)直接从采集到的机械振动信号中学习特征;第二步是根据学习到的特征,采用 softmax 回归(即逻辑回归)进行监控状态的分类。为验证所提出的方法,他们从发动机轴承和机车轴承采集了两个振动数据集,分析结果证实了该方法能够获得很高的诊断精度。

近期,Han 等(2018)研究了不同特征情况下随机森林、SVM 和两种先进的 ANN(极限学习机(ELM)和 PNN)的性能,其中考虑了来自于旋转类设备的两个数据集。研究结果表明,随机森林在识别精度、稳定性和特征的健壮性等方面更为优秀,并且只需很小的训练集。Ahmed 和 Nandi(2018)进一步提出了基于多测量向量(MMV)的组合式压缩采样(CS)和特征排序框架,用于从大量振动数据中学习较少量的最优特征,进而据此实现轴承健康状态的分类。在这一框架基础上,他们分析了基于 MMV 的 CS 与特征排序技术的不同组合形式,根据从滚动轴承采集到的振动信号进行了特征学习。为评估这一框架在轴承故障分类中的性能,该研究测试了 3 种分类算法,即多元逻辑回归(MLR)、ANN 和 SVM,实验结果表明,对于所考察的所有故障,该框架都能够获得很好的分类效果。特别地,对于所有 CS 与特征选择技术的组合来说,当在该框架中采用 MLR 和 ANN 时,选择不同的采样率和特征数所得到的结果都具有很高的分类精度。

12.4 本章小结

这一章主要介绍了 ANN 的一些基本概念和 3 种可用于故障分类的 ANN 类型,即 MLP、RBF 网络和 Kohonen 网络。此外,本章也阐述了这些方法以及其他一些基于 ANN 的方法在设备故障诊断中的应用。关于 ANN 及其变形方法在设备故障诊断领域中的应用,相关的文献非常多,大多数文献中都介绍了预处理技术,包括正则化、特征选择、变换和特征提取等方面。预处理步骤产生的数据代表了最终的训练数据集,它们是 ANN 的输入。为了学习更有用的特征,大多数方法都会把两种或更多种分析技术结合起来使用。例如,将 GA 算法、各种类型的时域统计特征、频域特征和时频域特征,以及不同类型的 ANN 结合起来使用已经相当普遍。困难主要体现在怎样构思可行的设备状态监测方法,使得故障诊断精度得以进一步改善并减少计算开销。表 12.1 中列出了本章所介绍的大部分技术及其可公开获取的软件。

表 12.1 所介绍的部分技术及其可公开获取的软件汇总

算法名称	平台	软件包	函数
感知机	MATLAB	深度学习工具箱—定义浅层神经网络架构	Perceptron
基于反向传播对多层感知机神经网络进行训练		Chen(2018)	mlpReg,mlpRegPred
具有 K 均值聚类的径向基函数		Shujaat(2014)	RBF
设计概率神经网络		深度学习工具箱—定义浅层神经网络架构	newpnn
训练浅层神经网络		深度学习工具箱—函数近似与聚类	train
自组织映射		深度学习工具箱—函数近似与聚类—自组织映射	selforgmap
梯度下降反向传播			net.trainFcn = 'traingd'

参考文献

Ahmed, H. and Nandi, A. K. (2018). Compressivesampling and feature ranking framework for bearing fault classification with vibration signals. IEEE Access 6: 44731 – 44746.

Ali, J. B., Fnaiech, N., Saidi, L. et al. (2015). Application of empirical mode decomposition and artificial neural network for automatic bearing fault diagnosis based on vibration signals. Applied Acoustics 89: 16 – 27.

Al–Raheem, K. F., Roy, A., Ramachandran, K. P. et al. (2008). Application of the Laplace-wavelet combined with ANN for rolling bearing fault diagnosis. Journal of Vibration and Acoustics 130 (5): 051007.

Amato, F., López, A., Peña–Méndez, E. M. et al. (2013). Artificial neural networks in medical diagnosis. Journal of Applied Biomedicine 11: 47 – 58.

Bangalore, P. and Tjernberg, L. B. (2015). An artificial neural network approach for early fault detection of gearbox bearings. IEEE Transactions on Smart Grid 6 (2): 980 – 987.

Bin, G. F., Gao, J. J., Li, X. J., and Dhillon, B. S. (2012). Early fault diagnosis of rotating machinery based on wavelet packets—empirical mode decomposition feature extraction and neural network. Mechanical Systems and Signal Processing 27: 696 – 711.

Bishop, C. (2006). Pattern Recognition and Machine Learning, vol. 4. New York: Springer.

Castejón, C., Lara, O., and García–Prada, J. C. (2010). Automated diagnosis of rolling bearings using MRA and neural networks. Mechanical Systems and Signal Processing 24 (1): 289 – 299.

Castro, O. J. L., Sisamón, C. C., and Prada, J. C. G. (2006). Bearing fault diagnosis based on neural network classification and wavelet transform. In: Proceedings of the 6th WSEAS International Conference on Wavelet Analysis & Multi–Rate Systems, 16 – 18. http://www.wseas.us/e-library/conferences/2006bucharest/papers/518-473.pdf.

Chen, M. (2018). MLP neural network trained by backpropagation. Mathworks File Exchange Center. https://uk.mathworks.com/matlabcentral/fileexchange/55946-mlp-neural-network-trained-by-backpropagation.

Chow, T. W. and Fang, Y. (1998). A recurrent neural-network-based real-time learning control strategy applying to nonlinear systems with unknown dynamics. IEEE Transactions on Industrial Electronics 45 (1): 151 – 161.

Chua, L. O. and Yang, L. (1988). Cellular neural networks: theory. IEEE Transactions on Circuits and Systems 35 (10): 1257 – 1272.

Cowan, J. D. (1990). Neural networks: the early days. In: Advances in Neural Information Processing Systems, 828 – 842. http://papers.nips.cc/paper/198 – neural – networks – the – early – days.pdf.

D'Antone, I. (1994). A parallel neural network implementation in a distributed fault diagnosis system. Microprocessing and microprogramming 40 (5): 305 – 313.

De Moura, E. P., Souto, C. R., Silva, A. A., and Irmao, M. A. S. (2011). Evaluation of principal component analysis and neural network performance for bearing fault diagnosis from vibration signal processed by RS and DF analyses. Mechanical Systems and Signal Processing 25 (5): 1765 – 1772.

Egmont – Petersen, M., de Ridder, D., and Handels, H. (2002). Image processing with neural networks—a review. Pattern Recognition 35 (10): 2279 – 2301.

Ertunc, H. M., Ocak, H., and Aliustaoglu, C. (2013). ANN – and ANFIS – based multi – staged decision algorithm for the detection and diagnosis of bearing faults. Neural Computing and Applications 22 (1): 435 – 446.

Filippetti, F., Franceschini, G., Tassoni, C., and Vas, P. (2000). Recent developments of induction motor drives fault diagnosis using AI techniques. IEEE transactions on industrial electronics 47 (5): 994 – 1004.

Gish, H. (1992). A minimum classification error, maximum likelihood, neural network. In: 1992 IEEE International Conference on Acoustics, Speech, and Signal Processing, 1992. ICASSP – 92, vol. 2, 289 – 292. IEEE.

Graupe, D. (2013). Principlesof Artificial Neural Networks, vol. 7. World Scientific.

Guo, H., Jack, L. B., and Nandi, A. K. (2005). Feature generation using genetic programming with application to fault classification. IEEE Transactions on Systems, Man, and Cybernetics, Part B (Cybernetics) 35 (1): 89 – 99.

Guresen, E., Kayakutlu, G., and Daim, T. U. (2011). Using artificial neural network models in stock market index prediction. Expert Systems with Applications 38 (8): 10389 – 10397.

Hajnayeb, A., Ghasemloonia, A., Khadem, S. E., and Moradi, M. H. (2011). Application and comparison of an ANN – based feature selection method and the genetic algorithm in gearbox fault diagnosis. Expert Systems with Applications 38 (8): 10205 – 10209.

Han, T., Jiang, D., Zhao, Q. et al. (2018). Comparison of random forest, artificial neural networks and support vector machine for intelligent diagnosis of rotating machinery. Transactions of the Institute of Measurement and Control 40 (8): 2681 – 2693.

Hoffman, A. J. and Van Der Merwe, N. T. (2002). The application of neural networks to vibrational diagnostics for multiple fault conditions. Computer Standards & Interfaces 24 (2): 139 – 149.

Hopfield, J. J. (1982). Neural networks and physical systems with emergent collective computational abilities. Proceedings of the NationalAcademy of Sciences of the United Stated of America 79 (8): 2554 – 2558.

Jack, L. B. and Nandi, A. K. (1999). Feature selection for ANNs using genetic algorithms in condition monitoring. In: ESANN European Symposium on Artificial Neural NetworksBruges (Belgium), 313 – 318. https://www.researchgate.net/publication/221165522_Feature_selection_for_ANNs_using_genetic_algorithms_in_condition_monitoring.

Jack, L. B. and Nandi, A. K. (2000). Genetic algorithms for feature selection in machine condition monitoring with vibration signals. IEE Proceedings – Vision, Image and Signal Processing 147 (3): 205 – 212.

Jain, A. K., Mao, J., and Mohiuddin, K. M. (1996). Artificial neural networks: a tutorial. Computer 29 (3): 31 – 44.

Janssens, O., Slavkovikj, V., Vervisch, B. et al. (2016). Convolutional neural network based fault detection for rotating machinery. Journal of Sound and Vibration 377: 331 – 345.

Kaewkongka, T., Au, Y. J., Rakowski, R., and Jones, B. E. (2001). Continuous wavelet transform and neural network for condition monitoring of rotodynamic machinery. In: Instrumentation and Measurement Technology Conference, 2001. IMTC 2001. Proceedings of the 18th IEEE, vol. 3, 1962 – 1966. IEEE.

Knapp, G. M. and Wang, H. P. (1992). Machine fault classification: a neural network approach. International Journal of Production Research 30 (4): 811 – 823.

Kohonen, T. (1995). Learning vector quantization. In: Self – Organizing Maps, 175 – 189. Berlin, Heidelberg: Springer.

Kohonen, T., Oja, E., Simula, O. et al. (1996). Engineering applications of the self – organizing map. Proceedings of the IEEE 84 (10): 1358 – 1384.

Lei, Y., He, Z., and Zi, Y. (2009). Application of an intelligent classification method to mechanical fault diagnosis. Expert Systems with Applications 36 (6): 9941 – 9948.

Lei, Y., Jia, F., Lin, J. et al. (2016). An intelligent fault diagnosis method using unsupervised feature learning towards mechanical big data. IEEE Transactions on Industrial Electronics 63 (5): 3137 – 3147.

Li, B., Chow, M. Y., Tipsuwan, Y., and Hung, J. C. (2000). Neural – network – based motor rolling bearing fault diagnosis. IEEE Transactions on Industrial Electronics 47 (5): 1060 – 1069.

Li, B., Goddu, G., and Chow, M. Y. (1998). Detection of common motor bearing faults using frequency – domain vibration signals and a neural network based approach. In: American Control Conference, 1998. Proceedings of the 1998, vol. 4, 2032 – 2036. IEEE.

Li, H., Zhang, Y., and Zheng, H. (2009). Gear fault detection and diagnosis under speed – up condition based on order cepstrum and radial basis function neural network. Journal of Mechanical

Science and Technology 23 (10): 2780-2789.

Liang, B., Iwnicki, S. D., and Zhao, Y. (2013). Application of power spectrum, cepstrum, higher order spectrum and neural network analyses for induction motor fault diagnosis. Mechanical Systems and Signal Processing 39 (1-2): 342-360.

Liano, K. (1996). Robust error measure for supervised neural network learning with outliers. IEEE Transactions on Neural Networks 7 (1): 246-250.

Maglogiannis, I., Sarimveis, H., Kiranoudis, C. T. et al. (2008). Radial basis function neural networks classification for the recognition of idiopathic pulmonary fibrosis in microscopic images. IEEE Transactions on Information Technology in Biomedicine 12 (1): 42-54.

McCormick, A. C. and Nandi, A. K. (1996a). A comparison of artificial neural networks and other statistical methods for rotating machine condition classification. In: Colloquium Digest - IEE, 2-2. IEE Institution of Electrical Engineers.

McCormick, A. C. and Nandi, A. K. (1996b). Rotating machine condition classification using artificial neural networks. In: Proceedings of COMADEM, vol. 96, 85-94. Citeseer.

McCormick, A. C. and Nandi, A. K. (1997a). Classification of the rotating machine condition using artificial neural networks. Proceedings of the Institution of Mechanical Engineers, Part C: Journal of Mechanical Engineering Science 211 (6): 439-450.

McCormick, A. C. and Nandi, A. K. (1997b). Real-time classification of rotating shaft loading conditions using artificial neural networks. IEEE Transactions on Neural Networks 8 (3): 748-757.

McCulloch, W. S. and Pitts, W. (1943). A logical calculus of the ideas immanent in nervous activity. The Bulletin of Mathematical Biophysics 5 (4): 115-133.

Meireles, M. R., Almeida, P. E., and Simões, M. G. (2003). A comprehensive review for industrial applicability of artificial neural networks. IEEE Transactions on Industrial Electronics 50 (3): 585-601.

Nandi, A. K., Liu, C., and Wong, M. D. (2013). Intelligent vibration signal processing for condition monitoring. In: Proceedings of the International Conference Surveillance, vol. 7, 1-15.

Peck, J. P. and Burrows, J. (1994). On-line condition monitoring of rotating equipment using neural networks. ISA Transactions 33 (2): 159-164.

Rafiee, J., Arvani, F., Harifi, A., and Sadeghi, M. H. (2007). Intelligent condition monitoring of a gearbox using an artificial neural network. Mechanical Systems and Signal Processing 21 (4): 1746-1754.

Rosenblatt, F. (1958). The perceptron: a probabilistic model for information storage and organization in the brain. Psychological Review 65 (6): 386.

Samanta, B., Al-Balushi, K. R., and Al-Araimi, S. A. (2001). Use of genetic algorithm and artificial neural network for gear condition diagnostics. In: Proceedings of COMADEM, 449 – 456. Elsevier.

Samanta, B., Al – Balushi, K. R., and Al – Araimi, S. A. (2003). Artificial neural networks and support vector machines with genetic algorithm for bearing fault detection. Engineering Applications of Artificial Intelligence 16 (7 – 8): 657 – 665.

Sanz, J., Perera, R., and Huerta, C. (2007). Fault diagnosis of rotating machinery based on auto – associative neural networks and wavelet transforms. Journal of Sound and Vibration 302 (4 – 5): 981 – 999.

Saravanan, N., Siddabattuni, V. K., and Ramachandran, K. I. (2010). Fault diagnosis of spur bevel gear box using artificial neural network (ANN), and proximal support vector machine (PSVM). Applied Soft Computing 10 (1): 344 – 360.

Saxena, A. and Saad, A. (2007). Evolving an artificial neural network classifier for condition monitoring of rotating mechanical systems. Applied Soft Computing 7 (1): 441 – 454.

Shujaat, K. (2014). Radial basis function with k mean clustering. Mathworks File Exchange Center. https://uk.mathworks.com/matlabcentral/fileexchange/46220 – radial – basis – function – with – k – mean – clustering? s_tid = FX_rc2_behav.

Shuting, W., Heming, L., and Yonggang, L. (2002). Adaptive radial basis function network and its application in turbine – generator vibration fault diagnosis. In: International Conference on Power System Technology, 2002. Proceedings. PowerCon 2002, vol. 3, 1607 – 1610. IEEE.

Sreejith, B., Verma, A. K., and Srividya, A. (2008). Fault diagnosis of rolling element bearing using time – domain features and neural networks. In: 2008 IEEE Region 10 and the Third International Conference on Industrial and Information Systems, 1 – 6. IEEE.

Subrahmanyam, M. and Sujatha, C. (1997). Using neural networks for the diagnosis of localized defects in ball bearings. Tribology International 30 (10): 739 – 752.

Tyagi, C. S. (2008). A comparative study of SVM classifiers and artificial neural networks application for rolling element bearing fault diagnosis using wavelet transform preprocessing. Neuron 1: 309 – 317.

Unal, M., Onat, M., Demetgul, M., and Kucuk, H. (2014). Fault diagnosis of rolling bearings using a genetic algorithm optimized neural network. Measurement 58: 187 – 196.

Vyas, N. S. and Satishkumar, D. (2001). Artificial neural network design for fault identification in a rotor – bearing system. Mechanism and Machine Theory 36 (2): 157 – 175.

Wang, C. C. and Too, G. P. J. (2002). Rotating machine fault detection based on HOS and artificial neural networks. Journal of Intelligent Manufacturing 13 (4): 283 – 293.

Widrow, B. and Hoff, Macian E., 1960. Adaptive switching circuits, pp. 96 – 104.

Wu, S. andChow, T. W. (2004). Induction machine fault detection using SOM – based RBF neural networks. IEEE Transactions on Industrial Electronics 51 (1): 183 – 194.

Yang, B. S., Han, T., and An, J. L. (2004). ART – KOHONEN neural network for fault diagnosis of rotating machinery. Mechanical Systems and Signal Processing 18 (3): 645 – 657.

Yang, D. M., Stronach, A. F., MacConnell, P., and Penman, J. (2002b). Third – order spectral techniques for the diagnosis of motor bearing condition using artificial neural networks. Mechanical Systems and Signal Processing 16 (2 – 3): 391 – 411.

Yang, H., Mathew, J. and Ma, L., 2002a. Intelligent diagnosis of rotating machinery faults – a review.

Yang, S., Li, W., and Wang, C. (2008). The intelligent fault diagnosis of wind turbine gearbox based on artificial neural network. In: International Conference on Condition Monitoring and Diagnosis, 2008. CMD 2008, 1327 – 1330. IEEE.

Zhang, Z., Wang, Y., and Wang, K. (2013). Fault diagnosis and prognosis using wavelet packet decomposition, Fourier transform and artificial neural network. Journal of Intelligent Manufacturing 24 (6): 1213 – 1227.

第 13 章 支持向量机

13.1 引言

支持向量机(SVM)是最流行的机器学习方法之一,它利用所选择的特征空间即可实现设备健康状态的分类处理。SVM 是一种有监督的机器学习方法,最早是在二元分类问题中提出的(Cortes 和 Vapnik,1995),它建立在一个一般性框架(称为 Vapnik – Chervonenkis(VC)理论)基础之上,可用于经验数据的相关性评估(Vapnik,1982)。

Boser 等(1992)提出了一种训练算法,能够使得训练模式和决策边界之间的边际达到最大。在这一算法中,解被定义为支持模式的线性组合,也就是最靠近决策边界的训练模式子集。Cortes 和 Vapnik(1995)利用多项式输入变换阐明了 SVM 的强泛化能力。这两项研究通过手写数字识别证实了 SVM 的性能。

在设备故障检测与诊断中,SVM 主要用于从采集到的信号中学习特殊模式,然后就可以根据设备所出现的故障对这些模式进行分类处理。SVM 的基本思想是:我们可以找到最佳的超平面,使得属于不同类型的两组数据得以区分开来,并且这两类数据之间的距离(即边际)达到最大。根据数据的不同特征,SVM 能够进行线性或非线性分类处理。非线性分类一般是在无法对数据进行线性划分的场合使用。对于多类分类问题,我们可以将多个 SVM 分类器联合起来进行处理。

基本的 SVM 分类器是由简单的线性最大边际分类器构造而成的,下面将简要介绍简化形式的 SVM 分类器。

给定一组实例及其类标签,若以特征 – 标签集合形式表示,即

$$D = (\boldsymbol{x}_1, y_1), (\boldsymbol{x}_2, y_2), \cdots, (\boldsymbol{x}_L, y_L) \tag{13.1}$$

$$D = (\boldsymbol{x}_i, y_i), \forall i = 1, 2, \cdots, L \tag{13.2}$$

式中:$\boldsymbol{x}_i \in \mathbf{R}^N$ 为 N 维输入向量;y_i 为相关联的类标签。这里假定 $y_i \in \{+1, -1\}$,

其值分别对应于两个可能的类别,即正常状态(NO)和故障状态(FA),显然,这是一个二元分类问题。

二元分类的基本思想是确定一个函数 $f(\boldsymbol{x})$,根据该函数可以预测出输入向量 $\boldsymbol{x}_i$ 的类标签 y_i。如果实例集合是线性可分的,那么,这个函数也就定义了一个边界,或者称为超平面,它能够将 NO 类的实例从 FA 类型中区别开来。该函数可以表示为

$$f(\boldsymbol{x}) = \mathrm{sgn}(\boldsymbol{w}^\mathrm{T}\boldsymbol{x} + b) \tag{13.3}$$

式中:sgn 为 $(\boldsymbol{w}^\mathrm{T}\boldsymbol{x} + b)$ 的符号;$\boldsymbol{w}$ 为 N 维向量,它定义了边界;b 为标量。

为了确定最佳边界,一般可以作如下 3 个假设:

$$H_0 = \boldsymbol{w}^\mathrm{T}\boldsymbol{x} + b = 0 \tag{13.4}$$

$$H_1 = \boldsymbol{w}^\mathrm{T}\boldsymbol{x} + b = -1 \tag{13.5}$$

$$H_2 = \boldsymbol{w}^\mathrm{T}\boldsymbol{x} + b = +1 \tag{13.6}$$

如图 13.1 所示,我们可以看出,H_1 和 H_2 之间的距离即为边际。最佳的分类器应当具有最大边际,换言之,边际越大,分类器越好。因此,训练算法的目标就是去寻找能够使得边际(M)最大化的参数向量 $\boldsymbol{w}$,即

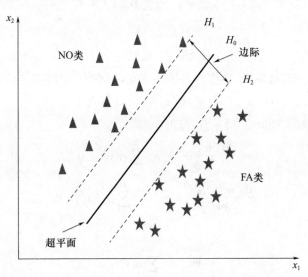

图 13.1 针对二元分类问题的线性分类器示例(Ahmed 和 Nandi,2018)

$$M^* = \max_{\boldsymbol{w}, \|\boldsymbol{w}\|=1} M \tag{13.7}$$

且应满足如下约束:

$$y_i(\boldsymbol{w}^\mathrm{T}\boldsymbol{x}_i + b) \geqslant M, \forall i = 1, 2, \cdots, L \tag{13.8}$$

对于满足如下关系的那些模式,我们将得到 M^*:

$$M^* = \min_i y_i(\boldsymbol{w}^T \boldsymbol{x}_i + b) \tag{13.9}$$

相应地,寻找具有最大边际的超平面问题可以定义为如下形式:

$$\max_{\boldsymbol{w}, \|\boldsymbol{w}\|} \min_i y_i(\boldsymbol{w}^T \boldsymbol{x}_i + b), \forall i = 1, 2, \cdots, L \tag{13.10}$$

在式(13.8)和式(13.10)中,需要考虑 $\boldsymbol{w}$ 的范数以选择无穷多个解中的一个,实际上,我们可以将边际 M 和 $\boldsymbol{w}$ 的范数的乘积定义为

$$M \|\boldsymbol{w}\| = 1 \tag{13.11}$$

显然,边际 M 的最大化问题也就等价于使得 $\boldsymbol{w}$ 的范数达到最小。于是,寻找最大边际的问题,即式(13.7),也就可以改写为如下形式:

$$M^* = \min_{\boldsymbol{w}} \|\boldsymbol{w}\|^2 \tag{13.12}$$

其约束条件为

$$y_i(\boldsymbol{w}^T \boldsymbol{x}_i + b) \geq M, \forall i = 1, 2, \cdots, L \tag{13.13}$$

上述的边际最大化是在特征空间中定义的,在对偶空间中,式(13.12)可以借助拉格朗日乘子进行变换(Burges,1998),即

$$1(\boldsymbol{w}, b, \alpha) = \frac{1}{2} \|\boldsymbol{w}\|^2 - \sum_{i=1}^{L} \alpha_i [y_i(\boldsymbol{w}^T \boldsymbol{x}_i + b) - 1] \tag{13.14}$$

约束条件为

$$\alpha_i \geq 0, i = 1, 2, \cdots, L \tag{13.15}$$

式中:α_i 为拉格朗日乘子,也称为 Kuhn–Tucker 系数,它们满足如下条件:

$$\alpha_i (y_i(\boldsymbol{w}^T \boldsymbol{x}_i + b) - 1) = 0 \tag{13.16}$$

将式(13.14)对 b 和 $\boldsymbol{w}$ 求偏导数,可得

$$\frac{\partial 1(\boldsymbol{w}, b, \alpha)}{\partial b} = \sum_{i=1}^{L} \alpha_i y_i = 0 \tag{13.17}$$

$$\frac{\partial 1(\boldsymbol{w}, b, \alpha)}{\partial \boldsymbol{w}} = \boldsymbol{w}^* - \sum_{i=1}^{L} \alpha_i y_i \boldsymbol{x}_i = 0 \tag{13.18}$$

于是,有

$$\boldsymbol{w}^* = \sum_{i=1}^{L} \alpha_i y_i \boldsymbol{x}_i \tag{13.19}$$

将式(13.17)和式(13.18)代入式(13.14),即可得到拉格朗日对偶:

$$1_{\text{Dual}} = \sum_{i=1}^{L} \alpha_i - \frac{1}{2} \sum_{ij} \alpha_i \alpha_j y_i y_j \boldsymbol{x}_i \boldsymbol{x}_j \tag{13.20}$$

通过求解这一对偶优化问题,可以得到系数 α_i。于是,我们可以利用如下关系式给出非线性决策函数的定义:

$$f(x) = \text{sgn}(\sum_{i=1}^{L} \alpha_i y_i (\bm{x}_i \bm{x}_j) + b) \qquad (13.21)$$

根据数据的不同特征，SVM 能够利用不同的核函数进行线性或非线性分类，这些核函数可将数据映射到高维特征空间，在该空间中线性分类是可能的。如果通过变换函数($\bm{\Phi}(x) = \phi_1(x), \cdots, \phi_P(x)$)将 N 维输入向量 x 映射到 p 维特征空间，那么，对偶空间中的线性决策函数就可以表示为如下形式：

$$f(x) = \text{sgn}(\sum_{i=1}^{L} \alpha_i y_i (\bm{\Phi}(\bm{x}_i) \bm{\Phi}(\bm{x}_j)) + b) \qquad (13.22)$$

我们可以通过将 $\bm{\Phi}(\bm{x}_i)\bm{\Phi}(\bm{x}_j)$ 替换成核函数 $K(\bm{x}_i, \bm{x}_j)$ 来进行计算，也即 $K(\bm{x}_i, \bm{x}_j) = \bm{\Phi}(\bm{x}_i)\bm{\Phi}(\bm{x}_j)$，于是有

$$f(x) = \text{sgn}(\sum_{i=1}^{L} \alpha_i y_i K(\bm{x}_i, \bm{x}_j) + b) \qquad (13.23)$$

SVM 的训练是通过使得式(13.20)中的二次型最大化而完成的。在关于 SVM 理论和应用的诸多文献中，人们已经提出了各种用于该二次型最大化的方法。例如，Cortes 和 Vapnik(1995)在他们最初给出的方法中将 SVM 的训练视为一个二次规划(QP)问题，不过 QP 问题一般涉及 $L \times L$ 维矩阵的求解，L 为训练数据集中的实例个数。因此，对于大型训练数据集来说，也就是对于大量实例而言，在计算时间上这显然是一个较突出的问题。为此，很多学者提出了若干种技术，用于解决这一 QP 问题。例如，Joachims(1998)基于分解策略给出了一种 SVM 训练算法，Platt(1998)进一步研究了一种称为序列最小优化(SMO)的 SVM 训练方法，它能够将大型 QP 问题拆分成一系列较小的 QP 问题，Campbell 和 Cristianini(1998)则给出了核自适应感知器(Kernel Adatron, KA)算法，其中采用了验证集(Campbell, 2000)。

13.2　多分类 SVM

上一节讨论的是利用 SVM 进行二元分类，其中的类标签只能取两个值，1 和 −1。在大量设备故障诊断的实际应用中，我们往往需要对两个以上的类别或状态进行分类处理。例如，在滚动轴承的状态监测中，一般存在着多个缺陷状态，如外圈(OR)缺陷、内圈(IR)缺陷、滚动体(RE)缺陷和保持架(CA)缺陷；在感应电动机方面，存在着转轴的径向和角向不对中、机械松脱、转子不平衡等。显然，这些情况下是需要多类分类技术的。对于多类分类问题，可以将若干个二

元 SVM 分类器联合起来进行处理。在多类问题中,人们经常采用的基于二元分类的技术方法有以下几种。

(1)一类对余类(One-against-all)。这一技术将多个 SVM 并行使用,例如,我们可以针对 C 个类构造 C 个二元分类器,其中每个 SVM 用于识别一个类。

(2)成对分类(One-against-one)。这一技术针对 C 个类构造 $C(C-1)/2$ 个二元分类器,它们的训练是针对不同的类 c_i 和 c_j 的数据子集的,此处, $c_i, c_j \in C$。

(3)有向无环图(DAG)。这种方法不利用所有的分类器进行预测,而是每次借助一个分类器去排除一个类,当完成了 $C-1$ 次处理后,将会剩下唯一的一个类。

关于多分类 SVM 的方法比较,感兴趣的读者可以参阅 Hsu 和 Lin(2002)的工作。

13.3 核参数选择

SVM 方面的现有文献中已经出现了多种可用于非线性分类的核函数,如线性、多项式和高斯径向基函数(RBF)等。这些核函数可以描述如下。

(1)线性核函数:

$$K(\boldsymbol{x}, \boldsymbol{x}_i) = \boldsymbol{x}^\mathrm{T} \boldsymbol{x}_i \tag{13.24}$$

(2)高斯 RBF 核函数:

$$K(\boldsymbol{x}, \boldsymbol{x}_i) = \mathrm{e}^{\left(\frac{-\|\boldsymbol{x} - \boldsymbol{x}_i\|^2}{2\sigma^2}\right)} \tag{13.25}$$

式中: $\|\boldsymbol{x} - \boldsymbol{x}_i\|^2$ 为两个特征向量之间的平方欧几里得距离。

(3)多项式核函数:

$$K(\boldsymbol{x}, \boldsymbol{x}_i) = (\boldsymbol{x}^\mathrm{T} \boldsymbol{x}_i + 1)^d \tag{13.26}$$

式中: d 为分类器的维度。

在设备故障诊断领域中还有其他一些 SVM 算法也得到了应用,如小波支持向量机(WSVM)(Chen 等,2013;Liu 等,2013)、最小二乘支持向量机(LSSVM)(Gao 等,2018)。

13.4 SVM 在设备故障诊断中的应用

诸多研究人员已经成功地将 SVM 强大的分类性能应用到旋转类设备健康

状态的检测与诊断中。一般来说,旋转类设备的每一种故障都会表现出独特的特征。根据所采集到的携带故障信息的信号,为利用基于 SVM 的分类器实现合理的推理,我们通常需要计算这些信号中的某些能够描述信号本质的特征,有时还需要计算多种特征并构造出特征集。根据特征集中特征数量的不同,我们还可能需要借助特征选择技术进行进一步的筛选,然后即可利用 SVM 从中学习特殊模式,并根据设备所出现的故障对这些模式进行分类。前文已经指出,SVM 的基本思想是寻找最佳的超平面,使得两个不同类型的数据能够区别开来,并且它们之间的距离(即边际)达到最大。基于数据的不同特征,SVM 是能够实现线性或非线性分类的,因此在选择了合适的核函数之后我们就能够进行非线性分类处理。另外,把多个 SVM 分类器联合起来还能够解决多类分类问题,如基于二元分类的一类对余类和成对分类方法已经在多类分类问题中得到了应用。

关于 SVM 在设备故障诊断领域中的应用,相关文献非常丰富,并且还在不断地增长之中。例如,Jack 和 Nandi(2001)研究了人工神经网络(ANN)和 SVM 分类算法在滚动轴承的多类故障分类中的性能,他们从滚动轴承的 6 种健康状态下采集了振动信号,在如下信号的矩量和累积量的基础上计算了 18 种不同的统计特征。

(1) 原始振动信号。
(2) 原始振动信号的微分信号。
(3) 原始振动信号的积分信号。
(4) 经过无限脉冲响应(IIR)高通滤波器滤波处理的原始振动信号。
(5) 经过 IIR 低通滤波器滤波处理的原始振动信号。

进一步,他们借助快速傅里叶变换(FFT)将原始振动信号变换成谱数据集,并利用 ANN 进行训练,然后利用 SVM 重复了这一过程。实验研究中采用了 3 种不同的数据集:第一种包含了所有统计特征,即根据上述(1)~(5)条得到的所有统计特征,每条对应 18 个特征,共计 90 个特征;第二种仅包含谱数据,共计 66 个特征;第三种是由统计特征和谱特征组合而成的,共计 156 个特征。分析结果表明,对于所有这 3 种数据集,平均化的 SVM 给出的结果至少与最好的 ANN 结果相当,而对于其中的两种情形来说则要优于 ANN。

Jack 和 Nandi(2002)分析了 ANN 和 SVM 分类器在二元分类问题(故障/无故障)中的性能,试图通过基于遗传算法(GA)的特征选择来改善这两种技术的综合性能。他们从两台设备采集了振动数据,其中考虑了设备 1 在 6 种轴承健康状态下的原始振动数据,数据采集时加速度传感器是垂直和水平安装在轴承座上的。第二组原始振动数据集考虑了 5 种健康状态,加速度传感器仅安装在一个方向上。分析结果表明,采用 GA 之后,对于从设备 1 得到的 3 种特征集(统计特征集,谱特征集和组合特征集),ANN 和 SVM 都能获得很高的分类性能,并且所需的特征数量要少得多。对于设备 2,利用从其原始振动数据中提取出的谱特征,两种分类器能够达到 100% 的成功率,当引入 GA 特征选择手段时,仍然能够得到这一结果。

进一步,Samanta(2004)提出可以将 ANN 和 SVM 以及基于 GA 的特征选择手段应用于齿轮状态的检测中。这一研究从原始振动信号中提取了统计特征,考虑了时域、时域微分、时域积分信号以及经过高通和低通滤波处理的信号,然后基于 GA 对输入特征和分类器参数的选择进行了优化。方法验证中使用的是无故障和有故障两种状态下的齿轮振动数据,研究结果指出,在不采用 GA 算法时,SVM 的分类精度要优于 ANN,当引入基于 GA 的特征选择手段时,ANN 和 SVM 的性能是相当的,分类准确率均接近 100%。Rojas 和 Nandi(2005、2006)给出了一种基于 SVM 的实用手段,可用于滚动轴承的故障分类。他们利用 SMO 算法对 SVM 进行了训练,并通过两个振动数据集验证了所给出的方法。第一个数据集是从一台带有直流调速电动机的小型试验台采集到的,其中考虑了大量滚动轴承的 6 种健康状态,即 OR 缺陷、IR 缺陷、RE 缺陷、CA 缺陷、全新、磨损而未损坏等情形。第二个数据集来自于一台小型潜水电泵,包含了泵壳中 3 个轴承的振动信号(5 个通道),所考虑的轴承状态包括了正常和 OR 缺陷两种情况。分析结果表明,所给出的方法至少可达 97% 的分类成功率。

Zhang 等(2005)将遗传规划(GP)应用于旋转类设备的故障检测中,并考虑了 Jack 和 Nandi(2001)所给出的 3 个特征集,分别是统计特征集、谱特征集和组合特征集。他们利用 GP 对设备 1 的 3 个特征集和设备 2 的单个特征集进行了训练,每次训练大约需要几个小时时间,与 GA/ANN 和 GA/SVM 所需的几百个小时时间相比,计算时间有了显著的下降。在 GA/ANN 和 GA/SVM 中,GA 主要用于输入特征最优组合、隐含层规模以及 SVM 的核半径参数与输入参量大小的选择。研究结果表明,对于来自于设备 1 的 3 个特征集,基于 10 个特征的 GP 可以达到 100% 的准确率(对于所有训练数据集和测试数据集而言),基于 12 个特征的 GA/ANN 也能达到 100% 的准确率,不过对于统计特征根据训练集得到的准确率为 99.9%;对于谱特征集来说,GP 需要 6 个特征,GA/ANN 需要 9 个特征,才能获得 100% 的准确率;对于组合特征集,GP 和 GA/ANN 的结果相同。总之,这些分析结果说明了,GP 是设备状态监测领域中的一项非常重要的技术手段。

Guo等(2005)也给出了一种基于GP的特征提取方法,用于从原始振动数据中提取或生成特征,并借助该方法研究了轴承故障分类问题。这一研究利用基于GP的特征提取过程从原始振动数据中提取出了有用信息,并将它们作为输入特征提供给分类器。他们针对某台设备采集了振动信号,考虑了16种转速和6种滚动轴承健康状态,进行了方法验证。研究结果表明,当采用GP提取特征时,与通过经典方法进行特征提取的结果相比,ANN和SVM给出的分类结果都能得到显著的改善。

Yuan和Chu(2006)针对涡轮泵转子的故障诊断问题提出了一种一类对余类的多分类SVM算法。这一研究利用FFT将时域振动信号变换到频域,然后将信号频率划分成9段,接着借助主成分分析(PCA)把9维故障特征向量转换成2维特征向量,最后通过SVM算法处理了分类问题,其中的核函数采用了RBF。他们从涡轮泵转子的14种典型故障状态中采集了振动数据,这些状态包括了齿轮损伤、结构共振、转子径向碰摩、转子轴向碰摩、转轴裂纹、轴承损伤、连接松动、轴承松动、转子部分松动、压力脉冲、空化、叶片破裂、转子偏心和转轴弯曲等情形。分类结果表明,所提出的算法能够有效地诊断涡轮泵转子试验台中的多类故障。

Abbasion等(2007)介绍了一种基于小波去噪和SVM的RE轴承多类故障分类方法。该方法利用离散Meyer小波抑制数据中的噪声,然后借助SVM处理分类问题。所使用的振动信号来自于一个带有两个滚动轴承的电动机系统,其中一个轴承靠近输出轴,另一个靠近风扇。针对每个轴承,他们考虑了4种健康状态,包括正常状态和3种缺陷状态。研究结果揭示了所提出的方法在RE轴承故障分类方面是可行的。

进一步,Hu等(2007)在改进小波包变换(IWPT)、距离评估技术和SVM集成的基础上,研究了一种滚动轴承故障诊断方法。他们首先借助IWPT从原始振动信号中提取突出的频带特征,利用这些特征,通过小波包系数的包络谱分析对故障特征进行检测,然后采用距离评估技术从小波包系数和原始信号的统计特征中选取最优特征,最后根据所选择的这些特征,将SVM集成与AdaBoost技术结合起来,完成了滚动轴承健康状态的分类处理。基于振动的实验分析结果表明,SVM集成在滚动轴承故障诊断方面是有效的。

Widodo等(2007)分析了独立成分分析(ICA)和SVM在感应电动机故障检测与诊断方面的应用性能。他们先从时域和频域数据中计算了统计特征,然后通过ICA进行降维处理,最后利用SVM和SMO以及多类SVM分类策略,完成了故障分类工作。方法验证中采用了振动数据集和定子电流信号数据集。分析结果揭示了 ICA 和 SVM 的组合使用能够有效地解决感应电动机的故障诊断问题。类似地，Widodo 和 Yang（2007a）考察了非线性特征提取和 SVM 在感应电动机故障诊断方面的应用。他们采用 KPCA 和 ICA 来提取非线性特征，然后根据这些非线性特征通过一种多类 SVM 技术处理了分类问题。研究中从感应电动机采集了振动信号，考虑了正常状态和转子不平衡、转子条破裂、定子缺陷、轴承缺陷、转子弯曲以及偏心等情形。研究结果表明，利用 KPCA 或 KICA 提取非线性特征能够改善 SVM 分类器的性能。

Sugumaran 等（2007）基于决策树（DT）和最接近支持向量机（PSVM），给出了一种可用于诊断滚动轴承故障的方法。该方法首先从采集到的振动数据中提取统计特征，其中采用了均值、标准误差、中位数、标准差、样本方差、峰度、偏度、全距、最小值、最大值与总和等，然后通过 J48 从提取出的特征中进行选择，最后借助 PSV 对滚动轴承的故障进行了分类处理。他们针对 4 个 SKF30206 轴承采集了振动信号，用于验证所提出的方法，分析结果证实了该方法是有效的。

Yang 等（2007）基于本征模函数（IMF）包络谱和 SVM，提出了一种滚动轴承故障诊断技术。他们首先利用经验模式分解（EMD）方法将原始信号分解成大量的 IMF，然后把一些 IMF 包络谱（包含了主要的特征信息）中的不同故障特征频率处的幅值比定义为特征幅值比，最后通过 SVM 分类器对滚动轴承的健康状态进行了分类处理。该研究利用采集到的振动信号进行了方法验证，结果证实了所提出的方法是有效的。另外，Widodo 和 Yang（2007b）还针对基于 SVM 的设备状态监测与故障诊断进行了回顾。

Saravanan 等（2008）考察了基于小波的特征在直齿锥齿轮箱故障诊断中的可行性，其中采用了 SVM 和 PSVM。他们利用 J48 算法对由 Morlet 小波系数构成的统计特征向量进行了分类，并将最重要的特征作为输入用于训练和测试 SVM 和 PSVM。研究中采集了直齿锥齿轮箱在不同状态下的振动信号，包括良好状态、轮齿破裂、齿根裂纹和齿轮表面磨损等情形，并进行了方法验证，结果表明，PSVM 在特征分类方面强于 SVM。

Xian 和 Zeng（2009）在小波包分析（WPA）和混合式 SVM 基础上，给出了一种旋转类设备的故障诊断方法。该方法通过 WPA 将采集到的振动信号进行了分解（借助了时频域内的 Meyer 小波），然后采用了基于一类对余类 SVM 技术的多类故障诊断算法，完成了分类处理。他们从 4 种齿轮状态中采集了振动信号，进而对所提出的方法进行了检验，结果证实了该方法是有效而可行的。

Guo 等(2009)借助希尔伯特包络谱和 SVM 设计了一种滚动轴承故障诊断方法,他们利用希尔伯特包络谱从滚动轴承振动信号的调制特性中提取了故障特征,然后运用一类对余类 SVM 算法进行了多类分类问题的处理。研究中从滚动轴承采集了实际振动信号,考虑了轴承带有滚珠缺陷、IR 缺陷和 OR 缺陷等情形,分析结果揭示了所给出的这一方法的有效性。Zhang 等(2010)也基于 SVM 给出了一种故障诊断方法,其中利用蚁群算法进行了参数优化。他们首先借助小波变换对原始信号进行了预处理,然后从分解后的信号中提取了频域统计特征,进而利用距离评估技术在这些特征中选取了最优特征,最后应用了经过参数优化的 SVM 算法。这些研究人员从机车滚动轴承采集了实际振动信号,其中考虑了 4 种轴承状态,即正常、OR 缺陷、IR 缺陷和滚柱碰摩等,研究结果为该方法的有效性提供了支持。

Konar 和 Chattopadhyay(2011)利用连续小波变换(CWT)和 SVM 给出了一种感应电动机轴承故障检测方法。该方法先借助 CWT 提取数据的局部信息,然后采用 SVM 对滚动轴承的健康状态进行分类处理。他们针对健康和故障电动机在无负载、半负载和全负载条件下的振动信号进行了采集,完成了方法验证,研究结果指出 CWT-SVM 这种组合使用方式具有很好的效果。

Baccarini 等(2011)介绍了一种可用于诊断感应电动机机械故障的方法。他们利用 FFT 将采集到的加速度信号变换到频域,然后借助滤波器滤除了 f、$2f$、$3f$ 和 $4f$ 频率处的振动,并从转动频率中选取了输入数据。利用所选择的这些输入数据,进一步通过 SVM 算法进行了分类处理。研究中针对电动机上的 6 个位置,采集了无故障状态和 3 种机械故障状态(径向和角向不对中,机械松动,转子不平衡)下的实际振动信号,对该方法进行了检验,结果表明,信号采集和分析所需的最佳位置处于冷却风扇的正上方。

Sun 和 Huang(2011)基于 SVM 给出了一种汽轮发电机(STGS)故障诊断方法。他们通过傅里叶变换将采集到的振动信号变换成离散谱,然后将离散谱划分成若干个频段,接着采用 SVM 处理了诊断问题。所使用的振动信号具有 8 个特征,它们反映了不同频段的振动幅值情况,这些频段为 $<0.4f, 0.4f-0.49f$, $0.5f, 0.51f-0.99f, f, 2f, 3f-5f, >5f$。这些信号代表了 6 种典型的机械振动故障,即不对中、不平衡、松动、碰摩、油膜涡动和气流涡动,它们都是从 STGS 采集到的,并被用于方法的验证。所采用的 SVM 的参数 c 和 σ 分别设定为 20 和 80,这些值是通过试错实验确定的。研究结果表明,所提出的方法在 STGS 的振动故障诊断中是有效的。

Li 等(2012)基于冗余第二代小波包变换(RSGWPT)、邻域粗糙集(NRS)和 SVM,给出了一种机械故障诊断方法。该方法先借助 RSGWPT 从振动数据中提取特征;然后针对每个子带小波包系数,计算了 9 种统计特征,其中包括峰值、均值、标准差、均方根、波形因数、偏度、峰度、波峰因数和脉冲指数;进一步根据这些特征,利用 NRS 选择出关键特征;最后通过 SVM 实现故障的分类处理。为检验所提出的方法的正确性,他们从汽油机上的齿轮箱和配气机构采集了振动信号并进行了研究,分析结果证实了该方法是有效的。

Bansal 等(2013)研究了 SVM 在多类齿轮故障诊断中的应用,其中使用的时域齿轮振动数据是针对大量样本进行平均处理得到的。他们考虑了 4 种健康状态(健康,轮齿损伤,缺齿和齿轮磨损)下的齿轮,采集了实际振动信号。由于认识到当训练数据和测试数据处于相匹配的角速度时,SVM 分类器能够获得高分类精度,因而他们提出了内插和外插两种技术,用于改善 SVM 分类器在多类齿轮故障方面的分类性能,并考虑了缺少训练数据和测试数据的角速度信息的情况。另外,这一研究还考察了训练规模、数据密度、核函数和参数的选取等对 SVM 的综合分类性能的影响。

Chen 等(2013)基于 WSVM 和免疫遗传算法(IGA)提出了一种齿轮箱故障诊断方法。他们先借助 EMD 算法从测得的振动信号中提取特征,然后利用所提取出的这些特征,通过 WSVM 处理故障分类问题,并采用 IGA 确定了 WSVM 的最优参数。在检验所给出的方法时,他们考虑了齿轮箱的无负载、轮齿表面点蚀、一个轮齿断裂、一个轴承带有 OR 缺陷、一个轴承带有 IR 缺陷等情形,采集了相应的实际振动信号。研究结果表明该方法要比 RBF – SVM 和 RBF – NN 更为优越。

Liu 等(2013)在 WSVM 和粒子群优化(PSO)基础上,给出了一种可用于 RE 轴承的多故障分类模型。这一研究先通过 EMD 对采集到的振动信号进行预处理,然后借助距离评估技术去除冗余的和无关的特征,并选择用于分类的主特征,最后采用 WSVM 处理分类问题,并且还通过 PSO 确定了 WSVM 的最优参数。在构造 WSVM 算法时,他们使用了 Morlet 和 Mexican 小波核函数。实验验证中从 RE 轴承测试平台和电力机车的 RE 轴承采集了振动信号,结果表明该方法能够有效地诊断 RE 轴承故障。

Fernández – Francos 等(2013)将 v – SVM、包络分析和基于规则的专家系统联合起来,提出了一种轴承故障诊断方法。他们将正常状态下谱的各个子带能量作为训练数据,然后利用单分类 v – SVM 检测由故障导致的行为变化,其过程如下:①检测所监测的设备的状态改变;②选取信号功率谱中出现明显缺陷的频带；③利用包络分析突出故障信号的特征，这一步建立在第②步所得到的频带基础之上。实验分析结果验证了所提出的方法在诊断 RE 轴承故障方面的可行性。

Zhang 和 Zhou(2013)将集成经验模式分解(EEMD)和优化后的 SVM 引入到滚动轴承的多故障诊断问题之中。他们先通过 EEMD 把测得的振动信号分解成若干个 IMF，然后提取了两类特征，分别是 EEMD 能量熵和矩阵(其行向量为 IMF)奇异值。EEMD 熵用于识别轴承是否具有缺陷，如果轴承存在缺陷，那么，所提取出的奇异值将作为输入提供给多分类 SVM 以识别出缺陷的类型，这里的 SVM 是经过优化(借助特征空间中的簇间距离)的，也称为 ICDSVM。方法验证中从两个滚动轴承采集了振动信号，其中考虑了 8 种正常状态和 48 种缺陷状态，研究结果显示所提出的方法是有效的。

Tang 等(2014)在流形学习和香农小波支持向量机(SWSVM)基础上，研究了一种可用于风机(WT)传动系统故障诊断的方法。他们利用 EMD 和自回归(AR)模型系数进行混合域特征融合，然后借助正交邻域保持嵌入(ONPE)将高维特征集映射为低维特征向量，根据这些低维特征向量，最后通过 SWSVM 完成故障识别。针对风机齿轮箱故障诊断问题的实验分析结果表明了所提出的这一方法能够获得 92% 的分类精度。

Zhu 等(2014)基于层次熵(HE)和 SVM(带 PSO 算法)，提出了一种滚动轴承故障诊断方法。他们利用 HE 从原始振动信号中提取特征，然后通过一个多分类 SVM 对轴承故障进行分类处理，该 SVM 的参数是经过 PSO 算法优化得到的。方法验证中从滚动轴承采集了典型振动信号，其中包括了 10 种不同的健康状态，分析结果表明，基于 HE 和 SVM 的这种方法能够达到 100% 的分类精度。与此相似，Zhang 等(2015a)利用蚁群算法进行同步特征的选择和 SVM 的参数优化，进而给出了一种故障诊断方法。他们从原始振动信号及其对应的 FFT 谱中提取了统计特征，然后通过 ACO 进行了同步特征选择和 SVM 参数的优化。为了检验他们的方法，研究中从机车滚动轴承采集了实际振动信号，其中涵盖了 9 种健康状态，分别是正常状态、OR 轻微缺陷、OR 严重缺陷、IR 缺陷、滚珠缺陷、OR 和 IR 复合缺陷、OR 和滚柱复合缺陷、IR 和滚柱复合缺陷以及 OR、IR 和滚柱复合缺陷。分析结果指出，对于所考察的滚动轴承故障诊断问题，所给出的方法能够获得相当好的分类结果。

Zhang 等(2015a、b)进一步借助基于多变量集成的增量式支持向量机(MEI-SVM)，提出了一种滚动轴承故障诊断方法。这一研究从原始振动信号及其对应的 FFT 谱中提取了统计特征，然后通过 MEISVM 进行了故障诊断。方法验证中考虑了两个实例，研究结果也证实了该方法的可行性。

Soualhi 等(2015)将希尔伯特黄变换(HHT)和 SVM 引入到滚珠轴承监测研究中，其中先利用 HHT 从平稳/非平稳振动信号中提取能够反映轴承健康情况的特征，然后根据这些特征，通过 SVM 进行了检测和诊断。另外，这些特征也被用于预测分析，其中采用了基于支持向量回归(SVR)的单步时序预测技术。为了验证他们的方法，该研究从 3 个轴承采集了振动信号并进行了分析，研究结果显示，将 HHT、SVM 和 SVR 组合起来用于轴承性能退化的检测、诊断和预报是可行的。

Li 等(2016)进一步给出了一种可用于风机(WT)故障诊断的方法，该方法主要建立在多分类模糊支持向量机(FSVM)分类器基础之上。他们首先通过 EMD 从测得的振动信号中提取特征向量，然后将带有 RBF 核的 FSVM 作为分类器，其中采用了核模糊 c 均值(KFCM)算法确定 FSVM 训练样本的模糊隶属度值，并基于 PSO 给出了 FSVM 的参数。方法验证中考虑了 4 种健康状态下的振动信号，即正常、转轴不平衡、转轴不对中以及不平衡和不对中并存等状态，研究结果证实了所给出的方法能够达到 96.7% 的分类准确率。

Zheng 等(2017)基于一种称为复合多尺度模糊熵(CMFE)的非线性参数和集成支持向量机(ESVM)，设计了一种滚动轴承故障检测与诊断方法，该非线性参数可用于评价时间序列的复杂度。他们首先计算了每个振动信号的 CMFE，然后选择大量首特征作为振动信号的故障特征，进而通过基于 ESVM 的多故障分类器完成了分类处理。研究中从滚动轴承的不同状态采集了振动信号，其中包括正常、OR 缺陷、IR 缺陷和 RE 缺陷等状态，分析结果表明所提出的这种方法能够有效地判别不同的缺陷状态及其严重度。

Gangsar 和 Tiwari(2017)针对感应电动机的机械和电气故障的预测问题，采用多分类支持向量机(MSVM)研究了振动和电流监测技术。他们从时域内的原始振动和电流信号中提取了 3 种统计特征，即标准差、偏度和峰度；然后采用带有 RBF 核的 MSVM 处理了分类问题。为了检验所提出的方法，研究中从 9 种故障状态和 1 种健康状态下的感应电动机采集了 3 个正交方向上的典型振动信号与三相电流信号，分析结果指出，对于所考察的所有情况来说，基于振动和电流信号的 MSVM 都是有效的。

近期，Gao 等(2018)在积分延拓局部均值分解(IELMD)、多尺度熵(ME)和 LSSVM 基础上，提出了一种风机故障诊断技术。他们首先利用 IELMD 进行信号分解，得到乘积函数(PF)；然后通过 ME 算法对能够揭示故障特性的 PF 进行处理;最后将 ME 参数作为输入提供给 LSSVM 算法,进而完成分类处理。研究结果表明,IELMD、ME 和 LSSVM 的组合使用能够提高诊断精度,增强识别能力。

Han 等(2018)分析了随机森林(RF)、极限学习机(ELM)、概率神经网络(PNN)和 SVM 的性能,其中考虑了来自于旋转类设备的 2 个数据集。他们提取了 3 类特征,分别是时域统计特征、频域统计特征和多尺度特征,然后利用所提取的特征对分类模型进行了训练。研究中使用了 2 个实际振动数据集:第一个是从滚动轴承的正常、IR 缺陷、OR 缺陷和滚珠缺陷等状态下采集到的;第二个则来自一台齿轮箱,包括了 4 种健康状态,分别是正常、轮齿断裂、齿面剥落和齿根裂纹等状态。总体分析结果表明,RF 在分类精度、稳定性以及针对特征的健壮性等方面要优于其他几种方法。

关于 SVM 在设备故障诊断中的应用,表 13.1 进行了归纳。

表 13.1 设备故障检测与诊断中的 SVM 应用汇总

相关研究	零部件	特征提取和(或)选择技术	求解方法/核
Jack 和 Nandi(2001)	滚动轴承	统计特征;谱特征(利用 FFT 得到)	QP/RBF
Jack 和 Nandi(2002)	滚动轴承	统计特征,谱特征(利用 FFT 得到),特征选择采用 GA	QP/RBF
Samanta(2004)	齿轮	统计特征;GA	QP/RBF
Rojas 和 Nandi(2005)	滚动轴承	统计特征和谱特征(利用 FFT)	SMO/RBF
Zhang 等(2005)	滚动轴承	统计特征,谱特征(利用 FFT、GP、GA)	QP/RBF
Guo 等(2005)	滚动轴承	GP	多项式核
Yuan 和 Chu(2006)	涡轮泵转子	FFT,PCA	RBF
Abbasion 等(2007)	滚动轴承	离散 Meyer 小波	RBF
Hu 等(2007)	滚动轴承	WPT,距离评价技术	RBF
Widodo 等(2007)	感应电动机	时域和频域统计特征;ICA	SMO/RBF
Widodo 和 Yang(2007a)	感应电动机	KPCA;KICA	SMO/RBF SMO/多项式核
Sugumaran 等(2007)	滚动轴承	时域统计特征;J48	—
Yang 等(2007)	滚动轴承	EMD	—
Saravanan 等(2008)	锥齿轮箱	时域统计特征;J48	—
Xian 和 Zeng(2009)	齿轮	WPA	SMO/RBF
Guo 等(2009)	滚动轴承	基于希尔伯特变换的包络谱分析	QP/RBF
Zhang 等(2010)	机车滚动轴承	小波变换;距离评价技术	QP/RBF

续表

相关研究	零部件	特征提取和(或)选择技术	求解方法/核
Konar 和 Chattopadhyay (2011)	感应电动机滚动轴承	CWT	QP/RBB
Baccarini 等(2011)	感应电动机	FFT;离散谱若干频带	RBF
Sun 和 Huang(2011)	汽轮发电机(STGS)	FFT;离散谱若干频带	QP/RBF
Li 等(2012)	齿轮箱汽油机配气机构	RSGWPT;NSR	SMO/RBF
Bansal 等(2013)	齿轮	FFT	C–SVM/多项式核 C–SVM/线性核 C–SVM/RBF v–SVM/多项式核 v–SVM/线性核 v–SVM/RBF
Chen 等(2013)	齿轮箱	EMD	小波核
Liu 等(2013)	滚动轴承	EMD;距离评价技术	小波核
Fernández–Francos 等(2013)	滚动轴承	带通滤波器;HHT	v–SVM/RBF
Zhang 和 Zhou(2013)	滚动轴承	EEMD;ICD	高斯核
Tang 等(2014)	风机传动系统	EMD;AR	香农小波核
Zhu 等(2014)	滚动轴承	层次熵(HE)	RBF
Zhang 等(2015a)	机车滚动轴承	FFT;ACO	RBF
Soualhi 等(2015)	滚动轴承	HHT	多项式核
Zhang 等(2015b)	滚动轴承	时域和频域统计特征	QP/高斯核
Li 等(2016)	风机	EMD	FSVM/RBF
Zheng 等(2017)	滚动轴承	CMFE	多项式核,RBF,线性核
Gangsar 和 Tiwari(2017)	感应电动机	统计特征	QP/RBF
Gao 等(2018)	风机	IELMD;ME	LS
Han 等(2018)	滚动轴承,齿轮箱	时域和频域统计特征;多尺度特征	RBF

注:求解方法是指用于确定分割超平面的方法;QP——二次规划;SMO——序列最小优化;LS——最小二乘。核函数是指将训练数据映射到核空间的函数;RBF——高斯径向基函数

13.5 本章小结

SVM 是当前最流行的一种机器学习方法,利用所选择的特征空间它可以实现设备健康状态的分类。在设备故障检测与诊断中,SVM 主要用于从采集到的信号中学习特殊模式,进而根据设备所出现的故障即可对这些特殊模式进行分类。SVM 的基本思想是寻找最佳的超平面,从而将不同类的数据区别开来,且类间的距离(边际)达到最大。根据数据的不同特征情况,SVM 能够进行线性的或非线性的分类处理,其中非线性分类一般用于处理线性不可分的数据。对于多类分类问题,我们还可以将若干个 SVM 分类器联合起来使用。本章通过对二元分类问题中的 SVM 模型的简要描述,介绍了 SVM 分类器的一些基本概念,然后阐述了多分类 SVM 方法和可用于多分类 SVM 的一些技术手段。关于 SVM 及其各种拓展技术在设备故障诊断领域中的应用,相关的文献浩如烟海,其中大多数都介绍了预处理技术,包括正则化、特征提取、特征变换和特征选择等方面。预处理阶段生成的数据一般作为最终的训练集供 SVM 训练用。为了学习可用于设备故障诊断的更有用的特征,人们所提出的大多数方法都会将两种或更多种分析技术组合起来使用。表 13.2 中归纳了本章所介绍的大部分技术方法及其可公开获取的软件。

表 13.2 所介绍的部分技术及其可公开获取的软件汇总

算法名称	平台	软件包	函数
训练支持向量机分类器	MATLAB	统计和机器学习工具箱	svmtrain
利用支持向量机(SVM)进行分类			svmclassify
训练二元 SVM 分类器			fitcsvm
利用 SVM 分类器预测类标签			predict
针对 SVM 或其他分类器进行多类模型的拟合			fitcecoc
LIBSVM:SVM 库	JAVA、MATLAB、OCTAVE、R、PYTHON、WEKA、SCILAB、C#等	Chang(2011)	n/a

参考文献

Abbasion, S., Rafsanjani, A., Farshidianfar, A., and Irani, N. (2007). Rolling element bearings multi-fault classification based on the wavelet denoising and support vector machine. Mechanical Systems and Signal Processing 21 (7): 2933-2945.

Ahmed, H. and Nandi, A. K. (2018). Compressive sampling and feature ranking framework for bearing fault classification with vibration signals. IEEE Access 6: 44731-44746.

Baccarini, L. M. R., e Silva, V. V. R., De Menezes, B. R., and Caminhas, W. M. (2011). SVM practical industrial application for mechanical faults diagnostic. Expert Systems with Applications 38 (6): 6980-6984.

Bansal, S., Sahoo, S., Tiwari, R., and Bordoloi, D. J. (2013). Multiclass fault diagnosis in gears using support vector machine algorithms based on frequency domain data. Measurement 46 (9): 3469-3481.

Boser, B. E., Guyon, I. M., and Vapnik, V. N. (1992). A training algorithm for optimal margin classifiers. In: Proceedings of the Fifth Annual Workshop on Computational Learning Theory, 144-152. ACM.

Burges, C. J. (1998). A tutorial onsupport vector machines for pattern recognition. Data Mining and Knowledge Discovery 2 (2): 121-167.

Campbell, C. (2000). Algorithmic approaches to t-raining support vector machines: a survey. In: Proceedings of ESANN 2000, Bruges, Paper #ESANN2000-355.
https://pdfs.semanticscholar.org/619f/4c6673b7a1943d4f3257c54d063d99c8483e.pdf.

Campbell, C. and Cristianini, N. (1998). Simple Learning Algorithms for Training Support Vector Machines. University of Bristol.

Chang, C. C. (2011). LIBSVM: a library for support vector machines. ACM Transactions on Intelligent Systems and Technology 2 (3) Software http://www.csie.ntu.edu.tw/~cjlin/libsvm.

Chen, F., Tang, B., and Chen, R. (2013). A novel fault diagnosis model for gearbox based on wavelet support vector machine with immune genetic algorithm. Measurement 46 (1): 220-232.

Cortes, C. and Vapnik, V. (1995). Support-vector networks. Machine Learning 20 (3): 273-297.

Fernández-Francos, D., Martínez-Rego, D., Fontenla-Romero, O., and Alonso-Betanzos, A. (2013). Automatic bearing fault diagnosis based on one-class ν-SVM. Computers & Industrial Engineering 64 (1): 357-365.

Gangsar, P. and Tiwari, R. (2017). Comparative investigation of vibration and current monitoring for prediction of mechanical and electrical faults in induction motor based on multiclass – support vector machine algorithms. Mechanical Systems and Signal Processing 94: 464 – 481.

Gao, Q. W., Liu, W. Y., Tang, B. P., and Li, G. J. (2018). A novel wind turbine fault diagnosis method based on intergral extension load mean decomposition multiscale entropy and least squares support vector machine. Renewable Energy 116: 169 – 175.

Guo, H., Jack, L. B., and Nandi, A. K. (2005). Feature generation using genetic programming with application to fault classification. IEEE Transactions on Systems, Man, and Cybernetics Part B: Cybernetics 35 (1): 89 – 99.

Guo, L., Chen, J., and Li, X. (2009). Rolling bearing fault classification based on envelope spectrum and support vector machine. Journal of Vibration and Control 15 (9): 1349 – 1363.

Han, T., Jiang, D., Zhao, Q. et al. (2018). Comparison of random forest, artificial neural networks and support vector machine for intelligent diagnosis of rotating machinery. Transactions of the Institute of Measurement and Control 40 (8): 2681 – 2693.

Hsu, C. W. and Lin, C. J. (2002). A comparison of methods for multiclass support vector machines. IEEE Transactions on Neural Networks 13 (2): 415 – 425.

Hu, Q., He, Z., Zhang, Z., and Zi, Y. (2007). Fault diagnosis of rotating machinery based on improved wavelet package transform and SVMs ensemble. Mechanical Systems and Signal Processing 21 (2): 688 – 705.

Jack, L. B. and Nandi, A. K. (2001). Support vector machines for detection and characterization of rolling element bearing faults. Proceedings of the Institution of Mechanical Engineers, Part C: Journal of Mechanical Engineering Science 215 (9): 1065 – 1074.

Jack, L. B. and Nandi, A. K. (2002). Fault detection using support vector machines and artificial neural networks, augmented by genetic algorithms. Mechanical Systems and Signal Processing 16 (2 – 3): 373 – 390.

Joachims, T. (1998). Making Large – Scale SVM Learning Practical (No. 1998, 28). Technical Report, SFB 475: Komplexitätsreduktion in Multivariaten Datenstrukturen, . Universität Dortmund.

Konar, P. and Chattopadhyay, P. (2011). Bearing fault detection of induction motor using wavelet and support vector machines (SVMs). Applied Soft Computing 11 (6): 4203 – 4211.

Li, N., Zhou, R., Hu, Q., and Liu, X. (2012). Mechanical fault diagnosis based on redundant second generation wavelet packet transform, neighborhood rough set and support vector machine. Mechanical Systems and Signal Processing 28: 608 – 621.

Li, Y., Xu, M., Wei, Y., and Huang, W. (2016). A new rolling bearing fault diagnosis method based on multiscale permutation entropy and improved support vector machine based binary tree. Measurement 77: 80 – 94.

Liu, Z., Cao, H., Chen, X. et al. (2013). Multi-fault classification based on wavelet SVM with PSO algorithm to analyze vibration signals from rolling element bearings. Neurocomputing 99: 399-410.

Platt, J. (1998). Sequential minimal optimization: A fast algorithm for training support vector machines. Res. Tech. Rep. MSR-TR-98-14. Microsoft.

Rojas, A. and Nandi, A. K. (2005). Detection and classification of rolling-element bearing faults using support vector machines. In: 2005 IEEE Workshop on Machine Learning for Signal Processing, 153-158. IEEE.

Rojas, A. and Nandi, A. K. (2006). Practical scheme for fast detection and classification of rolling-element bearing faults using support vector machines. Mechanical Systems and Signal Processing 20 (7): 1523-1536.

Samanta, B. (2004). Gear fault detection using artificial neural networks and support vector machines with genetic algorithms. Mechanical Systems and Signal Processing 18 (3): 625-644.

Saravanan, N., Siddabattuni, V. K., and Ramachandran, K. I. (2008). A comparative study on classification of features by SVM and PSVM extracted using Morlet wavelet for fault diagnosis of spur bevel gear box. Expert Systems with Applications 35 (3): 1351-1366.

Soualhi, A., Medjaher, K., and Zerhouni, N. (2015). Bearing health monitoring based on Hilbert-Huang transform, support vector machine, and regression. IEEE Transactions on Instrumentation and Measurement 64 (1): 52-62.

Sugumaran, V., Muralidharan, V., and Ramachandran, K. I. (2007). Feature selection using decision tree and classification through proximal support vector machine for fault diagnostics of roller bearing. Mechanical Systems and Signal Processing 21 (2): 930-942.

Sun, H. C. and Huang, Y. C. (2011). Support vector machine for vibration fault classification of steam turbine-generator sets. Procedia Engineering 24: 38-42.

Tang, B., Song, T., Li, F., and Deng, L. (2014). Fault diagnosis for a wind turbine transmission system based on manifold learning and Shannon wavelet support vector machine. Renewable Energy 62: 1-9.

Vapnik, V. N. (1982). Estimation of Dependencies Based on Empirical Data. New York: Springer.

Widodo, A. and Yang, B. S. (2007a). Application of nonlinear feature extraction and support vector machines for fault diagnosis of induction motors. Expert Systems with Applications 33 (1): 241-250.

Widodo, A. and Yang, B. S. (2007b). Support vector machine in machine condition monitoring and fault diagnosis. Mechanical Systems and Signal Processing 21 (6): 2560-2574.

Widodo, A., Yang, B. S., and Han, T. (2007). Combination of independent component analysis and support vector machines for intelligent faults diagnosis of induction motors. Expert Systems with Applications 32 (2): 299 – 312.

Xian, G. M. and Zeng, B. Q. (2009). An intelligent fault diagnosis method based on wavelet packer analysis and hybrid support vector machines. Expert Systems with Applications 36 (10): 12131 – 12136.

Yang, Y., Yu, D., and Cheng, J. (2007). A fault diagnosis approach for roller bearing based on IMF envelope spectrum and SVM. Measurement 40 (9 – 10): 943 – 950.

Yuan, S. F. and Chu, F. L. (2006). Support vector machines – based fault diagnosis for turbo – pump rotor. Mechanical Systems and Signal Processing 20(4): 939 – 952.

Zhang, X. and Zhou, J. (2013). Multi – fault diagnosis for rolling element bearings based on ensemble empirical mode decomposition and optimized support vector machines. Mechanical Systems and Signal Processing 41 (1 – 2): 127 – 140.

Zhang, L., Jack, L. B., and Nandi, A. K. (2005). Fault detection using genetic programming. Mechanical Systems and Signal Processing 19 (2): 271 – 289.

Zhang, X. L., Chen, X. F., and He, Z. J. (2010). Fault diagnosis based on support vector machines with parameter optimization by an ant colony algorithm. Proceedings of the Institution of Mechanical Engineers, Part C: Journal of Mechanical Engineering Science 224 (1): 217 – 229.

Zhang, X., Chen, W., Wang, B., and Chen, X. (2015a). Intelligent fault diagnosis of rotating machineryusing support vector machine with ant colony algorithm for synchronous feature selection and parameter optimization. Neurocomputing 167: 260 – 279.

Zhang, X., Wang, B., and Chen, X. (2015b). Intelligent fault diagnosis of roller bearings with multivariable ensemble – based incremental support vector machine. Knowledge – Based Systems 89: 56 – 85.

Zheng, J., Pan, H., and Cheng, J. (2017). Rolling bearing fault detection and diagnosis based on composite multiscale fuzzy entropy and ensemble support vector machines. Mechanical Systems and Signal Processing 85: 746 – 759.

Zhu, K., Song, X., and Xue, D. (2014). A roller bearing fault diagnosis method based on hierarchical entropy and support vector machine with particle swarm optimization algorithm. Measurement 47: 669 – 675.

第 14 章 深度学习

14.1 引言

第6章已经指出,基于振动的设备状态监测的核心目标是将采集到的振动信号正确地归类到对应的设备状态,这通常是一个多类分类问题。实际应用中,所采集到的振动信号一般会包含来自于设备中多个源位置的大量响应,以及一些背景噪声,这使得我们直接利用这些振动信号进行故障诊断变得较为困难,无论是通过人工检查还是自动化的监测均是如此,其原因在于维数灾难。常用的处理方法不是去处理原始振动信号,而是根据它们计算出某些能够描述信号本质的特征。在机器学习领域中,这些特征也称为特性或属性。人们已经提出了大量技术方法,它们能够基于这些特征对不同的振动类型进行分类。只需精心地设计振动信号的特征,并精细地调节分类器的参数,那么,就有可能获得很高的分类精度。因此,如果我们已经针对振动数据提取出了有用的特征表示,实现高分类精度就是比较容易的事情了。然而,从如此大量的带有噪声的振动数据集中提取出有用的特征却并非易事,一种解决思路是采用特征学习技术,也称为表示学习技术,它能够自动地学习特征检测与分类所需的数据表示。在此类技术中,深度学习(DL)是常用的一种,可以通过层次架构中的多层信息处理模块进行数据表示的自动学习。

近年来,越来越多的文献报道了 DL 技术在各类领域中的应用,如生物信息学(Min 等,2017)、人脸识别(Parkhi 等,2015)、语音识别(Graves 等,2013)以及自然语言处理(Collobert 和 Weston,2008)等。考虑到本书的定位,我们将讨论已经应用于设备故障诊断领域中的深度神经网络学习技术,其中包括自编码深度神经网络(DNN)、卷积神经网络(CNN)、深度置信网络(DBN)和循环神经网络(RNN)。

虽然带有多个隐含层的基于监督学习的人工神经网络(ANN)在实际应用

中是困难的,然而 DNN 这一研究主题已经得到了很好的发展,与无监督学习相结合,DNN 已经可以应用于实际场合。此外,DNN 比其他机器学习方法更为优秀,由此也受到了广泛的关注。关于 DNN,Schmidhuber(2015)曾给出过一份很好的综述,感兴趣的读者可以去参阅。DNN 的每一层都会针对来自于前一层的输入样本进行非线性变换,并传递给下一层。跟 ANN 不同,DNN 的训练可以是有监督的方式,也可以是无监督的方式(Bengio 等,2007,;Erhan 等,2010),并且它们也适合于一般性的强化学习(RL)领域(Lange 和 Riedmiller,2010;Salimans 和 Kingma,2016)。DNN 训练的基本思想是:首先,利用无监督学习算法(如自编码器,AE)对该网络进行逐层训练,这一过程称为 DNN 预训练,每一层的输出是下一层的输入;然后,以有监督的方式通过反向传播算法进行再训练。

DL 架构的其他一些类型,如 CNN、DBN 和 RNN,也已经应用于设备故障诊断中。例如,跟标准的神经网络(NN)不同的是,CNN 通常会包含一个卷积层和一个子采样层(也称为池化层),它从交替堆叠的卷积层和池化层中学习抽象特征。卷积层将多个局部滤波器与原始输入数据进行卷积,从而生成不变的局部特征,而池化层则从中提取出最重要的特征(Ahmed 等,2018)。DBN 是生成式 NN,它将多个受限玻耳兹曼机(RBM)堆叠起来,我们可以通过无监督逐层贪婪方式对其进行训练,然后进一步针对训练数据类标签进行精细调节,一般是通过在顶层中引入一个 softmax 层实现的。另外,RNN 是在循环单元之间建立连接,能够根据前面输入的完整历史信息实现目标向量的映射,当然,它也能够将前期输入的记忆保留在网络状态中。跟 DBN 相同,RNN 可以通过随时间反向传播算法进行训练,针对的是带有序列输入数据和目标输出的有监督的任务。关于这些 DL 架构,相关文献(Zhao 等,2016;Khan 和 Yairi,2018)已经给出了很好的综述,感兴趣的读者可以去参阅。

14.2 自编码器

自编码器 NN 提供了一种借助无监督学习算法使目标值(即输出)与输入相等的手段,其中应用了反向传播算法(Ng,2011)。如图 14.1 所示,类似于很多无监督特征学习方法,自编码器(AE)的设计主要建立在编码器-解码器架构基础之上,其中的编码器能够从输入样本中生成特征向量,而解码器则可根据特征向量重构输出。

编码器部分是一个特征提取函数 f_θ,用于计算某个输入 x_i 的特征向量

$h(x_i)$,于是我们可以给出如下定义:

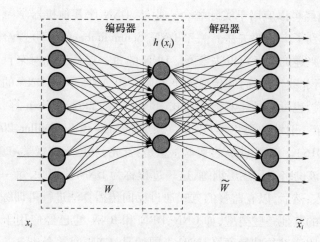

图 14.1 自编码器架构(Ahmed 等,2018)

$$h(x_i) = f_\theta(x_i) \tag{14.1}$$

式中:$h(x_i)$ 为特征表示。

解码器部分是一个重构函数 g_θ,它将特征空间 $h(x_i)$ 重构为输入空间 $\tilde{x}_i$,即

$$\tilde{x}_i = g_\theta(h(x_i)) \tag{14.2}$$

AE 试图通过学习使得 x_i 与 $\tilde{x}_i$ 相似,换言之,就是试图使重构误差 $E(x_i, \tilde{x}_i)$(反映了 x_i 与 $\tilde{x}_i$ 之间的偏差)达到最小。重构误差可以表示为如下形式:

$$E(x_i, \tilde{x}_i) = \|x_i - \tilde{x}_i\|^2 \tag{14.3}$$

实际上,AE 大多会被设计成多层感知机(MLP),编码器和解码器最常用的形式是可保持共线性的仿射变换与进一步的非线性变换,即

$$f_\theta(x_i) = s_f(b + W) \tag{14.4}$$

$$g_\theta(h(x_i)) = s_g(c + \tilde{W}) \tag{14.5}$$

式中:s_f 和 s_g 分别为编码器和解码器的激活函数,例如,可以是 Sigmoid 函数、恒等函数或双曲正切函数等;b 和 c 分别为编码器和解码器的偏置向量;W 和 $\tilde{W}$ 分别为编码器和解码器的权值矩阵。

DL 方面的现有文献中已经使用了多种激活函数(Glorot 等,2011;He 等,2015;Schmidhuber,2015;Clevert 等,2015;Godfrey 和 Gashler,2015),如表 14.1 所列,其中给出了这些激活函数的名称及其对应的表达式。

表 14.1 激活函数及其对应的表达式

激活函数名	表达式
Sigmoid	$f(x) = \dfrac{1}{1+e^{-x}}$
高斯函数	$f(x) = e^{-x^2}$
双曲正切	$f(x) = \dfrac{e^x - e^{-x}}{e^x + e^{-x}}$
恒等函数	$f(x) = x$
弯曲恒等函数(Bent Identity)	$f(x) = \dfrac{\sqrt{x^2+1}-1}{2} + x$
修正线性单元(ReLU)	$f(x) = \begin{cases} 0 & (x<0) \\ x & (x \geqslant 0) \end{cases}$
参数化 ReLU(PReLU)	$f(x) = \begin{cases} \alpha x & (x<0) \\ x & (x \geqslant 0) \end{cases}$
泄漏修正线性单元(Leaky ReLU)	$f(x) = \begin{cases} 0.01x & (x<0) \\ x & (x \geqslant 0) \end{cases}$
正弦函数	$f(x) = \sin(x)$
反正切函数(Atan)	$f(x) = \arctan x$
sinc	$f(x) = \begin{cases} 1 & (x=0) \\ \dfrac{\sin x}{x} & (x \neq 0) \end{cases}$
指数线性单元(ELU)	$f(x) = \begin{cases} \alpha(e^x - 1) & (x<0) \\ x & (x \geqslant 0) \end{cases}$
软指数函数	$f(x) = \begin{cases} -\dfrac{\ln(1-\alpha(x+\alpha))}{\alpha} & (\alpha<0) \\ x & (\alpha=0) \\ \dfrac{e^{\alpha x}-1}{\alpha} + \alpha & (\alpha>0) \end{cases}$
Soft Plus	$f(x) = \ln(1+e^x)$

AE 是进行强化学习的更为实用的方法之一。例如，通过对自编码器网络施加一些约束，如限制隐含单元的数量和正则化，AE 即可学习数据中的一些有趣的特征结构。显然，施加不同的约束将会给出不同的 AE 形式。稀疏自编码器(SAE)是对隐含单元的激活值施加稀疏性限制(要求大部分必须在 0 附近)的自

编码器,一般可以通过引入一个 KL 散度惩罚项来实现,即

$$\sum_{j=1}^{d} KL(\rho \| \hat{\rho}) \tag{14.6}$$

其中

$$KL(\rho \| \hat{\rho}) = \rho \log \frac{\rho}{\hat{\rho}_j} + (1-\rho) \log \frac{1-\rho}{1-\hat{\rho}_j} \tag{14.7}$$

式中:ρ 为稀疏性参数,其值一般较小,接近于 0,如 $\rho = 0.2$;$\hat{\rho}$ 为隐含单元的平均阈值激活值,可以按照下式计算:

$$\hat{\rho}_j = \frac{1}{n} \sum_{i=1}^{n} a_j^2(\boldsymbol{x}_i) \tag{14.8}$$

式中:a_j^2 为隐含单元 j 的激活值。通过使该惩罚项最小化,$\hat{\rho}$ 将接近于 ρ,总体代价函数(CF)可以计算如下:

$$CF_{sparse}(\boldsymbol{W}, \boldsymbol{b}) = \frac{1}{2n} \sum_{i=1}^{n} \|\widetilde{\boldsymbol{x}}_i - \boldsymbol{x}_i\|^2 + \lambda \|\boldsymbol{W}\|^2 + \beta \sum_{j=1}^{d} KL(\rho \| \hat{\rho}) \tag{14.9}$$

式中:n 为输入尺度;d 为隐含层尺度;λ 为权值衰减参数;β 为稀疏惩罚项的权值。

14.3 卷积神经网络

卷积神经网络(CNN)也可称为 convNet,是一种多层的神经网络,最早是由 LeCun 等针对图像处理问题提出的。CNN 的架构中通常包含了卷积层和子采样层(也称为池化层),它能够从交替堆叠的卷积层和池化层中学习抽象特征。卷积层将多个局部滤波器与原始输入数据进行卷积,从而生成不变的局部特征,而池化层则从中提取出最重要的特征(LeCun 等,1998)。在很多领域中 CNN 已经被证实是相当成功的,如医学成像(Tajbakhsh 等,2016)、对象识别(Maturana 和 Scherer,2015)、语音识别(Abdel – Hamid 等,2014)以及可视化文档分析(Simard 等,2003)等。下面简要地介绍简化形式的 CNN 模型。

给定输入数据 $X = [\boldsymbol{x}_1, \boldsymbol{x}_2, \cdots, \boldsymbol{x}_L]$,$L$ 为实例数量,且 $\boldsymbol{x}_i \in R^N$,卷积层包含了大量特征图,每个神经元从输入特征图中取出一个较小的子区域并完成卷积运算。卷积层的输出可以按照下式计算:

$$C_{i,j}^k = \theta(\boldsymbol{u}^k \boldsymbol{x}_{i:i+s-1} + \boldsymbol{b}_k) \tag{14.10}$$

式中:$C_{i,j}^k$ 为第 k 个特征图的卷积层第 i、j 点处的输出值;$\boldsymbol{u}^k \in R^s$ 为代表第 k 个滤波器的向量;$\boldsymbol{b}_k$ 为第 k 个特征图的偏置;θ 为激活函数,最常用的激活函数是 ReLU。

图 14.2 给出了一个单层 CNN 模型的简单实例,它带有一个卷积层、一个最大池化层和一个全连接层以及一个 softmax 层。池化层中的子采样特征向量可以按照下式计算:

$$h_i = \max(c_{(i-1)m}, c_{(i-1)m+1}, \cdots, c_{im-1}) \tag{14.11}$$

式中:m 为池化长度。全连接层和 softmax 层一般是为了实现预测而引入的,通常作为顶层。

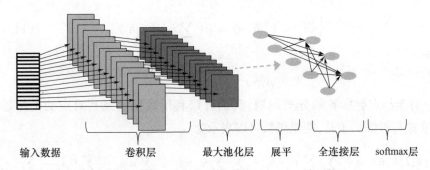

图 14.2 单层 CNN 模型示例(一个卷积层、一个最大池化层、一个全连接层和一个 softmax 层)

14.4 深度置信网络

深度置信网络(DBN)属于生成式 NN,它将多个受限玻耳兹曼机(RBM)堆叠起来,可以通过无监督逐层贪婪方式进行训练,然后进一步针对训练数据类标签进行精细调节,一般是通过在顶层中引入一个 softmax 层实现的。

RBM 是一种特殊形式的马尔可夫随机场(MRF),由二值隐含层和可见层随机单元构成,因而,可以描述为一个两层 NN,它构成了隐含层单元和可见层单元的二分图。一般来说,所有可见层单元都会连接到隐含层单元,而各自层中的单元是无连接的。在二值 RBM 中,连接上的权值和各单元的偏置描述了可见层和隐含层单元状态的联合概率分布情况,它通常是以能量函数形式给出的(Mohamed 等,2012)。一个联合配置的能量可以按照下式进行计算:

$$E(\boldsymbol{v}, \boldsymbol{h} \mid \theta) = \sum_{i=1}^{V} \sum_{j=1}^{H} w_{ij} v_i h_j - \sum_{i=1}^{I} b_i v_i - \sum_{j=1}^{J} a_j h_j \tag{14.12}$$

式中:$\theta = (w, b, a)$ 为模型参数;w_{ij} 为可见层单元 i 和隐含层单元 j 之间的权值;b_i 和 a_j 分别为它们的偏置。

RBM 分配给可见层向量 v 的概率可以表示为

$$p(v|\theta) = \frac{\sum_h e^{-E(v,h)}}{\sum_u \sum_h e^{-E(u,h)}} \tag{14.13}$$

由于可见层和隐含层中的单元之间没有连接，因而，这些单元的条件概率可以按照如下关系式进行计算：

$$p(h_j = 1 | v,\theta) = \rho\left(\sum_{i=1}^V a_j + w_{ij}v_i\right) \tag{14.14}$$

$$p(v_j = 1 | h,\theta) = \rho\left(\sum_{j=1}^H b_i + w_{ij}h_j\right) \tag{14.15}$$

其中

$$\rho(x) = (1 + e^{-x})^{-1}$$

对于给定类标签的分类问题，我们可以利用数据集及其对应的类标签对 RBM 进行训练。于是，能量函数可以表示为

$$E(v,I,h,\theta) = -\sum_{i=1}^V \sum_{j=1}^H w_{ij}v_ih_j - \sum_{y=1}^L \sum_{j=1}^H w_{yj}h_jl_y - \sum_{j=1}^H a_jh_j - \sum_{y=1}^L C_yl_y - \sum_{i=1}^V b_iv_i \tag{14.16}$$

在 softmax 层中，给定 h 和 θ 后的类标签 l_y 的概率可以计算如下：

$$p(l_y = 1 | h,\theta) = \text{softmax}\left(\sum_{j=1}^H w_{yj}h_j + C_y\right) \tag{14.17}$$

DBN 最早是由 Hinton 于 2006 年给出的，它是由若干层 RBM 构造而成的 NN。DBN 可以通过将多个 RBM 一层一层堆叠起来进行构造，其中每个 RBM 的隐含层都与下一个 RBM 的可见层连接。类似于前面曾经介绍的 SAE，DBN 一般是借助训练集以无监督的方式进行预训练的，然后再通过相同的训练集进行有监督的精细调节。Chen 等(2017a、b)曾经给出过 DBN 算法过程，下面对其加以介绍。

若令 $X = \{x_1, x_2, \cdots, x_L\}$ 为输入数据矩阵，那么，DBN 算法过程可以分为如下 4 个主要步骤。

(1) 针对 X 进行 RBM 训练，得到其权值矩阵 W，并将其作为下两层之间的权值矩阵。

(2) 利用这个 RBM 对 X 进行变换，得到新的数据 X'。

(3) 针对下一对层进行 $X \leftarrow X'$，重复这一过程，直到最上面两层。

(4) 在有监督方式下对这一架构的所有参数进行精调。

另一种基于 RBM 的方法是深度玻耳兹曼机(DBM)，我们可以将其视为一

种 RBM 的深度结构,其隐含层单元不再位于单个层中,而是形成了多个层级(Salakhutdinov 和 Hinton,2009)。

14.5 循环神经网络

正如 Lipton 等(2015)所描述的,循环神经网络(RNN)是对前馈型 NN 的改进,插入了能够反映相邻时间步的边,从而将时间概念引入了模型之中。跟前馈型网络一样,RNN 在传统边上是没有循环的,不过将时间步连接到一起的那些边是可以形成循环的,这些边也称为循环边或循环连接,其中包括单个单元的循环,也就是该单元在时间上的自连接。图 14.3 给出了一个简单的 RNN 模型实例,在时间 t,带有循环连接的单元 h_t 接收到的输入是当前数据 x_t 和前一个隐含单元值 h_{t-1}。我们可以从数学层面上将其表示为如下形式:

$$h_t = \rho(W_{hx}x_t + W_{hh}h_{t-1} + b_h) \tag{14.18}$$

式中:ρ 为非线性激活函数;W_{hx} 为隐含层与输入 x 之间的权值;W_{hh} 为隐含层与其自身之间的循环权值;b_h 为偏置。

输出 y 可以按照下式计算:

$$y = \text{softmax}(W_{yh}h + b_y) \tag{14.19}$$

式中:W_{yh} 为输出和隐含层之间的权值。

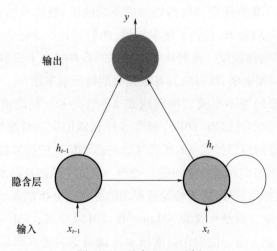

图 14.3 基本 RNN 示例

RNN 通常可以利用它们的反馈连接,即循环连接,储存近期输入事件(以激活值形式)。跟 DBN 相同,RNN 也可以通过随时间反向传播算法进行训练,针对的是带有序列输入数据和目标输出的有监督的任务。不过,由于梯度消失和梯度爆炸现象(Hochreiter 和 Schmidhuber,1997;Chung 等,2014),RNN 的训练很难刻画出长期相关性。为此,一些学者引入了长短期记忆(LSTM)(Hochreiter 和 Schmidhuber,1997)和门控循环单元(GRU)(Chung 等,2014),用于解决这一问题。此外,Schuster 和 Paliwal(1997)还提出了双向 RNN。

14.6 MCM 中的深度学习概述

近年来,关于 DL 在设备状态监测(MCM)中的应用,相关文献的数量不断增长,下面几个小节将简要回顾前面所介绍的基于 DL 的相关技术在设备故障诊断中的应用。

14.6.1 基于 AE 的 DNN 在设备故障诊断中的应用

一些研究人员已经将基于 AE 的技术应用于设备故障诊断的研究中。Tao 等(2015)针对轴承故障的诊断问题,在栈式 AE 和 softmax 回归基础上给出了一种 DL 算法框架。他们从 3 种缺陷状态和 1 种正常状态下的滚动轴承采集了振动信号,进行了方法验证,结果表明基于栈式 AE 的 DNN 是有效的。Lu 等(2017a)针对滚动轴承的故障诊断问题提出了一种特征提取方法,其中借助了 DNN。该方法将采集到的振动数据划分成不同的段,然后利用快速傅里叶变换(FFT)对每一段进行处理,得到了频率幅值,随后通过一个包含两个 AE 的两层 DNN 架构完成了特征提取。他们从滚动轴承的 6 种状态下提取了振动信号,进行了方法验证,结果表明,该方法具有很强大的特征提取能力。

Junbo 等(2015)基于小波变换和栈式 AE 给出了一种滚动轴承诊断方法。他们首先利用离散小波框架(DWF)和非线性软阈值方法对原始振动信号进行去噪处理,然后借助两层栈式 AE 从去噪后的振动信号中提取特征,最后利用这些特征基于 BP 网络实现了分类问题的处理。研究中从滚动轴承的 20 种健康状态采集了典型的振动信号,用于检验所提出的方法。分析结果显示,这一方法在滚动轴承故障诊断方面是有效的。Huijie 等(2015)在栈式 AE 基础上设计了一种液压泵故障诊断方法。他们先将液压泵振动谱作为输入提供给基于栈式 AE 的 DNN,然后采用 Dropout 策略和校正线性单元(ReLU)激活函数来改进传统栈式 AE 的性能。研究中将传感器安装在液压泵的出油口处,从液压系统采集了实际振动信号,其中考虑了 4 种缺陷情况,即缸体、阀板、球芯和活塞等缺陷。分析结果证实了所提出的方法是适合于液压泵的故障诊断的。

　　Jia 等(2016)研究了一种基于 DNN 的旋转类设备故障诊断方法。该方法从时域信号中得到频谱;构建了具有多个隐含层的 DNN,并进行了逐层预训练,其中也借助了栈式 AE,其数量是参考 DNN 隐含层数量设置的;输出层的维数是根据设备健康状态的数量确定的;引入了 BP 算法,对 DNN 的参数进行了精调,即使得从频谱计算得到的输出与健康状态标签之间的误差最小;最后将训练后的 DNN 用于设备故障的诊断。他们进行了两个实例分析:第一个针对的是滚动轴承,振动数据集是从实验系统采集到的,考虑了 4 种健康状态,即正常、OR 缺陷、IR 缺陷和滚柱缺陷;第二个针对的是行星齿轮箱,振动数据集是从 7 种状态下得到的,即正常、一级太阳轮轮齿点蚀、一级太阳轮轮齿裂纹、二级太阳轮轮齿破缺、二级太阳轮轮齿破缺、二级太阳轮缺齿以及一级行星轮轴承 IR 缺陷。研究结果指出,所提出的方法能够针对各种诊断问题从频谱中挖掘出所需的故障特性,并可有效地实现设备健康状态的分类处理。

　　Galloway 等(2016)针对基于振动数据的潮汐涡轮发电机故障检测问题,考察了 DL 方法的应用可行性。他们利用短时傅里叶变换(STFT)从原始振动数据中提取了谱切片,使得网络能够学习平稳和非平稳信号的表示。研究中采用了一个包含多层栈式稀疏自编码器(SAE)和 softmax 分类器的 DNN,并测试了单个 AE 层和两个 AE 层网络架构(具有不同的隐含层单元数量)。利用所学习到的特征,这些研究人员对 softmax 分类器层进行了训练,然后通过网络的再训练改进了分类性能。方法验证中采用三轴加速度传感器采集了不同运行工况和气候条件下的振动信号,分析结果证实了所提出的方法的可行性。

　　Guo 等(2016a)介绍了一种基于多特征提取和 DNN 的滚动轴承状态识别方法。他们从原始振动信号中提取了时域、频域和时频域特征,其中的时域特征是通过一些统计函数给出的,包括 RMS、偏度、峰度、峰峰值、波峰因数、波形因数、脉冲因子和裕度因子;频域特征则采用了两个谱峰度之间的相关系数;时频域特征的提取是借助小波变换(WT)将原始振动信号分解到时频空间完成的。所提取出的这些特征都经过了一个移动平均滤波器的滤波处理,进而通过一个基于 AE 的 DNN 进行特征降维。最后还采用了 softmax 回归来实现滚动轴承故障的分类工作。为检验所提出的方法,研究中从滚动轴承的 4 种状态下采集了振动信号,其中涵盖了正常、早期缺陷、性能退化和失效等情形。分析结果表明了该方法是有效的。

　　Sun 等(2016)基于 SAE 提出了一种可用于感应电动机故障诊断的 DNN 方

法。该方法首先利用 SAE 从无标签的感应电动机振动数据中学习简约特征,其中还把去噪编码嵌入到 SAE 中以改善特征学习的健壮性并避免恒等变换;然后该 DNN 利用 SAE 提取出那些用于训练 NN 分类器的特征。此外,这些研究人员还采用 Dropout 策略来克服过拟合问题。他们从感应电动机的 6 种运行状态采集了实际振动数据,其中包括了正常、转子条断裂、转子弯曲、轴承缺陷、定子绕组缺陷和转子不平衡等情形,进行了方法验证,并跟支持向量机(SVM)和逻辑回归(LR)(置于 SAE 的上层)这两种分类器作了比较。结果表明,所提出的方法能够利用 SAE 直接从原始振动数据中学习特征,基于 SAE 的 DNN 是有效的。

Lu 等(2017b)在栈式去噪自编码器(SDA)基础上给出了一种旋转类设备零部件故障诊断的 DL 方法。该方法利用一系列 AE 以逐层方式建立了一个深度网络架构,然后将这个架构和贪婪训练规则、稀疏表示以及数据解构(Data Destruction)结合起来,用于使输入映射成有用的、健壮的高阶特征表示,进而利用这些特征,通过有监督的分类器及随后的全局反向传播优化过程处理了分类问题。另外,还将 softmax 回归算法作为 SDA 模型的顶层分类器。他们从滚动轴承的不同工况下采集了典型振动信号,用于检验所提出的方法。分析结果表明,这种 DL 方法能够自适应地挖掘最重要的故障特征,并能有效地实现滚动轴承健康状态的分类,诊断精度很高。

Chen 和 Li(2017)借助 SAE 和 DBN 设计了一种多传感器特征融合方法,可用于轴承故障的诊断。该方法从采集到的振动数据中提取特征,其中包括 15 种时域特征和 3 种频域特征,然后将这些特征向量进行了归一化处理,使之位于 [0,1] 这一范围,接着通过使重构误差最小化对两层 SAE 进行了训练,并将最后一个隐含层的输出作为故障特征表示,最后借助这些特征表示,对基于 DBN 的分类模型进行了训练,使之适合于轴承故障的诊断。他们从不同状态下的滚动轴承中采集了实际振动信号,进行了方法检验,分析结果证实了该方法能够获得很高的分类精度。Chen 等(2017a)在基于 SAE 的 DNN 基础上研究了一种可识别滚动轴承故障严重度的方法。他们通过引入噪声扩充了训练样本,以避免样本过少导致的过拟合问题,然后利用扩充后的训练样本对基于栈式 SAE 的 DNN (带分类器)进行了训练,以实现特征提取和故障诊断。研究中考虑了 2 个轴承振动数据集:一个包含了轴承故障严重度数据;另一个则包含了从轴承加速寿命试验中获得的轴承寿命 - 状态数据,分析结果验证了该方法在滚动轴承故障严重度识别方面的有效性。

Mao 等(2017)在 AE 和极限学习机(ELM)基础上设计了一种轴承故障诊断

方法。他们利用 FFT 从采集到的振动信号中得到了频谱,然后通过 AE – ELM 提取特征和识别故障。研究中考虑了不同健康状态下的滚动轴承,采集了振动信号,进行了方法检验,结果表明了该方法是有优势的。Zhou 等(2017)基于 DNN 给出了一种多模式故障识别方法。他们先利用 FFT 将时域振动信号变换到频域,然后构造了一个层次 DNN 模型:第一层 DNN 用于模式划分;第二层包含了一组 DNN 分类模型,主要用于从不同模式中分别提取出特征并诊断故障源;第三层中的一组 DNN 进一步将给定模式中的故障划分成若干个具有不同严重度的类型。研究中从不同运行工况下的滚动轴承采集了实际振动信号,所考虑的电动机负载分别为 0hp、1hp、2hp 和 3hp,轴承模式分为 4 种,每种模式包括 4 种健康状态,即 IR 缺陷、OR 缺陷、滚柱缺陷和正常状态。分析结果指出,跟传统的 DNN、反向传播神经网络(BPNN)、SVM、层次 BPNN 以及层次 SVM 相比而言,所提出的方法具有更好的效果。

  Sohaib 等(2017)在基于栈式 SAE 的 DNN 基础上,提出了一种两层次的轴承故障诊断方法。该方法首先从原始振动信号中提取出时域特征、包络功率谱特征和小波能量特征;然后将这些特征与基于栈式 SAE 的 DNN 组合起来,提取了可用于轴承故障诊断的辨别信息。他们考虑了不同的轴承状态,即正常、IR 缺陷、OR 缺陷和 RE 缺陷等,采集了典型振动信号,进行了方法验证,分析结果证实了该方法的有效性。

  Shao 等(2017a)针对旋转类设备的故障诊断问题,设计了一种深度 AE 特征学习方法。该方法包括 3 个部分:①将最大相关熵作为损失函数,替代标准 AE 中的多尺度熵(MSE);②利用人工鱼群算法(AFSA)对深度 AE 的参数进行优化;③将深度 AE 学习到的特征作为输入提供给 softmax 分类器,实现故障的分类处理。他们从齿轮箱的 5 种不同运行状态和电力机车轴承的 9 种不同工况中采集了两个振动数据集,用于检验所给出的方法,分析结果表明了该方法在旋转类设备故障诊断方面是有效的。

  Shao 等(2017b)介绍了一种可用于旋转类设备故障诊断的改进的深度特征融合方法。该方法利用去噪自编码器(DAE)和收缩自编码器(CAE)构造了一个深度 AE,改进了特征学习性能;通过局部保持投影(LPP)将学习到的特征进行了融合;进一步将融合特征输入到 softmax 分类器,完成了设备故障的诊断。他们将这一方法应用到转子和轴承的故障诊断问题中,转子振动数据集是在 7 种健康状态下测得的,轴承振动数据集是从实验装置中的电力机车轴承上采集到的,其中考虑了 9 种不同的健康状态。研究结果揭示了所提出的方法是有效的。

Qi 等(2017)基于栈式自编码器给出了一种设备故障诊断方法。他们首先通过集成经验模式分解(EEMD)和自回归(AR)模型对采集到的信号进行预处理,提取了第一个 IMF 的 AR 参数,并将它们转换成输入向量;然后利用输入向量构成的训练数据集对所构造的 SAE 进行训练,从而学习到能够满足故障分类需求的高层特征表示;根据学习到的这些特征,最后采用 softmax 分类器完成了分类问题的处理。研究中分析了两个实例:第一个实例所采用的振动数据是从滚动轴承的 4 种不同工况下采集到的;第二个实例则来自于齿轮箱的 4 种健康状态。分析结果表明,与 EEMD + AR + SVM、SAE、SVM 和 ANN 相比,所给出的方法具有更好的诊断性能。

近期,Sun 等(2018)介绍了一种基于压缩采样(CS)和深度学习(DL)的轴承故障诊断方法。他们先利用 CS 从原始振动信号中提取特征,然后通过栈式 SAE 构造了一个 DNN,其中的每个 SAE 都进行了预训练,从而初始化了 DNN 的权值,并借助 BP 算法进行了再训练,以提升 DNN 的性能。研究中从滚动轴承的不同健康状态下采集了实际振动信号,进行了方法测试。所使用的两个振动数据集分别来自于行星齿轮箱和滚动轴承,分析结果证实了该方法的有效性。

Jia 等(2018)提出了一种局部连接网络(LCN)方法并将其应用于设备故障诊断问题中,该网络的构造借助了正则稀疏自编码器(NSAE),因而,这一方法也称为 NSAE – LCN。在这一方法中,他们将 LCN 构造为 4 层,即输入层、局部层、特征层和输出层,NSAE 用于训练局部层,从振动信号中学习有意义的特征;然后在特征层中,根据局部层中学习到的特征得到移不变特征;最后根据这些移不变特征,通过输出层分类器(即 softmax 回归)识别设备的健康状态。研究中分析了两个实例:第一个实例所采用的数据集是从两级行星齿轮箱的 7 种健康状态下采集到的;第二个实例则来自于滚动轴承的 10 种状态。针对齿轮箱振动数据的分析结果表明,在特征 + softmax、特征 + SVM、主成分分析(PCA) + SVM、栈式 SAE + softmax、SAE – LCN 和 NSAE – LCN 等方法中,NSAE – LCN 能够获得最高的分类精度。另外,针对滚动轴承数据集的分析结果显示,所提出的 NSAE – LCN 方法也要比其他方法更为优秀。

Shao 等(2018a)还给出了一种称为集成深度自编码器(EDAE)的滚动轴承故障诊断方法。该方法利用不同的激活函数设计了一系列具有不同特性的 AE,然后构造出 EDAE,从采集到的振动信号中以无监督的方式进行特征学习,最后将每个 AE 学习到的特征输入给 softmax 分类器,以组合策略的方式实现了准确而稳定的故障分类。他们考虑了滚动轴承的 12 种健康状态,采集了振动数据,对所提出的方法进行了测试。另外，Li 等(2018)基于全连接的、赢者通吃自编码器(FC‑WTA)构造了一种滚动轴承故障诊断方法。该方法以显式的方式在隐含层上施加了寿命稀疏限制，仅保留每个神经元的 $k\%$ 个最大激活值(对于小批量中的所有样本)，然后采用软投票技术来提高准确性和稳定性。研究中从滚动轴承的 4 种健康状态下采集了振动数据，同时也考虑了一个模拟数据集，是通过在原始采集到的数据中加入高斯白噪声得到的。分析结果表明，这一方法是可行的。

Ahmed 等(2018)针对滚动轴承振动信号的高度压缩测试数据的分类性能，分析了基于稀疏 AE 的过完备稀疏表示的影响。他们根据原始的轴承数据集，利用 CS 方法生成了高度压缩的测试数据，然后借助基于栈式 SAE 的 DNN 学习过完备稀疏表示，最后利用两个步骤完成了故障的分类，分别是对栈式 AE 和 softmax 回归层的预训练与基于反向传播算法再训练的精调。分析中考虑了滚动轴承不同工况下的实际振动信号，进行了方法验证，结果表明所提出的方法能够通过极度压缩测试数据获得很高的分类精度。

针对基于栈式 AE 的 DNN 方法在设备故障检测与诊断中的应用，表 14.2 进行了归纳和总结。

表 14.2 设备故障检测与诊断中采用的基于栈式 AE 的 DNN 方法应用汇总

相关研究	零部件	预处理技术	使用的 AE 数量	激活函数
Tao 等(2015)	滚动轴承	n/a	2	Sigmoid
Lu 等(2015)	滚动轴承	FFT	2	Sigmoid；identity
Junbo 等(2015)	滚动轴承	小波变换；非线性软阈值	2	Sigmoid
Huijie 等(2015)	液压泵	FFT	4	ReLU
Sun 等(2016)	感应电动机	n/a	1	Sigmoid
Galloway 等(2016)	潮汐涡轮机	STFT	1 和 2	Sigmoid
Jia 等(2016)	滚动轴承；行星齿轮箱	时序信号的频谱	3	Hyperbolic tangent
Guo 等(2016b)	滚动轴承	时域统计特征；谱峰度；WT	2	Sigmoid
Lu 等(2017b)	滚动轴承	n/a	3	Sigmoid
Zhou 等(2017)	滚动轴承	FFT	5,4,3	Sigmoid
Chen 等(2017)	滚动轴承	n/a	4	Sigmoid

续表

相关研究	零部件	预处理技术	使用的 AE 数量	激活函数
Sohaib 等(2017)	滚动轴承	时域统计特征；包络功率谱特征；小波能量特征	1	—
Mao 等(2017)	滚动轴承	FFT	1	—
Chen 和 Li(2017)	滚动轴承	时域和频域统计特征	2(SAE); 3(DBN)	Sigmoid
Shao 等(2017a)	齿轮箱，滚动轴承	n/a	3	Sigmoid
Shao 等(2017b)	齿轮箱，滚动轴承	n/a	3	—
Qi 等(2017)	滚动轴承，齿轮箱	EEMD；AR	3	Sigmoid
Sun 等(2018)	滚动轴承	压缩采样	2	Sigmoid
Jia 等(2018)	滚动轴承，行星齿轮箱	n/a	1	ReLU
Shao 等(2018a)	滚动轴承	n/a	3	Identity, ArcTan, TanH, Sinusoid Softsign, ReLU, LReLU, PReLU, ELU, SoftExponential, Sinc Sigmoid, Gaussian
Li 等(2018)	滚动轴承	极大极小归一化	1	ReLU
Ahmed 等(2018)	滚动轴承	Haar 小波变换；压缩采样	2,3,4	Sigmoid

14.6.2 CNN 在设备故障诊断中的应用

在设备故障诊断领域中，很多研究人员已经将 CNN 算法用于处理振动信号。Chen 等(2015)将 DL 技术应用到齿轮箱故障的诊断中，其中采用的是 CNN 算法。他们首先对时域振动信号进行预处理，得到了 RMS、标准差、偏度、峰度、转动频率以及负载等信息，进而构造出可描述原始振动信号的特征向量，并把这些特征向量进一步输入到 CNN 模型中。研究中分析了两类 CNN 架构，第一类包括了 2 个卷积层和 2 个子采样层，第二类包含了 1 个卷积层和 1 个子采样层。随后，他们又通过 softmax 层对齿轮箱健康状态进行了分类处理。实验验证中针对一个齿轮箱故障实验平台采集了12种不同健康状态下的振动信号,分析结果证实了该方法是有效的。

  Dong及其合作者们基于深度CNN(DCNN)给出了一种可用于前端调速式风力发电机(FSCWG)小故障诊断的方法。该方法构造了具有多个隐含层的学习模型,并进行了逐层初始化和精调训练,由此也就从(从风电场采集到的)原始振动信号中得到了有用的特征,相对于NN和SVM方法提升了诊断精度(Dong等,2016)。Lee等(2016)也分析了CNN在处理原始振动数据方面的性能,针对的是轴承故障诊断问题。他们从滚动轴承的不同健康状态采集了两个振动数据集,检验了CNN分类器对这些故障数据集的诊断精度,其中考虑了CNN构型从1层到3层的变化。另外,他们还分析了当振动信号中存在噪声时深度架构受到的影响。Guo等(2016b)给出了一种分层自适应学习率深度CNN(ADCNN)模型,并将其用于轴承故障的诊断。该模型具有两个分层布置的组成部分,即故障模式确定层和故障尺度评估层。他们从轴承的不同健康状态(带有不同的故障尺度)中采集了振动信号,进行了方法验证,分析结果证实了所给出的方法是有效的。

  Janssens等(2016)基于2D CNN模型提出了一种可用于状态监测的特征学习模型。该模型的主要目标是从原始振动数据的频谱中自主地学习适合于轴承故障检测的有用特征。他们先利用离散傅里叶变换(DFT)从时域振动数据中得到了频谱,然后借助包含一个卷积层和一个全连接层的CNN模型进行特征学习,最后通过softmax层处理了分类问题。研究中从实验装置中的轴承采集了实际振动信号,考虑了不同的健康状态。研究结果显示,基于CNN的方法在分类精度上要比传统的人工特征提取方法总体提升6%左右。Li等(2017)开发了一种称为改进Dempster-Shafer-CNN(IDSCNN)的轴承故障诊断方法,它将深度CNN和基于改进Dempster-Shafer证据理论的融合算法集成到了一起。该方法首先将所选择的时域振动信号乘以汉宁窗,然后借助FFT得到频谱,并针对该频谱的子带计算了RMS,接着通过两个传感器信号对由分类器集成构成的ID-SCNN预测模型进行训练,进一步,利用IDS融合算法将CNN分类器的输出进行了融合。这些研究者考虑了滚动轴承的4种健康状态,采集了典型振动信号,进行了方法验证,结果表明,通过将两个传感器信号进行融合,这一方法能够获得比其他方法(如SVM、MLP和DNN)更高的诊断精度。

  Wang等(2017)将小波变换和深度CNN集成起来,给出了一种齿轮箱健康监测的混合方法。他们借助小波分析将一维时序振动信号变换成时序图像,然后通过深度 CNN 对这些图像进行处理,以完成故障的诊断工作。分析中考虑了 4 种齿轮箱健康状态,采集了振动信号,进行了方法验证。Ding 和 He(2017)基于小波包能量(WPE)和深度 CNN 也给出了一种可用于主轴轴承的诊断方法,该方法首先将 WPT 算法与相空间重构相结合,重建了频率子空间的 2D WPE 图像,然后借助深度 CNN 进一步学习了该 2D WPE 图像的可识别特征。研究中从轴承的不同健康状态采集了 6 个振动数据集,分析结果表明,该方法在诊断轴承故障方面是有效的。

Verstraete 等(2017)在时频图像分析和深度 CNN 模型基础上,设计了一种 RE 轴承故障诊断方法。这一方法利用原始数据的时频表示来生成图像表达,然后将这些图像表达输入给深度 CNN 模型,用于故障的诊断。他们考察了 3 种时频分析方法在故障诊断精度方面的性能,包括 STFT、WT 和希尔伯特黄变换(HHT),并进行了方法验证,所使用的两个振动数据集是从滚动轴承的不同健康状态采集到的。Xie 和 Zhang(2017)提出了一种旋转类设备故障诊断方法,其中的特征提取算法是基于 EMD 和 CNN 的。该方法从原始的时域振动信号中提取了特征,分别借助:①时域统计函数(均值、标准差、峰度、偏度和均方根);②FT 和 CNN 的组合(其中 CNN 带有 4 个卷积层和 2 个子采样层,激活函数为 ReLU);③前 5 个 IMF(由 EMD 得到)的能量熵。进一步,他们把这些特征组合起来形成特征向量,进而用于故障诊断。研究中采用了两个分类器,即 SVM 和 softmax,用于处理分类问题,并从滚动轴承的不同健康状态采集了实际振动信号,完成了方法的验证。

Jing 等(2017)在 CNN 模型基础上设计了一种齿轮箱故障检测方法。该方法利用 FFT 从原始的时域数据段得到频率数据段,然后借助 CNN 直接从频率数据中学习特征,并检测齿轮箱的故障。他们分析了 CNN 的若干关键参数,其中包括数据段大小、尺寸滤波器和卷积层滤波器数量以及全连接层节点数量。为检测所提出的方法,研究中从齿轮箱的不同健康状态采集了两个振动数据集,分析结果表明了这一方法能够从频率数据中自适应地进行特征学习,并能达到很高的诊断精度。

You 等(2017)基于 CNN 和支持向量回归(SVR)给出了一种可用于旋转类设备故障诊断的混合技术。他们利用 CNN 从原始信号中进行特征学习,并借助 SVR 处理多类分类问题。研究中从机车轴承采集了实际声学信号,并从汽车传动齿轮箱测得了振动信号,据此进行了方法的验证,分析结果反映了这一方法能够有效地检测轴承和齿轮的故障。

Liu 等(2017)开发了一种称为错位时序 CNN(DTS-CNN)的方法,并将其用于电动机的故障诊断。DTS-CNN 的架构包括了一个错位层、一个卷积层、一个子采样层和一个全连接层,其基本思想是非相邻信号间的周期故障信息可以通过原始信号输入的连续错位进行提取。他们针对电动机故障模拟器开展了两个实验,用于检验所提出的方法,其中考虑了不同的运行状态。第一个实验针对的是不变转速下的 9 种健康状态,第二个是转速可变条件下的 6 种状态。另外,Lu 等(2017)基于 CNN 算法也给出了一种可用于轴承故障诊断的 DL 方法。该方法利用 CNN 模型从输入样本中学习高层特征表示,其中采用了有监督的 DL。卷积层和池化层是连续设置的,以便进行贪婪学习。他们在卷积计算中借助 ReLU、局部对比度归一化和权值共享等手段来进行基本特征表示,并从轴承的不同故障状态采集了典型振动信号,完成了方法的验证。

Sun 等(2017)在齿轮故障诊断问题的实例研究中,介绍了一种基于双树复小波变换(DTCWT)和 CNN 的方法。他们利用 DTCWT 得到了多尺度信号特征,然后借助 CNN 从多尺度信号特征中自动地识别故障特征,进而通过 softmax 分类器实现了齿轮故障的识别。研究中从齿轮箱试验台采集了振动信号,考虑了 4 种健康状态,分析结果表明,该方法能够有效地区分出这 4 种齿轮故障类型。Guo 等(2018)在研究利用小波变换作为预处理步骤时,给出了一种基于 CWT 技术和 CNN 模型的旋转类设备故障诊断方法。该方法首先利用 CWT 从原始振动信号中构造了连续小波变换谱图(CWTS),然后通过 CWTS 剪裁处理,将部分 CWTS 作为 CNN 的输入。所构建的 CNN 包含两个卷积层、两个子采样层和一个全连接层,激活函数为 Sigmoid 函数。这些研究者利用该 CNN 对部分 CWTS 进行处理,实现了故障的诊断。研究中从转子试验台采集了典型振动信号,其中考虑了 4 种不同的故障模式,分别是转子不平衡、转子不对中、轴承座松动和碰摩,并据此完成了方法的验证。

Cao 等(2018)将基于深度 CNN 的迁移学习方法应用于齿轮故障诊断问题中,其中使用了很小的数据集。所给出的迁移学习的架构包括两个部分:第一部分是由经过预训练的 DNN 构造的,用于从输入中自动地提取特征;第二部分是一个全连接层,用于处理分类问题。他们从齿轮的 9 种不同状态下采集了振动信号,其中包括健康状态、缺齿、齿根裂纹、齿面剥落以及 5 种不同严重度的齿顶破缺等情形,并据此进行了方法的验证。Wen 等(2018)在基于 LeNet-5 的 CNN 基础上,提出了一种故障诊断方法。该方法先将时域中的原始振动信号转换成图像,然后对 CNN 进行训练,以完成图像的分类处理。他们通过 3 个故障诊断数据集验证了所提出的方法,其中包括发动机轴承故障数据集、自吸式离心泵数据集和轴向柱塞液压泵数据集。

表 14.3 中对 CNN 方法在设备故障检测与诊断中的应用情况进行了归纳。

表 14.3 设备故障检测与诊断中采用的 CNN 方法应用汇总

相关研究	零部件	预处理技术	使用的卷积层数量	使用的子采样层数量
Chen 等(2015)	齿轮箱	RMS 值,标准差,偏度,峰度,旋转频率,负载测量	1,2	1,2
Lee 等(2016)	轴承	n/a	1,2,3	1,2,3
Guo 等(2016)	轴承	n/a	3	3
Janssens 等(2016)	轴承	DFT	1	1
Li 等(2017)	轴承	汉宁窗,FFT,RMS	3	n/a
Wang 等(2017)	齿轮箱	WT	2	2
Ding 和 He(2017)	轴承	WPE	3	2
Verstraete 等(2017)	轴承	STFT,WT 和 HHT	6	3
Xie 和 Zhang(2017)	轴承	FFT	4	2
Jing 等(2017)	齿轮箱	FFT	1	1
You 等(2017)	轴承	n/a	3	3
Liu 等(2017)	感应电动机	错位时序	4	2
Lu 等(2017b)	轴承	n/a	2	2
Sun 等(2017)	齿轮	DTCWT	2	2
Guo 等(2018)	转子	CWT	2	2
Cao 等(2018)	齿轮	TSA	5	4
Wen 等(2018)	轴承;自吸式离心泵;轴向柱塞泵	将时域原始振动信号转换成图像	4	4

14.6.3 DBN 在设备故障诊断中的应用

关于 DBN 在设备故障诊断领域中的应用,目前已经出现了相当多的文献。Chen 等(2016)基于 DBN 给出了一种方法,该 DBN 包含了 3 层 RBM,主要用于处理振动信号。所考虑的振动信号来自于一个健康轴承和两组带有不同缺陷的轴承。为了进一步验证所提出的 DBN 诊断模型在处理原始振动数据方面的效果,他们选取了 6 种不同的输入特征,并使用了相同的 softmax 层分类器。这些特征包括了采用单变量特征技术、多变量特征技术和图像特征技术所得到的结果。研究结果显示,该DBN能够直接应用于原始振动数据的分析和处理,进而实现轴承故障的诊断。Yin等(2016)提出了一种可用于设备健康评估的组合式评价模型(CAM)。该模型通过时域分析、频域分析和小波包变换(WPT)从采集到的振动信号中提取了38个特征,然后利用ISOMAP算法进行降维处理,提取出更具代表性的特征,随后借助这些低维特征对DBN模型进行了训练,从而实现了设备性能状态的评价。方法验证中使用的振动信号来自于轴承测试。

Tao等(2016)进一步借助多重振动信号和DBN构建了一种轴承故障诊断方法。他们先从各种故障轴承采集了多重振动信号,然后根据这些振动信号提取了若干时域统计特征,最后利用这些特征对带有两个隐含层的DBN进行了训练。分析结果表明,所提出的DBN与多传感器采集的振动信号联合使用能够获得97.5%的分类精度,比仅采用单个传感器的情形高出10%。此外,与其他方法相比,如SVM、k邻近(KNN)和BPNN等,所给出的DBN能够更有效、更稳定地识别出滚动轴承的故障。

Han等(2017)利用Teager–Kaiser能量算子、粒子群优化(PSO)、DBN和SVM,给出了一种滚动轴承故障诊断方法。他们通过Teager–Kaiser能量算子对采集到的振动信号进行解调,然后从中提取出时域和频域统计特征,并利用DBN进行特征学习,最后根据学习到的这些特征,通过基于PSO优化的SVM对分类问题进行了处理。研究中考虑了滚动轴承的不同健康状态,采集了典型振动信号,对所提出的方法进行了检验,分析结果表明该方法是有效的。

Shao等(2017c)介绍了一种可用于感应电动机故障诊断的DL方法。该方法利用DBN模型从所采集到的振动信号的频率分布中学习特征,使之能够刻画工作状态。他们考虑了6种电动机工况,采集了实际振动信号,并通过FFT将这些振动信号从时域变换到频域,最后进行了方法验证。He等(2017)基于DBN也给出了一种齿轮传动链故障诊断方法,其中利用遗传算法(GA)对DBN的结构参数进行了优化。这一方法首先将采集到的信号分段,构成样本集;然后构造了带有若干个RBM的DBN模型,且通过GA进行了优化,并借助这些样本集完成了训练;最后通过训练好的DBN处理了齿轮传动链的故障分类。他们从轴承和齿轮箱采集了两个典型的振动信号集,对所提出的方法进行了检验,结果表明该方法能够获得99.26%(滚动轴承)和100%(齿轮箱)的分类精度。

在考察DBN和双树复小波包(DTCWPT)的组合应用过程中,Shao等(2017d)提出了一种称为带有DTCWPT的自适应DBN,并将其用于滚动轴承的故障诊断。该方法利用 DTCWPT 将振动信号分解成 8 个不同频带成分,然后从其中提取了 9 种特征,最后基于一系列经过训练的自适应 RBM 构造了一个自适应 DBN 模型。研究中从滚动轴承的不同工况采集了振动数据,完成了方法的有效性验证。

近期,Shao 等(2018b)还给出了另一种故障检测方法,其中采用了带有局部线性嵌入(LLE)的连续 DBN(CDBN)。该方法先从采集到的振动数据中提取了 6 种时域特征,然后根据这些特征利用特征融合方法 LLE 定义了综合性特征指标,进一步将正常工况下的这些指标值作为训练数据集对 CDBN 预测器进行训练,并利用 GA 对该预测器的主要参数进行了优化。他们采集了轴承信号,通过实验检验了所提出的方法,结果证实了该方法能够稳定而准确地检测系统的动态行为。

14.6.4　RNN 在设备故障诊断中的应用

这一节主要介绍 RNN 技术在设备故障诊断方面的现有研究。Tse 和 Atherton(1999)通过考察基于振动的故障发展趋势,提出了一种通过 RNN 对设备性能退化进行预测的方法。他们证实了 RNN 可以用于学习非线性时域数据的发展趋势,进而预测出未来变化。Seker 等(2003)分析了 RNN 在核电厂系统和旋转类设备状态监测与诊断中的可行性,并进行了两项应用研究:①将 RNN 用于高温气冷核反应堆模拟电力运行中的异常检测;②将 RNN 用于感应电动机轴承的故障检测,其中使用了电流与振动信号之间的相干函数。在第二项应用研究中,所提出的方法是在 RNN 基础上构造了一个自联想结构,用于跟踪相干信号中的变化。

Zhao 等(2017)针对设备健康监测问题,开发了一种称为卷积双向 LSTM 网络(CBLSTM)的 DNN 结构。CBLSTM 先借助 CNN 从输入信号中提取出局部特征,然后利用双向 LSTM 对时间信息进行编码,并将两个全连接层堆叠起来用于处理 LSTM 的输出,最后采用一个线性回归层预测了刀具磨损情况。研究结果表明,这一方法能够根据传感器信号刻画和揭示出可用于设备健康监测的有意义的特征。

Lee 等(2018)基于 CNN 和双向与单向 LSTM RNN 给出了一种可用于监测旋转类设备轴承异常的多层次方法。该方法首先利用栈式 CNN 从采集到的振动信号中提取特征,然后利用这些特征,借助栈式双向 LSTM(SB-LSTM)进行特征学习,随后通过栈式单向 LSTM(SU-LSTM)改善特征学习,最后采用了一个回归层处理了检测问题。研究中从轴承采集了实际振动信号,并据此验证了所给出的方法。Liu 等(2018)在 RNN(以 AE 的形式)基础上设计了一种轴承故障诊断方法。该方法借助基于 GRU 的去噪 AE,从前一周期预测出下一周期内轴承的振动值。他们考虑了多种针对多维时序数据的 GRU-NP-DAE(基于 GRU 的非线性预测去噪 AE),通过对比所产生的重构误差进行了轴承故障诊断。方法验证中从轴承的不同健康状态采集了振动数据,分析结果表明,训练后的模型是健壮的,能够很好地诊断出滚动轴承的故障,即便 SNR 和数据变化较小时也是如此。

近期,Zhang 等(2019)基于 LSTM RNN 给出了一种数据驱动方法,并将其用于轴承性能退化的评估。该研究根据振动响应机制建立了一个退化仿真模型,用于特征验证,其中采用了大量时域特征来分析轴承运行状态与振动信号之间的关系。另外,他们还引入了一个波形熵(WFE)指标,将 WFE 和其他传统指标作为输入提供给 LSTM RNN,以实现轴承运行状态的识别。在网络结构参数方面,也采用 PSO 算法进行了优化。实验分析结果表明,所提出的方法在轴承退化状态识别和剩余寿命预测方面是有效的。

14.7　本章小结

关于基于振动的故障诊断,已有的大量研究主要集中于方法的设计和应用,这些方法应当能够提取和选择原始振动数据的良好表达,进而构造出更好的分类模型。如果振动信号的特征是经过精心设计的,并且分类器的参数也是经过精细调节的,那么,我们就有可能获得很高的分类精度。然而,从大量带有噪声的振动数据中提取出有用的特征却并非易事,一种解决思路是采用特征学习技术,也称为表示学习技术,它能够自动地学习特征检测与分类所需的数据表示。在此类技术中,深度学习(DL)是常用的一种,可以通过层次架构中的多层信息处理模块进行数据表示的自动学习。

这一章主要介绍了一些深度神经网络技术及其在设备故障诊断领域中的应用,其中包括基于 AE 的 DNN、CNN、DBN 和 RNN。跟 ANN 不同,DNN 可以通过有监督或无监督的方式进行训练,在一般性的 RL 领域中也是适合的。DNN 训练的基本思想是:首先,利用无监督学习算法(如自编码器,AE)对该网络进行逐层训练,这一过程称为 DNN 预训练,每一层的输出是下一层的输入;然后,以有监督的方式通过反向传播算法进行再训练。CNN 通常会包含一个卷积层和一个子采样层(也称为池化层),它从交替堆叠的卷积层和池化层中学习抽象特征。卷积层将多个局部滤波器与原始输入数据进行卷积,从而生成不变的局部特征,而池化层则从中提取出最重要的特征。DBN 是生成式 NN,它将多个受限玻耳兹曼机(RBM)堆叠起来,可以通过无监督逐层贪婪方式进行训练,然后进一步针对训练数据类标签进行精细调节,一般是通过在顶层中引入一个 softmax 层来实现的。另外,RNN 是在循环单元之间建立连接,它能够依据前面输入的完整历史信息实现目标向量的映射,并可将前期输入的记忆保留在网络状态中。跟 DBN 相同,RNN 可以通过随时间反向传播算法进行训练,其中针对的是带有序列输入数据和目标输出的有监督的任务。

表 14.4 针对本章所介绍的大部分技术及其可公开获取的软件进行了归纳和总结。

表 14.4　所介绍的部分技术及其可公开获取的软件汇总

算法名称	平台	软件包	函数
训练自编码器	MATLAB	深度学习工具箱	trainAutoencoder
针对分类问题进行 softmax 层的训练			trainsoftmaxlayer
输入数据编码			encode
数据解码			decode
将若干个自编码器进行堆叠			stack
ReLU 层			relLayer
泄漏 ReLU 层			leakyReluLayer
二维卷积层		神经网络工具箱	Convolution2dLayer
全连接层			fullyConnectedLayer
最大池化层			maxPooling2dLayer
层循环神经网络			layrecnet
长短期记忆(LSTM)层			lstmLayer
Dropout 层			dropoutLayer

参考文献

Abdel‐Hamid, O. , Mohamed, A. R. , Jiang, H. et al. (2014). Convolutional neural networks for speech recognition. IEEE/ACM Transactions on Audio, Speech, and Language Processing 22 (10): 1533–1545.

Ahmed, H. O. A., Wong, M. L. D., and Nandi, A. K. (2018). Intelligent condition monitoring method for bearing faults from highly compressed measurements using sparse over-complete features. Mechanical Systems and Signal Processing 99: 459-477.

Bengio, Y., Lamblin, P., Popovici, D., and Larochelle, H. (2007). Greedy layer-wise training of deep networks. In: Advances in Neural Information Processing Systems, 153-160.

Cao, P., Zhang, S., and Tang, J. (2018). Preprocessing-free gear fault diagnosis using small datasets with deep convolutional neural network-based transfer learning. IEEE Access 6: 26241-26253.

Chen, Z. and Li, W. (2017). Multisensor feature fusion for bearing fault diagnosis using sparse autoencoder and deep belief network. IEEE Transactions on Instrumentation and Measurement 66 (7): 1693-1702.

Chen, Z., Li, C., and Sanchez, R. V. (2015). Gearbox fault identification and classification with convolutional neural networks. Shock and Vibration 2015.

Chen, Z., Zeng, X., Li, W., and Liao, G. (2016). Machine fault classification using deep belief network. In: Instrumentation and Measurement Technology Conference Proceedings (I2MTC), 2016 IEEE International, 1-6. IEEE.

Chen, R., Chen, S., He, M. et al. (2017a). Rolling bearing fault severity identification using deep sparse auto-encoder network with noise added sample expansion. Proceedings of the Institution of Mechanical Engineers, Part O: Journal of Risk and Reliability 231 (6): 666-679.

Chen, Z., Deng, S., Chen, X. et al. (2017b). Deep neural networks-based rolling bearing fault diagnosis. Microelectronics Reliability 75: 327-333.

Chung, J., Gulcehre, C., Cho, K., and Bengio, Y. (2014). Empirical evaluation of gated recurrent neural networks on sequence modeling. arXiv preprint arXiv:1412.3555.

Clevert, D. A., Unterthiner, T., and Hochreiter, S. (2015). Fast and accurate deep network learning by exponential linear units (elus). arXiv preprint arXiv:1511.07289.

Collobert, R. and Weston, J. (2008). A unified architecture for natural language processing: Deep neural networks with multitask learning. In: Proceedings of the 25th international conference on Machine learning, 160-167. ACM.

Ding, X. and He, Q. (2017). Energy-fluctuated multiscale feature learning with deep convnet for intelligent spindle bearing fault diagnosis. IEEE Transactions on Instrumentation and Measurement 66 (8): 1926-1935.

Dong, H. Y., Yang, L. X., and Li, H. W. (2016). Small fault diagnosis of front-end speed controlled wind generator based on deep learning. WSEAS Transactions on Circuits and Systems (9): 15.

Erhan, D., Bengio, Y., Courville, A. et al. (2010). Why does unsupervised pre-training help deep learning? Journal of Machine Learning Research 11: 625-660.

Galloway, G. S., Catterson, V. M., Fay, T. et al. (2016). Diagnosis of tidal turbine vibration data through deep neural networks. In: Proceedings of the 3rd European Conference of the Prognostic and Health Management Society, 172-180. PHM Society.

Glorot, X., Bordes, A., and Bengio, Y. (2011). Deep sparse rectifier neural networks. In: Proceedings of the fourteenth international conference on artificial intelligence and statistics, 315-323.

Godfrey, L. B. and Gashler, M. S. (2015). A continuum among logarithmic, linear, and exponential functions, and its potential to improve generalization in neural networks. In: Knowledge Discovery, Knowledge Engineering and Knowledge Management (IC3K), 2015 7th International Joint Conference on, vol. 1, 481-486. IEEE.

Graves, A., Mohamed, A. R., and Hinton, G. (2013). Speech recognition with deep recurrent neural networks. In: Acoustics, Speech and Signal Processing (ICASSP), 2013 IEEE International Conference on, 6645-6649. IEEE.

Guo, L., Gao, H., Huang, H. et al. (2016a). Multifeatures fusion and nonlinear dimension reduction for intelligent bearing condition monitoring. Shock and Vibration 2016.

Guo, X., Chen, L., and Shen, C. (2016b). Hierarchical adaptive deep convolution neural network and its application to bearing fault diagnosis. Measurement 93: 490-502.

Guo, S., Yang, T., Gao, W., and Zhang, C. (2018). A novel fault diagnosis method for rotating machinery based on a convolutional neural network. Sensors (Basel, Switzerland) 18 (5).

Han, D., Zhao, N., and Shi, P. (2017). A new fault diagnosis method based on deep belief network and support vector machine with Teager-Kaiser energy operator for bearings. Advances in Mechanical Engineering 9 (12) p. 1687814017743113.

He, K., Zhang, X., Ren, S., and Sun, J. (2015). Delving deep into rectifiers: Surpassing human-level performance on imagenet classification. In: Proceedings of the IEEE International Conference on Computer Vision, 1026-1034.

He, J., Yang, S., and Gan, C. (2017). Unsupervised fault diagnosis of a gear transmission chain using a deep belief network. Sensors 17 (7): 1564.

Hinton, G. E., Osindero, S., and Teh, Y. W. (2006). A fast learning algorithm for deep belief nets. Neural Computation 18 (7): 1527-1554.

Hochreiter, S. and Schmidhuber, J. (1997). Long short-term memory. Neural Computation 9 (8): 1735-1780.

Huijie, Z., Ting, R., Xinqing, W. et al. (2015). Fault diagnosis of hydraulic pump based on stacked autoencoders. In: Electronic Measurement & Instruments (ICEMI), 2015 12th IEEE International Conference on, vol. 1, 58-62. IEEE.

Janssens, O., Slavkovikj, V., Vervisch, B. et al. (2016). Convolutional neural network based fault detection for rotating machinery. Journal of Sound and Vibration 377: 331 – 345.

Jia, F. , Lei, Y. , Lin, J. et al. (2016). Deep neural networks: A promising tool for fault characteristic mining and intelligent diagnosis of rotating machinery with massive data. Mechanical Systems and Signal Processing 72: 303 – 315.

Jia, F. , Lei, Y. , Guo, L. et al. (2018). A neural network constructed by deep learning technique and its application to intelligent fault diagnosis of machines. Neurocomputing 272: 619 – 628.

Jing, L. , Zhao, M. , Li, P. , and Xu, X. (2017). A convolutional neural network based feature learning and fault diagnosis method for the condition monitoring of gearbox. Measurement 111: 1 – 10.

Junbo, T. , Weining, L. , Juneng, A. , and Xueqian, W. (2015). Fault diagnosis method study in roller bearing based on wavelet transform and stacked auto – encoder. In: Control and Decision Conference (CCDC), 2015 27th Chinese, 4608 – 4613. IEEE.

Khan, S. and Yairi, T. (2018). A review on the application of deep learning in system health management. Mechanical Systems and Signal Processing 107: 241 – 265.

Lange, S. and Riedmiller, M. A. (2010). Deep auto – encoder neural networks in reinforcement learning. In: IJCNN, 1 – 8.

LeCun, Y. , Boser, B. E. , Denker, J. S. et al. (1990). Handwritten digit recognition with a back – propagation network. In: Advances in Neural Information Processing Systems, 396 – 404.

LeCun, Y. , Bottou, L. , Bengio, Y. , and Haffner, P. (1998). Gradient – based learning applied to document recognition. Proceedings of the IEEE 86 (11): 2278 – 2324.

Lee, D. , Siu, V. , Cruz, R. , and Yetman, C. (2016). Convolutional neural net and bearing fault analysis. In: Proceedings of the International Conference on Data Mining series (ICDM), 194 – 200. Barcelona.

Lee, K. , Kim, J. K. , Kim, J. et al. (2018). Stacked convolutional bidirectional LSTM recurrent neural network for bearing anomaly detection in rotating machinery diagnostics. In: 2018 1st IEEE International Conference on Knowledge Innovation and Invention (ICKII), 98 – 101. IEEE.

Li, S. , Liu, G. , Tang, X. et al. (2017). An ensemble deep convolutional neural network model with improved DS evidence fusion for bearing fault diagnosis. Sensors 17 (8): 1729.

Li, C. , Zhang, W. , Peng, G. , and Liu, S. (2018). Bearing fault diagnosis using fully – connected winner – take – all autoencoder. IEEE Access 6: 6103 – 6115.

Lipton, Z. C. , Berkowitz, J. , and Elkan, C. (2015). A critical review of recurrent neural networks for sequence learning. arXiv preprint arXiv:1506.00019.

Liu, R. , Meng, G. , Yang, B. et al. (2017). Dislocated time series convolutional neural architecture: An intelligent fault diagnosis approach for electric machine. IEEE Transactions on Industrial Informatics 13 (3): 1310 – 1320.

Liu, H., Zhou, J., Zheng, Y. et al. (2018). Fault diagnosis of rolling bearings with recurrent neural network-based autoencoders. ISA Transactions 77: 167–178.

Lu, W., Wang, X., Yang, C., and Zhang, T. (2015). A novel feature extraction method using deep neural network for rolling bearing fault diagnosis. In: Control and Decision Conference (CCDC), 2015 27th Chinese, 2427–2431. IEEE.

Lu, C., Wang, Z., and Zhou, B. (2017a). Intelligent fault diagnosis of rolling bearing using hierarchical convolutional network based health state classification. Advanced Engineering Informatics 32: 139–151.

Lu, C., Wang, Z. Y., Qin, W. L., and Ma, J. (2017b). Fault diagnosis of rotary machinery components using a stacked denoising autoencoder-based health state identification. Signal Processing 130: 377–388.

Mao, W., He, J., Li, Y., and Yan, Y. (2017). Bearing fault diagnosis with auto-encoder extreme learning machine: a comparative study. Proceedings of the Institution of Mechanical Engineers, Part C: Journal of Mechanical Engineering Science 231 (8): 1560–1578.

Maturana, D. and Scherer, S. (2015). Voxnet: a 3d convolutional neural network for real-time object recognition. In: Intelligent Robots and Systems (IROS), 2015 IEEE/RSJ International Conference on, 922–928. IEEE.

Min, S., Lee, B., and Yoon, S. (2017). Deep learning in bioinformatics. Briefings in Bioinformatics 18 (5): 851–869.

Mohamed, A. R., Dahl, G. E., and Hinton, G. (2012). Acoustic modeling using deep belief networks. IEEE Trans. Audio, Speech & Language Processing 20 (1): 14–22.

Ng, A. (2011). Sparse autoencoder. CS294A lecture notes. Stanford University.

Parkhi, O. M., Vedaldi, A., and Zisserman, A. (2015). Deep face recognition. In: Proceedings of the British Machine Vision Conference (BMVC) 2015, vol. 1, No. 3, 6.

Qi, Y., Shen, C., Wang, D. et al. (2017). Stacked sparse autoencoder-based deep network for fault diagnosis of rotating machinery. IEEE Access 5: 15066–15079.

Salakhutdinov, R. R. and Hinton, G. E. (2009). Deep Boltzmann machines. International Conference on Artificial Intelligence and Statistics.

Salimans, T. and Kingma, D. P. (2016). Weight normalization: a simple reparameterization to accelerate training of deep neural networks. In: Advances in Neural Information Processing Systems, 901–909.

Schmidhuber, J. (2015). Deep learning in neural networks: An overview. Neural networks 61: 85–117.

Schuster, M. and Paliwal, K. K. (1997). Bidirectional recurrent neural networks. IEEE Transactions on Signal Processing 45 (11): 2673–2681.

şeker, S., Ayaz, E., and Türkcan, E. (2003). Elman's recurrent neural network applications to condition monitoring in nuclear power plant and rotating machinery. Engineering Applications of Artificial Intelligence 16 (7 - 8): 647 - 656.

Shao, H., Jiang, H., Wang, F., and Wang, Y. (2017a). Rolling bearing fault diagnosis using adaptive deep belief network with dual - tree complex wavelet packet. ISA Transactions 69: 187 - 201.

Shao, H., Jiang, H., Wang, F., and Zhao, H. (2017b). An enhancement deep feature fusion method for rotating machinery fault diagnosis. Knowledge - Based Systems 119: 200 - 220.

Shao, H., Jiang, H., Zhao, H., and Wang, F. (2017c). A novel deep autoencoder feature learning method for rotating machinery fault diagnosis. Mechanical Systems and Signal Processing 95: 187 - 204.

Shao, S. Y., Sun, W. J., Yan, R. Q. et al. (2017d). A deep learning approach for fault diagnosis of induction motors in manufacturing. Chinese Journal of Mechanical Engineering 30 (6): 1347 - 1356.

Shao, H., Jiang, H., Li, X., and Liang, T. (2018a). Rolling bearing fault detection using continuous deep belief network with locally linear embedding. Computers in Industry 96: 27 - 39.

Shao, H., Jiang, H., Lin, Y., and Li, X. (2018b). A novel method for intelligent fault diagnosis of rolling bearings using ensemble deep auto - encoders. Mechanical Systems and Signal Processing 102: 278 - 297.

Simard, P. Y., Steinkraus, D., and Platt, J. C. (2003). Best practices for convolutional neural networks applied to visual document analysis. In: Proc. Seventh Int'l Conf. Document Analysis and Recognition, vol. 2, 958 - 962.

Sohaib, M., Kim, C. H., and Kim, J. M. (2017). A hybrid feature model and deep - learning - based bearing fault diagnosis. Sensors 17 (12): 2876.

Sun, W., Shao, S., Zhao, R. et al. (2016). A sparse auto - encoder - based deep neural network approach for induction motor faults classification. Measurement 89: 171 - 178.

Sun, W., Yao, B., Zeng, N. et al. (2017). An intelligent gear fault diagnosis methodology using a complex wavelet enhanced convolutional neural network. Materials 10 (7): 790.

Sun, J., Yan, C., and Wen, J. (2018). Intelligent bearing fault diagnosis method combining compressed data acquisition and deep learning. IEEE Transactions on Instrumentation and Measurement 67 (1): 185 - 195.

Tajbakhsh, N., Shin, J. Y., Gurudu, S. R. et al. (2016). Convolutional neural networks for medical image analysis: full training or fine tuning? IEEE Transactions on Medical Imaging 35 (5): 1299 - 1312.

Tao, S., Zhang, T., Yang, J. et al. (2015). Bearing fault diagnosis method based on stacked autoencoder and softmax regression. In: Control Conference (CCC), 2015 34th Chinese, 6331 -

6335. IEEE.

Tao, J., Liu, Y., and Yang, D. (2016). Bearing fault diagnosis based on deep belief network and multisensor information fusion. Shock and Vibration 2016.

Tse, P. W. and Atherton, D. P. (1999). Prediction of machine deterioration using vibration based fault trends and recurrent neural networks. Journal of Vibration and Acoustics 121 (3): 355 – 362.

Verstraete, D., Ferrada, A., Droguett, E. L. et al. (2017). Deep learning enabled fault diagnosis using time – frequency image analysis of rolling element bearings. Shock and Vibration 2017: 17.

Wang, P., Yan, R., and Gao, R. X. (2017). Virtualization and deep recognition for system fault classification. Journal of Manufacturing Systems 44: 310 – 316.

Wen, L., Li, X., Gao, L., and Zhang, Y. (2018). A new convolutional neural network – based data – driven fault diagnosis method. IEEE Transactions on Industrial Electronics 65 (7): 5990 – 5998.

Xie, Y. and Zhang, T. (2017). Fault diagnosis for rotating machinery based on convolutional neural network and empirical mode decomposition. Shock and Vibration 2017: 12.

Yin, A., Lu, J., Dai, Z. et al. (2016). Isomap and deep belief network – based machine health combined assessment model. Strojniski Vestnik/Journal of Mechanical Engineering 62 (12): 740 – 750.

You, W., Shen, C., Guo, X. et al. (2017). A hybrid technique based on convolutional neural network and support vector regression for intelligent diagnosis of rotating machinery. Advances in Mechanical Engineering 9 (6) p. 1687814017704146.

Zhang, B., Zhang, S., and Li, W. (2019). Bearing performance degradation assessment using long short – term memory recurrent network. Computers in Industry 106: 14 – 29.

Zhao, R., Yan, R., Chen, Z. et al. (2016). Deep learning and its applications to machine health monitoring: A survey. arXiv preprint arXiv:1612.07640.

Zhao, R., Yan, R., Wang, J., and Mao, K. (2017). Learning to monitor machine health with convolutional bi – directional lstm networks. Sensors 17 (2): 273.

Zhou, F., Gao, Y., and Wen, C. (2017). A novel multimode fault classification method based on deep learning. Journal of Control Science and Engineering 2017: 14.

第 15 章 分类算法验证

15.1 引言

分类工作是设备故障诊断框架中的一项基本任务,主要用于将类标签(即设备健康状态)分派给振动信号样本。大量已有研究都指出了分类算法在设备故障诊断中具有十分重要的地位。前面各章介绍了各种常用的分类算法,与此相应地,根据所使用的特征,目前已有多种技术手段可以将不同的振动类型进行分类处理。如果振动信号的特征是经过精心设计的,并且分类器的参数也是经过精细调节的,那么我们就能够获得很高的分类精度。因此,在处理分类问题时,我们就有必要考虑模型选择和性能估计这两个主要问题。实际上,这些问题可以通过模型验证技术来解决。

一般而言,交叉验证技术是比较推荐的分类模型测试手段,与通过模型参数估计所使用的数据集对模型的预测效度进行测试这一手段相比,它要更为优越,后者往往会导致出现偏差(Cooil 等,1987)。为了评估前面各章所给出的分类算法的有效性,本章将介绍若干验证技术,它们能够在相关分类模型进入应用和实现之前对其性能进行评估和验证。

交叉验证的最常见方法是数据拆分,一般可以通过如下方式完成:①Holdout 技术;②随机子采样;③K 折交叉验证;④留一法交叉验证;⑤自助法。

分类模型的性能评估可以有多种指标,其中包括总体分类精度、混淆矩阵、接受者操作特性(ROC)、准确率和召回率等。本章第一部分将介绍上述数据拆分技术,第二部分将讨论一些常用的分类器性能指标。

15.2 Holdout 技术

Holdout 技术是非常简单的一种模型验证技术。它从由所有观测构成的总样本集中选取一个子集,也称为训练集,通常是随机选择的。在选择了训练集之后,总样本集中的剩余部分通常称为测试集。训练集主要用于训练分类算法,而测试集则用于检测经过训练的分类模型。这一技术的基本过程可以描述为如下3个步骤:

(1)将总观测集(即所有数据)拆分成训练集和测试集。在关于分类研究的已有文献中,人们已经提出了大量分类算法,并采用不同大小的训练集和测试集对它们的性能进行了训练和检验,如二者的百分比可以分别是90%与10%、80%与20%、70%与30%、60%与40%以及50%与50%。

(2)利用训练集对分类算法进行训练,从而得到训练后的分类模型。

(3)利用所得到的模型对测试集的类标签进行预测。

若假定我们已有足够的数据,并采用Holdout技术对某个分类算法进行验证,如图15.1所示,其中给出了借助Holdout技术的数据拆分实例,训练集大小为总观测集的70%,测试集为30%。

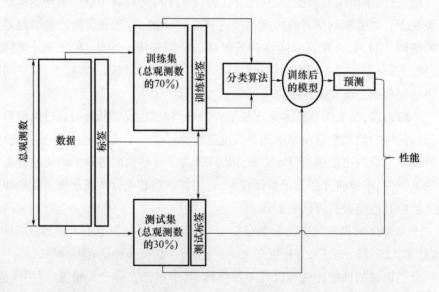

图15.1 利用Holdout技术进行数据分割:训练集和测试集分别为总观测数的70%和30%

15.2.1 三类数据拆分

上面介绍的过程是将数据集拆分成两个子集,可以用于验证训练后的分类模型的性能表现。在利用测试集对该模型进行测试之前,我们还可以借助一个验证集利用不同参数对模型进行分析,从而选择出最佳的模型。这一技术也称为3类数据拆分(Three-way Data Split)验证技术,其过程可描述如下。

(1) 将所得到的总观测集划分为训练集、验证集和测试集。

(2) 选择训练参数。

(3) 利用训练集对分类模型进行训练。

(4) 利用验证集对训练后的分类模型进行评估。

(5) 利用不同的训练参数,重复分类模型的训练和评估过程。

(6) 选择最佳模型,并将训练集和验证集的数据组合起来进行训练。

(7) 利用测试集对最终的模型进行测试。

已有大量研究考察了训练集的规模对分类模型性能的影响。例如,Raudys 和 Jain(1991)指出,样本数过少会使得分类模型的设计变得非常困难;Guyon(1997)针对将训练数据库拆分成训练集和验证集问题推导了一个公式,它适合于较大的训练数据库;Kavzoglu 和 Colkesen(2012)分析了训练集的规模对支持向量机(SVM)和决策树(DT)分类方法性能的影响;Beleites 等(2013)针对良好的分类器训练所需的样本数量进行了比较研究。

事实上,如果只能获得较少的观测数据,那么是难以采用 Holdout 验证技术的,因为它需要将总观测集拆分成训练集和测试集,从而使得训练集和测试集中的样本变得非常少。另外,训练集太小还会导致参数估计出现很大的方差,而测试集太小则可能导致性能的显著变化。为了克服 Holdout 技术的不足,下面将介绍4种重采样技术,它们已经被广泛地应用于模型验证。

15.3 随机子采样

随机子采样也称为蒙特卡罗交叉验证(MCCV)或重复 Holdout,它是将 Holdout 技术重复进行 k 次,即进行 k 次数据拆分(Xu 和 Liang,2001;Lendasse 等,2003)。在这一技术中,每次拆分都是随机选择一些样本(不放回抽样)。对于每个拆分来说,训练集用于训练分类算法,测试集用于测试所构造的分类模型的性能。模型的性能可以通过这 k 次数据拆分结果的平均性能进行计算。图15.2示出了一个实例,其中 $k=5$。

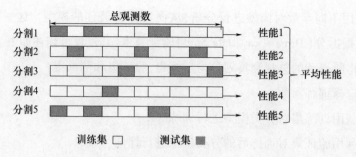

图 15.2　随机重复 Holdout 技术($k=5$)示例

15.4　K 折交叉验证

K 折交叉验证是一种常用的技术,可用于评估分类算法的性能,或者将两个分类算法的性能进行比较。该技术的主要过程如下。

(1)将所得到的总观测数据集划分成 k 个不重叠的组。

(2)对于 k 次训练中的每一次训练,选择 $k-1$ 个组进行训练,剩余一个组用于测试。

(3)将 k 次分析得到的精度平均值作为分类算法的精度。

在 K 折交叉验证技术中,如下 4 个因素会影响到精度估计值(Wong,2015)。

(1)分组数量。

(2)每组中的实例数量。

(3)平均化水平。

(4)K 折交叉验证的重复。

图 15.3 中给出了一个 K 折交叉验证技术实例,其中 $k=5$。可以看出,所有观测数据是通过 5 折拆分而用于训练和测试的。

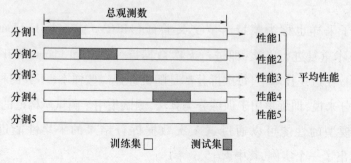

图 15.3　K 折技术示例:$k=5$(即 5 折)

15.5 留一法交叉验证

留一法交叉验证(LOOCV)是 K 折技术的一种特殊情况,其中将 k 值设定为观测总数。在这一技术中,对于具有 N 个观测的数据集 $X \in \mathrm{R}^N$,我们选择 $k = N$,也就是需要进行 N 次训练和测试,其中将 $N-1$ 个观测用于训练而仅留 1 个观测用于测试。如图 15.4 所示,其中给出了一个针对 10 个观测的 LOOCV 实例。

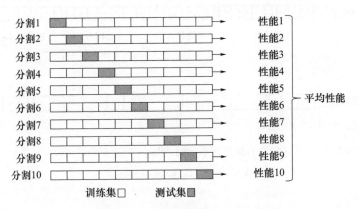

图 15.4 针对 10 个观测数据的留一法交叉验证示例

15.6 自助法

自助法是一种重采样技术(放回抽样)(Efron 和 Tibshirani,1994),其基本思想是利用重复抽样从原始数据中生成新数据。若给定具有 n 个观测的数据集 $X \in \mathrm{R}^n$,那么,自助法样本是从 X 中以放回抽样方式采集到的 n 个观测,这一步需要重复 m 次,以获得 m 个自助法样本序列。所生成的 m 个自助法样本可以用于分类模型的训练,并计算再代入精度(即训练精度)。随后,我们就可以将 m 个自助法精度估计值的平均作为模型精度了。图 15.5 给出了 4 个随机自助法样本,即 $m = 4$,它们是从 6 个观测数据的集合 $X = \{x_1, x_2, x_3, x_4, x_5, x_6\}$ 得到的。由于数据是以放回抽样方式采样的,因而,n 次采样中任何给定的某个观测都未被选择的概率应为 $\left(1 - \frac{1}{n}\right)^n \approx e^{-1} \approx 0.368$,于是,可以预测,出现在测试集中的不同观测数量应为 $0.632n$(Kohavi,1995)。

若假设自助样本 i 的精度估计为 acc_i,那么,最终的自助法精度估计 acc_{boot} 可以表示为如下形式：

$$acc_{\text{boot}} = \frac{1}{m}\sum_{i=1}^{m}(0.632acc_i + 0.368acc_s) \tag{15.1}$$

式中：acc_s 为针对训练集的精度。

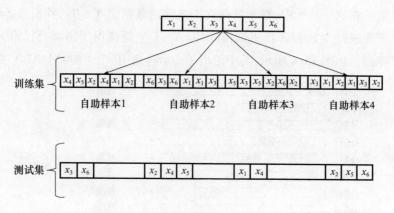

图 15.5　4 个随机自助法样本示例：即 $m=4$，从 6 个观测数据的集合
$X = \{x_1, x_2, x_3, x_4, x_5, x_6\}$ 得到

15.7　总体分类精度

总体分类精度也称为分类率，是最常用的分类器性能指标。它是指正确分类数（N_p）与总分类数（N）的比值，即

$$分类率 = \frac{N_p}{N} \tag{15.2}$$

另外，我们也可以将误分类率作为分类模型的指标，即

$$误分类率 = 1 - 分类率 = 1 - \frac{N_p}{N} \tag{15.3}$$

在分类问题中，通常需要将分类算法运行很多次，因此，一般会利用平均值和标准差来描述总体分类精度，此时，可以将总体分类精度表示为

$$总体分类精度 = \frac{\sum_{i}^{q}\dfrac{N_{pi}}{N}}{q} \tag{15.4}$$

式中：q 为运行次数；N_{pi} 为第 i 次得到的正确分类数。

总体分类精度还可以表示成百分比的形式，即

$$总体分类精度(\%) = \frac{\sum_{i}^{q} \frac{N_{pi}}{N}}{q} \times 100 \tag{15.5}$$

标准差(SD)可以按照下式计算:

$$SD = \sqrt{\frac{\sum_{i}^{q}(N_{pi} - \overline{N}_p)}{q - 1}} \tag{15.6}$$

式中:$\overline{N}_p$ 为所有运行次数中得到的正确分类数的平均值。

15.8 混淆矩阵

混淆矩阵也称为误差矩阵或列联表,它是包含根据分类算法得到的预测类型与真实类型信息的矩阵。利用该矩阵中的信息可以分析计算分类模型的性能(Story 和 Congalton,1986)。为了计算混淆矩阵,我们需要获得一组预测结果,从而与目标值进行比较。从混淆矩阵中可以导出的基本信息是类型 c_1 的实例有多少次被归到类型 c_2 中。表 15.1 给出了一个典型示例,其中考虑了滚动轴承 6 种健康状态下的振动数据,即 2 种正常状态(全新[NO],磨损而未损伤[NW])和 4 种缺陷状态(内圈[IR]缺陷、外圈[OR]缺陷、滚动体[RE]缺陷和保持架[CA]缺陷)。从该表中可以清晰地看出,只有 1 个 IR(IR 测试实例的 0.5%)可能与 RE 发生混淆,2 个 OR(OR 测试实例的 1%)可能被归类为 IR,5 个 RE(测试实例的 2.5%)可能被归类为 IR。

表 15.1 样本混淆矩阵

真类	预测的类						准确率/%
	NO	NW	IR	OR	RE	CA	
NO	200	0	0	0	0	0	100
NW	0	200	0	0	0	0	100
IR	0	0	199	0	1	0	99.5
OR	0	0	2	198	0	0	99
RE	0	0	5	0	195	0	97.5
CA	0	0	0	0	0	200	100

15.9 召回率和精确率

召回率和精确率也是分类模型常用的评价指标(Fawcett,2006;Powers,

2011),这里我们简要地加以介绍。

考虑一个针对两个类型的分类问题,它包括了正常状态(NO)和故障状态(FA)。给定一个分类器和测试集,分类器针对测试集中每个实例的类型给出预测。对于每个实例来说,可能存在如下 4 种结果。

(1) 如果实例是 NO 且被归类为 NO,那么可以将其视为一个真 NO。
(2) 如果实例是 FA 且被归类为 FA,那么可以将其视为一个真 FA。
(3) 如果实例是 NO 且被归类为 FA,那么可以将其视为一个假 FA。
(4) 如果实例是 FA 且被归类为 NO,那么可以将其视为一个假 NO。

表 15.2 给出了一个混淆矩阵,它反映了这 4 种可能的结果。从该表中可以计算出如下分类器指标。

(1) 真 NO 率(Tr_{NO} rate),也称为召回率,可以表示为

$$召回率 = Tr_{NO} \text{rate} = \frac{Tr_{NO}}{A} \tag{15.7}$$

(2) 假 NO 率(Fa_{NO} rate),也称为误报率,可以表示为

$$Fa_{NO} \text{rate} = \frac{Fa_{NO}}{B} \tag{15.8}$$

(3) 精确率,也称为置信率,可以按照下式计算:

$$精确率 = 置信率 = \frac{Tr_{NO}}{C} \tag{15.9}$$

(4) F 值,也称为 F_1 分数或 F 分数,是将召回率和精确率组合起来的一个精度指标,其计算式如下:

$$F \text{ 值} = \frac{2}{\frac{1}{精确率} + \frac{1}{召回率}} = 2\left(\frac{精确率 \times 召回率}{精确率 + 召回率}\right) \tag{15.10}$$

表 15.2 针对二分类(NO 和 FA)问题的样本混淆矩阵

真类	预测的类		总数
	NO	FA	
NO	真 NO(Tr_{NO})	假 FA(Fa_{FA})	A
FA	假 NO(Fa_{NO})	真 FA(Tr_{FA})	B
总数	C	D	

15.10 ROC 图

ROC 图是一幅二维图,其中将假正率(False Positive Rate)作为 x 轴,真正率(True Positive Rate)作为 y 轴(Fawcett,2006)。为了绘制出 ROC 曲线,我们首先需要计算出真正率和假正率。ROC 图中有一些点非常重要,下面做一介绍。

(1)点(0,0)位于图中的左下角,它反映了某种方法不会给出正的分类结果,如某分类器不会给出假正和真正结果。

(2)点(1,1)位于图中的右上角,它反映了某种方法只能给出正的分类结果。

(3)点(0,1)代表了最佳分类性能。

一般来说,ROC 图中点的位置可以用于描述分类器的性能。例如,当描述某分类器的点位于左上方,那么,就意味着该分类器能够提供较高的真正率预测结果和较低的假正率预测结果。图 15.6 和图 15.7 针对两个不同的分类器,给出了混淆矩阵及其对应的 ROC 图。这两个分类器分别是 SVM 和线性判别分类器,并应用在从某个滚动轴承振动数据集提取出的特征集上,其中考虑了 6 种健康状态,分别是 2 种正常状态(NO 和 NW)与 4 种缺陷状态(IR、OR、RE 和 CA 缺陷)。

从图 15.6 可以看出,对于 NO、NW、OR 和 CA,SVM 分类器能够达到 100%的真正率,不过对于 IR 和 RE 只能分别获得 95% 和 88% 的真正率。因此,在对应的 ROC 图中,这一分类器的位置处于点(0.01,1)。图 15.7 表明,对于 NO、NW、IR、OR、RE 和 CA 来说,线性判别分类器能够分别获得 92%、95%、73%、100%、73% 和 100% 的真正率,于是,在对应的 ROC 图中其位置处于点(0.03,0.92)。对比可知,该 SVM 分类器的位置(0.01,1)更接近于理想位置(0,1)。

另一种可用于比较分类器的指标是 ROC 曲线下方的面积(AUC)。从图 15.6 和图 15.7 不难看出,AUC 是单位长度的正方形的全部或部分面积,因而,其值总在 0 到 1 之间。图 15.6 中的 AUC 近似为 1.0,接近最大值,因此,反映了更好的平均性能(与图 15.7 中的 AUC 相比,其值为 0.96)。

关于各种验证技术,一些文献进行了很有用的讨论,如 Arlot 和 Celisse(2010)、Esbensen 和 Geladi(2010)以及 Raschka(2018)等的文献。

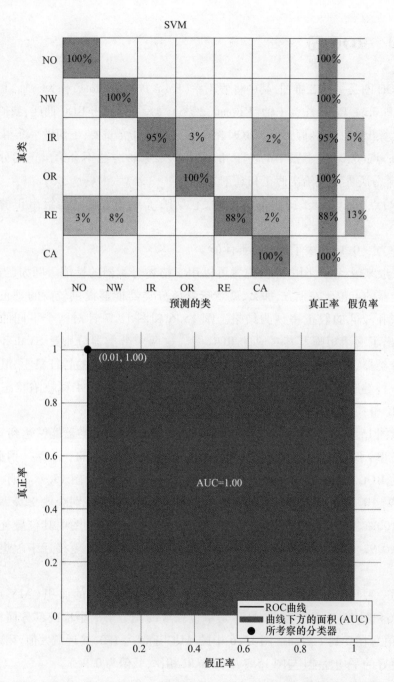

图 15.6 针对滚动轴承缺陷分类结果(基于 SVM 分类器得到)的混淆矩阵及其对应的 ROC 图示例(见彩插)

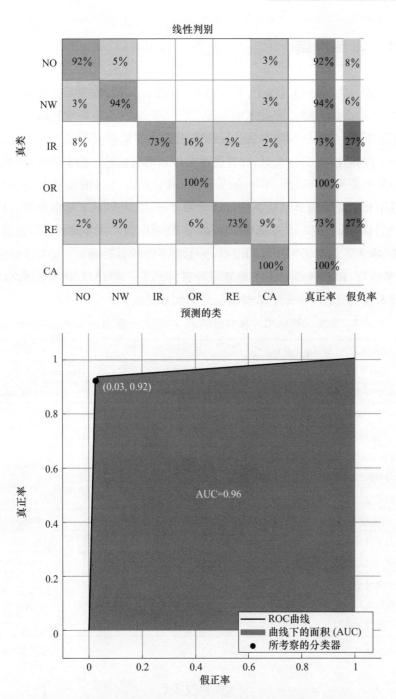

图 15.7 针对滚动轴承缺陷分类结果（基于线性判别分类器得到）的混淆矩阵及其对应的 ROC 图示例（见彩插）

15.11 本章小结

在处理分类问题的过程中,模型选择和性能评估是两项需要考虑的主要任务,它们可以借助模型验证技术来解决。交叉验证技术是通常比较推荐的分类模型测试手段,与通过模型参数估计所使用的数据集对模型的预测效度进行测试这一手段相比,要更为优越,后者往往会导致出现偏差。为了评估前面各章所给出的分类算法的有效性,本章介绍了若干验证技术,它们能够在相关分类模型进入应用和实现之前对其性能进行评估和验证,其中包括了最常用的数据拆分技术,如 Holdout 技术、随机子采样、K 折交叉验证、留一法交叉验证和自助法等。进一步,本章还介绍了可用于分类模型性能评价的各种指标,包括总体分类精度、混淆矩阵、ROC 曲线、AUC、精确率和召回率等。表 15.3 对本章所介绍的大部分技术及其可公开获取的软件进行了归纳和总结。

表 15.3　所介绍的部分技术及其可公开获取的软件汇总

算法名称	平台	软件包	函数
分类融合矩阵	MATLAB	神经网络工具箱—函数	Confusion(targets,outputs)
接受者操作特性		神经网络工具箱—函数	Roc(targets,outputs)
比较两个分类模型的预测精度		统计和机器学习工具箱—函数	testcholdout
通过重复交叉验证比较两个分类模型的精度		统计和机器学习工具箱—函数	testckfold
为数据构建交叉验证分区		统计和机器学习工具箱—函数	cvpartition
随机样本		统计和机器学习工具箱—重采样技术	randsample
自助法采样		统计和机器学习工具箱—重采样技术	bootstrp
评估分类器性能		生物信息学工具箱	classperf
针对分类器输出的接受者操作特性(ROC)曲线或另一种性能曲线		统计和机器学习工具箱—分类—模型构建与评估	perfcurve

参考文献

Arlot, S. and Celisse, A. (2010). A survey of cross-validation procedures for model selection.

Statistics Surveys 4: 40 – 79.

Beleites, C., Neugebauer, U., Bocklitz, T. et al. (2013). Sample size planning for classification models. Analytica Chimica Acta 760: 25 – 33.

Cooil, B., Winer, R. S., and Rados, D. L. (1987). Cross – validation for prediction. Journal of Marketing Research: 271 – 279.

Efron, B. and Tibshirani, R. J. (1994). An Introduction to the Bootstrap. CRC press.

Esbensen, K. H. and Geladi, P. (2010). Principles of proper validation: use and abuse of re – sampling for validation. Journal of Chemometrics 24 (3 – 4): 168 – 187.

Fawcett, T. (2006). An introduction to ROC analysis. Pattern Recognition Letters 27 (8): 861 – 874.

Guyon, I. (1997). A Scaling Law for the Validation – set Training – Set Size Ratio, 1 – 11. AT&T Bell Laboratories.

Kavzoglu, T. and Colkesen, I. (2012, July). The effects of training set size for performance of support vector machines and decision trees. In: Proceeding of the 10th International Symposium on Spatial Accuracy Assessment in Natural Resources and Environmental Sciences, 1013.

Kohavi, R. (1995). A study of cross – validation and bootstrap for accuracy estimation and model selection. International Joint Conference on Artificial Intelligence 14 (2): 1137 – 1145.

Lendasse, A., Wertz, V., and Verleysen, M. (2003). Model selection with cross – validations and bootstraps—application to time series prediction with RBFN models. In: Artificial Neural Networks and Neural Information Processing—ICANN/ICONIP 2003, 573 – 580. Berlin, Heidelberg: Springer.

Powers, D. M. (2011). Evaluation: From precision, recall and F – measure to ROC, informedness, markedness and correlation. Journal of Machine Learning Research 2 (1): 37 – 63.

Raschka, S. (2018). Model evaluation, model selection, and algorithm selection in machine learning. arXiv:1811.12808.

Raudys, S. J. and Jain, A. K. (1991). Small sample size effects in statistical pattern recognition: Recommendations for practitioners. IEEE Transactions on Pattern Analysis & Machine Intelligence (3): 252 – 264.

Story, M. and Congalton, R. G. (1986). Accuracy assessment: a user's perspective. Photogrammetric Engineering and Remote Sensing 52 (3): 397 – 399.

Wong, T. T. (2015). Performance evaluation of classification algorithms by k – fold and leave – one – out cross – validation. Pattern Recognition 48 (9): 2839 – 2846.

Xu, Q. S. and Liang, Y. Z. (2001). Monte Carlo cross – validation. Chemometrics and Intelligent Laboratory Systems 56 (1): 1 – 11.

第五部分　面向 MCM 的全新故障诊断框架

第16章 压缩采样和子空间学习

16.1 引言

　　故障诊断是设备状态监测(MCM)系统中的一个重要部分,对于基于状态的维护(CBM)来说起到了至关重要的作用。实施 MCM 的核心目的是获得关于设备当前健康状态的准确而有用的信息,借助这些可靠的信息,我们就能够制定出正确的决策,判断是否需要进行必要的维护工作,从而避免设备发生故障停机。

　　在基于振动的 MCM 方面,已有文献已经在故障检测与分类领域中取得了重要进展,提出了大量源自于特征学习和模式识别领域的计算方法,并将其应用于故障诊断的研究。然而,为了实现预期的设备故障检测与分类精度,通常需要从设备上采集大量振动数据,而如此大量的数据却使得上述方法的性能受到了一定的限制。实际上,采样理论,包括香农-奈奎斯特定理,是当前传感测试系统的核心,不过奈奎斯特采样率至少是信号中最高频率的 2 倍,对于一些现代应用而言显得太高了,如对于工业中常见的旋转类设备来说就是如此(Eldar,2015)。现有的很多文献都采用了奈奎斯特采样率,由此导致了测得的数据量非常庞大,并且这些数据还需要进行进一步的传输、存储和处理。不仅如此,在一些涉及宽带的应用场景中,以这种采样率进行采样的代价也是相当高的。很明显,大量数据的获取是需要很大的存储空间和相当长的信号处理时间的,由于带宽和功率方面的原因,这就会给能够同时进行远程监测(通过无线传感网络(WSN))的设备数量带来限制。

　　为此,发展全新的 MCM 方法将是当前一项十分重要的任务,这些新方法不仅应当能够实现准确地设备健康检测与识别,而且还应能解决如下两个主要难点问题:①从大量振动数据中进行学习的代价问题,即传输成本、计算成本和所需的计算能力;②对更加准确和灵敏的 MCM 系统的需求问题,即它们应能比已有系统更准确更快速地给出设备的当前健康状态信息。MCM 系统越准确越快速,我们所制定的维护决策就会越正确,在设备故障停机之前也就会有更多的时间去进行维护工作的计划和实施,从而使得设备能够始终保持健康的运行状态。

针对大量样本的处理问题,一种合理的解决手段是进行数据压缩。变换编码是近年来众所周知的一种先进的信号压缩技术,它能够将信号样本映射到基底空间中,从而给出信号的稀疏或可压缩的表示(Rao 和 Yip,2000)。近期采样技术的发展已经突破了带宽限制,可以实现更低的采样率,并减少数据量(Eldar,2015)。变换编码技术的全新发展也已经为依赖于线性降维的压缩采样(CS)框架的研究提供了助力(Donoho,2006;Candès 和 Wakin,2008)。对于具有稀疏或可压缩描述的信号,CS 支持低于奈奎斯特采样率的采样。相应地,如果信号在某个已知基中存在稀疏表示,那么,我们就能够减少需要存储、传输和处理的测试数据量。在大量应用场合中,CS 正在受到人们的持续关注,如医学成像、地震成像、无线电探测与测距以及通信网络等领域(Holland 等,2010;Qaisar 等,2013;Merlet 和 Deriche,2013;Rossi 等,2014)。CS 的基本思想是:具有稀疏或可压缩表示的有限信号可以通过很少的远低于奈奎斯特采样率的线性测量进行重构。

本章将介绍一种故障诊断框架,称为压缩采样与子空间学习(CS - SL)。基于 CS - SL 的技术将 CS 和子空间学习技术组合起来,可以从大量振动数据中学习到最优的少量特征。利用学习到的这些特征,通过机器学习分类器即可进行设备健康状态的分类处理。CS - SL 的输入是大量振动数据,而输出的是可用于故障诊断的少量特征。在 CS - SL 框架的基础上,我们将介绍如下 4 项技术。

(1)近期出现的一个称为压缩采样与特征排序(CS - FR)的故障诊断框架(Ahmed 等,2017b;Ahmed 和 Nandi,2017、2018a)。CS - FR 可以从大量振动数据中学习到最优的少量特征,在此基础上进一步可实现设备健康状态的分类。在这一框架中,CS 模型是第一步,它基于压缩采样率提供了压缩的采样信号;第二步是根据数据的某些特性,如特征相关性,通过特征排序和选择技术对特征的重要性进行评估,从而从这些压缩的采样信号中找到最重要的特征。我们将讨论若干特征排序和选择技术,其中包括 3 种基于相似性的技术(Fisher 分值[FS]、拉普拉斯分值[LS]、Relief - F)、1 种基于相关性的技术(皮尔逊相关系数[PCC])和 1 种独立性检验技术(卡方检验[Chi - 2]),它们都能够选择出少量足以描述原始振动信号的特征。

(2)一个称为压缩采样与线性子空间学习(CS - LSL)的故障诊断框架(Ahmed 等,2017a;Ahmed 和 Nandi,2018b、c)。基于 CS - LSL 的技术在获得大量振动数据后,能够生成少量可用于设备故障分类的特征。它利用 CS 模型构建压缩采样信号,即压缩数据 $Y=\{y_1,y_2,\cdots,y_L\}\in R^m$,它们携带了来自于原始振动数据集 $X=\{x_1,x_2,\cdots,x_L\}\in R^n$ 的足够信息。为了提取这些压缩采样信号的特征表示,基于 CS-LSL 的技术通过一个线性变换将压缩采样数据的 m 维空间变换成低维特征空间。进一步,利用两种线性子空间学习技术,即无监督的主成分分析(PCA)和有监督的线性判别分析(LDA),就可以从压缩采样信号中选择出少量特征。此外,我们还将介绍一种称为压缩采样与主成分和判别成分关联分析(CS-CPDC)的先进技术(Ahmed 和 Nandi,2018c)。CS-CPDC 是可用于设备故障分类的三段式混合方法,其中第一阶段采用 CS 模型得到压缩采样振动信号,第二阶段利用由 PCA、LDA 和典型相关分析(CCA)构成的多步过程,从压缩采样信号中提取特征,第三阶段通过支持向量机(SVM)进行设备健康状态的分类处理,其中借助了前一阶段所学习到的特征。

(3)一个称为压缩采样与非线性子空间学习(CS-NLSL)的故障诊断框架。与 CS-LSL 不同,基于 CS-NLSL 的技术是通过非线性变换将压缩采样数据的 m 维空间映射成低维特征空间的。

16.2 面向基于振动的 MCM 的压缩采样

CS 的基本思想是:具有稀疏或可压缩表示的有限信号可以通过很少的远低于奈奎斯特采样率的线性测量进行重构。由于设备振动信号在多个域内(如频域)都具有可压缩的表示,因此,近年来将 CS 应用于设备故障诊断这一思路受到了人们的不断关注。在基于振动的 MCM 中,CS 的优势可以归纳如下。

(1)计算量减少。CS 能够显著减少所采集的振动数据量,进而带来计算量上的大幅下降。

(2)传输成本下降。当需要通过无线(如海上风机应用)或有线方式将振动数据进行远程传输时,由于 CS 降低了振动数据量,因此传输成本会更低。

(3)有益于环境。由于 CS 的应用能够降低计算量,因而,有助于降低计算和传输所需的功率消耗,对于环境而言这显然是很有益的。

(4)允许更多的设备通过 WSN 进行远程监测。很明显,数据量太大导致的带宽和功率问题,将会给能够通过 WSN 进行远程监测的设备数量带来限制。因此,数据量的大幅减少也就能够增加可远程监测的设备数量了。

16.2.1 压缩采样的基本原理

人们所采集到的振动数据一般是高维的,通常的做法不是直接使用它们,而是从中识别出一个低维特征空间,使之能够描述这些振动数据,并保留其中有关设备状态的重要信息。

近一段时间以来,CS 受到了人们的明显关注,主要是因为它能够让我们实现远低于奈奎斯特采样率的采样,并在需要的时候重构出原始信号。CS(Donoho,2006;Candès 和 Wakin,2008)是稀疏表示的延伸,也是其一种特殊情形。CS 的思想很简单,即大量实际信号在某些域中都具有稀疏或可压缩的表示,可以通过某些条件下的少量测量进行重构。事实上,CS 建立在两个原理基础之上,即:①感兴趣的信号的稀疏度;②可实现最小数据信息损失的测量矩阵,也即符合有限等距性质(RIP)(Candes 和 Tao,2006)。下面将简要介绍稀疏度。

假定 $x \in R^{n \times 1}$ 为一个原始时序信号,给定一个稀疏变换矩阵 $\psi \in R^{n \times n}$,其中各列为基向量,即 $\{\psi_i\}_{i=1}^{n}$,那么,x 可以表示为如下形式:

$$x = \sum_{i=1}^{n} \psi_i s_i \tag{16.1}$$

或

$$x = \psi s \tag{16.2}$$

式中:s 为 $n \times 1$ 维的系数列向量。

如果基底 ψ 生成了 x 的 q 个稀疏表示,也就是长度为 n 的 x 可以用 $q(q=n)$ 个非零系数进行描述,那么,式(16.1)可以改写为

$$x = \sum_{i=1}^{q} \psi_{ni} s_{ni} \tag{16.3}$$

式中:ni 为基向量和系数的指标(与 q 个非零元素对应)。

于是,$s \in R^{n \times 1}$ 将只有 q 个非零元素,它代表了 x 的稀疏表示向量。

在 CS 框架的基础上,x 的 $m(m=n)$ 个投影向量 $\{\Phi_j\}_{j=1}^{m}$ 和稀疏表示 s 可以通过下式计算:

$$y = \Phi \psi s = \theta s \tag{16.4}$$

式中:y 为 $m \times 1$ 维的压缩测量列向量;$\theta = \Phi \psi$ 为测量矩阵。

根据 CS 理论,原始信号 x 可以借助恢复算法从压缩测量 y 中进行重构。一般是先恢复稀疏表示向量 s,然后利用稀疏变换 ψ 的反变换来重构原始信号 x。图 16.1 所示为这一 CS 框架的示意图。

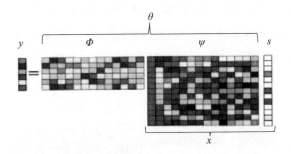

图 16.1 压缩采样框架(Ahmed 和 Nandi,2018c)

为了从压缩测量向量 $y \in R^m$ 中恢复稀疏表示 $s \in R^n$,我们可以考虑采用简单的 l_0 最小化技术,即搜索一个与测试数据 $y = \theta s$ 保持一致的稀疏向量,即

$$\hat{s} = \arg\min_z \|z\|_0, \text{s. t.} \quad \theta z = y \tag{16.5}$$

然而,l_0 最小化是一个较为困难的 NP 问题,计算较为棘手。解决这一问题的一种方法是利用凸优化 $\|\cdot\|_1$ 来代替 $\|\cdot\|_0$,于是有

$$\hat{s} = \arg\min_z \|z\|_1, \text{s. t.} \quad \theta z = y \tag{16.6}$$

只要测量矩阵 θ 满足最小数据信息损失(即满足 RIP),那么,稀疏表示 s 就能够通过求解式(16.6)进行恢复。

定义 16.1 如果存在 $\delta_r = 1$,使得

$$(1 - \delta_r) \|s\|_{l_2}^2 \leq \|\theta s\|_{l_2}^2 \leq (1 + \delta_r) \|s\|_{l_2}^2 \tag{16.7}$$

那么,就称测量矩阵 θ 满足第 r 阶 RIP。

根据压缩采样的基本思想,当 Φ 和 ψ 不相干时,原始信号将可通过 $m(m = O(q\log n))$ 个高斯测量或 $q(q \leq C \cdot m/\log(n/m))$ 个伯努利测量(Baraniuk 和 Wakin,2009)进行恢复,此处的 C 为常数,q 为稀疏度。带有独立同分布(i. i. d.)高斯元素的随机矩阵和伯努利(± 1)矩阵都是满足 RIP 的。测量矩阵的维数 $m \times n$ 主要取决于压缩采样率 α,即 $m = \alpha n$。

另一种可用于稀疏表示恢复的常用技术类型是贪婪/迭代技术,如正交匹配追踪(OMP)(Tropp 和 Gilbert,2007)、分段 OMP(StOMP)(Donoho 等,2006)、子空间追踪(SP)(Dai 和 Milenkovic,2009)以及压缩采样匹配追踪(CoSaMP)(Needell 和 Tropp,2009)等。

利用稀疏变换 ψ 的反变换和稀疏表示估计 $\hat{s}$ 可以重构原始信号 x,即

$$\hat{x} = \psi^{-1} \hat{s} \tag{16.8}$$

此处所讨论的模型属于单测量向量压缩采样(SMV – CS),它从对应的压缩

测量向量中重构一个向量。对于以矩阵(包含一组联合稀疏向量)描述的信号,一般需要采用多重测量向量压缩采样(MMV - CS)。图 16.2 给出了 MMV - CS 框架的示意。基于 MMV - CS,压缩数据矩阵可以计算如下:

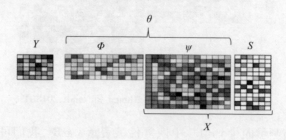

图 16.2　MMV - CS 模型

$$Y = \theta S \tag{16.9}$$

式中:$Y \in \mathrm{R}^{m \times L}$,$m$ 为压缩测量数,L 为观测数;$\theta \in \mathrm{R}^{m \times n}$ 为字典;$S \in \mathrm{R}^{n \times L}$ 为稀疏表示矩阵。

一些研究人员已经针对给定的多重压缩测量向量进行了联合稀疏信号(S)的重构研究(Chen 和 Huo,2006;Sun 等,2009)。一般地,原始信号矩阵 X 可以通过稀疏变换 ψ 的反变换和稀疏表示估计 $\hat{S}$ 进行重构,即

$$\hat{X} = \psi^{-1} \hat{S} \tag{16.10}$$

式中:$\hat{X}$ 和 $\hat{S}$ 分别为 X 与 S 的估计。

当压缩样本具有原始信号的品质时,重构效果是比较好的。在本书中,我们就是利用 MMV - CS 得到压缩采样信号的,这主要是因为所考虑的数据集是由多重测量矩阵构成的。另外,由于能够从压缩数据(Y)中恢复原始信号(X),这就意味着 Y 具有原始信号 X 的品质,因此,我们可以直接使用这些压缩测量,而无须恢复原始数据。

16.2.2　针对频域稀疏表示的 CS

CS 框架要求所考察的信号在已知的变换域中具有稀疏或可压缩的表示。对于振动信号来说,常用的一种稀疏基是快速傅里叶变换(FFT)矩阵(Rudelson 和 Vershynin,2008;Zhang 等,2015a;Wong 等,2015;Yuan 和 Lu,2017)。我们假定旋转类设备的时域振动信号在频域内是可压缩的,并且基于 FFT 的频域表示保持了可压缩的结构。若给定采集到的振动数据集 $X = \{x_1, x_2, \cdots, x_L\} \in \mathrm{R}^n$,为借助 MMV - CS 框架(式(16.9))得到压缩采样数据集,需要进行如下过程。首

先,利用 FFT 算法处理原始振动信号 $X \in \mathrm{R}^{n \times L}$,即计算信号的 n 点复离散傅里叶变换(DFT),从而得到可压缩表示($S \in \mathrm{R}^{n \times L}$),它仅包含很少的 $q(q = n)$ 个非零系数,此处是通过 DFT 的幅值(即信号 X 的 DFT 的绝对值)来获得 S 的;其次,将 S 投影到恰当的满足 RIP 的测量矩阵 $\Theta \in \mathrm{R}^{m \times n}$ 上,本书中选择带有 i. i. d. 高斯元素的随机矩阵和压缩采样率 α 来生成压缩采样信号 $Y \in \mathrm{R}^{m \times L}$,其中的 m 为压缩信号单元个数,$m = \alpha n$。这一过程可以归纳为算法 16.1。

算法 16.1 采用 FFT 的压缩采样

输入:$X \in \mathrm{R}^{n \times L}$;$\Theta \in \mathrm{R}^{m \times n}$;$\alpha$

输出:$Y \in \mathrm{R}^{m \times L}$

$\mathrm{abs}(\mathrm{FFT}(X)) \rightarrow S \in \mathrm{R}^{n \times L}$

以压缩采样率 α 将 S 投影到 Θ,得到压缩采样信号 $Y \in \mathrm{R}^{m \times L}$。

图 16.3 中示出了一个实例,它针对的是一个轴承外圈(OR)缺陷信号 x_{OR},利用算法 16.1 得到了压缩采样信号,其中 $\alpha = 0.1$。

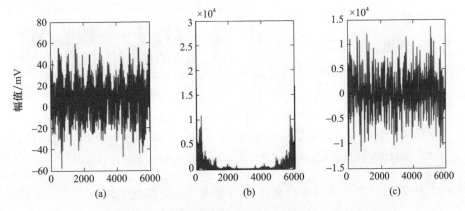

图 16.3 轴承外圈缺陷状态下的时域信号 x_{OR} 示例(a);
对应的傅里叶系数的绝对值(b);所得到的 x_{OR} 的压缩采样信号(c)

16.2.3 针对时频域稀疏表示的 CS

小波变换能够将信号分解成低频和高频层次,利用这一技术可以得到压缩传感框架所需的振动信号的稀疏成分。Bao 等(2011)曾将 Haar 小波基用于振动信号的稀疏表示研究。若给定一个振动数据集 $X = \{x_1, x_2, \cdots, x_L\} \in \mathrm{R}^n$,为借助 MMV–CS 框架(式(16.9))得到压缩采样数据集,需要进行如下过程。首先,将带阈值处理的 Haar 小波基(5 个分解层次)作为稀疏变换来处理原始振动

信号 $X \in \mathrm{R}^{n \times L}$，从而得到可压缩表示($S \in \mathrm{R}^{n \times L}$)，它仅包含很少的 $q(q \ll n)$ 个非零系数。如图 16.4(b)所示，其中给出了某轴承 OR 缺陷振动信号 x_{OR} 的小波系数。在采用了硬阈值之后，如果输入大于阈值 τ 则保留，否则设置为零(Chang 等, 2000)。在 Haar 小波域中小波系数是稀疏的，参见图 16.4(c)。其次，将 S 投影到一个随机矩阵上，可以采用带有 i.i.d. 高斯元素的随机矩阵和压缩采样率 α 来生成压缩采样信号 $Y \in \mathrm{R}^{m \times L}$，其中的 m 为压缩信号单元个数。这一过程可以归纳为算法 16.2。

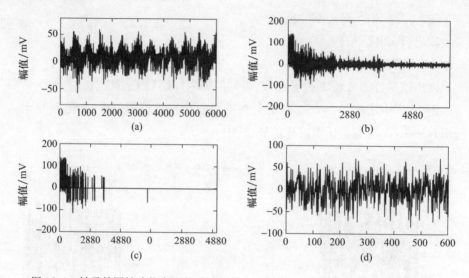

图 16.4 轴承外圈缺陷状态下的时域信号 x_{OR} 示例(a)；对应的 Haar WT 系数(b)；
对应的阈值型 Haar WT 系数(c)；所得到的 x_{OR} 的压缩采样信号(d)

算法 16.2 采用带阈值处理的 Haar 小波变换的压缩采样

输入：$X \in \mathrm{R}^{n \times L}$；$\Theta \in \mathrm{R}^{m \times n}$；$\alpha$

输出：$Y \in \mathrm{R}^{m \times L}$

带阈值处理的 Haar 小波变换$(X) \rightarrow S \in \mathrm{R}^{n \times L}$

以压缩采样率 α 将 S 投影到 Θ，得到压缩采样信号 $Y \in \mathrm{R}^{m \times L}$。

图 16.4(d)中示出了一个实例，它针对的是一个轴承的 OR 缺陷信号 x_{OR}，利用算法 16.2 得到了压缩采样信号，其中 $\alpha = 0.1$。

16.3 面向设备状态监测的 CS 概述

在设备故障诊断领域中，基于 CS 的框架一般采用 CS 模型从大量振动数据中生成压缩感知数据,然后再做后续的进一步处理。面向设备故障诊断的压缩信号处理可以区分为四种方案,参见图16.5。

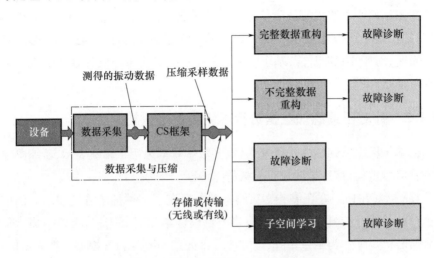

图16.5　针对设备故障诊断的4种压缩信号处理方案

16.3.1　针对压缩感知数据进行完整数据重构

基于CS得到压缩采样信号,然后通过信号重构得到完整的重构信号,进而用于诊断设备故障,这一做法的可行性已经得到了验证(Li等,2012;Wong等,2015)。

Li等(2012)提出了一种基于CS的故障诊断方法,其目的主要是为了解决跟网络监测技术(用于列车滚动轴承的故障检测)有关的难点问题,如能量的无谓开销和网络带宽问题。他们首先采用带有基于小波域稀疏表示和高斯型测量矩阵的CS模型,进行数据的压缩;然后通过OMP算法从这些压缩信号中重构原始信号;最后借助EMD和包络分析完成了故障的诊断。类似地,Wong等(2015)在CS框架下研究了滚动轴承故障的分类问题。该框架首先在时域中获取了滚动轴承的振动信号,并通过随机伯努利矩阵进行了重采样以匹配该CS机制;然后利用基于l_1范数的凸优化技术从压缩感知向量中进行了重构;最后采用熵特征和SVM对重构信号做了分类处理。这些研究人员证实了,滚动轴承振动数据的采样可以低于奈奎斯特采样率,并且可以通过信号恢复实现故障的分类。

然而,对于所有应用场景来说,信号重构技术可能并不都是切合实际的,并且也不能回答在压缩域中进行学习(而不是必须重构原始信号)是否可行这一问题。例如,针对旋转类设备采集的振动信号一般都是用于故障检测和评估的,只要在测量域中能够检测故障信号,那么,就没有必要去恢复原始信号以识别故障。另外,信号重构是一个复杂的计算问题,它依赖于所测得的振动信号的稀疏性。因此,对于 MCM 而言,基于 CS 的信号恢复方法在降低计算复杂度方面可能并不是很有用。

16.3.2　针对压缩感知数据进行不完整数据重构

在基于压缩感知的方法研究中,大多数学者都采用了稀疏表示、压缩测量和不完整信号重构,然后据此进行设备故障诊断。

Tang 等(2015a)在压缩感知策略基础上研究了一种稀疏分类技术。他们首先借助轴承故障信号的 c 个类型构建了目标样本训练集 E;然后选择测试信号和高斯随机矩阵作为测量矩阵,以完成降维处理,并利用 CS 模型计算压缩信号;进一步,通过 SP 贪婪算法促进稀疏化以得到稀疏特征向量;最后根据计算出的压缩信号与其估计值(借助稀疏特征向量的分解得到)之间的最小冗余误差来确定故障类型。

Zhang 等(2015a)基于低维压缩振动信号提出了一种轴承故障诊断方法,其中训练了多个超完备字典,主要用于每个振动信号状态的信号稀疏分解。该方法首先利用高维振动信号训练了超完备字典 D_0、D_1、$\cdots$、D_C,它们与每种轴承健康状态是相对应的;然后针对与每一种轴承健康状态对应的信号表示误差设定阈值 τ_0、τ_1、$\cdots$、τ_C;进而利用 CS 模型在所有训练后的超完备字典上对(从高维信号得到的)低维信号进行表达,并计算每种表达的误差 $\delta_i(i=0,1,\cdots,C)$,将最小误差用于表示信号状态;最后借助最小误差(δ)根据每种表示误差的阈值来估计轴承的状态,如 $\delta \leq \tau_i$ 可用于确定健康状态处于故障态 i。

Chen 等(2014)给出了另一种学习字典基底,用于提取带有噪声的信号中的脉冲成分,即自适应字典脉冲稀疏提取(SpaEIAD)。这一方法主要依赖于 CS 稀疏模型,包括了稀疏字典学习和在字典上的冗余表示,可生成带噪声的压缩样本。在字典学习阶段,他们借助贪婪重构算法 OMP 得到带有噪声的样本的稀疏系数,然后通过 K-SVD 算法针对所得到的稀疏系数进行字典学习,也就是搜索稀疏表示的最佳字典,最后针对发动机轴承和齿轮箱的振动信号进行了 SpaE-IAD 的验证。

Tang 等(2015b)在研究基于 CS 模型重构的稀疏测量的特征谐波时,指出了在 5%～80% 范围内改变的采样率能够实现 72%～80% 的检测精度,其中的故障特征可以根据很少的样本直接进行检测,而无须完整重构。他们利用 CS 模型生成压缩振动信号,然后进行这些信号的重构过程,并从稀疏表示中检测特征谐波(借助迭代算法 CoSaMP),重构和检测可以同步进行,不需要完整重构。

16.3.3 将压缩感知数据作为分类器的输入

Ahmed 等(2017a)研究了将压缩感知数据直接作为分类器的输入,从而进行设备故障诊断的可行性。这一研究证实了可以针对从 CS 模型得到的压缩感知数据直接进行滚动轴承故障诊断,为了实现分类处理,他们将逻辑回归分类器(LRC)应用于压缩感知数据,如下式所示:

$$y \xrightarrow{\text{LRC}} h_\theta^i(y) = p(\text{class} = i \mid y;\theta) \tag{16.11}$$

式中: $h_\theta^i(y)$ 为 LRC,可以针对每个类型($i = 1,2,\cdots,c$)进行训练,从而能够预测出某个类型为 i 的概率 p, c 为类型总数量。

针对给定的压缩测量,在不进行原始信号重构的条件下,怎样解决各种信号检测和估计问题,Davenport 等(2006)曾进行过十分重要的分析和讨论。

虽然上述已有研究已经验证了 CS 在设备故障诊断中的有效性,然而也存在着两个主要问题,分别是:①基于 CS 的稀疏信号重构是一个复杂的计算问题,它依赖于测得的振动信号的稀疏度,因此,基于 CS 的信号重构方法对于旋转类设备的状态监测而言,在降低计算复杂度方面可能未必有用;②在从压缩测量直接进行学习的基础上,大多数方法仅通过提高采样率来获得很好的分类精度,由此也导致了更高的计算复杂度。

16.3.4 针对压缩感知数据进行特征学习

尽管从 CS 模型得到的投影有助于根据低维特征恢复原始信号,然而,从判别层面来看它们可能不是最好的。不仅如此,CS 投影仍然描述的是大量从实际运行状态采集到的数据。因此,我们需要相关技术,从 CS 投影中学习很少的特征。

为了阐明从高维数据进行学习的难点,以及 CS 在改进的 MCM 中的有效性,下面将介绍 3 种特征学习框架,包括 CS 与特征排序(CS – FR)、CS 与线性子空间学习(CS – LSL)以及 CS 与非线性子空间学习(CS – NLSL),它们可以用于旋转类设备的基于振动的故障诊断中。

16.4 压缩采样与特征排序

压缩采样与特征排序框架(CS – FR)是近期提出的,其目的是减少 MCM 应用中极大量振动数据带来的存储空间和处理时间方面的负担(Ahmed 和 Nandi, 2018a)。这一框架将基于多重测量向量(MMV)的 CS 与特征排序和选择技术结合起来,用于从大量振动数据中学习最优的少量特征。根据学习到的特征,随后即可借助机器学习分类器实现设备健康状态的分类处理。CS – FR 接收的输入是大量振动数据,输出的是可用于故障诊断的少量特征。如图 16.6 所示,CS – FR 先对振动数据进行压缩,然后对压缩数据的特征进行排序,并选择出最重要的那些特征,进而将它们用于分类处理。具体过程如下。

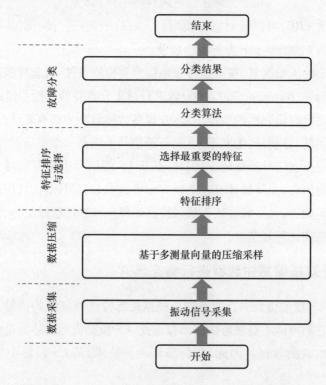

图 16.6　CS – FR 框架的流程图(Ahmed 和 Nandi,2018a)

(1)振动数据压缩。为了减少计算和传输成本,并考虑到对环境的要求,CS – FR 利用 MMV – CS 生成压缩采样信号,即压缩数据 $Y = \{y_1, y_2, \cdots, y_L\} \in \mathbb{R}^m$,它们携带了来自于原始数据 $X = \{x_1, x_2, \cdots, x_L\} \in \mathbb{R}^n$ 的足够信息,$m = n$。

(2)特征排序和选择。如果 CS 模型生成的压缩采样信号包含了原始振动信号的足够信息,那么,我们就能够进一步利用特征排序和选择技术对这些压缩采样信号进行过滤处理,也就是对其特征进行排序并选取出足以描述设备健康状态特性的较少特征。

(3)故障分类。利用所选取的少量特征,通过一个分类器即可进行设备健康状态的分类处理。

图 16.7 示出了一个 CS – FR 中的数据压缩和特征选择过程实例。

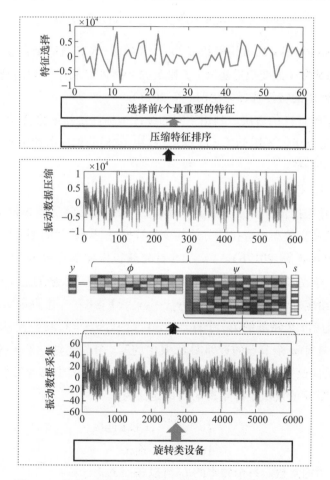

图 16.7 数据压缩和特征选择示例(Ahmed 和 Nandi,2018a)

16.4.1 具体实现

基于 CS – FR,在选取压缩采样信号的少量特征时,我们可以考虑两种特征选择技术。

(1)基于相似性的方法。将彼此相似的压缩采样信号赋予相似的值。一般可以选择 3 种算法(FS、LS、Relief – F),它们根据特征保持数据相似性的能力来评价特征的重要性。若给定基于 CS 的压缩采样数据矩阵 $Y \in \mathrm{R}^{m \times L}$($L$ 个实例,m 个压缩数据点),假定这些实例两两之间的相似度矩阵为 $S \in \mathrm{R}^{L \times L}$,为选取 k 个最相关的特征 s,我们需要使得衡量被选特征集保持数据相似结构能力的效用函数 $U(s)$ 达到最大化,即

$$\max_{s} U(s) = \max_{s} \sum_{f \in s} U(f) = \max_{s} \sum_{f \in s} \hat{f}' \hat{S} \hat{f} \qquad (16.12)$$

式中:$U(s)$ 为特征集 s 的效用函数;$U(f)$ 为特征 $f \in S$ 的效用函数;$\hat{f}$ 为特征 f 的变换后特征;$\hat{S}$ 为 S 的变换后矩阵。f 和 S 的变换可以利用不同的技术完成,主要取决于所使用的特征选择方法(Li 等,2017)。

(2)基于统计性的方法。利用不同的统计指标评价压缩采样信号的特征重要性。一般可以考虑采用 PCC 和 Chi – 2 算法,它们分别根据相关性和无关性检验去选取少量特征。

16.4.1.1　CS – LS

压缩采样与拉普拉斯分值特征选择(CS – LS)方法将大量振动数据作为输入,输出的是具有较小拉普拉斯分值的少量特征,这些特征可以用于设备故障的分类处理(Ahmed 等,2017b)。CS – LS 首先获得压缩采样数据(Y),然后利用 LS 对压缩采样数据的特征进行排序。LS 在特征排序时依据的是特征的局部保持能力。若给定一个数据集 $Y = [y_1, y_2, \cdots, y_n]$,$Y \in \mathrm{R}^{m \times L}$,并假定第 r 个特征的 LS 为 L_r,f_{ri} 为第 r 个特征的第 i 个样本,$i = 1, 2, \cdots, m$,$r = 1, 2, \cdots, L$,LS 算法需要先构造一个具有 m 个节点的近邻图 G,其中的第 i 个节点对应于 y_i;然后考虑在节点 i 与 j 之间放置一条边,即如果 y_i 位于 y_j 的 k 个近邻中或者反之,那么 i 与 j 相互连接。图 G 的权值矩阵元素 S_{ij} 可以定义为

$$S_{ij} = \begin{cases} \mathrm{e}^{-\frac{\|y_i - y_j\|^2}{t}}, & i \text{ 和 } j \text{ 连接} \\ 0, & i \text{ 和 } j \text{ 不连接} \end{cases} \qquad (16.13)$$

式中:t 为合适的常数。每个样本的 L_r 可以按照下式计算:

$$L_r = \frac{\tilde{f}_r^{\mathrm{T}} \tilde{L} \tilde{f}_r}{\tilde{f}_r^{\mathrm{T}} \tilde{D} \tilde{f}_r} \qquad (16.14)$$

式中:$D = \mathrm{diag}(S\mathbf{1})$ 为单位矩阵,$\mathbf{1} = [1, 2, \cdots, 1]^{\mathrm{T}}$;$L = D - S$ 为该图的拉普拉斯矩阵;$\tilde{f}_r$ 的计算式如下:

$$\tilde{f}_r = f_r - \frac{f_r^T D\mathbf{1}}{\mathbf{1}^T D\mathbf{1}} \tag{16.15}$$

其中

$$f_r = [f_{r1}, f_{r2}, \cdots, f_{rm}]^T$$

CS – FR 选择的是 k 个具有较小的 L_r 的特征($k < m$),进而将其用于设备的故障分类。

16.4.1.2 CS – FS

压缩采样与 Fisher 分值特征选择(CS – FS)方法将大量振动数据作为输入,输出的是具有较大 Fisher 分值的少量特征,进而可用于设备故障的分类处理(Ahmed 和 Nandi,2017)。若给定一个设备振动数据集 $X \in \mathbb{R}^{n \times L}$,CS – FS 首先借助基于 MMV 模型的 CS 生成压缩采样信号,即压缩数据 $Y = \{y_1, y_2, \cdots, y_L\} \in \mathbb{R}^m$,它们携带了来自于原始数据 $X = \{x_1, x_2, \cdots, x_L\} \in \mathbb{R}^n$ 的足够信息,$m = n$;然后利用 FS 对压缩采样数据(Y)的特征进行排序。FS 的主要思想是计算一个特征子集,其中不同类型的压缩采样数据点之间应具有较大的距离,而同一类型的数据点之间应具有较小的距离。第 i 个特征的 Fisher 分值可以按照下式计算:

$$\mathrm{FS}(Y^i) = \frac{\sum_{c=1}^{C} L_c (\mu_c^i - \mu^i)^2}{(\sigma^i)^2} \tag{16.16}$$

式中:$Y^i \in \mathbb{R}^{1 \times L}$;$L_c$ 为第 c 个类型的规模;$(\sigma^i)^2 = \sum_{c=1}^{C} L_c (\sigma_c^i)^2$;$\mu_c^i$ 和 σ_c^i 分别为第 c 类的均值和标准差(对应于第 i 个特征);μ^i 和 σ^i 分别为整个数据集的均值和标准差(对应于第 i 个特征)。最后,CS – FR 选择的是 k 个具有较大 Fisher 分值的特征($k < m$),进而将其用于设备的故障分类。

另外,FS 也可以定义为 LS 的一个特例,只需令类内数据相似性矩阵(S_w)满足如下关系式:

$$S_w(i,j) = \begin{cases} \dfrac{1}{L_c}, & y_i = y_j = c \\ 0, & \text{其他} \end{cases} \tag{16.17}$$

相应地,FS 就可以借助下式进行计算:

$$\mathrm{FS}(Y^i) = 1 - \frac{1}{L_r(Y^i)} \tag{16.18}$$

16.4.1.3 CS – Relief – F

压缩采样与 Relief – F 特征选择(CS – Relief – F)方法也是将大量振动数据作为输入,并输出少量特征,进而可用于设备故障的分类处理。与 CS – FS 和 CS –

LS 方法相似，CS – Relief – F 方法首先获得压缩采样数据($Y \in R^{m \times L}$)，然后利用 Relief – F 对压缩采样数据的特征进行排序。Relief – F 技术通过统计手段从压缩采样数据中选择重要特征，所依据的是它们的权值 W。Relief – F 的主要思想是进行属性的估计，分析属性值对于压缩采样数据(Y)中相邻实例的区分效果，一般是对 Y 中的实例进行随机计算，然后再计算其同类中的最近邻(也称为猜中近邻)和不同类中的最近邻(也称为猜错近邻)。Relief – F 可以通过 MATLAB 中的统计和机器学习工具箱内的 relieff 函数来实现。该函数的输入是矩阵数据和类标签向量 c 以及最近邻数量 d，输出的是特征排序和权值。CS – Relief – F 选择的是 k 个最重要的特征($k < m$)，进而将其用于设备的故障分类。针对压缩采样信号的特征排序，CS – Relief – F 算法的过程可以归纳为算法 16.3。

算法 16.3　Relief – F

输入：l 个学习实例；m 个特征；c 个类型；类概率 py；采样参数 a；每个类的最近邻个数 d。

输入：针对每个特征 f_i 的特征权值，$-1 \leqslant W[i] \leqslant 1$；

For $i = 1$ to m do $W[i] = 0.0$; end for;

For $h = 1$ to a do

随机计算类 yk 中的实例；

For $y = 1$ to c do

从类 c 中找到 d 个最近邻实例 $y[j,c]$, $j = 1,2,\cdots,d$；

For $i = 1$ to m do

For $j = 1$ to d do

If $y = yk\{$猜中近邻$\}$

Then $W[i] = W[i] - \text{diff}(i,yk,y[j,c])/(a*d)$；

Else $W[i] = W[i] + py/(1 - pyk) * \text{diff}(i,yk,y[j,y])/(a*d)$；

End if;

End for; $\{j\}$ end for; $\{i\}$

End for; $\{y\}$ end for; $\{h\}$

Return(W);

16.4.1.4　CS – PCC

压缩采样与皮尔逊相关系数特征选择(CS – PCC)方法同样是将大量振动数据作为输入，并输出可用于设备故障分类的少量特征。类似于 CS – FS、CS – LS 和 CS – Relief – F 方法，CS – PCC 首先获得压缩采样数据(Y)，然后借助 PCC 对其特征进行排序。PCC 考察的是两个变量之间的关系，所依据的是它们的相关系数 r，$-1 \leq r \leq 1$。此处的负值代表的是反向相关性，正值代表正向相关性，零值则代表了无相关性。PCC 可以根据下式进行计算：

$$r(i) = \frac{\mathrm{cov}(y_i, c)}{\sqrt{\mathrm{var}(y_i) * \mathrm{var}(c)}} \tag{16.19}$$

式中：y_i 为第 i 个变量；c 为类标签。CS-PCC 选择的是 k 个与类标签相关联的特征（$k=m$），进而将其用于设备的故障分类。

16.4.1.5 CS-Chi-2

压缩采样与卡方特征选择（CS-Chi-2）方法将大量振动数据作为输入，输出的是可用于设备故障分类的少量特征。类似于 CS-FS 和 CS-LS 方法，CS-Chi-2 首先获得压缩采样数据（Y），然后借助 Chi-2 对其特征进行排序。对于 Y 中某个类标签组 c 中的每一个特征 f 来说，χ^2 值可以按照下式计算：

$$\chi^2(f,c) = \frac{L(E_{c,f}E - E_c E_f)^2}{(E_{c,f} + E_c)(E_f + E)(E_{c,f} + E_f)(E_c + E)} \tag{16.20}$$

式中：L 为 Y 中的实例总数量；$E_{c,f}$ 为 f 和 c 同时出现的次数；E_f 为特征 f 出现的次数（c 不出现）；E_c 为 c 出现的次数（f 不出现）；E 为 f 和 c 都不出现的次数。较大的 χ^2 值表明特征强相关。Chi-2 可以通过 MATLAB 中的统计和机器学习工具箱内的交叉表函数实现，交叉表函数返回的是卡方统计量，所得到的 Chi-2 值是降序排列的，从而构成了一个经过特征排序的新特征向量。CS-Chi-2 选择的是 k 个具有较大 χ^2 值的特征（$k<m$），它们可以用于设备故障的分类。

16.5 基于 CS 与线性子空间学习的故障诊断框架

基于 CS-LSL 的技术需要将大量振动数据作为输入，并输出可用于设备故障分类的少量特征。它们首先利用 MMV-CS 模型产生压缩采样信号，即具有原始数据 $X = \{x_1, x_2, \cdots, x_L\} \in R^n$ 足够信息的压缩数据 $Y = \{y_1, y_2, \cdots, y_L\} \in R^m$。为了提取这些信号的特征表示，基于 CS-LSL 的技术通过线性变换将压缩采样数据的 m 维空间映射成一个低维特征空间，一般可以将其表示为如下形式：

$$\hat{y}_r = W^T y_r \tag{16.21}$$

式中：$r = 1, 2, \cdots, L$；$\hat{y}_r$ 为维数缩减的变换后的特征向量；W 为变换矩阵。人们已经提出并测试了 3 种基于 CS-LSL 的技术。

16.5.1 具体实现

从压缩采样信号中选择少量特征一般有 3 种线性子空间学习技术,分别是无监督的 PCA、有监督的线性判别分析和独立成分分析。近期,人们还提出了一种更先进的技术方法,称为压缩采样与相关主成分和判别成分(CS - CPDC)分析(Ahmed 和 Nandi,2018c)。

16.5.1.1 CS - PCA

压缩采样与主成分分析(CS - PCA)方法的输入是大量振动数据,输出的是用于设备故障分类的少量特征(Ahmed 等,2017a)。若给定一个设备振动数据集 $X \in R^{n \times L}$,CS - PCA 首先利用基于 MMV 模型的 CS 产生压缩采样信号,即压缩数据 $Y = \{y_1, y_2, \cdots, y_L\} \in R^m, 1 \leq l \leq L, m = n$,并令每个信号与 c 种设备健康状态类型相互匹配。为找到压缩采样信号较大的属性,CS - PCA 借助 PCA 计算投影矩阵 W,其中需要使用压缩采样数据的协方差矩阵 C,即

$$C = \frac{1}{L} \sum_{i=1}^{L} (y_i - \bar{y})(y_i - \bar{y})^T \tag{16.22}$$

式中:$\bar{y}$ 为所有样本的均值;$C \in R^{m \times m}$ 为 Y 的协方差矩阵。投影矩阵 W 可以通过确定 C 的本征向量来计算。在所生成的投影矩阵 W 中,自左至右的各个列向量所对应的本征值是递减的。一般是选择跟 m_1 个最大本征值对应的 m_1 个本征向量,于是,也就从 $Y \in R^{m \times L}$ 生成了一个新的 m_1 维空间 $\hat{Y}_1 \in R^{m_1 \times L}$,且有 $m_1 = m$。

16.5.1.2 CS - LDA

压缩采样与线性判别分析(CS - LDA)方法也将大量振动数据作为输入,并输出可用于设备故障分类的少量特征(Ahmed 等,2017a)。CS - LDA 生成一组压缩采样信号 $Y \in R^{m \times L}$,即 $Y = [y_1, y_2, \cdots, y_L], 1 \leq l \leq L$,并令每个信号与 c 种设备健康状态类型相互匹配。为了根据压缩采样信号计算判别属性,CS - LDA 采用了 LDA,也就是进行 Fisher 准则函数 $J(W)$ 的最大化。该函数是类间散度(S_B)与类内散度(S_w)的比值,即

$$J(W) = \frac{|W^T S_B W|}{|W^T S_w W|} \tag{16.23}$$

其中

$$S_B = \frac{1}{L} \sum_{i=1}^{c} l_i (\mu^i - \mu)(\mu^i - \mu)^T \tag{16.24}$$

$$S_w = \frac{1}{L} \sum_{i=1}^{c} \sum_{j=1}^{l_i} (y_j^i - \mu^i)(y_j^i - \mu^i)^T \tag{16.25}$$

式中:$\boldsymbol{\mu}^i$ 为第 i 类的均值向量;$\boldsymbol{y} \in \mathrm{R}^{L \times m}$ 为训练数据集;$\boldsymbol{y}_1^i$ 为属于第 c 类的数据集;l_i 为第 i 类数据的数量;$\boldsymbol{\mu}$ 为训练数据集的均值向量。

LDA 通过 $J(\boldsymbol{W})$ 的最大化确定最优投影矩阵 $\boldsymbol{W}$,从而将压缩采样数据空间投影到一个 $(c-1)$ 维空间。此时的 $\boldsymbol{W}$ 包含了对应于前 $m_2(m_2=c-1)$ 个最大本征值的本征向量,即 $(\hat{\boldsymbol{w}}_1,\cdots,\hat{\boldsymbol{w}}_{m_2})$。于是,从 $\boldsymbol{Y} \in \mathrm{R}^{m \times L}$ 生成了一个新的 m_2 维判别属性空间 $\hat{\boldsymbol{Y}}_2 \in \mathrm{R}^{m_2 \times L}$,且有 $m_2 = m$。

在 CS – PCA 和 CS – LDA 所得到的少量特征基础之上,进一步借助分类器即可实现设备健康状态的分类处理。例如,在 Ahmed 等(2017a)的工作中,CS – PCA 和 CS – LDA 都利用 11.2 节所描述的多元 LRC 进行了滚动轴承健康状态的分类处理。

16.5.1.3 CS – CPDC

压缩采样与相关主成分和判别成分分析(CS – CPDC)方法是 Ahmed 和 Nandi(2018b、c)于近期刚刚提出的,这是一种三段式混合方法,可用于轴承故障的分类研究。如图 16.8(a)所示,在第一阶段中,CS – CPDC 利用 MMV – CS 得到压缩采样振动信号;第二阶段(图 16.8(b))则借助一个包含 PCA、LDA 和 CCA 的多步过程从所得到的压缩采样信号中提取特征;第三阶段(图 16.8(c))是通过 SVM 对轴承的健康状态进行分类处理,其中利用了前一阶段学习到的特征。

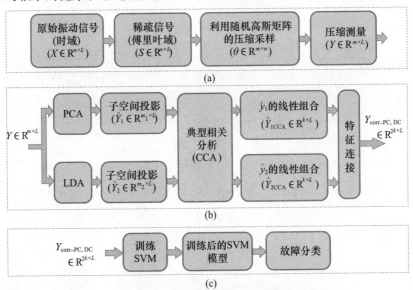

图 16.8 CS – CPDC 方法的训练(Ahmed 和 Nandi,2018c)
(a)第 1 阶段;(b)第 2 阶段;(c)第 3 阶段。

在第一阶段中，为了减少数据量和增强分析的有效性，CS-CPDC利用算法16.1所描述的MMV-CS框架获得压缩采样信号。尽管这一阶段得到的CS投影能够帮助我们从低维特征重构原始信号，不过从判别分析角度而言它们并不是最好的选择。不仅如此，CS投影仍然会包含大量来自于实际工况的数据。因此，我们还需要进一步提取CS投影的少量特征，PCA和LDA是较为常用的手段。然而，虽然这些特征集（如PCA或LDA）是较好的表示方式，不过对于分类而言可能是不合适的。为此，在第二阶段中将致力于生成有利于提升分类精度的特征，这一阶段包括3个步骤，参见图16.8(b)。

在第二阶段的第一步中，CS-CPDC针对压缩采样信号分别借助PCA和LDA确定两种特征表示，因此也就将压缩采样信号的特性空间变换到了低维空间，后者的基向量对应于较大的本征值成分(PCA)。这一步还进一步通过有监督的学习(LDA)得到了判别属性，从而用于改善这些基向量。不妨考虑一组压缩采样信号 $Y \in \mathbb{R}^{m \times L}$，它可以表示为 $Y = [y_1, y_2, \cdots, y_l]$，$1 \leqslant l \leqslant L$，并令每个信号与 c 种设备健康状态类型相互匹配。为了从压缩采样信号中提取特征表示，CS-CPDC通过一个线性变换将压缩采样信号的 m 维空间映射到一个低维特征空间，参见式(16.21)。

为了找到压缩采样振动信号的较大属性，CS-CPDC利用PCA计算投影矩阵 W（参见16.5.1.1节），从而从 $Y \in \mathbb{R}^{m \times L}$ 生成了一个新的 m_1 维空间 $\hat{Y}_1 \in \mathbb{R}^{m_1 \times L}$，且有 $m_1 = m$。进一步，利用LDA计算判别属性（参见16.5.1.2节），于是，从 $Y \in \mathbb{R}^{m \times L}$ 生成了一个新的 m_2 维判别属性空间 $\hat{Y}_2 \in \mathbb{R}^{m_2 \times L}$，且有 $m_2 = m$。从相同的数据集所提取出的这些不同的特征表示反映了原始信号不同的特性，它们的最佳组合能够将那些可有效用于分类处理的多种特征集成到一起。这里推荐采用CCA(Hardoon等，2004)将PCA和LDA特征组合起来，以实现更好的分类效果。

CS-CPDC的多步过程中的第二步是利用CCA将不同的特征表示($\hat{Y}_1$ 和 $\hat{Y}_2$)组合起来，主要是构建它们之间的关联性，即使得 $\hat{Y}_1$ 和 $\hat{Y}_2$ 的交叠式方差达到最大化。其主要思想是找到 $\hat{Y}_1$ 和 $\hat{Y}_2$ 的线性组合，使得二者之间的相关性最大，其目标函数为

$$(W_1, W_2) = \arg\max_{W_1, W_2} W_1 C_{\hat{Y}_1 \hat{Y}_2}$$
$$\text{s.t. } W_1 C_{\hat{Y}_1 \hat{Y}_1} W_1 = 1, W_2 C_{\hat{Y}_2 \hat{Y}_2} W_2 = 1 \tag{16.26}$$

式中：$C_{\hat{Y}_1 \hat{Y}_2}$ 为 $\hat{Y}_1$ 和 $\hat{Y}_2$ 的互协方差矩阵，可以按照下式计算：

$$C_{\hat{Y}1\hat{Y}2} = \hat{E}\begin{bmatrix}\hat{Y}_1\\\hat{Y}_2\end{bmatrix}\begin{pmatrix}\hat{Y}_1\\\hat{Y}_2\end{pmatrix}' = \begin{bmatrix}C_{\hat{Y}_1\hat{Y}_1} & C_{\hat{Y}_1\hat{Y}_2}\\C_{\hat{Y}_2\hat{Y}_1} & C_{\hat{Y}_2\hat{Y}_2}\end{bmatrix} \qquad (16.27)$$

最终得到的 $\hat{Y}_1(\hat{Y}_{1CCA} = W_1 * \hat{Y}_1)$ 和 $\hat{Y}_2(\hat{Y}_{2CCA} = W_2 * \hat{Y}_2)$ 的线性组合将具有最大的相关性。最后,在第三步中进一步将学习到的特征 $\hat{Y}_{1CCA}$ 和 $\hat{Y}_{2CCA}$ 连接起来,从而获得一个向量 $Y_{corr-PC,DC} \in R^{L \times 2k}$,它包含了主成分和判别成分高度相关的表示,$k$ 为 m_1 和 m_2 的最小维数。算法16.4对这些过程进行了归纳,图16.9给出了这一方法的第一和第二阶段的训练过程示例。

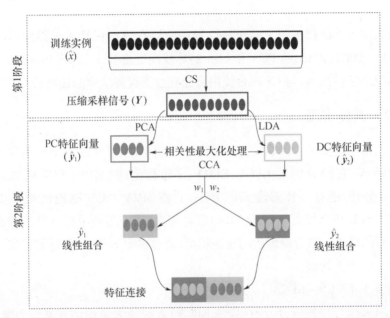

图16.9 所介绍的方法的第1和第2阶段的训练过程(Ahmed 和 Nandi,2018c)

在第三阶段中,CS – CPDC借助多类SVM分类器(参见第13章)对设备的健康状态进行分类处理。

算法16.4 特征学习阶段

输入:$Y \in R^{m \times L}$;$y \in R^{1 \times L}$:每个数据点的类信息向量;c:类数量;m_1:选择的主成分数量

输出:$Y_{corr-PC,DC} \in R^{L \times 2k}$

$PCA(Y) \rightarrow E_1 \in R^{m \times m_1}$

$\hat{Y}_1 = Y^T * E_1$

$$\text{LDA}(Y, y) \rightarrow E_2 \in \mathrm{R}^{m \times m_2}; m_2 = c - 1$$

$$\hat{Y}_2 = Y^\mathrm{T} * E_2$$

$$\text{CCA}(\hat{Y}_1, \hat{Y}_2) \rightarrow w_1, w_2 \in \mathrm{R}^{L \times k}; k = \min(m_1, m_2)$$

$$\hat{Y}_{1\text{CCA}} = w_1 * \hat{Y}_1, \hat{Y}_{2\text{CCA}} = w_2 * \hat{Y}_2$$

$$Y_{\text{corr-PC,DC}} = [\hat{Y}_{1\text{CCA}} \ \hat{Y}_{2\text{CCA}}]$$

16.6 基于 CS 与非线性子空间学习的故障诊断框架

前面章节中已经阐明了随机线性投影能够有效地保持流形结构(Baraniuk 和 Wakin, 2009),因此,将 PCA 和 LDA 的非线性变形技术,如核 PCA(KPCA)以及其他流形学习技术,与 CS 联合使用可能有益于设备故障的诊断研究。

16.6.1 具体实现

人们已经提出了 4 种非线性子空间学习技术,用于从压缩采样信号中学习较少的特征,它们分别是 KPCA、KLDA、多维标度法(MDS)和随机邻近嵌入(SPE)。另外,还有一种三段式的方法,它将 MMV - CS、测地线最小生成树(GMST)、SPE 和近邻成分分析(NCA)联合起来,用于压缩采样信号的维数估计和进一步的降维。结合降维后的这些特征,通过多类 SVM 分类器即可实现设备健康状态的分类处理。

16.6.1.1 CS - KPCA

压缩采样与核主成分分析(CS - KPCA)方法将大量振动数据作为输入,输出是可用于设备故障分类的少量特征。给定一个设备振动数据集 $X \in \mathrm{R}^{n \times L}$,CS - KPCA 首先利用基于 MMV 模型的 CS 生成压缩采样信号,即压缩数据 $Y = \{y_1, y_2, \cdots, y_L\} \in \mathrm{R}^m, 1 \le l \le L, m = n$,并令每个信号与 c 种设备健康状态类型相互匹配。然后利用 KPCA 得到压缩采样信号进一步的低维表示。如同 8.2 节所阐述的,KPCA 算法先将压缩采样数据 $Y \in \mathrm{R}^m$ 映射到特征空间 $\hat{Y} \in F$,然后在 $\hat{Y}$ 中进行线性 PCA。实际上是将压缩信号 $Y = \{y_1, y_2, \cdots, y_L\} \in \mathrm{R}^m$ 作为 KPCA 算法的训练样本,并通过一个非线性映射 Φ 将这些压缩采样信号拓展到高维特征空间,即

$$\Phi: Y \in \mathrm{R}^m \rightarrow \Phi(Y) = \hat{Y} \in F \tag{16.28}$$

为了确定 $\hat{Y}$ 的较大属性,KPCA 进一步利用 $\hat{Y}$ 的互协方差矩阵 C_Φ 计算投影

矩阵 W,这个互协方差矩阵可以按照下式计算:

$$C_\Phi = \frac{1}{L}\sum_{i=1}^{L}(\hat{y}_i - \bar{y})(\hat{y}_i - \bar{y})^T \quad (16.29)$$

式中: $\bar{y} = \sum_{i=1}^{L}\hat{y}_i/L$ 为 $\hat{Y}$ 中所有样本的均值。

本征向量可以通过求解如下问题得到:

$$C_\Phi v = \lambda v \quad (16.30)$$

式中: v 为本征向量; λ 为 C_Φ 的本征值。此处的 v 可以通过下式表达:

$$v = \sum_{i=1}^{L}a_i\Phi(y_i) = \sum_{i=1}^{L}\alpha_i\hat{y} \quad (16.31)$$

为了计算系数 α_i,需要采用一个核函数 $K \in R^{L \times L}$,如 Sigmoid 核,于是有

$$L\lambda Ka = K^2 a \quad (16.32)$$

式中: $a = (a_1, \cdots, a_L)^T$ 为归一化本征向量。

16.6.1.2 CS-KLDA

压缩采样与核线性判别分析(CS-KLDA)方法也是将大量振动数据作为输入,并输出可用于设备故障分类的少量特征。给定一个设备振动数据集 $X \in R^{n \times L}$,CS-KLDA 首先利用基于 MMV 模型的 CS 生成压缩采样信号,即压缩数据 $Y = \{y_1, y_2, \cdots, y_L\} \in R^m, 1 \leq l \leq L, m = n$,并令每个信号与 c 种设备健康状态类型相互匹配。然后,借助 KLDA 得到压缩采样信号的进一步的低维表示。对于 KLDA 算法,一般是将压缩信号 $Y = \{y_1, y_2, \cdots, y_L\} \in R^m$ 作为训练样本,并记设备健康状态的各种类型的样本数分别为 $L_1, L_2, \cdots, L_C, L = L_1 + L_2 + \cdots + L_C$ 为总观测数。KLDA 先借助非线性映射 Φ 将压缩采样信号 Y 拓展到高维特征空间,即

$$\Phi: Y \in R^m \rightarrow \Phi(Y) = \hat{Y} \in F \quad (16.33)$$

然后在 F 空间中进行一个线性 LDA。为了从 $\hat{Y}$ 中计算判别属性,CS-KLDA 方法采用了 LDA,也就是进行 Fisher 准则函数 $J(W)$ 的最大化。该函数是类间散度(S_B)与类内散度(S_W)的比值,即

$$J(W) = \frac{|W^T S_B W|}{|W^T S_W W|} \quad (16.34)$$

其中

$$S_B = \frac{1}{L}\sum_{i=1}^{c}l_i(\mu^i - \mu)(\mu^i - \mu)^T \quad (16.35)$$

$$S_w = \frac{1}{L} \sum_{i=1}^{c} \sum_{j=1}^{l_i} (\hat{y}_j^i - \mu^i)(\hat{y}_j^i - \mu^i)^T \tag{16.36}$$

式中：μ^i 为第 i 类的均值向量；$\hat{y}_1^i$ 为属于第 c 类的数据集；l_i 为第 i 类数据的数量；μ 为 F 空间中所有训练数据集的均值向量。

LDA 通过 $J(W)$ 的最大化确定最优投影矩阵 W，从而将压缩采样数据空间投影到一个 $(c-1)$ 维空间。W 可以表示为如下形式：

$$W = \Phi a \tag{16.37}$$

式中：$\Phi = \sum_{i=1}^{L} \phi(y_i)$；$a = (a_1, \cdots, a_L)^T$。于是，式(16.34)就可以改写为如下形式：

$$J(W) = \frac{|(\Phi a)^T S_B (\Phi a)|}{|(\Phi a)^T S_w (\Phi a)|} @ \frac{|a^T P a|}{|a^T Q a|} \tag{16.38}$$

式中的 $P = \Phi^T S_B \Phi$ 和 $Q = \Phi^T S_w \Phi$ 可以通过核函数来表达(Wang 等,2008)。

16.6.1.3 CS – CMDS

压缩采样与经典多维标度(CS – CMDS)方法将大量振动数据作为输入，并生成可用于设备故障分类的少量特征。给定一个设备振动数据集 $X \in \mathrm{R}^{n \times L}$，CS – CMDS 首先利用基于 MMV 模型的 CS 生成压缩采样信号，即压缩数据 $Y = \{y_1, y_2, \cdots, y_L\} \in \mathrm{R}^m$，$1 \leq l \leq L, m = n$，并令每个信号与 c 种设备健康状态类型相互匹配。然后，借助 CMDS 选择压缩采样信号的最优特征。利用所选择的这些特征，通过一个分类器即可完成设备故障的分类处理。CMDS 是一种非线性优化技术，能够获得压缩采样数据的低维表示。不妨记 $D = (d_{ij})$ 为 $Y = \{y_1, y_2, \cdots, y_L\} \in \mathrm{R}^m$ 的距离矩阵，其中

$$d_{ij} = \sqrt{\sum_{k=1}^{p} (y_{ik} - y_{jk})^2} \tag{16.39}$$

并假定缩减后的维数为 $p(p=m)$，当给定了 D 和 p 之后，MDS 将会使得 Y 缩减为 $\hat{Y} = \{\hat{y}_1, \hat{y}_2, \cdots, \hat{y}_L\} \in \mathrm{R}^p$。CMDS 所计算的 $\hat{Y}$ 能够最好地保持 D，即

$$\hat{Y} = \mathrm{argmin} \sqrt{\sum_{k=1}^{p} (y_{ik} - y_{jk})^2} \tag{16.40}$$

16.6.1.4 CS – SPE

压缩采样与随机邻近嵌入(CS – SPE)方法也是将大量振动数据作为输入，并输出可用于设备故障分类的少量特征。给定一个设备振动数据集 $X \in \mathrm{R}^{n \times L}$，CS – SPE 首先利用基于 MMV 模型的 CS 生成压缩采样信号，即压缩数据 $Y = $

$\{y_1, y_2, \cdots, y_L\} \in \mathbf{R}^m, 1 \leq l \leq L, m = n$，并令每个信号与 c 种设备健康状态类型相互匹配。然后，借助 SPE 选择压缩采样信号的最优特征。利用所选择的这些特征，通过一个分类器即可完成设备故障的分类处理。SPE 以自组织迭代方式将 m 维数据嵌入 p 维，使得原 m 维中的测地距离在嵌入的 p 维中仍然得以保持。为了借助 SPE 使压缩采样信号降维，一般需要进行如下步骤。

(1) 初始化坐标 y_i，并选择一个初始学习率 β。

(2) 随机选择一对点 i 和 j，计算它们的距离：$d_{ij} = \|y_i - y_j\|$。如果 $d_{ij} \neq r_{ij}$（r_{ij} 为对应的邻近距离），则按照下式更新坐标 y_i 和 y_j：

$$y_i = y_j + \beta \frac{1}{2} \frac{r_{ij} - d_{ij}}{d_{ij} + \upsilon}(y_i - y_j) \tag{16.41}$$

$$y_j = y_j + \beta \frac{1}{2} \frac{r_{ij} - d_{ij}}{d_{ij} + \upsilon}(y_j - y_i) \tag{16.42}$$

式中：υ 为一个小数，用于避免出现被零除。这一步骤需要重复执行预先指定的迭代次数，β 以指定的增量 $\delta\beta$ 递减。

基于 CS-SPE 技术，Ahmed 和 Nandi(2018d)针对旋转类设备的健康状态监测问题提出了一种新的三段式方法。该方法的第一阶段利用 MMV-CS 模型从采集到的原始振动信号中生成压缩采样信号；第二阶段通过 GMST、SPE 和 NCA 的组合过程对压缩采样信号的维数进行估计和缩减；第三阶段则根据这些缩减后的特征，采用多类 SVM 分类器完成设备健康状态的分类处理。这一方法也称为 CS-GSN，如图 16.10 所示，它首先通过总体维数估计技术 GMST 确定本征维数，也就是压缩采样数据表示所需的最小特征数量。GMST 计算测地图 G 并从中估计出本征维数 p，一般是通过计算多重最小生成树(MST)实现的，在这些树中每个数据样本 x_i 都与其 k 个最近邻相关联，于是有

$$p(Y) = \min \sum_{e \in T} D_{\text{Eucl}} \tag{16.43}$$

式中：T 为图 G 所有子树的集合；e 为 T 中的边；D_{Eucl} 为 e 的欧几里得距离。

其次，在确定了最小特征数量 $p(p<m)$ 之后，压缩采样数据就可以变换到降维空间中，从而得到重要的特征表示。在数据降维方面，人们已经提出了多种线性和非线性技术。在这一阶段，只需将 SPE 和 NCA 组合起来即可自动选取出压缩采样数据的更少特征。SPE 是一种非线性技术，具有如下几个有益特性：①很容易实现；②非常快速；③在时间和存储空间方面与数据规模都呈线性关系；④对数据缺失相对不敏感。因此，SPE 是非常合适的手段。在得到了较少的特征之后，通过分类器就可以完成设备故障的诊断了。

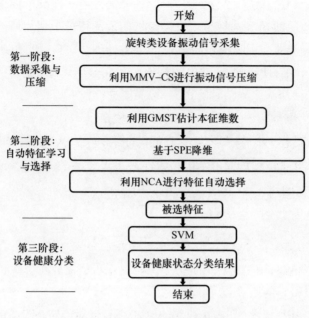

图 16.10　CS – GSN 方法的训练

16.7　应用实例

本节将介绍两个针对真实轴承数据集的实例研究,其主要目的是阐明本章所介绍的技术是如何工作的,并验证它们相对于其他高水平故障诊断技术的有效性。

16.7.1　实例研究 1

这个实例研究中所使用的振动数据集是从试验台上的实验中采集到的,该试验台模拟的是滚动轴承的运行环境。在这些实验中,试验台上安装了若干个带有缺陷的滚动轴承,这些缺陷类型在滚动轴承中是较为常见的。实验中考虑了 6 种健康状态,分别是 2 种正常状态,即全新(NO)状态和磨损而未损坏(NW)状态,4 种缺陷状态,即 IR 缺陷、OR 缺陷、RE 缺陷、保持架缺陷(CA)状态。采样率为 48kHz。关于试验设置的更多情况可以参阅第 6 章和相关论文(Ahmed 和 Nandi,2018a)。实验过程中记录了总共 960 个样本(6000 个数据点)。图 16.11 给出了所考察的 6 种状态下的一些典型的时序图,从中可以看出,每一种缺陷都会按照自身独有的模式对振动信号产生调制作用。例如,根据 RE 损伤水平和轴承负载的不同,IR 和 OR 缺陷状态呈现出近乎周期性的信号,RE 缺陷状态可能是也可能不是周期性信号,CA 缺陷状态则会产生随机畸变。

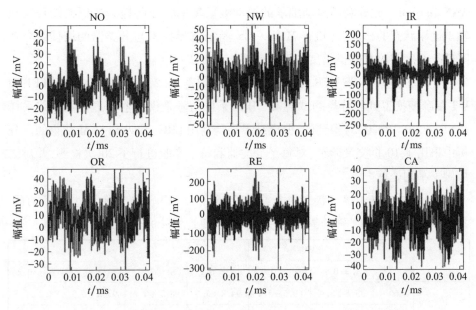

图 16.11　6 种不同状态下典型的时域振动信号(Ahmed 和 Nandi,2018a)

首先,我们从总观测数据中随机选择出 50% 用于训练,剩余的 50% 则用于测试。然后,利用不同的压缩采样率 α(0.1 和 0.2)生成压缩采样振动信号。为了确保 CS 模型能够生成轴承缺陷分类所需的足够数量的样本,我们利用每种稀疏表示方法中所生成的压缩采样信号重构出原始信号 X(通过 CoSaMP 算法)。重构误差采用均方根误差(RMSE)进行评价。例如,当利用基于阈值型 WT 的 CS($\alpha=0.1$)时,6 种轴承状态所对应的 RMSE 分别为 8.5%(NO)、24.6%(NW)、15.23%(IR)、12.71%(OR)、11.87%(RE)和 5.29%(CA),更详尽的分析可以参阅相关文献(Ahmed 等,2018b)。对于基于 FFT 的 CS($\alpha=0.1$),RMSE 分别为 4.8%(NO)、8.9%(NW)、6.3%(IR)、5.6%(OR)、4.7%(RE)和 3.6%(CA),显然这一信号重构效果是良好的。

下面将简要介绍已经进行的若干实验,它们主要用于验证 CS - SL 框架在旋转类设备故障诊断方面的性能。

16.7.1.1 MMV-CS 与若干特征排序技术的组合

本节主要介绍将 MMV-CS 与若干特征排序技术(FS、LS、Relief-F、PCC、Chi-2)组合起来用于从大量振动数据中学习少量特征,进而可以据此实现轴承健康状态的分类。在健康状态分类中,主要采用的是 3 种分类算法,即 LRC、ANN 和 SVM。此处利用滚动轴承的振动数据集来验证所提出的框架能否实现轴承健康状态的诊断,并检查 MMV-CS、特征选择技术与分类器的最佳组合在降低复杂度和改善分类精度方面的表现。

针对 5 种基于 CS-FR 的技术,表 16.1 和表 16.2 分别给出了采用 FFT 和 WT 稀疏变换得到的分类测试结果。压缩采样信号是借助前面提及的压缩采样率(即 $\alpha=0.1$ 和 0.2)得到的,分类结果则是利用 LRC、ANN 和 SVM 获得的。分析中采用了 10 折交叉验证,对每个分类器和每个实验进行了 20 次检测,并对结果做了平均处理。

表 16.1 滚动轴承健康状态的分类精度(采用了 FFT 稀疏变换,考虑了不同的 MMV-CS 与特征排序和选择技术的组合;所有超过 99% 的分类精度均以黑体表示)

与 FFT 算法组合	k	SVM		LRC		ANN	
		$\alpha=0.1$	$\alpha=0.2$	$\alpha=0.1$	$\alpha=0.2$	$\alpha=0.1$	$\alpha=0.2$
CS-FS	60	85.8±8.4	89.5±5.1	94.3±5.6	98.7±0.7	93.8±6.3	98.3±0.8
	120	89.6±11.4	92.3±6.2	**99.7±0.4**	**99.8±0.3**	**99.2+1.3**	**99.7±0.7**
	180	97.4±5.2	**99.1±0.9**	**99.9±0.1**	**99.9±0.2**	**99.8±0.5**	**99.8±0.3**
CS-LS	60	92.7±7.0	92.1±5.1	95.8±0.9	93.4±1.2	98.6±0.9	97.3±2.1
	120	98.7±1.4	98.9±1.1	**99.5±03**	**99.8±0.6**	**99.9±0.2**	**99.4±0.7**
	180	**99.2±0.8**	**99.2±0.7**	**99.8±0.2**	**99.9±0.1**	**99.9±0.1**	**99.9±0.2**
CS-Relief-F	60	85.8±13.7	77.9±1.5	**99.5±03**	**99.3±0.6**	**99.7±0.6**	**99.7±0.3**
	120	89.3±8.4	90.9±7.8	**99.8±0.3**	**99.9±0.2**	**99.9±0.2**	**99.7±0.4**
	180	95.6±5.8	96.2±4.8	**99.9±0.1**	**99.9±0.1**	**99.9±0.3**	**100±0.0**
CS-PCC	60	78.3±14.0	73.2±7.4	98.5±1.3	**99.3±0.5**	**99.4+03**	**99.4±0.6**
	120	93.2±7.5	93.8±7.9	**99.8±0.3**	**99.5±0.2**	**99.8±0.3**	**99.7±0.4**
	180	97.7±5.1	96.7±5.7	**99.9±0.1**	**99.9±0.2**	**99.7±0.5**	**100±0.0**
CS-Chi-2	60	64.2±7.1	68.3±7.6	98.0±2.2	98.7±1.4	96.9±2.0	95.2±3.9
	120	83.2±9.0	76.9±9.3	**99.5±0.5**	**99.5±0.4**	**99.2±0.9**	**99.4±0.8**
	180	95.2±5.2	94.9±6.3	**99.9±0.1**	**99.9±0.1**	**99.9±0.3**	**99.9±0.3**

表16.2 滚动轴承健康状态的分类精度(采用了 WT 稀疏变换,考虑了不同的 MMV-CS 与特征排序和选择技术的组合;所有超过99%的分类精度均以黑体表示)

与 WT 算法组合	k	SVM		LRC		ANN	
		$\alpha = 0.1$	$\alpha = 0.2$	$\alpha = 0.1$	$\alpha = 0.2$	$\alpha = 0.1$	$\alpha = 0.2$
CS-FS	60	91.5±8.4	95.2±4.7	92.2±7.5	96.4±3.9	91.6±8.3	97.1±2.8
	120	94.9±4.9	94.8±5.2	96.3±3.8	96.2±4.0	97.2±2.8	98.3±1.7
	180	95.8±3.9	96.3±3.8	98.9±1.2	97.8±2.2	98.2±1.9	**99.1±0.9**
CS-LS	60	92.6±7.4	92.2±7.7	91.9±8.2	93.3±6.9	92.9±7.0	93.7±6.3
	120	91.4±6.9	93.5±6.4	92.8±7.2	94.2±5.7	95.3±4.8	95.2±4.8
	180	94.4±5.4	93.2±6.9	95.4±4.6	95.5±4.4	96.8±2.9	95.9±4.1
CS-Relief-F	60	94.7±5.3	94.2±5.9	94.1±5.1	93.7±6.4	94.6±5.4	94.4±5.7
	120	95.3±4.7	95.5±4.4	96.4±3.2	95.9±4.2	97.2±2.8	97.0±3.1
	180	97.7±2.1	98.8±1.2	98.4±1.6	**99.3±0.7**	**99.1±0.9**	**99.9±0.1**
CS-PCC	60	71.5±17.8	79.9±17.8	94.1±5.7	94.3±4.6	94.9±5.3	95.7±4.3
	120	78.2±16.2	82.2±15.8	95.0±4.9	95.0±4.9	96.4±3.6	96.3±3.8
	180	83.5±13.7	87.4±11.6	98.8±1.2	**99.0+1.1**	**99.3±0.7**	**99.6±0.3**
CS-Chi-2	60	94.3±3.8	95.2±3.2	95.1±4.5	96.7±2.7	95.8±3.9	96.3±3.7
	120	96.2±3.7	97.1±3.4	96.8±2.9	97.9±2.1	98.8±1.9	98.1±2.9
	180	**99.6±0.3**	**99.6±0.2**	**99.5±0.4**	**99.3±0.7**	**99.2±0.7**	**99.9±0.1**

根据表16.1和表16.2所给出的结果,可以看出,在 CS(采用 FFT)、特征选择技术和分类器的各种组合中,带有 LRC 和 ANN 的大部分组合都要比采用 SVM(使用 fitcecoc 函数)的结果更好。特别地,对于所有的采样率 α 和被选特征数 k,采用 LRC 和 ANN 的 CS-Chi-2 和 CS-Relief-F 所得到的结果都比采用 SVM 更为优秀。另外,对于所有的采样率 α,当 $k = 120$ 时,CS(采用 FFT)与所考察的特征选择技术的所有组合(采用 LRC 和 ANN)能够实现很高的分类精度,全都超过了99%。不仅如此,Ahmed 和 Nandi 还证实了,对于所有的分类器,若令 $\alpha = 0.4, k = 180$,那么它们与 CS-FS、CS-Relief-F、CS-PCC 和 CS-Chi-2 在组合使用时,无论是采用 WT 还是 FFT 稀疏变换技术,所得到的分类精度都在99%以上。此外,他们还指出了,对于 CS-LS,所有这些分类器在 $\alpha = 0.4, k = 180$ 条件下(仅采用 FFT)都能达到99%以上的分类精度。关于这些结果以及更多的信息,读者可以参阅 Ahmed 和 Nandi(2018b)的工作。

总体来说,上述结果表明,结合本章所介绍的各种方法的 CS-FR 框架能够以很高的分类精度实现轴承健康状态的分类处理。这里可以给出如下相关评述。

(1)在所提出的基于 MMV 的 CS 模型中,采用 FFT 进行稀疏变换能够获得比采用阈值型 WT 更好的结果。

(2)对于所有考察的 CS 与特征选择技术的组合,在不同的采样率和不同的被选特征数量情况下,LRC 和 ANN 都能够获得很高的分类精度。

(3)当被选特征数量和采样率较大时,如 $\alpha=0.4,k=180$,对于特定的组合来说,SVM 也能够获得很好的分类精度(Ahmed 和 Nandi,2018b)。

(4)当被选特征数量较大时,所有这些方法都能获得很高的分类精度。因此,对于这些方法在故障诊断中的应用而言,一般建议从压缩采样信号中选取更多数量的特征。

16.7.1.2　MMV-CS 与若干线性和非线性子空间学习技术的组合

这里将介绍若干实验研究工作,它们可以用于验证前述 CSL-LSL 和 CS-NLSL 框架的性能,主要针对的是旋转类设备的状态监测。本节主要涉及 CS-PCA、CS-LDA、CS-CPDC、CS-KPCA、CS-KLDA、CS-CMDS、CS-SPE 和 CS-GSN 等方法,它们能够从采集到的大量振动数据中学习少量特征,进而将其用于滚动轴承故障的诊断处理。在这些技术中,首先是利用 MMV-CS 结合 FFT 稀疏变换来获得压缩采样数据,然后从中学习特征子集。在每种技术所学习到的这些特征基础上,为处理分类问题,这里将 SVM(采用 10 折交叉验证)得到的 20 次结果进行了平均。在评价这些方法的性能时,我们先利用相同的采样率针对训练样本集进行每个测试信号的压缩采样,然后通过训练后的算法得到测试集的经过学习的特征。当这些特征经过学习之后,再借助训练后的 SVM 对测试信号进行分类。表 16.3 给出了总体结果,其中的分类精度是每次实验中的 20 次结果的平均。

表 16.3　滚动轴承健康状态的分类精度(采用了 FFT 稀疏变换,考虑了不同的 MMV-CS 和子空间学习技术的组合,所有高于 99% 的分类精度均以黑体表示)

算法	压缩采样率(α)	
	0.1	0.2
CS-PCA	95.0±4.8	97.2±2.5
CS-LDA	96.8±2.1	98.4±1.3
CS-CPDC	**99.8±0.2**	**99.9±0.1**

续表

算法	压缩采样率(α)	
	0.1	0.2
CS – KCPCA	98.6 ±2.5	**99.3 ±0.8**
CS – KLDA	**99.3 ±1.1**	100.0 ±0.0
CS – MDS	99.1 ±1.2	99.6 ±0.7
CS – SPE	96.2 ±37	98.5 ±1.6
CS – GSN	98.8 ±2.4	**99.4 ±0.5**

可以清晰地观察到,采样率 α 越大,此处所考察的所有基于 CS – SL 的技术将具有更好的分类精度。不过,高分类精度的实现所使用的样本不超过原始数据样本的15%。特别地,对于总数据集的10%的样本,CS – CPDC、CS – KLDA 和 CS – MDS 方法所给出的精度分别达到了99.8%、99.3% 和99.1%。

为进一步验证基于 CS – SL 的技术的有效性,这里将基于 CS – LSL 和 CS – NLSL 框架的通过不同组合形式得到的分类精度比较结果,与近期文献中给出的一些分析结果(采用的是相同的振动数据集)进行了对比。例如,Wong 等(2015)曾给出过3种方法的结果,一种方法利用了所有原始振动数据,从中提取了熵特征,另外两种方法采用了压缩测量来恢复原始振动信号,并从重构后的信号中提取了熵特征。利用这些特征,进一步又借助 SVM 对轴承健康状态进行了分类。另外,Seera 等(2017)采用了由模糊极小 – 极大(FMM)神经网络和随机森林(RF)以及样本熵(SampEn)、功率谱(PS)特征所构成的混合模型,将其用于轴承健康状态的分类处理。Guo 等(2005)提出了基于遗传规划(GP)的方法,用于从原始振动数据提取特征,利用这些特征,进一步采用 SVM 和 ANN 处理了轴承健康状态的分类问题。表16.4 给出了基于我们所介绍的方法($\alpha = 0.2$)得到的轴承状态分类结果,以及上述研究所报道的结果(使用的数据集与本实例研究是相同的)。

表16.4 与现有文献中的分类结果的对比(针对实例分析1中的轴承振动数据集)

已有研究	分类精度/%
使用原始振动数据和熵特征(Wong 等,2015)	98.9 ±1.2
压缩采样($\alpha = 0.5$)后进行信号重构(Wong 等,2015)	92.4 ±0.5
压缩采样($\alpha = 0.25$)后进行信号重构(Wong 等,2015)	84.6 ±3.4
FMM – RF(SampEn + PS)(Seera 等,2017)	99.81 ±0.41

续表

已有研究	分类精度/%
采用 GP 生成的特征集(未正则化)(Guo 等,2005)	
ANN	96.5
SVM	97.1
基于 CS – LSL 和 CS – NLSL 的方法(FFT,$\alpha=0.2$,SVM 分类器)	
CS – PCA	97.2 ± 2.5
CS – LDA	98.4 ± 1.3
CS – CPDC	99.9 ± 0.1
CS – KPCA	99.3 ± 0.8
CS – KLDA	100.0 ± 0.0
CS – MDS	99.6 ± 0.7
CS – SPE	98.5 ± 1.6
CS – GSN	99.4 ± 0.5

从表 16.4 不难看出,基于 CS – LSL 和 CS – NLSL 的方法所得到的分类结果要比 Wong 等(2015)和 Guo 等(2005)所报道的结果更为优秀。不仅如此,CS – LDA、CS – CPDC、CS – KPCA、CS – KLDA、CS – MDS、CS – SPE 和 CS – GSN 所给出的结果至少与 Seera 等(2017)的结果一样好,虽然这里仅使用了原始振动数据的 20% ($\alpha=0.2$),其结果也优于 Seera 等使用全部数据得到的结果。

本节针对本章所给出的基于 CS – SL 的技术进行了验证,阐明了 CS 与子空间学习方法的各种组合能够获得很高的轴承故障分类精度。下一节将利用可公开获取的轴承振动数据集对这些方法的适用性进行验证。采用这些共享的数据集的好处在于我们能够方便地与其他研究的相关结果进行比较。

16.7.2 实例研究 2

这一实例中所使用的轴承数据集是凯斯西储大学(http://csegroups.case.edu/bearingdatacenter/home)提供的。它们是从一个发动机驱动系统中采集到的,各种缺陷体现在发动机驱动端轴承上。该轴承数据集考虑了正常状态(NO)、IR 缺陷状态、滚动体(RE)缺陷状态和 OR 缺陷状态,并根据缺陷宽度(0.18~0.53mm)和发动机负载(0~3hp)做了进一步的区分。对于部分采样数据,采样率为 12kHz,剩余采样数据的采样率为 48kHz。在 NO、IR、OR 和 RE 缺陷状态下采集轴承振动信号时还考虑了 4 种不同转速,每种转速条件下,均针对每种状态和每种负载采集了100个时间序列。对于IR、OR和RE缺陷状态,分别记录了4种不同缺陷宽度(0.18mm,0.36mm,0.53mm,0.71mm)情况下的振动信号。本书中将采集到的这些振动信号分成了3组数据集,并将其用于本章和第17章所介绍的各种方法的评估。

第一组数据集选自于某些振动信号数据文档,它们对应的采样率为48kHz,缺陷宽度包括0.18mm、0.36mm和0.53mm,恒定负载包括1hp、2hp和3hp,所选择的样本数是每种状态200个。由此得到了3个不同的数据集A、B和C,总样本数为2000个,每个信号2400个数据点。第二组数据集是从采样率为12kHz的振动信号数据文档中选取的,对应的缺陷宽度包括0.18mm、0.36mm和0.53mm,发动机运行工况中的负载可变,包括0、1hp、2hp和3hp,每种状态选取了400个样本。由此得到的数据集D包括了4000个样本,每个信号1200个数据点。第三组数据集所对应的数据文档的采样率为12kHz,缺陷宽度包括0.18mm、0.36mm、0.53mm和0.71mm,负载为2hp,每种状态选取了60个样本。由此得到的数据集E包含了720个样本,每个信号2000个数据点。关于这些数据集更详尽的描述,可以在凯斯西储大学网站上的轴承数据中心或者相关文献(Ahmed和Nandi,2018a)中找到。

下面简要介绍一些实验工作,它们主要用于验证CS-SL框架在旋转类设备故障诊断方面的性能。

16.7.2.1 MMV-CS与若干特征排序技术的组合

为了将CS-FR框架应用于数据集E上,此处随机选择了240个样本用于训练,480个样本用于测试。我们利用MMV-CS模型和FFT从原始振动数据得到了压缩采样信号,采样率α设定为0.1,所采用的特征选择方法与实例分析1中是相同的,由此选择了压缩采样信号的少量特征。根据这些少量特征,进一步通过LRC、ANN和SVM处理了分类问题。针对每一种分类器和每一个实验,将20次结果进行平均得到了分类精度。我们将基于CS-FR的算法和其他高水平故障诊断算法进行了性能比较,如Yu等(2018)给出的特征选择方法,该方法通过调整兰德指数和标准差比率(FSAR)从原始特征集(OFS)中选取特征;其他还有一些方法采用PCA、LDA、局部Fisher判别分析(LFDA)和支撑边界LFDA(SM-LFDA)来降低基于FSAR所选择的特征的维数,然后根据所选择的这些特征,进一步再通过SVM实现分类处理。表16.5将此处的结果与近期报道的一些结果(Yu等,2018)进行了比较。很明显,基于CS-FR的算法的所有结果都要更为优秀。

表 16.5 与现有文献中的分类结果的对比(针对实例分析 2 中的轴承振动数据集)

方法	分类精度/%
OFS – FSAR – SVM(Yu 等,2018)	
(选择 25 个特征)	91.46
(选择 50 个特征)	69.58
OFS – FSAR – PCA – SVM(Yu 等,2018)	
(选择 25 个特征)	91.67
(选择 50 个特征)	69.79
OFS – FSAR – LDA – SVM(Yu 等,2018)	
(选择 25 个特征)	86.25
(选择 50 个特征)	92.7
OFS – FSAR – LFDA – SVM(Yu 等,2018)	
(选择 25 个特征)	93.75
(选择 50 个特征)	94.38
OFS – FSAR – (SM – LFDA) – SVM(Yu 等,2018)	
(选择 25 个特征)	94.58
(选择 50 个特征)	95.63
我们所给出的框架(FFT, $\alpha=0.1, k=25$)	
CS – FS LRC	98.4 ± 1.6
CS – FS ANN	99.6 ± 0.5
CS – FS SVM	97.4 ± 2.7
CS – LS LRC	99.1 ± 0.8
CS – LS ANN	99.2 ± 0.8
CS – LS SVM	98.5 ± 1.6
CS – Relief – F LRC	99.3 ± 0.6
CS – Relief – F ANN	99.2 ± 0.8
CS – Relief – F SVM	97.8 ± 2.4
CS – PCC LRC	99.2 ± 0.8
CS – PCC ANN	99.5 ± 0.6
CS – PCC SVM	97.9 ± 1.9
CS – Chi – 2 LRC	97.5 ± 2.6
CS – Chi – 2 ANN	99.9 ± 0.1
CS – Chi – 2 SVM	94.7 ± 5.4

16.7.2.2 MMV-CS 与若干线性和非线性子空间学习技术的组合

为了应用基于 CS-SL 的方法，这里对数据集 D 进行了实验，$\alpha = 0.1$，训练规模为 40%，每个实验进行了 20 次测量。我们将所得到的结果与近期研究使用相同数据集 D 得到的分析结果进行了比较，例如，Zhang 等(2015b)针对一个混合模型给出的分析结果，他们的模型集成了排列熵(PE)、集成经验模式分解(EEMD)和一个经过特征空间内簇间距离优化的 SVM；此外，还包括 Xia 等(2017)所报道的结果，该研究针对的是一个基于栈式去噪自编码器的深度神经网络(DNN)。Xia 等(2018)还给出了基于卷积神经网络(CNN)的方法的分析结果。表 16.6 中列出了本章所介绍的基于 CS-SL 的方法($\alpha = 0.1$)的轴承健康状态分类结果，以及上述其他研究中所报道的相关结果，它们都使用了相同的数据集。

可以清晰地观察到，基于 CS-LSL 和 CS-NLSL 的方法所得到的分类结果比其他研究(Zhang 等,2015b；Xia 等,2017)所报道的结果更好。另外，CS-CPDC、CS-KPCA、CS-KLDA、CS-MDS、CS-SPE 和 CS-GSN 所给出的结果至少与 Xia 等(2018)的分析结果一样好，尽管此处仅使用了原始振动数据的 10%($\alpha = 0.1$)，其结果也优于 Xia 等使用全部数据得到的结果。

表 16.6 与已有文献中的分类结果的对比(针对轴承数据集 D)
(Ahmed 和 Nandi,2018b)

算法	分类精度/%
Zhang 等(2015a)	97.91 ± 0.9
Xia 等(2017)	97.59
Xia 等(2018)	99.44
CS-PCA	98.1 ± 1.8
CS-LDA	98.9 ± 1.1
CS-CPDC	99.9 ± 0.1
CS-KPCA	99.6 ± 0.4
CS-KLDA	99.2 ± 0.7
CS-SPE	99.1 ± 0.9
CS-GSN	99.7 ± 0.3

16.8 相关讨论

本章介绍了近期研究中提出的压缩采样与子空间学习框架 CS-SL，该框架采用了带有3种不同的子空间学习方法的CS模型。第一种方法建立在CS和特征排序及选择技术(CS-FR)基础之上,第二种方法是CS模型与线性子空间学习技术(CS-LSL),第三种是CS模型与非线性子空间学习技术。基于CS-SL的方法将大量振动数据作为输入,并输出可用于设备故障分类的少量特征。验证性的实验工作已经证实,基于CS-SL框架的各种组合方法在较小的采样率 α(0.1和0.2)条件下都能获得很高的分类精度。通过基于CS-SL的技术与其他技术的对比,结果表明基于CS-SL的技术所学习到的特征能够实现更好的分类效果,即使仅使用10%($\alpha=0.1$)或20%($\alpha=0.2$)的原始振动数据。本章的分析结果阐明了,所给出的各种方法能够缩减原始振动数据,同时仍能实现很高的分类精度。不过,实际工况中采集到的大量数据仍然会使CS投影的规模较大,因此在一些MCM应用中还需要进一步的数据缩减。为此,下一章将介绍另一种借助高度压缩测量的设备故障诊断方法,其中利用了稀疏超完备特征。在基于振动的设备状态监测中使用高度压缩测量,其优点在于能够进一步降低计算复杂度、存储需求以及压缩数据传输所需的带宽。

参考文献

Ahmed, H. and Nandi, A. (2018d). Three-stage method for rotating machine health condition monitoring using vibration signals. In: Proceedings of the 2018 Prognostics and System Health Management Conference (PHM-Chongqing), 285-291. IEEE.

Ahmed, H. O. A. and Nandi, A. K. (2017). Multiple measurement vector compressive sampling and fisher score feature selection for fault classification of roller bearings. In: 2017 22nd International Conference on Digital Signal Processing (DSP), 1-5. IEEE.

Ahmed, H. O. A. and Nandi, A. K. (2018a). Compressive sampling and feature ranking framework for bearing fault classification with vibration signals. IEEE Access 6: 44731-44746.

Ahmed, H. O. A. and Nandi, A. K. (2018b). Intelligent condition monitoring for rotating machinery using compressively-sampled data and sub-space learning techniques. In: International Conference on Rotor Dynamics, 238-251. Cham: Springer.

Ahmed, H. O. A. and Nandi, A. K. (2018c). Three-Stage Hybrid Fault Diagnosis for Rolling Bearings with Compressively-Sampled Data and Subspace Learning Techniques, vol. 66(7), 5516-5524. Institute of Electrical and Electronics Engineers.

Ahmed, H. O. A., Wong, M. D., and Nandi, A. K. (2017a). Compressive sensing strategy for classification of bearing faults. In: 2017 IEEE International Conference on Acoustics, Speech and

Signal Processing (ICASSP), 2182 – 2186. IEEE.

Ahmed, H. O. A., Wong, M. D., and Nandi, A. K. (2017b). Classification of bearing faults combining compressive sampling, laplacian score, and support vector machine. In: Industrial Electronics Society, IECON 2017 – 43rd Annual Conference of the IEEE, 8053 – 8058. IEEE.

Bao, Y., Beck, J. L., and Li, H. (2011). Compressive sampling for accelerometer signals in structural health monitoring. Structural Health Monitoring 10 (3): 235 – 246.

Baraniuk, R. G. and Wakin, M. B. (2009). Random projections of smooth manifolds. Foundations of Computational Mathematics 9 (1): 51 – 77.

Candes, E. J. and Tao, T. (2006). Near – optimal signal recovery from random projections: universal encoding strategies. IEEE Transactions on Information Theory 52 (12): 5406 – 5425.

Candès, E. J. and Wakin, M. B. (2008). An introduction to compressive sampling. IEEE Signal Processing Magazine 25 (2): 21 – 30.

Chang, S. G., Yu, B., and Vetterli, M. (2000). Adaptive wavelet thresholding for image denoising and compression. IEEE Transactions on Image Processing 9 (9): 1532 – 1546.

Chen, J. and Huo, X. (2006). Theoretical results on sparse representations of multiple – measurement vectors. IEEE Transactions on Signal Processing 54 (12): 4634 – 4643.

Chen, X., Du, Z., Li, J. et al. (2014). Compressed sensing based on dictionary learning for extracting impulse components. Signal Processing 96: 94 – 109.

Dai, W. and Milenkovic, O. (2009). Subspace pursuit for compressive sensing signal reconstruction. IEEE Transactions on Information Theory 55 (5): 2230 – 2249.

Davenport, M. A., Wakin, M. B., and Baraniuk, R. G. (2006). Detection and estimation with compressive measurements. Dept. of ECE, Rice University, technical report.

Donoho, D. L. (2006). Compressed sensing. IEEE Transactions on information theory 52 (4): 1289 – 1306.

Donoho, D. L., Tsaig, Y., Drori, I., and Starck, J. L. (2006). Sparse solution of underdetermined linear equations by stagewise orthogonal matching pursuit. IEEE Trans. on Information theory 58 (2): 1094 – 1121.

Eldar, Y. C. (2015). Sampling Theory: Beyond Bandlimited Systems. Cambridge University Press.

Guo, H., Jack, L. B., and Nandi, A. K. (2005). Feature generation using genetic programming with application to fault classification. IEEE Transactions on Systems, Man, and Cybernetics, Part B (Cybernetics) 35 (1): 89 – 99.

Hardoon, D. R., Szedmak, S., and Shawe – Taylor, J. (2004). Canonical correlation analysis: An overview with application to learning methods. Neural Comput. 16 (12): 2664 – 2699.

Holland, D. J., Malioutov, D. M., Blake, A. et al. (2010). Reducing data acquisition times in phase – encoded velocity imaging using compressed sensing. Journal of Magnetic Resonance 203

(2): 236 – 246.

Li, J., Cheng, K., Wang, S. et al. (2017). Feature selection: a data perspective. ACM Computing Surveys (CSUR) 50 (6): 94.

Li, X. F., Fan, X. C., and Jia, L. M. (2012). Compressed sensing technology applied to fault diagnosis of train rolling bearing. Applied Mechanics and Materials 226: 2056 – 2061.

Merlet, S. L. and Deriche, R. (2013). Continuous diffusion signal, EAP and ODF estimation via compressive sensing in diffusion MRI. Medical Image Analysis 17 (5): 556 – 572.

Needell, D. and Tropp, J. A. (2009). CoSaMP: iterative signal recovery from incomplete and inaccurate samples. Applied and Computational Harmonic Analysis 26 (3): 301 – 321.

Qaisar, S., Bilal, R. M., Iqbal, W. et al. (2013). Compressive sensing: from theory to applications, a survey. Journal of Communications and Networks 15 (5): 443 – 456.

Rao, K. R. and Yip, P. C. (2000). The Transform and Data Compression Handbook, vol. 1. CRC Press.

Rossi, M., Haimovich, A. M., and Eldar, Y. C. (2014). Spatial compressive sensing for MIMO radar. IEEE Transactions on Signal Processing 62 (2): 419 – 430.

Rudelson, M. and Vershynin, R. (2008). On sparse reconstruction from Fourier and Gaussian measurements. Communications on Pure and Applied Mathematics 61 (8): 1025 – 1045.

Seera, M., Wong, M. D., and Nandi, A. K. (2017). Classification of ball bearing faults using a hybrid intelligent model. Applied Soft Computing 57: 427 – 435.

Shao, H., Jiang, H., Zhang, H. et al. (2018). Rolling bearing fault feature learning using improved convolutional deep belief network with compressed sensing. Mechanical Systems and Signal Processing 100: 743 – 765.

Sun, L., Liu, J., Chen, J., and Ye, J. (2009). Efficient recovery of jointly sparse vectors. In: Advances in Neural Information Processing Systems, 1812 – 1820.

Tang, G., Hou, W., Wang, H. et al. (2015a). Compressive sensing of roller bearing faults via harmonic detection from under – sampled vibration signals. Sensors 15 (10): 25648 – 25662.

Tang, G., Yang, Q., Wang, H. Q. et al. (2015b). Sparse classification of rotating machinery faults based on compressive sensing strategy. Mechatronics 31: 60 – 67.

Tropp, J. A. and Gilbert, A. C. (2007). Signal recovery from random measurements via orthogonal matching pursuit. IEEE Transactions on Information Theory 53 (12): 4655 – 4666.

Wang, L., Chan, K. L., Xue, P., and Zhou, L. (2008). A kernel – induced space selection approach to model selection in KLDA. IEEE Transactions on Neural Networks 19 (12):2116 – 2131.

Wong, M. L. D., Zhang, M., and Nandi, A. K. (2015). Effects of compressed sensing on classification of bearing faults with entropic features. IEEE Signal Processing Conference (EUSIPCO): 2256 – 2260.

Xia, M., Li, T., Liu, L. et al. (2017). Intelligent fault diagnosis approach with unsupervised feature learning by stacked denoising autoencoder. IET Science, Measurement & Technology 11 (6): 687–695.

Xia, M., Li, T., Xu, L. et al. (2018). Fault diagnosis for rotating machinery using multiple sensors and convolutional neural networks. IEEE/ASME Transactions on Mechatronics 23 (1): 101–110.

Yu, X., Dong, F., Ding, E. et al. (2018). Rolling bearing fault diagnosis using modified LFDA and EMD with sensitive feature selection. IEEE Access 6: 3715–3730.

Yuan, H. and Lu, C. (2017). Rolling bearing fault diagnosis under fluctuant conditions based on compressed sensing. Structural Control and Health Monitoring 24 (5).

Zhang, X., Hu, N., Hu, L. et al. (2015a). A bearing fault diagnosis method based on the low-dimensional compressed vibration signal. Advances in Mechanical Engineering 7 (7): 1–12.

Zhang, X., Liang, Y., and Zhou, J. (2015b). A novel bearing fault diagnosis model integrated permutation entropy, ensemble empirical mode decomposition and optimized SVM. Measurement 69: 164–179.

第17章 压缩采样与深度神经网络

17.1 引言

在设备状态监测应用中,为了克服高维数据的学习困难,需要进行数据压缩,然而,压缩采样(CS)投影仍然代表的是实际工况中采集到的大量振动数据。解决这一问题的一条途径是先从 CS 投影中学习得到特征子集(参见第16章),然后针对这个特征子集进行分类处理。本章将给出近期提出的另一条解决途径,它主要是设计一种基于高度压缩测量的智能故障分类方法,其中利用了稀疏超完备特征,并通过稀疏自编码器训练了一个深度神经网络,简称 CS – SAE – DNN。这一方法从高度压缩测量中提取超完备稀疏表示,借助带有稀疏自编码器(SAE)算法的无监督特征学习技术,在基于深度神经网络(DNN)的非线性特征变换的多步过程中进行特征表示的学习(Ahmed 等,2018)。

17.2 相关研究工作概述

如同 16.3 节所讨论的,一些研究人员已经将 CS 应用于设备状态监测和故障诊断工作中,并且也有大量研究开始考察带有自编码器(AE)算法的 DNN 在设备故障诊断问题中的可行性。例如,Tao 等(2015)基于栈式自编码器和 softmax 回归提出了一种可用于轴承故障诊断的 DNN 算法框架;Jia 等(2016)给出了一种基于 DNN 的智能方法并证实了该方法针对滚动轴承和行星齿轮箱各种数据集的分类有效性,其中使用了大量的样本,并将 AE 作为学习算法。近期,Sun 等(2016)还针对感应电动机的故障分类问题,提出了一种基于 SAE 的 DNN 方法,其中借助了去噪编码和随机失活方法,并且带有一个隐含层。他们从每个感应电动机工况中采集了 600 个数据样本,特征数为 2000。上述研究结果已经证实了基于 AE 学习算法的 DNN 是能够用于设备故障分类问题的。

还有一些其他类型的深度学习架构,如卷积深度神经网络(CNN)、深度置信网络(DBN)和循环神经网络(RNN)等,它们已经应用于设备故障诊断问题。与标准的神经网络(NN)不同的是,CNN 的架构通常包含了卷积层和子采样层(也称为池化层),它从交替堆叠的卷积层和池化层中学习抽象特征。卷积层将多个局部滤波器与原始输入数据进行卷积,从而生成不变的局部特征,而池化层则从中提取出最重要的特征(Ahmed 等,2018)。很多学者已经借助 CNN 研究了轴承故障的诊断问题(Guo 等,2016;Fuan 等,2017;Zhang 等,2018;Shao 等,2018)。

DBN 属于生成式 NN,它将多个受限玻耳兹曼机(RBM)堆叠起来,可以通过无监督逐层贪婪方式进行训练,然后进一步针对训练数据类标签进行精细调节,一般是通过在顶层中引入一个 softmax 层来实现的。很多研究人员也已经将 DBN 应用到轴承故障的诊断中(Shao 等,2015;Ma 等,2016;Tao 等,2016)。RNN 是在循环单元之间建立连接,能够从前面输入的完整历史信息中实现目标向量的映射,当然,它也能够将前期输入的记忆保留在网络状态中。与 DBN 相同,RNN 可以通过随时间反向传播算法进行训练,针对的是带有序列输入数据和目标输出的有监督的任务。将 RNN 用于轴承故障诊断的研究很多,如 Lu 等(2017)和 Jiang 等(2018)的工作。关于上述深度学习架构,一些学者还给出了很好的回顾,如 Zhao 等(2016)、Khan 和 Yairi(2018)等。

17.3 CS – SAE – DNN

压缩采样与基于 SAE 的深度神经网络(CS – SAE – DNN)方法是 Ahmed 等(2018)于近期提出的。这一方法针对 16.2.3 节所描述的稀疏时频表示模型,利用 CS 从高维振动数据中生成高度压缩测量。为了预测旋转类设备的状态,CS – SAE – DNN 从这些基于 CS 的高度压缩测量中学习稀疏超完备特征表示,进而将其用于设备的故障分类处理。因此,该方法的计算量和传输成本都得到了明显降低。

17.3.1 压缩测量生成

为了从旋转类设备的极大量振动数据中获得压缩测量,CS – SAE – DNN 采用了 16.2.3 节介绍过的 CS 模型,它将 Haar 小波基用于振动信号的稀疏表示。事实上,CS – SAE – DNN 将 5 个分解层次的阈值型 Haar 小波变换(WT)作为稀疏变换,以获得振动信号的稀疏表示。根据 CS 理论,这些压缩测量一定具有原始信号的品质,也就是具有足够的信息。因此,我们需要检验 CS 模型是否生成了可用于设备故障诊断的足够样本。一种检验方式是反转(flip)测试,它能够检验任何稀疏模型、信号、采样率以及重构算法的有效性。

17.3.2　利用反转测试对 CS 模型进行检验

反转测试是 Adcock 等(2017)设计用于检测 CS 模型的,其基本思想是:将代表稀疏表示的稀疏基系数反转并利用采样算子、重构算法和测量矩阵进行重构。如果稀疏向量不能以较小的容差进行重构,那么,我们就通过降低阈值水平得到一个稀疏信号并重复这一过程直到能够获得准确的重构信号。反转测试的过程可以归结为如下步骤。

(1)利用稀疏变换 $\psi \in R^{n \times n}$ 得到原始信号 $x \in R^{1 \times n}$ 的稀疏信号 $s \in R^{1 \times n}$,此处是将 Haar 小波作为稀疏变换。

(2)利用所考察的 CS 模型得到压缩测量 $y \in R^{1 \times m} (m = n)$。

(3)利用压缩测量 y、测量矩阵 $\theta = \phi * \psi$ 和重构算法进行重构,如果 x 不能以较小的容差得以重构,那么,针对第一步中的 s 降低阈值水平得到新的稀疏信号 s,并重复这一过程直到 x 能够准确重构为止。

17.3.3　基于 DNN 的无监督稀疏超完备特征学习

这一方法对 SAE 的隐层单元施加了一些正则化约束,其中包括可通过不同参数进行调控的稀疏约束,如稀疏度参数、权值衰减参数和稀疏罚函数权值等。为了学习高度压缩测量的稀疏超完备表示,每个隐含层中的单元数量都设置得比输入样本数更大,并使用无监督学习算法的编码部分(即 SAE)。这一方法的一个重要特点是利用 SAE 以无监督方式对 DNN 进行预训练(参见 14.2 节),然后借助反向传播(BP)算法进行精调以实现分类处理。多层训练的困难可以通过恰当的特征集来解决。预训练和精调的一个优点在于能够从高度压缩信号中灵活地挖掘出故障特征,因此与基于欠完备特征表示的方法相比,这一方法可望获得更好的分类精度,进而有望改善压缩感知在设备故障分类问题中的性能。

以往的研究工作已经指出,信号的稀疏表示能够反映出设备故障诊断所需的相关特征(Liu 等,2011;Tang 等,2014;Zhu 等,2015;Fan 等,2015;Ren 等,2016)。稀疏超完备表示的优势在于所得到的特征数量要大于输入样本数,Lewicki 和 Sejnowski(2000)对此进行过研究,他们总结指出超完备基能够生成数据底层统计分布的更好近似。Olshausen 和 Field(1997)以及 Doi 等(2006)也指出了超完备基的若干优点,如对噪声的健壮性和对分类性能的改善。稀疏特征学习方法一般包括两个步骤:①利用某种学习算法,如借助稀疏罚函数对人工神经网络(ANN)进行训练,生成一个能够稀疏描述数据 $\{x_i\}_{i=1}^N$ 的字典 W;②利用编码算法从新的输入向量中获得特征向量。

近期已有很多学者研究了稀疏特征表示,其中包括 SAE、稀疏编码(Liu 等,2011)和 RBM(Lee 等,2008)。SAE 方法具有很多优良特征:①容易训练;②编码阶段非常快;③当隐层单元数大于输入样本数时也能够进行特征学习。因此,对于我们的分析来说 SAE 是一种十分合适的方法。在 AE 的分析工作中,Bengio 等(2007)研究指出,通过贪婪分层预训练,可以将 AE 作为 DNN 的构造模块使用。

CS-SAE-DNN 在非线性特征变换的多步过程中应用了学习算法,其中的每个步骤都是一种特征变换。一个可行的做法是利用带有多个隐含层的 DNN,每一层都连接到其下各层(非线性组合)。在预训练阶段,采用 SAE 来训练 DNN,并通过带有 Sigmoid 激活函数的 SAE 的编码器部分来学习超完备特征表示。

17.1 节中已经讨论过,此处所介绍的方法将每个隐含层(i)中的隐层单元数(d_i)设置得大于输入样本数(m),即 $d_i > m$,且有 $d_{i+1} > d_i (i = 1,2,\cdots,n)$,由此从输入的压缩测量生成了超完备表示,其中的压缩测量是利用 CS 模型得到的,可参见 16.2.3 节。输入(n)代表了编码器($n-1$)的输出,d_n 为编码器(n)中隐含层的数量。如图 17.1 所示,DNN 的训练包括两个阶段,分别是利用无监督学习算法的预训练,和基于反向传播算法的再训练。在预训练阶段,首先借助无标签轴承压缩测量(y)来训练 DNN,主要是设置每个隐含层中的参数和计算稀疏超完备特征表示。实际上,在基于 SAE 的 DNN 中,我们是让 SAE 算法在整个网络中运行多次,因而,从第一个编码器输出的超完备特征向量是第二个编码器的输入。

最后,故障的分类是通过两个步骤完成的,即:①基于栈式 AE 和 softmax 回归层的分类预训练,这是深度网络阶段;②基于 BP 算法的分类再训练,属于精调阶段。图 17.2 给出了采用两个隐含层的预训练过程示例。在稀疏约束的作用下,通过将每个隐含层的单元数设置得大于输入样本数,每个 AE 将学习到无标签压缩训练样本的有用特征,该训练过程是通过代价函数 $CF_{sparse}(W,b)$ 的优化进行的,即

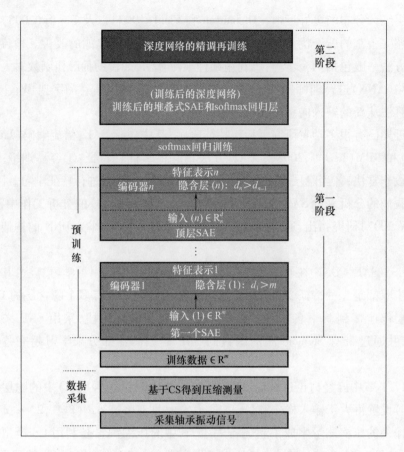

图 17.1　CS – SAE – DNN 方法的训练（Ahmed 等，2018）

$$\mathrm{CF}_{\mathrm{sparse}}(\boldsymbol{W}, b) = \frac{1}{2m}\sum_{i=1}^{m}\|\widetilde{\boldsymbol{y}}_i - \boldsymbol{y}_i\|^2 + \lambda\|\boldsymbol{W}\|^2 + \beta\sum_{j=1}^{d}\mathrm{KL}(\rho\|\hat{\rho}) \quad (17.1)$$

式中：m 为输入规模，即高度压缩测量的大小；d 为隐含层大小；λ 为权值衰减参数；β 为稀疏罚函数项的权值；ρ 为稀疏参数；$\hat{\rho}$ 为隐层单元的平均阈值激活值。

优化过程是利用量化共轭梯度法（SCG）完成的，该方法是共轭梯度（CG）方法的一种（Mϕller，1993）。在第一个学习阶段，通过首个带有 Sigmoid 函数的 SAE 的编码器部分（单元激活函数值位于[0，1]）从长度为 m 的压缩振动信号中学习特征，隐层单元数 $d_1>m$，并将提取出的超完备特征（v_1）作为第二个学习阶段的输入信号。在此之后，进一步通过隐层单元数为 d_2 的第二个 SAE 的编码器 2 从 v_1 中提取超完备特征 v_2。最后，借助 v_2 对轴承健康状态做分类处理，完成 softmax 回归的训练。

所构造的完整网络，即训练后的深度网络（图 17.1）包含了经过训练的堆叠

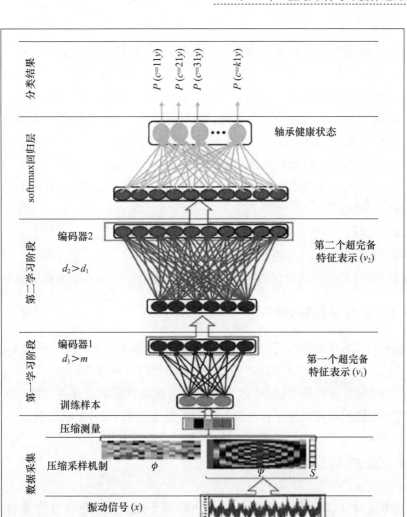

图 17.2 所介绍的包含两个隐含层的方法:数据流自下向上(Ahmed 等,2018)

式 SAE 和 softmax 回归层。利用这个网络即可针对测试集计算第一阶段的分类结果。

这个预训练过程可以描述为算法 17.1。

算法 17.1 预训练

给定带有 n 个隐含层的 DNN,利用 SAE 的预训练过程进行超完备特征的学习,需要针对每一层进行:

(1) 初始化,m 为输入样本数,n 为隐含层数量,$d_0 = m, i = 1, 2, \cdots, n$。

(2) For $i = 1$ to n。

(3) 将隐层单元数 d_i 设置得比输入样本数 m 大,即 $d_i > d_{i-1}$。

(4) 设置稀疏参数,权值衰减参数,稀疏罚函数项权值,并针对所需达到的最小重构误差 $E(x_i, \tilde{x}_i)$ 设定最大训练周期(epoch)。

(5) 利用 SCG 算法进行网络训练,通过使用 SCG,每个训练周期自动选择学习率,并利用式(14.8)计算隐层单元的平均阈值激活 $\hat{\rho}$。

(6) 根据式(14.9)计算代价函数。

(7) 利用 SAE 的编码器部分计算输出的超完备特征向量 v_i,并将其作为下一个隐含层的输入。

(8) $i = i + 1$。

(9) 重复(2)~(8)直到 $i = n$。

(10) 将最后一个隐含层的超完备特征向量 v_n 作为 softmax 回归层的输入。

17.3.4 有监督的精调

第一阶段的分类结果可以通过针对所构造的深度网络的反向传播来改进,也就是精调。在 CS – SAE – DNN 中,这个有监督的精调过程是再次训练经过第一阶段训练的深度网络,其训练数据带有设备健康状态的类标签。经过再训练的深度网络随后就可以用于计算第二阶段的分类结果了(针对测试集)。

17.4 应用实例分析

这里通过 16.7.1 节和 16.7.2 节给出的两个关于轴承数据集的实例,展示 CS – SAE – DNN 的工作过程,并验证其相对于其他高水平故障诊断技术的性能表现。

17.4.1 实例分析1

这一实例中所使用的振动数据记录了 6 种滚动轴承健康状态,每种状态 160 个样本,总共 960 个原始数据文件。该数据集的更多细节可以参阅 16.7.1 节。为验证所介绍的方法的合理性,这里进行了若干个实验,针对利用 CS 框架(采用不同的压缩采样率)得到的高度压缩数据集,学习了超完备特征。在 DNN 的预训练阶段,随机选择了 50% 的压缩样本,然后利用这些样本对深度网络进行了再训练。剩余的 50% 样本则用于性能的测试。随后,将得到的超完备特征用于分类处理,其中考虑了不同的 DNN 设置。最后,将 CS – SAE – DNN 与若干已有方法进行了比较。

首先,利用阈值型 Haar WT(参见 16.2.3 节)和随机高斯矩阵,从滚动轴承振动信号的大量数据中生成压缩信号。这里先采用带有 5 个分解层次的 Haar 小波基作为稀疏变换,小波系数经过了硬阈值处理,从而获得原始振动信号的稀疏表示。如图 17.3(a)所示,其中给出了振动信号的小波系数。在经过硬阈值处理后,Haar 小波域内的小波系数将是稀疏的,如图 17.3(b)所示,其中 NO 状态下的小波系数仅有 216 个是非零(nnz)的,也即 5120 个系数中的 95.8% 都是零。其他状态,即 NW、IR、OR、RE 和 CA,分别对应于 276 个、209 个、298 个、199 个和 299 个非零系数,相应的也就有 94.6%、95.9%、94.2%、96.1% 和 94.2% 的系数是零。

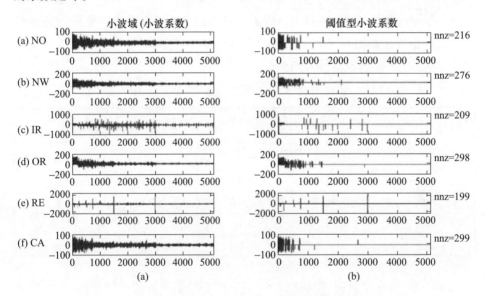

图 17.3 每种状态信号的(a)小波系数;(b)对应的阈值型小波系数:
nnz 代表非零系数的个数(Ahmed 等,2018)

进一步,利用不同的采样率($\alpha = 0.0016, 0.003, 0.006, 0.013, 0.025, 0.05, 0.1$),将 CS 模型应用于原始振动信号不同数量(8,16,32,64,128,256,512)的压缩测量,其中使用了随机高斯矩阵。高斯矩阵的维数为 $m \times N$,N 为原始振动信号测量的长度,m 为压缩信号单元的数量,即 $m = \alpha N$。在 CS 框架基础上,将该矩阵与信号的稀疏表示相乘,得到振动信号不同的压缩测量集合。这些集合必定具有原始信号的品质,即携带了原始信号足够的信息。我们需要检测这个

CS 模型是否生成了可用于轴承故障分类的足够样本。Roman 等(2014)针对 CS 模型提出了一种一般性的反转测试过程,能够对任何稀疏模型、任何信号类型、任何采样算子以及任何重构算法的有效性进行检测。这一测试过程的基本思想是将代表稀疏表示的稀疏基系数反转并利用采样算子、重构算法和测量矩阵进行重构。如果稀疏向量不能以较小的容差进行重构,那么,就通过降低阈值水平得到一个稀疏信号并重复这一过程直到能够获得准确的重构。关于原始的反转测试的更多细节,读者可以参阅相关文献(Roman 等,2014;Adcock 等,2017)。

按照一般性的反转测试思路,我们选择了不同的采样率(0.05,0.1,0.15,0.2),测试了 CS 模型的有效性。先通过小波系数的阈值处理得到了稀疏信号 s,然后根据基于随机高斯矩阵得到的压缩测量进行了 s 的重构,其中采用了 CoSaMP 算法。重构误差选用的是均方根误差(RMSE)。表 17.1 中列出了 6 种轴承状态的对应结果,其中的第二列给出的是采用 5% 的原始信号所得到的 6 种状态下的重构误差结果(相对于原阈值系数),第三列到第五列分别对应于采用 10%、15% 和 20% 的原始信号的情形。

表 17.1 各种采样率条件下的均方根误差(RMSE)结果

	$\alpha = 0.05$	$\alpha = 0.10$	$\alpha = 0.15$	$\alpha = 0.20$
NO	9.37	8.45	0.04	0.03
NW	11.29	24.64	5.8	0.06
IR	20.82	15.23	0.16	0.09
OR	14.38	12.71	8.18	0.07
RE	17.02	11.87	0.35	0.12
CA	8.3	5.29	0.14	0.04

很明显,当 α 增大时,RMSE 减小,这表明实现了更好的信号重构,进而反映了该压缩测量具有了原始信号的品质。

针对这些压缩样本,随机选择了 50% 用于 DNN 的预训练阶段,然后利用它们对深度网络进行了再训练,剩余的 50% 样本则用于性能的测试。随后,考虑不同的 DNN 设置,根据所得到的超完备特征进行了分类处理。最后,我们将这一方法与若干已有方法进行了比较,其中采用的是高度压缩数据集。

为了从这些压缩测量中学习特征,我们采用了一个 SAE 神经网络,它具有有限个隐含层(2~4 个)。在超完备特征学习(拓展)形式中选择了不同隐含层结构,网络架构中各隐含层内的神经元数量是前一层的 2 倍。例如,如果输入层

的输入样本数为 z，那么第一个隐含层的节点数为 $2z$，第二个隐含层为 $4z$，依此类推。输出层中的节点数由轴承状态数量(6 个状态)决定。为了进行深度学习，这里采用了栈式 AE 的双向深度架构，其中包括了前馈和 BP。在 SAE 正则化效果调控中，相关参数设置为：权值衰减 λ 取非常小的值，0.002；稀疏罚函数项权值 β 取 4，稀疏参数 ρ 取 0.1，最大训练周期取 200。

根据上述这些实验得到的总体分类结果如表 17.2 所列。非常明显，对于每个数据集来说，在所选取的各个 α 值情况下，第二个阶段之后的分类精度要好于第一个阶段的结果。深度网络阶段(即第一阶段)的分类在大量测量条件下(即 m 为 512、256 和 128)能够获得较好的结果，而带有两个隐含层的 DNN 只需利用 64 个样本即可获得高精度。对于带有 2~4 个隐含层的 DNN(经过了精调，即第二阶段)，大多数分类精度都在 99% 以上，并且还有一些达到了 100%，即使仅使用了 1% 的压缩测量(即 $\alpha = 0.006$)。当 α 为 0.003 和 0.0016(分别为 16 个和 8 个压缩测量)时，两个隐含层能够实现 98% 的高分类精度，而 3 个隐含层在 16 个测量条件下(即 $\alpha = 0.003$)可以获得 100% 的分类精度。总之，这些结果表明了所讨论的方法能够从高度压缩的轴承振动测量中以很高的精度实现轴承状态的分类。

表 17.2 总体分类精度及相关的标准差

隐含层数量	分类阶段	压缩采样率						
		$\alpha=0.0016$ (m=8)	$\alpha=0.003$ (m=16)	$\alpha=0.006$ (m=32)	$\alpha=0.013$ (m=64)	$\alpha=0.025$ (m=128)	$\alpha=0.05$ (m=256)	$\alpha=0.1$ (m=512)
2	深度网络(第 1 阶段)	95.3±1.0	95.9±0.3	96.0±1.3	99.1±0.3	99.8±0.1	100	99.8±0.1
	精调(第 2 阶段)	98.0±0.3	98.8±0.3	99.6±0.1	99.6±0.1	99.8±0.1	100	99.8±0.1
3	深度网络(第 1 阶段)	64.8±4.2	94.9±2.4	85.6±4.4	93.6±2.2	99.2±2.6	99.6±0.1	100
	精调(第 2 阶段)	82.0±5.1	100	99.5±0.3	99.8±0.1	100	100	100
4	深度网络(第 1 阶段)	36.6±8.3	55.2±6.1	90.5±2.9	95.6±1.2	99.8±0.1	98.6±3.9	100
	精调(第 2 阶段)	83.1±1.6	89.4±2.5	96.3±0.8	99.7±0.3	99.8±0.1	99.7±0.3	100

这里将若干方法的性能进行了对比,所使用的振动数据集与 Wong 等(2015)是相同的。一种方法是使用全部原始样本,另外两种方法则采用了压缩测量,采样率为 0.5 和 0.25,并重构了原始信号,Wong 等(2015)已经分析过这 3 种方法。剩下的 3 种方法是本章所介绍的,用于揭示基于 CS 以低于奈奎斯特采样率对滚动轴承振动数据进行采样,以及在不重构原始信号的前提下进行故障分类的可行性。表 17.3 给出了利用包含两个隐含层、采样率分别取 0.5/0.25/0.1 的 CS – SAE – DNN,所得到的轴承故障分类结果,同时也列出了 Wong 等(2015)基于相同数据集所得到的结果。可以清晰地观察到,CS – SAE – DNN 的所有结果都要更为优秀。

表 17.3 与已有文献中的分类结果的对比(针对轴承数据集)

相关研究		精度/%
原始数据(Wong 等,2015)		98.9 ±1.2
压缩感知数据(α = 0.5)并重构(Wong 等,2015)		92.4 ±0.5
压缩感知数据(α = 0.25)并重构(Wong 等,2015)		84.6 ±3.4
所介绍的工作(α = 0.5,两个隐含层)	深度网络(第 1 阶段)	99.1 ±1.7
	精调(第 2 阶段)	100 ±0.0
所介绍的工作(α = 0.25,两个隐含层)	深度网络(第 1 阶段)	99.6 ±1.2
	精调(第 2 阶段)	100 ±0.0
所介绍的工作(α = 0.1,两个隐含层)	深度网络(第 1 阶段)	99.8 ±0.1
	精调(第 2 阶段)	99.8 ±0.1

CS – SAE – DNN 的运行需要很多参数,其中的 SAE 参数包括稀疏参数 ρ、权值衰减 λ 和稀疏罚函数项权值 β。为了测试这些参数值对轴承故障分类性能的影响,已经进行了大量实验,其中的 α = 0.05,隐含层为两层,并考虑了 SAE 参数的不同取值。从图 17.4 不难看出,虽然分类精度对于 λ 值是敏感的,不过对于 ρ 和 β 的相当宽的范围来说,分类精度都非常高并且很稳定。

17.4.2 实例分析 2

这一实例分析中使用了 A、B 和 C 三个振动数据集,它们记录的是 10 种滚动轴承健康状态,每种状态 200 个样本,总共 2000 个原始数据文件,关于这些数据集的更多介绍可以参阅 16.7.2 节。为了将 CS – SAE – DNN 应用于这些数据集,首先通过 CS 模型得到了压缩振动信号,其中选取了不同的采样率(0.025,0.05,0.1,0.2),分别对应了不同数量的压缩测量(60,120,240,480)。随机选

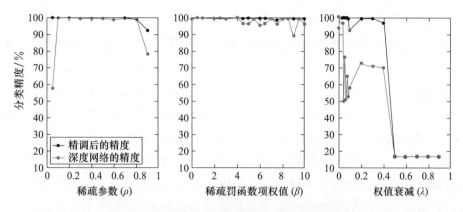

图 17.4 参数对分类精度的影响(Ahmed 等,2018)

择了 50% 的压缩样本用于 DNN 的预训练阶段,然后又通过它们对深度网络进行了再训练,剩下的 50% 样本则用于性能的测试。随后,利用带有两个隐含层的基于 SAE 的 DNN 来处理每个数据集的压缩测量。针对以不同的采样率得到的每个压缩数据集进行了 10 次实验,并将其结果进行平均以获得分类准确率。平均精度及其对应的标准差如表 17.4 所列。从中可以发现一个重要结果,即对于 A、B 和 C 数据集而言,在各种采样率情况下,在精调阶段(第二阶段)之后得到的分类结果都要比第一阶段的结果更好。另外,当 $\alpha=0.2$ 时,对于数据集 B 和 C 第一阶段能够分别获得 99.6% 和 99.5% 的良好结果。对于位于 0.02~0.2 的采样率来说,第二阶段所得到的分类精度大多在 99% 以上。特别地,对于数据集 B 和 C,当采样率为 0.2 时,每次运行得到的第二阶段结果均为 100%,对于数据集 C,若采样率取 0.1,也能获得 100% 的精度。总体而言,这些结果表明了所介绍的方法能够从高度压缩的振动测量中以很高的精度实现轴承状态的分类。

表 17.4 针对轴承数据集 A、B 和 C(第二台设备)的分类结果

数据集	分类阶段	压缩采样率			
		$\alpha=0.025$ ($m=60$)	$\alpha=0.05$ ($m=120$)	$\alpha=0.1$ ($m=240$)	$\alpha=0.2$ ($m=480$)
A	深度网络(第1阶段)	89.7±5.4	93.7±2.9	92.5±2.2	98.7±0.8
	精调(第2阶段)	97.6±0.7	98.4±1.3	99.3±0.6	99.8±0.2
B	深度网络(第1阶段)	94.5±1.1	96.2±1.6	98.2±0.6	99.6±0.6
	精调(第2阶段)	98.9±0.2	99.3±0.4	99.7±0.5	100±0.0
C	深度网络(第1阶段)	97.3±0.8	98.5±1.4	98.2±0.4	99.5±0.2
	精调(第2阶段)	99.4±0.6	99.7±0.3	100±0.0	100±0.0

为了考察 CS-SAE-DNN 在各种场景中的速度和精度,这里利用 A、B 和 C 这 3 个数据集进行了 3 个实验,其中都采用了两个隐含层并进行了精调处理。表 17.5 给出了所得到的结果,其中第一列表示这三个数据集。第二列和第三列分别是精度和执行时间,针对的是"传统"基于 AE 的 DNN(Jia 等,2016),2400 个输入来自于 Haar 小波(无 CS),这一方法可称为 WT-DNN。第四列和第五列所给出的精度和执行时间针对的是此处基于 SAE 的 DNN 情形,2400 个输入也来自于 Haar 小波(无 CS),该方法可称为 WT-SAE-DNN。对于每个数据集来说,有两点是非常清晰的,即:①此处基于 AE 的 DNN(即使不带 CS)要比"传统"基于 AE 的 DNN 更快,前者只需后者的 80% 时间;②此处方法得到的分类结果更为优秀。

表 17.5 若干场景下的速度和精度结果对比

	WT-DNN		WT-SAE-DNN		CS-SAE-DNN	
	精度/%	时间/min	精度/%	时间/min	精度/%	时间/min
A	99.0±0.1	41.5±0.3	99.4±0.5	34.1±0.7	99.3±0.6	5.7±0.1
B	99.1±0.6	43.3±0.7	99.5±0.8	32.9±0.3	99.7±0.5	5.9±0.4
C	99.6±0.3	43.1±0.2	99.8±1.1	34.2±0.9	100	5.7±0.2

表中第六列和第七列所反映的精度和执行时间对应的是此处的基于 SAE 的 DNN,不过来自 Haar 小波的输入为 240 个,且带有 CS,也即 CS-SAE-DNN,另外 $\alpha=0.1$。可以看出,此处的基于 AE 的 DNN(即使带有 CS)要比"传统"基于 AE 的 DNN 快得多,前者只需后者 15% 的时间,并且此处的分类结果至少与另外两种情况一样好。总之,计算时间上的显著下降来自于采用了所介绍的 SAE 和 CS。最后需要指出的是,采用 SAE 和 CS 之后得到的所有分类结果都至少与另外两种情形的结果同样好。

进一步,表 17.6 还针对近期出现的一些研究结果(De Almeida 等,2015;Jia 等,2016)进行了比较,它们针对的是相同的滚动轴承数据集,即此处的 A、B 和 C。表中第二列所示的分类结果对应于 Jia 等(2016)所提出的基于 DNN 的方法,第三列对应于 Jia 等(2016)给出的基于反向传播神经网络(BPNN)的方法。在 de Almeida 等(2015)的工作中,他们采用了一种通用的多层感知机(MLP)进行分类处理,结果参见表中第四列。

可以清晰地看出,CS-SAE-DNN 精调后(第二阶段)的结果是非常优秀的。对于数据集 C 来说,每次运行的结果都达到了 100% 的精度,即使仅使用了有限的原始数据(仅 10%),这些结果也比其他使用全部原始数据的方法结果更好。

表 17.6　与已有文献中的结果的对比(针对轴承数据集 A、B 和 C,第二个数据集)

数据集	(Jia 等,2016)DNN	(Jia 等,2016)BPNN	(de Almeida 等,2015)MLP	CS – SAE – DNN(两个隐含层,$\alpha=0.1$)
A	99.95 ± 0.06	65.20 ± 18.09	95.7	99.3 ± 0.6
B	99.61 ± 0.21	61.95 ± 22.09	99.6	99.7 ± 0.5
C	99.74 ± 0.16	69.82 ± 17.67	99.4	100 ± 0.0

17.5　相关讨论

这一章阐述了近期出现的一种故障诊断方法(CS – SAE – DNN)并进行了验证。该方法采用了 CS 模型和基于 SAE 的 DNN。从我们的验证实验中得到的最明显的发现是,与其他已有方法相比,虽然第一阶段中已经能够得到较高的分类精度,不过这一方法却可以在第二阶段从高度压缩测量中获得更高的分类精度。对于带有 2~4 个隐含层的 DNN(经过精调,即第二阶段),分类精度大部分都在 99% 以上,部分达到了 100%,即使仅采用不足 1% 的压缩测量(即 $\alpha = 0.006$)。当采样率为 0.003 和 0.0016 时(分别对应于 16 个和 8 个压缩测量),带有 2 个隐含层的 DNN 能够获得很高的分类精度(98%)。这些分析结果为 CS – SAE – DNN 技术的先进性提供了强有力的佐证,尤其是对于那些由于高维数据的学习困难而需要进行高度数据压缩的应用场合更是如此。不仅如此,这一方法所给出的分类结果要比进行原始信号重构的方法结果更为优秀,同时,与另一基于 AE 的 DNN 方法相比,此处介绍的这种方法在计算时间上要显著下降,并且分类效果更佳。

参考文献

Adcock, B., Hansen, A. C., Poon, C., and Roman, B. (2017). Breaking the coherence barrier: a new theory for compressed sensing. Forum of Mathematics, Sigma 5. Cambridge University Press. arXiv: 1302.0561, 2014.

Ahmed, H. O. A., Wong, M. L. D., and Nandi, A. K. (2018). Intelligent condition monitoring method for bearing faults from highly compressed measurements using sparse over – complete features. Mechanical Systems and Signal Processing 99: 459 – 477.

Bengio, Y., Lamblin, P., Popovici, D., and Larochelle, H. (2007). Greedy layer – wise training of deep networks. In: Advances in Neural Information Processing Systems, 153 – 160. http://papers.nips.cc/paper/3048-greedy-layer-wise-training-of-deep-networks.pdf.

de Almeida, L. F., Bizarria, J. W., Bizarria, F. C., and Mathias, M. H. (2015). Condition-based monitoring system for rolling element bearing using a generic multi-layer perceptron. Journal of Vibration and Control 21 (16): 3456 – 3464.

Doi, E., Balcan, D. C., and Lewicki, M. S. (2006). A theoretical analysis of robust coding over noisy overcomplete channels. In: Advances in Neural Information Processing Systems, 307 – 314. http://papers.nips.cc/paper/2867-a-theoretical-analysis-of-robust-coding-over-noisy-overcomplete-channels.pdf.

Fan, W., Cai, G., Zhu, Z. K. et al. (2015). Sparse representation of transients in wavelet basis and its application in gearbox fault feature extraction. Mechanical Systems and Signal Processing 56: 230 – 245.

Fuan, W., Hongkai, J., Haidong, S. et al. (2017). An adaptive deep convolutional neural network for rolling bearing fault diagnosis. Measurement Science and Technology 28 (9): 095005.

Guo, X., Chen, L., and Shen, C. (2016). Hierarchical adaptive deep convolution neural network and its application to bearing fault diagnosis. Measurement 93: 490 – 502.

Jia, F., Lei, Y., Lin, J. et al. (2016). Deep neural networks: a promising tool for fault characteristic mining and intelligent diagnosis of rotating machinery with massive data. Mechanical Systems and Signal Processing 72: 303 – 315.

Jiang, H., Li, X., Shao, H., and Zhao, K. (2018). Intelligent fault diagnosis of rolling bearings using an improved deep recurrent neural network. Measurement Science and Technology 29 (6): 065107.

Khan, S. and Yairi, T. (2018). A review on the application of deep learning in system health management. Mechanical Systems and Signal Processing 107: 241 – 265.

Lee, H., Ekanadham, C., and Ng, A. Y. (2008). Sparse deep belief net model for visual area V2. In: Advances in Neural Information Processing Systems, 873 – 880.

Lewicki, M. S. and Sejnowski, T. J. (2000). Learning overcomplete representations. Neural Computation 12 (2): 337 – 365.

Liu, H., Liu, C., and Huang, Y. (2011). Adaptive feature extraction using sparse coding for machinery fault diagnosis. Mechanical Systems and Signal Processing 25 (2): 558 – 574.

Lu, C., Wang, Z., and Zhou, B. (2017). Intelligent fault diagnosis of rolling bearing using hierarchical convolutional network-based health state classification. Advanced Engineering Informatics 32: 139 – 151.

Ma, M., Chen, X., Wang, S. et al. (2016). Bearing degradation assessment based on Weibull distribution and deep belief network. In: International Symposium on Flexible Automation (IS-

FA), 382-385. IEEE.

Møller, M. F. (1993). A scaled conjugate gradient algorithm for fast supervised learning. Neural Networks 6 (4): 525-533.

Olshausen, B. A. and Field, D. J. (1997). Sparse coding with an overcomplete basis set: a strategy employed by V1. Vision Research 37 (23): 3311-3325.

Ren, L., Lv, W., Jiang, S., and Xiao, Y. (2016). Fault diagnosis using a joint model based on sparse representation and SVM. IEEE Transactions on Instrumentation and Measurement 65 (10): 2313-2320.

Roman, B., Hansen, A. and Adcock, B., 2014. On asymptotic structure in compressed sensing. arXiv preprint arXiv: 1406.4178.

Shao, H., Jiang, H., Zhang, H. et al. (2018). Rolling bearing fault feature learning using improved convolutional deep belief network with compressed sensing. Mechanical Systems and Signal Processing 100: 743-765.

Shao, H., Jiang, H., Zhang, X., and Niu, M. (2015). Rolling bearing fault diagnosis using an optimization deep belief network. Measurement Science and Technology 26 (11): 115002.

Sun, W., Shao, S., Zhao, R. et al. (2016). A sparse auto-encoder-based deep neural network approach for induction motor faults classification. Measurement 89: 171-178.

Tang, H., Chen, J., and Dong, G. (2014). Sparse representation based latent components analysis for machinery weak fault detection. Mechanical Systems and Signal Processing 46 (2): 373-388.

Tao, J., Liu, Y., and Yang, D. (2016). Bearing fault diagnosis based on deep belief network and multisensor information fusion. Shock and Vibration 7 (2016): 1-9.

Tao, S., Zhang, T., Yang, J. et al. (2015). Bearing fault diagnosis method based on stacked autoencoder and softmax regression. In: 2015 34th Chinese Control Conference (CCC), 6331-6335. IEEE.

Wong, M. L. D., Zhang, M., and Nandi, A. K. (2015). Effects of compressed sensing on classification of bearing faults with entropic features. IEEE Signal Processing Conference (EUSIPCO): 2256-2260.

Zhang, W., Li, C., Peng, G. et al. (2018). A deep convolutional neural network with new training methods for bearing fault diagnosis under noisy environment and different working load. Mechanical Systems and Signal Processing100: 439-453.

Zhao, R., Yan, R., Chen, Z., et al. (2016). Deep learning and its applications to machine health monitoring: A survey. arXiv preprint arXiv: 1612.07640.

Zhu, H., Wang, X., Zhao, Y. et al. (2015). Sparse representation based on adaptive multiscale features for robust machinery fault diagnosis. Proceedings of the Institution of Mechanical Engineers, Part C: Journal of Mechanical Engineering Science 229 (12): 2303-2313.

第18章 总　　结

18.1　引言

　　旋转类设备状态监测是保证生产过程效率与质量的一项关键技术。正确合理的监测系统能够帮助工程技术人员在设备故障停机之前发现问题并进行相应的维修保养。在理想情况下，我们可以提前预测出设备的失效行为，并在它们发生之前就采取相应的措施，从而使得设备能够始终运行于健康状态，为人们提供满意的服务。

　　状态监测已经在很多重要的旋转类设备应用中得到了实施，如发电厂、油气工业、航空国防、汽车以及海洋工业等。旋转类设备的状态监测系统一般需要监测一些可测数据（如振动和声等），这些数据可以以单独的或混合的方式用于识别设备状态的变化情况。现代旋转类设备的复杂度越来越高，因而，也就需要越来越有效和高效的状态监测技术。正是关注到了这一发展需求，世界各国诸多研究人员付出了大量的努力，开展了大量的研究，相关的文献量不断增长。这些文献对于设备状态监测领域的发展起到了直接的推动作用。此外，设备状态监测所具有的复杂的本质特征也给一代又一代研究者提出了多种多样的问题，从而激励着他们持续不断地投入研究精力。

　　本书阐述了多种状态监测技术，它们都建立在从旋转类设备采集到的各种形式的传感数据基础之上。一般来说，设备状态监测技术可以分为如下类型：振动监测、声发射监测、振动与声融合监测、电动机电流监测、油液分析、热成像、视觉检查、性能监测以及趋势监测等。

　　常用的手段不是直接处理所采集到的原始信号，而是计算这些信号的某些能够描述其本质的属性。在机器学习领域中，这些属性也称为特征。有时，为了构造原始高维数据集的降维数据集，还需要计算多重特征。根据数据集中的特征数量情况，我们可以利用特征选择算法对这些特征进行进一步的过滤处理。

在设备状态监测应用中,目前也已经出现了多种特征提取和选择技术。

无论如何,核心目标都是将采集到的信号正确地归类到对应的设备状态上,这通常是一种多类分类问题。很多基于机器学习的分类算法都可用于处理设备故障检测与识别中的此类问题。

18.2 总结

本书试图将多种技术汇聚到一起,给出一份全面性的参考,覆盖了从旋转类设备的基本知识到基于振动信号的知识生成等一系列问题。全书的内容分为5个部分,第1部分包括了第1章和第2章,主要概述了基于振动信号的设备状态监测问题。第1章讨论了3个主题:①设备状态监测的重要性;②维护方法;③设备状态监测技术。在3种维护方法中(图18.1),状态维护(CBM)要比故障检修和定期检修更具优势。在本章中,我们阐明了维护决策是基于设备的当前健康状态而做出的,而健康状态一般可以通过一个状态监测系统进行识别。随后,我们介绍了各种类型的状态监测技术,它们都能够实现设备当前健康状态的识别。在这些技术中(图18.1),振动状态监测已经得到了大多数旋转类设备CBM项目的广泛认可。因此,第2章进一步阐述了旋转类设备的振动原理与采集技术,其中第一部分给出了振动的基本原理,并描述了旋转类设备所产生的振动信号及其类型,第二部分则介绍了振动数据采集技术,并指出了振动信号的优缺点。

当给定从旋转类设备的不同源位置所采集到的振动信号之后,我们需要分析这些信号以获得能够反映其本质的有用信息。为此,本书的第2部分进一步介绍了3种主要的振动信号分析技术,即时域、频域和时频域分析技术。第3章阐述的是时域技术,它们能够利用统计参数从原始振动信号中提取出特征,此外也包括了其他一些先进手段,如图18.2所示。这一章所介绍的所有研究都采用了不止一种时域统计技术从原始振动数据中提取特征,有些甚至采用了10种技术以上。在这些技术中,峰度是所有这些研究共同采用的一个指标。另外,该章所介绍的其他先进技术包括了时域同步平均(TSA),它能够消除任何跟指定采样频率或采样时间不同步的周期成分;自回归模型(AR)和自回归差分滑动平均(ARIMA)模型,即使只能获得设备正常状态下的相关数据它们也能够预测设备故障;滤波方法,它们已经被广泛用于消除噪声和从原始信号中进行信号分离。

基于振动信号的状态监测

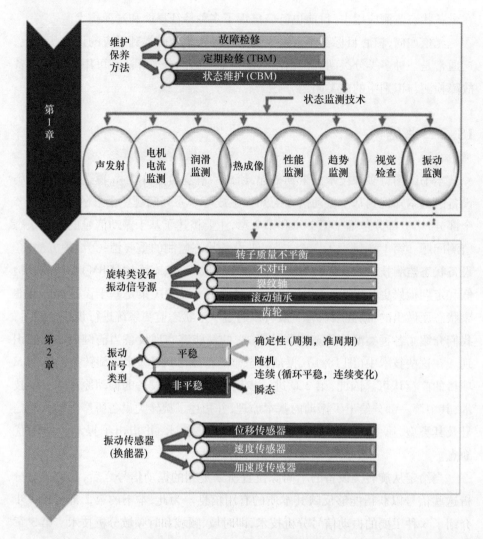

图 18.1　本书第 1 部分所覆盖的主题

第 4 章介绍了振动信号的频域处理技术,它们能够揭示出那些在时域内难以观察到的频域特性,如图 18.2 所示。快速傅里叶变换(FFT)是最为常用的将时域信号转换到频域的技术手段。我们可以提取出各种频谱特征并应用于设备故障的诊断处理。第 5 章阐述了各种时频域分析技术(图 18.2),它们能够用于非平稳波形信号,此类信号在设备故障发生时是非常常见的。这些分析技术包括:①短时傅里叶变换(STFT),可以通过将信号分解成更短的等长信号段(利用时域局部化的窗函数)进行离散傅里叶变换(DFT)来计算;②小波分析,可以基

第18章 总结

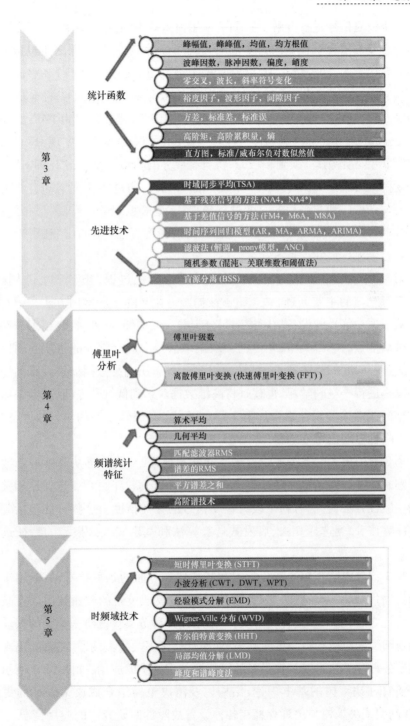

图 18.2　本书第 2 部分所覆盖的主题

于一族小波对信号进行分解,与 STFT 采用窗函数不同,小波函数是尺度可变的,这使得它能够适合于很宽的频率范围和时间分辨率,另外该方法还包括了 3 种主要的变换技术,即连续小波变换(CWT)、离散小波变换(DWT)和小波包变换(WPT);③经验模式分解(EMD),可以将信号分解为不同尺度的本征模函数(IMF);④希尔伯特黄变换(HHT),即借助 EMD 将信号分解为 IMF,针对所有 IMF 成分进行希尔伯特变换(HT),计算所有 IMF 的瞬时频率。实现 HT 的方法是借助傅里叶变换将其变换到频域,并将所有成分的相角平移 $\pm \pi/2$(即 $\pm 90°$),然后再变换回时域中;⑤Wigner – Ville 分布(WVD),通过将功率谱和自相关函数之间的关系推广到非平稳的时变过程导得;⑥谱峰度(SK),需要将信号分解到时频域中,并针对每组频率确定峰度值,而谱峰度算法(KUR)是利用带通滤波器针对若干窗口尺寸计算 SK。

第 3 部分主要讨论了基于振动的设备状态监测过程,着重探讨了从振动数据中进行学习的主要问题,并介绍了数据归一化和降维的常用方法。第 6 章给出了基于振动信号的设备故障检测与分类的一般框架,此外,也介绍了一些能够用于振动信号的学习类型,并讨论了从振动信号中进行学习的主要问题以及能够解决这些问题的相关技术,如图 18.3 所示。解决高维数据处理困难的一种合理手段是进行子空间学习,也就是将高维数据映射到低维子空间,后者是原始高维数据的线性或非线性组合。第 7 章介绍了各种线性子空间学习技术,这些技术可以降低振动信号的维数,如图 18.3 所示。

第 8 章给出了一系列非线性子空间学习技术,它们能够从高维振动数据中获得缩减的非线性子空间特征集。第 9 章进一步讨论了可用于选择最相关的特征的一般性方法,它们有利于改善振动信号的分类精度。这些方法包括各种特征排序算法、序列选择算法、启发式选择算法和基于嵌入式模型的特征选择算法等。

第 3 部分中所介绍的特征学习和特征选择方面的各种技术,一般用于获得原始振动信号的一组特征,这些特征能够充分反映设备的健康状况。在获得了这些特征之后,下一步是分类阶段,一般采用某种分类算法将采集到的振动信号正确地归类到对应的设备健康状态,通常这属于多类分类问题。为此,第 4 部分阐述了各种分类技术及其在设备故障检测与识别中的应用,如图 18.4 所示。第 10 章介绍了决策树的基本理论、结构以及将决策树组合成决策森林的集成模型,并阐明了决策树与决策森林在各种设备故障诊断研究中的应用情况。第 11 章给出了用于分类的两个概率模型:①隐马尔可夫模型(HMM),它属于概率生

第18章 总结

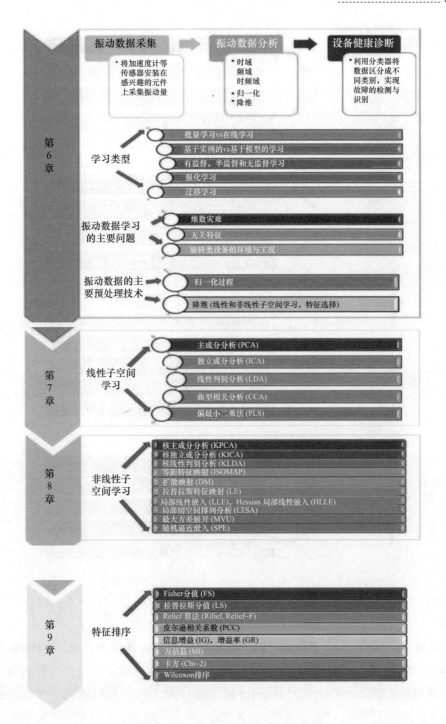

图 18.3 本书第 3 部分所覆盖的主题

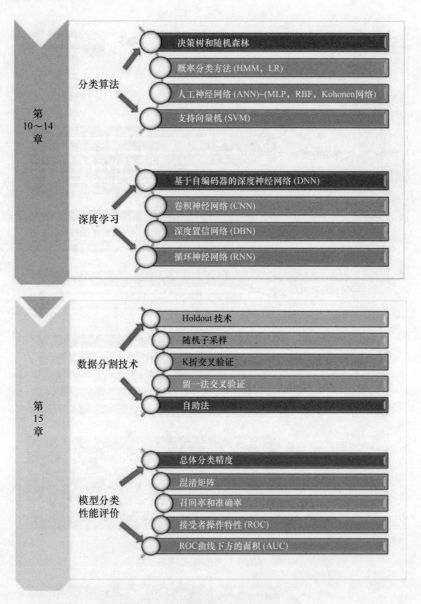

图 18.4 本书第 4 部分所覆盖的主题

成模型;②逻辑回归模型(LR),属于概率判别模型。这些分类器,即 HMM 和 LR,已经被广泛地应用于设备故障的诊断中,因而,这一章还介绍了各种利用这些分类器处理设备状态分类问题的研究。第 12 章对人工神经网络(ANN)的基本概念进行了概述,讨论了 3 种 ANN 类型,即多层感知机(MLP)、径向基函数(RBF)和 Kohonen 网络,以及它们在设备故障诊断中的应用情况。这一章所介绍的利用 ANN 进行设备故障诊断的研究工作,大多数都采用了预处理技术(在应用基于 ANN 的分类器之前),其中遗传算法(GA)和各种时域统计特征、频域特征以及时频域特征已经得到了广泛的应用。第 13 章讨论了支持向量机(SVM),它是设备故障诊断领域中最为流行的机器学习分类器之一。在绝大多数基于 SVM 的设备故障诊断研究中,人们所采用的预处理技术都与大多数基于 ANN 的研究所使用的相似。

第 14 章介绍了设备状态监测领域中深度学习的近期发展。深度学习是可用于自动学习数据表示的另一种解决思路,这些数据表示是层次架构中的多层信息处理模块在进行特征检测与分类时所需要的。此外,这一章也讨论了一些常用的技术及其在设备故障诊断应用中的实例,其中包括基于自编码器的深度神经网络(DNN)、卷积神经网络(CNN)、深度置信网络(DBN)和循环神经网络(RNN)。

进一步,为了对所介绍的分类算法的有效性进行评价,第 15 章给出了若干验证技术,它们可以在分类模型进入具体实现和应用之前进行性能分析和验证。这些技术包括最常用的数据分割技术、hold – out 技术、随机子采样技术、K 折交叉验证、留一法交叉验证和自助法等。另外,这一章还讨论了各种可用于分类模型性能评价的指标,包括总体分类精度、混淆矩阵、接受者操作特性(ROC)、ROC 曲线下方的面积(AUC)、准确率和召回率等。图 18.4 给出了本书这一部分所涵盖的所有主题。

第 5 部分介绍了一些新的设备健康状态分类技术,它们主要建立在压缩采样(CS)和机器学习算法的基础之上。第 16 章给出了一个新的故障诊断框架,即压缩采样与子空间学习(CS – SL),它将压缩采样与子空间学习技术结合了起来。本章针对这一框架下的若干技术进行了讨论(图 18.5),其中包括:①压缩采样与特征排序(CS – FR);②压缩采样与线性子空间学习(CS – LSL);③压缩采样与非线性子空间学习(CS – NLSL)。这些技术将大量振动数据作为输入,并输出可用于旋转类设备故障分类的少量特征。

第 17 章介绍了近期出现的另一种方法,即 CS – SAE – DNN,它是针对高度压缩测量而设计的一种智能故障分类方法,其中利用了稀疏超完备特征,并通过稀疏自编码器(SAE)对 DNN 进行了训练。研究表明,对于需要高度压缩数据的场合来说,这种方法是很有优势的。

最后,在附录中,我们归纳了本书所介绍的大部分技术及其可公开获取的软件链接。

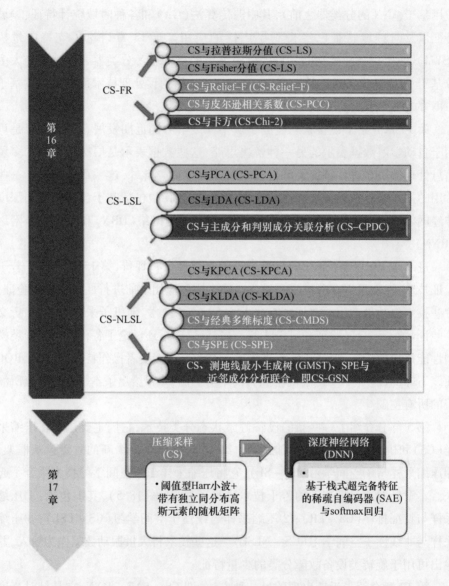

图 18.5 本书第 5 部分所覆盖的主题

附录　设备振动数据源和分析算法

设备振动数据源：

数据集	提供者	链接
钻头数据集存储库	智能信息学与自动化实验室，坎普尔印度理工学院	http://iitk.ac.in/iil/datasets
轴承数据集	轴承数据中心，凯斯西储大学	http://csegroups.case.edu/bearingdatacenter/pages/dounload-data-file
轴承数据集	预测数据存储库，NASA	https://ti.arc.nasa.gov/tech/dash/groups/pcoe/jprognostic-data-repository
轴承数据集	机械故障预防技术学会	https://mfpt.org/fault-data-sets
齿轮箱	故障诊断与健康管理协会2009	https://www.phmsociety.org/competition/PHM/09

时域分析算法：

算法名称	平台	软件包	函数
最大值	MATLAB	信号处理工具箱—测量与特征提取—描述性统计	max
最小值			min
均值			mean
峰峰值			Peak2peak
均方根值			Rms
标准差			std
方差			var
波峰因数			Peak2rms
零交叉	MATLAB	Bruecker(2016)	crossing
偏度	MATLAB	统计和机器学习工具箱	skewness
峰度			kurtosis
时域同步平均	MATLAB	信号处理工具箱	tsa
自回归-协方差			arcov
自回归-Yule-Walker			aryule
Prony			prony

续表

算法名称	平台	软件包	函数
ARIMA	MATLAB	计量经济学工具箱	arima
ANC	MATLAB	Clemens(2016)	Adat-filt-tworef
S-ANC	MATLAB	NJJ(2018)	sanc
BSS	R	JADE 和 Bssasymp(Miettinen 等,2017)	BSS
BSS	MATLAB	Gang(2015)	YGBSS

频域分析算法：

算法名称	平台	软件包	函数
离散傅里叶变换	MATLAB	通讯系统工具箱	fft
离散傅里叶反变换			ifft
快速傅里叶变换		傅里叶分析和滤波	fft
快速傅里叶反变换			ifft
信号包络	MATLAB	信号处理工具箱	envelope
用于设备诊断的包络谱			envspectrum
针对振动信号的阶次平均谱			Orderspectrum
复倒谱分析			cceps
逆复倒谱			Icceps
实倒谱与最小相位重构			rceps

时频域分析算法：

算法名称	平台	软件包	函数
基于 STFT 的谱图	MATLAB	信号处理工具箱	spectrogram
基于希尔伯特变换的离散时间解析信号			hilbert
显示小波族名称	MATLAB	小波工具箱	Waveletfamilies('f')
显示小波族及其特性			Waveletfamilies('a')
基于小波的一维信号去噪			wden
一维连续小波变换			cwt
一维连续小波反变换			icwt
连续小波变换	Python	Lee 等(2018)	Pywt.cwt
离散小波变换			Pywt.dwt
快速峰度图	MATLAB	Antoni(2016)	Fast_Kurtogram

续表

算法名称	平台	软件包	函数
谱峰度可视化	MATLAB2018b		kurtogram
Wigner – Ville 分布与平滑伪 Wigner – Ville 分布			wvd
经验模式分解			Emd
信号的谱熵			pentropy

线性子空间学习算法:

算法名称	平台	软件包	函数
本征值和本征向量	MATLAB	数学工具箱—线性代数	eig
奇异值分解			svd
原始数据的主成分分析		统计和机器学习工具箱—降维与特征提取	pca
基于重构 ICA 进行特征提取			rica
典型相关性			Canoncorr

非线性子空间学习算法:

算法名称	平台	软件包	函数
KPCA	MATLAB	Van Vaerenbergh(2016)	km_pca
KCCA			km_cca
用于降维的 MATLAB 工具箱	MATLAB	Van der Maaten 等(2007),针对本书所介绍的一些非线性方法,该工具箱中的软件包括:LLE;LE;HLLE;LTSA;MVU;KPCA;DM;SPE	Compute_mapping(data, method, # of dimensions, parameters)

特征选择算法:

算法名称	平台	软件包	函数
序列特征选择	MATLAB	统计和机器学习工具箱	sequentialfs
基于 Relief – F 算法的属性(预测器)重要度			relieff
Wilcoxon 秩和检验			ranksum
通过类型划分准则进行关键特征排序		生物信息学工具箱	rankfeatures
特征选择库		Giorgio(2018)	Relief, laplacian, fisher, lasso
利用遗传算法寻找函数最小值		全局优化工具箱	ga

决策树和随机森林算法：

算法名称	平台	软件包	函数
针对多类分类问题的二元分类决策树拟合	MATLAB	统计和机器学习工具箱—分类—分类树	fitctree
通过剪枝生成子树序列			prune
决策树集成			compact
针对决策树中的替代拆分关联性的平均预测指标			surrogateAssociation
决策树与决策森林	MATLAB	Wang(2014)	RunDecisionForest, TrainDecisionForest

概率分类方法：

算法名称	平台	软件包	函数
隐马尔可夫模型后验状态概率	MATLAB	统计和机器学习工具箱—隐马尔可夫模型	hmmdecode
多元逻辑回归		统计和机器学习工具箱—回归	mnrfit
最大似然估计		统计和机器学习工具箱—概率分布	mle
梯度下降优化		Allison(2018)	grad_descent

人工神经网络(ANN)算法：

算法名称	平台	软件包	函数
感知机	MATLAB	深度学习工具箱—定义浅层神经网络架构	Perceptron
基于反向传播对多层感知机神经网络进行训练		Chen(2018)	mlpReg, mlpRegPred
具有K均值聚类的径向基函数		Shujaat(2014)	RBF
设计概率神经网络		深度学习工具箱—定义浅层神经网络架构	newpnn
训练浅层神经网络		深度学习工具箱—函数近似与聚类	train
自组织映射		深度学习工具箱—函数近似与聚类—自组织映射	selforgmap
梯度下降反向传播			net.trainFcn = 'traingd'

支持向量机算法：

算法名称	平台	软件包	函数
训练支持向量机分类器	MATLAB	统计和机器学习工具箱	svmtrain
利用支持向量机（SVM）进行分类			svmclassify
训练二元 SVM 分类器			fitcsvm
利用 SVM 分类器预测类标签			predict
针对 SVM 或其他分类器进行多类模型的拟合			fitcecoc
LIBSVM：SVM 库	JAVA，MATLAB，OCTAVE，R，PYTHON，WEKA，SCILAB，C#等	Chang（2011）	n/a

参考文献

Allison, J. (2018). Simplified gradient descent optimization. Mathworks File Exchange Center. https://uk.mathworks.com/matlabcentral/fileexchange/35535 – simplified – gradient – descent – optimization.

Antoni, J. (2016). Fast kurtogram. Mathworks File Exchange Center. https://uk.mathworks.com/matlabcentral/fileexchange/48912 – fast – kurtogram.

Bruecker, S. (2016). Crossing. Mathworks File Exchange Center. https://uk.mathworks.com/matlabcentral/fileexchange/2432 – crossing.

Chang, C. C. (2011). LIBSVM：a library for support vector machines. ACM Transactions on Intelligent Systems and Technology, 2：27：1 – – 27：27, 2011. Software available at http://www.csie.ntu.edu.tw/~cjlin/libsvm.

Chen, M. (2018). MLP neural network trained by backpropagation. Mathworks File Exchange Center. https://uk.mathworks.com/matlabcentral/fileexchange/55946 – mlp – neural – network – trained – by – backpropagation.

Clemens, R. (2016). Noise canceling adaptive filter. Mathworks File Exchange Center. https://www.mathworks.com/matlabcentral/fileexchange/10447 – noise – canceling – adaptive – filter.

Gang, Y. (2015). A novel BSS. Mathworks File Exchange Center. https://uk.mathworks.com/matlabcentral/fileexchange/50867 – a – novel – bss.

Giorgio. (2018). Feature selection library. Mathworks File Exchange Center. https://

uk. mathworks. com/matlabcentral/fileexchange/56937 – feature – selection – library.

Lee, G. R., Gommers, R., Wohlfahrt, K., et al. (2018). PyWavelets/pywt: PyWavelets v1.0.1 (Version v1.0.1). Zenodo. http://doi.org/10.5281/zenodo.1434616.

Miettinen, J., Nordhausen, K., and Taskinen, S. (2017). Blind source separation based on joint diagonalization in R: the packages JADE and BSSasymp. Journal of Statistical Software 76.

NJJ. (2018). sanc (x, L, mu, delta). Mathworks File Exchange Center. https://www.mathworks.com/matlabcentral/fileexchange/65840 – sanc – x – l – mu – delta.

PHM Society. (2009). Data analysis competition. https://www.phmsociety.org/competition/PHM/09.

Shujaat, K. (2014). Radial basis function with k mean clustering. Mathworks File Exchange Center. https://uk.mathworks.com/matlabcentral/fileexchange/46220 – radial – basis – function – with – k – mean – clustering.

Van der Maaten, L., Postma, E. O., and van den Herik, H. J. (2007). Matlab Toolbox for Dimensionality Reduction. MICC, Maastricht University.

Van Vaerenbergh, S. (2016). Kernel methods toolbox. Mathworks File Exchange Center. https://uk.mathworks.com/matlabcentral/fileexchange/46748 – kernel – methods – toolbox? s_tid = FX_rc3_behav.

Verma, N. K., Sevakula, R. K., Dixit, S., and Salour, A. (2015). Data driven approach for drill bit monitoring. IEEE Reliability Magazine (February): 19 – 26.

Verma, N. K., Sevakula, R. K., Dixit, S., and Salour, A. (2016). Intelligent condition based monitoring using acoustic signals for air compressors. IEEE Transactions on Reliability 65 (1): 291 – 309.

Wang, Q. (2014). Decision tree and decision forest. Mathworks File Exchange Center. https://uk.mathworks.com/matlabcentral/fileexchange/39110 – decision – tree – and – decision – forest.

缩 略 语

ACS	蚁群算法
AS	蚂蚁系统
AANN	自联想神经网络
ACO	蚁群优化
ADC	模数转换器
AE	声发射
AESA	人工鱼群算法
AI	人工智能
AIC	Akaike 信息量准则
AID	自动交互检测器
AM	幅值调制
ANC	自适应噪声消除
ANFIS	自适应神经模糊推理系统
ANN	人工神经网络
ANNC	自适应近邻分类器
AR	自回归
ARIMA	自回归差分滑动平均
ARMA	自回归滑动平均
ART2	自适应共振理论 −2
AUC	ROC 曲线下方的面积
BFDF	轴承基本缺陷频率
BPFI	轴承内圈通过频率
BPFO	轴承外圈通过频率
BPNN	反向传播神经网络
BS	二分搜索
BSF	滚动体自转频率

续表

BSS	盲源分离
CAE	收缩自编码器
CART	分类与回归树
CBLSTM	卷积双向长短期记忆
CBM	状态维修
CBR	基于案例的推理
CCA	典型相关分析
CDF	缺陷特征频率
CF	波峰因数
CFT	连续傅里叶变换
CHAID	卡方自动交互检测器
Chi–2	卡方
CA	保持架
BP	反向传播
ATW	自动项窗函数
CICA	约束独立成分分析
BD	滚珠缺陷
HB	健康轴承
BCR	滚动体存在裂纹的轴承
BCO	外圈存在裂纹的轴承
BCI	内圈存在裂纹的轴承
cICA	约束独立成分分析
CLF	余隙因子
CM	状态监测
CMF	组合模态函数
CMFE	复合多尺度模糊熵
CNN	卷积神经网络
CoSaMP	压缩采样匹配追踪
CS–Chi–2	压缩采样与卡方特征选择算法
CS–CMDS	压缩采样与经典多维标度
CS–CPDC	压缩采样与主成分和判别成分关联分析
CS–FR	压缩采样与特征排序
CS–FS	压缩采样与 Fisher 分值

续表

CS – GSN	压缩采样与 GMST、SPE 以及近邻成分分析
CS – KLDA	压缩采样与核线性判别分析算法
CS – KPCA	压缩采样与核主成分分析方法
CS – LDA	压缩采样与线性判别分析方法
CS – LS	压缩采样与拉普拉斯分值
CS – LSL	压缩采样与线性子空间学习
CS – NLSL	压缩采样与非线性子空间学习
CS – PCA	压缩采样与主成分分析
CS – PCC	压缩采样与皮尔逊相关系数
CS – Relief – F	压缩采样与 Relief – F 算法
CS – SAE – DNN	压缩采样与基于稀疏自编码器的深度神经网络
CS – SPE	压缩采样与随机邻近嵌入
CVM	交叉验证方法
CWT	连续小波变换
DAG	有向无环图
DBN	深度置信网络
DDMA	判别扩散映射分析
DFA	去趋势波动分析
DFT	离散傅里叶变换
DIFS	差值信号
DM	扩散映射
DNN	深度神经网络
DPCA	动态主成分分析
DRFF	深度随机森林融合
DT	决策树
DTCWPT	双树复小波包变换
DWT	离散小波变换
EBP	误差反向传播
CS	压缩采样
EDAE	集成深度自编码器
EEMD	集成经验模态分解
ELM	极限学习机
ELU	指数线性单元

续表

缩写	全称
EMA	指数滑动平均
EMD	经验模态分解
ENT	熵
EPGS	电力生成与存储
EPSO	改进粒子群优化
ESVM	集成支持向量机
FC-WTA	全连接的赢者通吃自编码器
FDA	Fisher 判别分析
FDK	频域峰度
FFNN	前馈型神经网络
FFT	快速傅里叶变换
FHMM	因子隐马尔可夫模型
FIR	有限脉冲响应
FKNN	模糊 k 近邻
FM	频率调制
FMM	模糊最小最大
FR	特征排序
Fs	采样频率
FS	Fisher 分值
FSVM	模糊支持向量机
FTF	保持架旋转频率
GA	遗传算法
GMM	高斯混合模型
GMST	测地线最小生成树
GP	遗传规划
GR	增益率
GRU	门控循环单元
HE	层次熵
HFD	高频域
HHT	希尔伯特-黄变换
HIST	直方图
HLLE	Hessian 局部线性嵌入
HMM	隐马尔可夫模型

续表

HOC	高阶累积量
HOM	高阶矩
HOS	高阶统计量
HT	希尔伯特变换
ICA	独立成分分析
ICDSVM	类间距离支持向量机
GARCH	广义自回归条件异方差
ELMD	总体局部均值分解
EMD	经验模态分解
ID3	迭代式二分法第3代
I-ESLLE	有监督增量式局部线性嵌入
IF	脉冲因子
IG	信息增益
IGA	免疫遗传算法
IIR	无限脉冲响应
IMF	本征模函数
IMFE	改进多尺度模糊熵
IMPE	改进多尺度排列熵
ISBM	改进的基于斜率的方法
ISOMAP	等距特征映射
KA	核自适应感知器
KCCA	核典型相关分析
KFCM	核模糊 c 均值
KICA	核独立成分分析
K-L	Kullback-Leibler 散度
KLDA	核线性判别分析
KNN	Kohonen 神经网络
k-NN	k 近邻
KPCA	核主成分分析
KURT	峰度
LB	下限
LCN	局部连接网络
LDA	线性判别分析

续表

LE	拉普拉斯特征映射
Lh	似然
LLE	局部线性嵌入
LMD	局部均值分解
LOOCV	留一法交叉验证
LPP	局部保持投影
LR	逻辑回归
LRC	逻辑回归分类器
LS	拉普拉斯分值
LSL	线性子空间学习
LSSVM	最小二乘支持向量机
LTSA	局部切空间排列分析
LTSM	长短期记忆
MA	滑动平均
MCCV	蒙特卡洛交叉验证
MCE	最小分类误差
MCM	设备状态监测
MDS	多维标度法
MED	最小熵反褶积
IR	内圈
IFRS	瞬时频率变化率谱图
IWPT	改进的小波包变换
KUR	谱峰度法
KNNC	k 近邻分类器
IRD	内圈缺陷
mRMR	最小冗余最大相关性
MEISVM	基于多变量集成的增量式支持向量机
MF	裕度因子
MFB	调制滤波器组结构
MFD	多尺度分形维数
MFE	多尺度模糊熵
MHD	多层混合去噪
MI	互信息

续表

MLP	多层感知机
MLR	多类逻辑回归
MLRC	多类逻辑回归分类器
MMV	多测量向量
MRA	多分辨率分析
MRF	马尔可夫随机场
MSE	多尺度熵
MSE	均方差
MVU	最大方差展开
NCA	近邻成分分析
NILES	基于迭代最小二乘过程的非线性估计
NIPALS	非线性迭代偏最小二乘
NLSL	非线性子空间学习
NN	神经网络
Nnl	正态分布负对数似然
NNR	最近邻规则
NRS	邻域粗糙集
O&M	运行和维护
OLS	普通最小二乘法
OMP	正交匹配追踪
ONPE	正交邻域保持嵌入
ORDWT	过完备有理离散小波变换
ORT	正交准则
OSFCM	最优监督模糊 c 均值聚类
OSLLTSA	有监督正交线性切空间排列
PCA	主成分分析
PCC	皮尔逊相关系数
PCHI	分段3次埃尔米特插值法
PDF	概率密度函数
PF	乘积函数
PHM	预报和健康管理
PLS	偏最小二乘法
PLS－PM	偏最小二乘路径建模

续表

缩写	中文
PLS-R	偏最小二乘回归
PNN	概率神经网络
p-p	峰峰值
OR	外圈
NO	全新
NW	有磨损但未损坏
MSVM	多类支持向量机
MPE	多尺度排列熵
MSRMS	多尺度均方根
MBSE	多频带谱熵
ORD	外圈缺陷
PReLU	参数修正线性单元
PSO	粒子群优化
PSVM	临近支持向量机
PWVD	伪 Wigner-Ville 分布
QP	二次规划
QPSP-LSSVM	量子行为粒子群优化—最小二乘支持向量机
RBF	径向基函数
RBM	受限玻耳兹曼机
RCMFE	精细复合多尺度模糊熵
ReLU	修正线性单元
RES	残差信号
RF	随机森林
RFE	递归特征消除
RIP	有限等距性质
RL	强化学习
RMS	均方根
RMSE	均方根误差
RNN	循环神经网络
ROC	接受者操作特性
RPM	每分钟转数
RSA	重标极差分析
RSGWPT	冗余第二代小波包变换

续表

缩略语	含义
RUL	剩余使用寿命
RVM	相关向量机
SAE	稀疏自编码器
S-ANC	自适应噪声消除
SBFS	序列浮动后向选择
SBS	序列后向选择
SCADA	数据采集与监控系统
SCG	量化共轭梯度法
SDA	栈式去噪自编码器
SDE	半定嵌入
SDOF	单自由度
SDP	半定规划
SE-LTSA	有监督扩展局部切空间排列
SF	波形因子
SFFS	序列浮动前向选择
SFS	序列前向选择
SGWD	第二代小波去噪
SIDL	移不变字典学习
SILTSA	有监督增量式局部切空间排列分析
SK	偏度
RE	滚动体
SE	结构元
REF	滚动体缺陷
NB	健康轴承
SK	谱峰度
S-LLE	统计局部线性嵌入
SLLTA	有监督学习的局部切空间排列
SM	Sammon 映射
SMO	序列最小优化
SMV	单测量向量
SNR	信噪比
SOM	自组织映射
SP	子空间追踪

续表

SpaEIAD	自适应字典脉冲稀疏提取
SPE	随机邻近嵌入
SPWVD	平滑伪 Wigner – Ville 分布
SSC	斜率符号变化
STD	标准差
STE	标准误
STFT	短时傅里叶变换
STGS	汽轮发电机
StOMP	分段正交匹配追踪
SU – LSTM	栈式单向长短期记忆
SVD	奇异值分解
SVDD	支持向量域描述
SVM	支持向量机
SVR	支持向量回归
SWSVM	香农小波支持向量机
TAWS	时间平均小波谱
TBM	定期维修
TDIDT	决策树的自顶向下归纳
TEO	Teager 能量算子
TSA	时域同步平均
UB	上限
VKF	Vold – Kalman 滤波器
VMD	变分模式分解
VPMCD	基于变量预测模型的模式分类
VR	方差
WA	Willison 幅值
WD	Wigner 分布
WFE	小波核函数与局部 Fisher 判别分析
WL	波长
WPA	小波包分析
WPE	小波包能量
WPT	小波包变换
WSN	无线传感网络

续表

WSVM	小波支持向量机
Wnl	威布尔分布负对数似然
VFF – RLS	带可变遗忘因子的递推最小二乘法
S – LTSA	有监督局部切空间排列
WKLFDA	小波核函数与局部 Fisher 判别分析
WT	小波变换
WTD	小波阈值去噪
WVD	Wigner – Ville 分布
ZC	零交叉

译者简介

舒海生,男,汉族,1976年出生,工学博士,博士后,中共党员,现任池州职业技术学院机电与汽车系教授,主要从事振动分析与噪声控制、声子晶体与超材料、机械装备系统设计等方面的教学与科研工作,近年来发表科研论文30余篇,主持国家自然科学基金、黑龙江省自然科学基金等多个项目,并参研多项国家级和省部级项目,出版译著6部。

王兴国,男,汉族,1989年出生,工学硕士,在读博士,中共党员,现任齐齐哈尔大学机电工程学院讲师,主要从事声子晶体与超材料、振动控制与能量收集等方面的教学与科研工作,近年来发表科研论文10余篇,主持和参与多个国家级和省部级项目,出版教材3部。

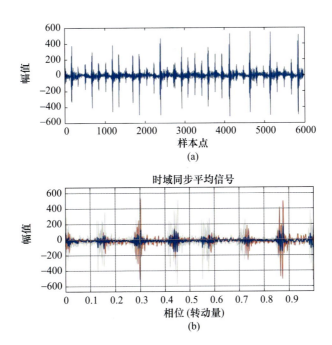

图 3.6 带有内圈缺陷的滚动轴承的时域振动信号(a)和时域同步平均信号(b)

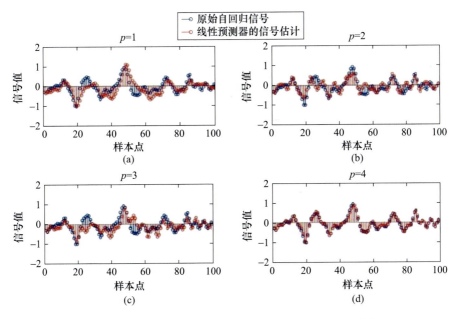

图 3.7 原始自回归信号与基于线性预测器给出的预测信号

(针对全新轴承的振动信号,采用了不同的 p 值)

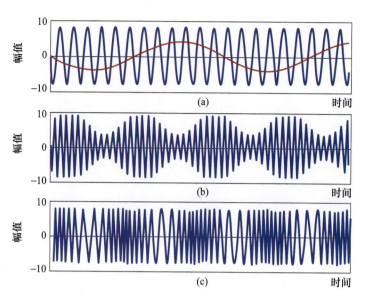

图 3.8 正弦波幅值调制和频率调制实例

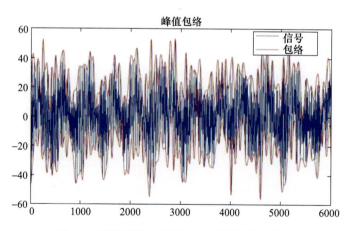

图 4.4 磨损而没有损坏(NW)的轴承振动信号
（参见图 3.9）的上下峰值包络:1200 个点

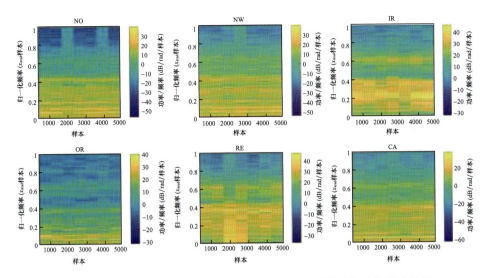

图 5.1　正常状态和缺陷状态(参见图 3.9)下的滚动轴承振动信号的谱图

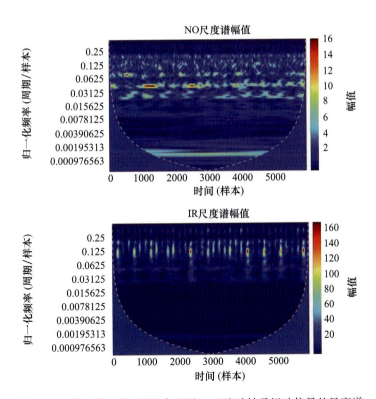

图 5.2　正常和缺陷状态下(参见图 3.1)滚动轴承振动信号的尺度谱

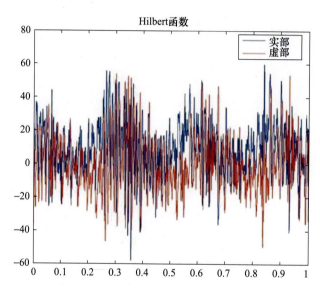

图 5.8 利用希尔伯特变换得到的轴承外圈缺陷状态下振动信号的实部和虚部信号

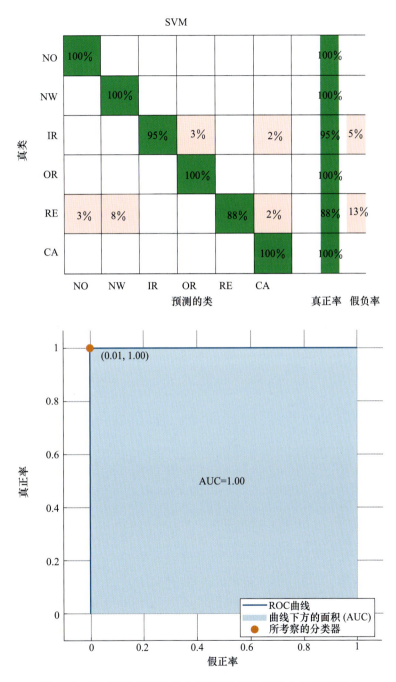

图 15.6 针对滚动轴承缺陷分类结果(基于 SVM 分类器得到)的混淆矩阵及其对应的 ROC 图示例

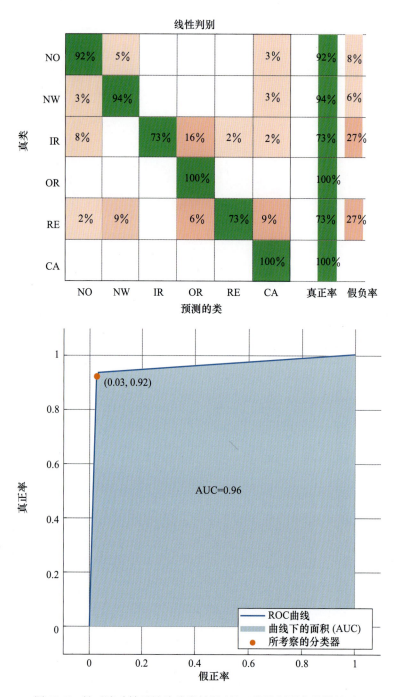

图 15.7 针对滚动轴承缺陷分类结果（基于线性判别分类器得到）的混淆矩阵及其对应的 ROC 图示例